“十三五”职业教育国家规划教材

UG NX 8.0 数控加工编程应用

新世纪高职高专教材编审委员会 组编
主 编 何冰强 周 华
副主编 刘显龙 杨忠高 张 磊

第二版

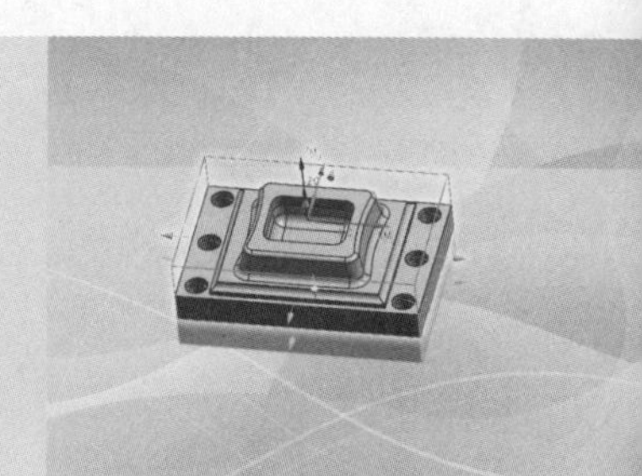

大连理工大学出版社

图书在版编目(CIP)数据

UG NX 8.0 数控加工编程应用 / 何冰强，周华主编
. — 2 版. — 大连 : 大连理工大学出版社，2018.8(2023.1 重印)
新世纪高职高专数控技术应用类课程规划教材
ISBN 978-7-5685-1702-7

Ⅰ. ①U… Ⅱ. ①何… ②周… Ⅲ. ①数控机床—加工—计算机辅助设计—应用软件—高等职业教育—教材
Ⅳ. ①TG659-39

中国版本图书馆 CIP 数据核字(2018)第 180845 号

大连理工大学出版社出版
地址:大连市软件园路 80 号　邮政编码:116023
发行:0411-84708842　邮购:0411-84708943　传真:0411-84701466
E-mail:dutp@dutp.cn　URL:https://www.dutp.cn
辽宁星海彩色印刷有限公司印刷　大连理工大学出版社发行

幅面尺寸:185mm×260mm　印张:17.5　字数:420 千字
2014 年 6 月第 1 版　2018 年 8 月第 2 版
2023 年 1 月第 6 次印刷

责任编辑:赵晓艳　责任校对:吴媛媛
封面设计:张　莹

ISBN 978-7-5685-1702-7　定　价:49.80 元

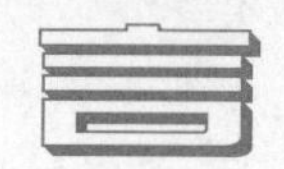

前言

《UG NX 8.0 数控加工编程应用》(第二版)是“十三五”职业教育国家规划教材、“十二五”职业教育国家规划教材,也是新世纪高职高专教材编审委员会组编的数控技术应用类课程规划教材之一。

UG NX 软件是美国 UGS Siemens Product Lifecycle Management Software Inc. 的核心产品,是当前世界上最先进、紧密集成、功能强大的三维 CAD/CAM/CAE 软件系统,其内容涵盖了从概念设计、工业造型设计、三维模型设计、分析计算、动态模拟与仿真、工程图输出到生产加工成产品的全过程,是产品全生命周期管理的完整解决方案,其应用范围涉及航空航天、汽车、机械、造船、数控(NC)加工、医疗器械和电子等诸多领域。

在编写本教材的过程中,编者力求突出如下特色:

1. 教材内容涵盖教学大纲的全部内容,切合数控、机电类相关专业的教学要求。基于国家数控铣床操作工种所要求的编程加工技能选取教材内容,充分体现了该课程的学习要求和数控加工学科的最新发展方向。学生学习后能够进行数控加工基础参数设置,加工工程中常见的平面、孔、模型的内、外腔等,了解多轴机床加工知识。

2. 内容取材新,体系科学,知识点突出。教材以 UG NX 8.0 软件为平台,使用当前生产中的真实工程项目为案例,采用项目化教学的教材编写体例,强化对实际数控加工编程技能的培养。

3. 教材内容组织由浅入深、循序渐进,结构严谨。本教材从运用 UG 软件解决数控加工典型案例及行业知识入手,以 UG NX 8.0 软件的 CAM 加工模块为主线,根据读者对 UG NX 软件技术的认知规律,由简单到复杂,并遵循工作过程导向原理,以涵盖机电类产品的真实工程制造项目为载体设计项目,实现以“参数设置→平面加工→点位加工→穴型加工→固定轴轮廓铣削加工→多轴铣削加工”为系统的项目化教、学、做一体化设计,这一循序渐进的学习步骤和认知模式,有利于读者快速掌握 CAM 的编程技巧。

4. 教材内容介绍与操作步骤均非常详细，务求使方法和实例有机统一。在内容方面既有操作上的针对性，又有方法上的普遍性。整体设计图文并茂，相关讲解深入浅出，将众多专业知识和软件知识有机地融入每个项目的具体内容中。在结构编排上松弛有度，叙述实用，能够开阔读者思路，提高读者阅读兴趣，激起读者操作欲望，提高读者综合运用所学知识的能力。

5. 本教材配有素材资源，使用时先将本教材资源包中的文件复制到自己硬盘上的英文或者数字目录下，可登陆职教数字化服务平台进行下载。

本教材既可以作为大中专院校和各类培训学校CAD/CAM课程授课及上机实训教材，也可供有关技术人员参考，还可作为对制造行业有浓厚兴趣的读者的自学教程。

本教材由广东机电职业技术学院何冰强、广州番禺职业技术学院周华任主编；广东机电职业技术学院刘显龙、广东工贸职业技术学院杨忠高、淮北职业技术学院张磊任副主编；广东省粤东商贸技工学校刘志增、李毅成，阳江市睿精模塑有限公司罗才益经理参与了教材的编写工作。具体编写分工如下：何冰强编写项目五的三和四、项目六、项目七及其他项目的"项目简介""学习目标""项目分析""归纳总结"等；周华编写项目四；刘显龙编写项目二；杨忠高编写项目一的六～十及项目三中的"非预备知识"；张磊编写项目三的"预备知识"；刘志增编写项目五的一；李毅成编写项目五的二；罗才益编写项目一中的一～五并提供了各项目的案例图样。全书由何冰强负责统稿。

在编写本教材的过程中，编者参考、引用和改编了国内外出版物中的相关资料以及网络资源，在此表示深深的谢意！相关著作权人看到本教材后，请与出版社联系，出版社将按照相关法律的规定支付稿酬。

尽管我们在教材的特色建设方面做出了许多努力，但限于编者水平，书中仍可能存在疏漏之处，恳请各教学单位和读者多提宝贵意见和建议。

编　者

2018年8月

所有意见和建议请发往：dutpgz@163.com

欢迎访问职教数字化服务平台：https://www.dutp.cn/sve/

联系电话：0411-84708979　84707424

微课展示

操作界面的
加工环境设置

加工对象的设定

认识 UG NX 8.0
的 CAM 模块

公用切削参数设置

非切削参数设置

平面加工

穴型加工

凹模加工

项目一
UG NX 8.0 CAM 基础

项目要求:以图 1-1 所示的零件为例,运用 UG NX 8.0 软件进行加工对象的创建、编辑任务,创建刀具、机床坐标系和设定几何体等任务。

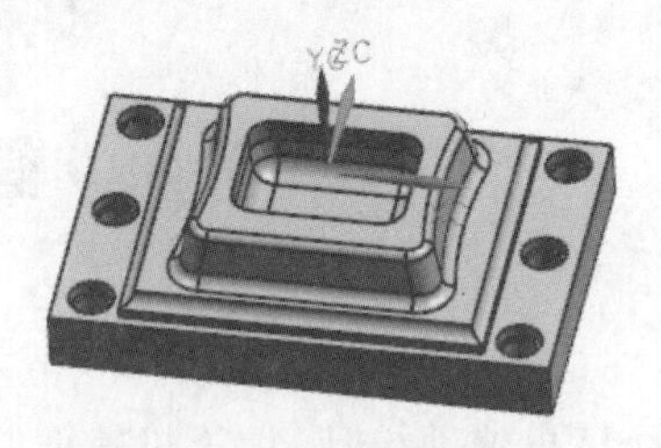

图 1-1　零件模型

教学目标

【能力目标】

1. 能够独立操作 UG 软件 CAM 基本界面内的功能按钮。
2. 能够运用 UG 软件的 CAM 基本功能。

【知识目标】

1. 了解 UG 软件 CAM 的特点和 UG 软件的发展。
2. 掌握 UG 软件 CAM 模块的基本操作。

【素质目标】

1. 培养沟通、团队合作能力。
2. 培养自学能力及独立工作能力。
3. 培养细致观察、勤于思考、做事认真的良好作风。
4. 培养文献检索能力。

本项目主要完成 UG NX 8.0 的 CAM 相关基本操作，包括坐标系设置、安全高度设置、毛坯及几何体设置、加工刀具和加工方法等。其目的在于培养学生认识 UG NX 8.0 软件的 CAM，熟练掌握零件编程的准备工作，了解 UG NX 8.0 的 CAM 环境，掌握 UG NX 8.0 CAM 的基本操作内容。

本项目涉及的知识包括 UG NX 8.0 软件 CAM 模块概述，以及 UG NX 8.0 软件的编程加工流程、坐标系、加工对象的设定、加工对象的管理、刀轨可视化与机床仿真和后处理等基本操作，知识重点是坐标系、加工对象的设定和加工对象的管理操作，知识难点是加工对象的管理。下面将详细介绍 UG NX 8.0 CAM 基础知识。

一 UG NX 8.0 简介

Unigraphics(简称 UG)软件是 SIEMENS 集团下属 Unigraphics Solutions(简称 UGS)公司的产品，这是一套交互式计算机辅助设计、计算机辅助制造和计算机辅助工程(CAD/CAM/CAE)系统。CAM 模块采用 NX 设计模型为现代机床提供了 NC 编程，用来描述所完成的部件。

UG NX 8.0 是 UGS 公司推出的面向制造业的 CAD/CAM/CAE 高端软件，为广大用户提供了强大的造型和加工功能，绝大多数功能可以通过按钮实现；UG NX 8.0 还提供了界面友好的二次开发工具：GRIP（Graphical Interactive Programing）和 UFUNC（User Function)，并能通过高级语言接口，使 UG 的图形功能与高级语言的计算功能紧密结合。该软件拥有统一的数据库，真正实现了 CAD/CAE/CAM 等各模块之间的无数据交换的自由切换。UG NX 8.0 的主界面如图 1-2 所示。

二 UG CAM 模块

Unigraphics CAM(简称 UG CAM)模块是基于 Unigraphics 的 NC 编程工具，该功能模块具有 25 年以上的实际加工应用经验，能与 e-Factory 集成紧密的数据结构，被广泛地应用于机械、汽车、模具、航空航天、消费电子等加工领域。

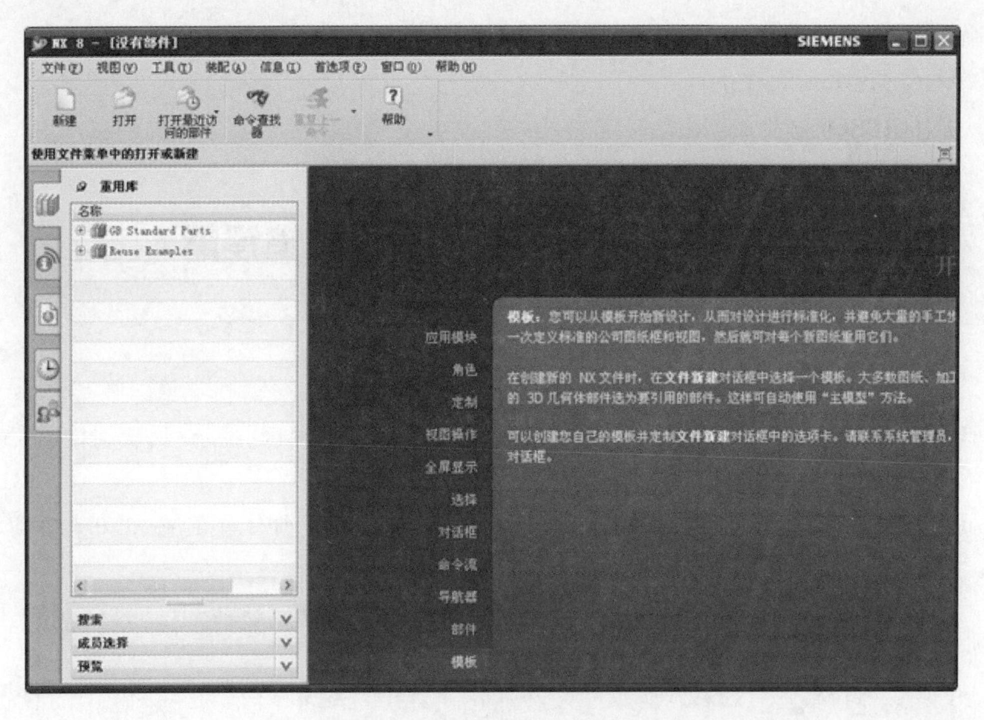

图 1-2 UG NX 8.0 的主界面

UG CAM 的主要功能是承担交互式图形编程(NC 编程)的任务,即针对已有的 CAD 模型所包含的产品表面几何信息,进行数控加工刀位轨迹的自动计算,完成产品的加工制造,从而在仿真环境中实现产品设计者的设计构想,达到所见即所得的效果。

UG CAM 同时提供了以铣加工为主的多种加工方法,包括 2～5 轴铣削加工、2～4 轴车削加工、电火花线切割加工和点位加工等。UG CAM 可以进行交互式编程,从自动粗加工到用户定义的精加工,完成产品的加工制造,能够在计算机的仿真环境中实现产品设计者的设计构想,同时可以对铣、钻、车及线切割刀轨进行后处理,从而构成一个功能强大、全面的加工模块。根据操作的方法和内容,UG CAM 模块涵盖以下子模块:

①UG/CAM Base(基础模块)

②UG/Postprocessing(后处理模块)

③UG/Lathe(车削模块)

④UG/Core & Cavity Milling(型芯和型腔铣模块)

⑤UG/Fixed-Axis Milling(固定轴铣模块)

⑥UG/Flow Cut(流通切削-半自动清根模块)

⑦UG/Variable Axis Milling(可变轴铣模块)

⑧UG/Sequential Milling(顺序铣模块)

⑨UG/Wire EDM(线切割模块)

⑩UG/Graphical Tool Path Editor(图形刀轨编辑器)

⑪UG/Shops(编程系统)

⑫UG/Unisim(机床仿真)

⑬NURBS(轨迹生成器模块)

三 操作界面和加工环境设置

(一)操作界面

UG CAM 的工作界面主要由标题栏、菜单栏、工具栏、主视区、提示栏、状态栏、资源导航栏、导航按钮及弹出式菜单等部分组成。

从 UG NX 8.0 主界面进入加工模块后,会显示出常用的加工工具按钮和菜单项,如图 1-3 所示。

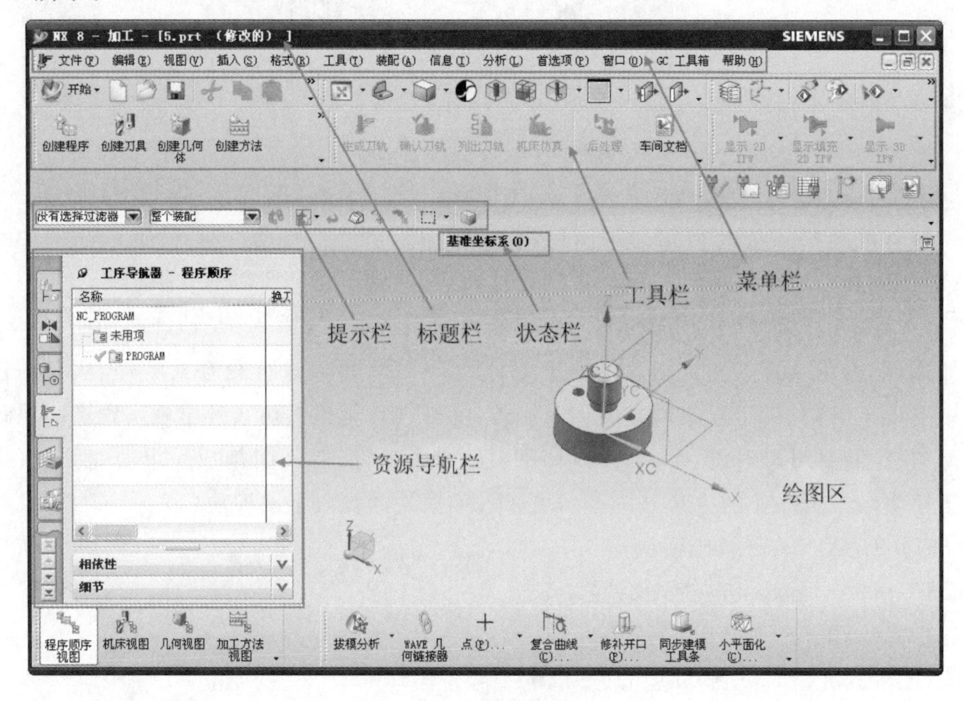

图 1-3 UG CAM 的主界面

UG CAM 主界面中各个部分的功能介绍如下:

①标题栏。显示软件的版本和当前模块名称、打开的文件名称等,如图 1-4 所示。

②状态栏。主要用来显示系统及图元的状态,如图 1-5 所示。

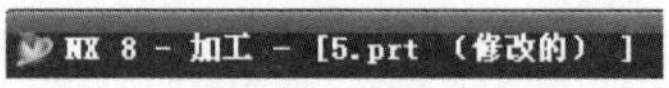

NX 8 - 加工 - [5.prt (修改的)]

图 1-4 标题栏

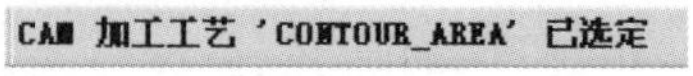

CAM 加工工艺 'CONTOUR_AREA' 已选定

图 1-5 状态栏

③资源导航栏。显示当前打开模型文件中所有的资源,如图 1-6 所示。

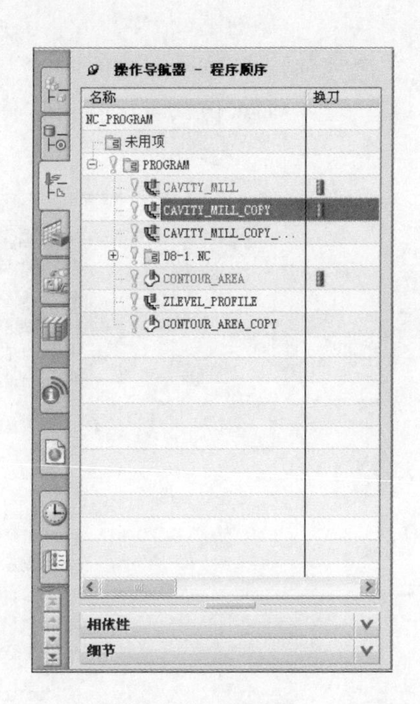

图 1-6 资源导航栏

操作界面的
加工环境设置

④菜单栏。主要用来调用各执行命令以及对系统的参数进行设置，菜单栏几乎包含了整个软件所有的命令，如图 1-7 所示。

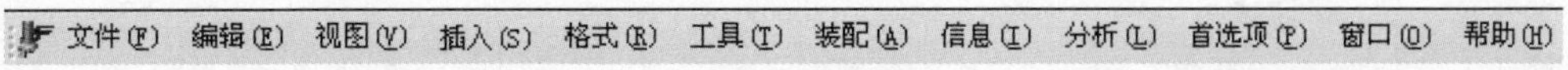

图 1-7 菜单栏

⑤工具栏。工具栏以按钮的形式提供命令的操作方式，各个工具栏都对应相应菜单下不同的命令，用户可以添加或移除工具按钮，如图 1-8 所示。

图 1-8 工具栏

⑥提示栏。固定在主界面的中间，提示用户如何进行操作。执行每个命令步骤时，系统都会在提示栏中显示必须执行的动作，或者提示下一个动作，如图 1-9 所示。

图 1-9 提示栏

1 菜单栏

在加工模块里，菜单栏主要包括“文件(F)”、“编辑(E)”、“视图(V)”、“插入(S)”、“格式(R)”、“工具(T)”、“装配(A)”、“信息(I)”、“分析(L)”、“首选项(P)”、“窗口(O)”及“帮助(H)”菜单。除了插入、工具、信息和首选项等，其余菜单内容均与 CAD 模块一致。

(1)“插入”菜单主要有零件明细表(P)、操作(E)、程序(P)、刀具(T)、几何体(G)和方法(M)等，如图 1-10 所示。

(2)“工具”菜单主要有操作导航器(O)、车加工横截面(N)、部件材料(E)、CLSF、加工特征管理器(C)、准备几何体(G)、边界(D)、仿真机床代码文件(H)、批处理正在进行(B)等,如图1-11所示。

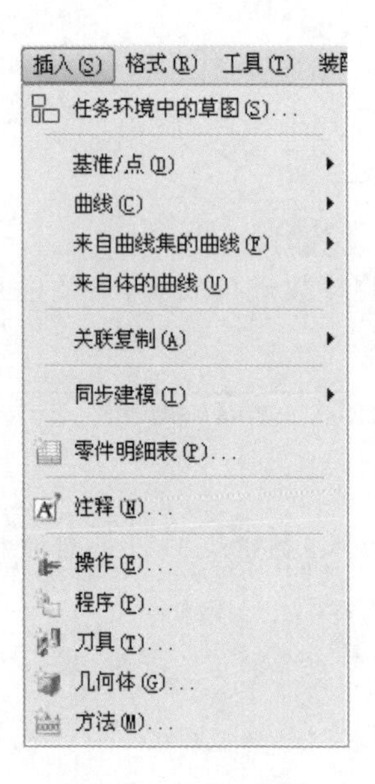

图1-10 “插入”菜单

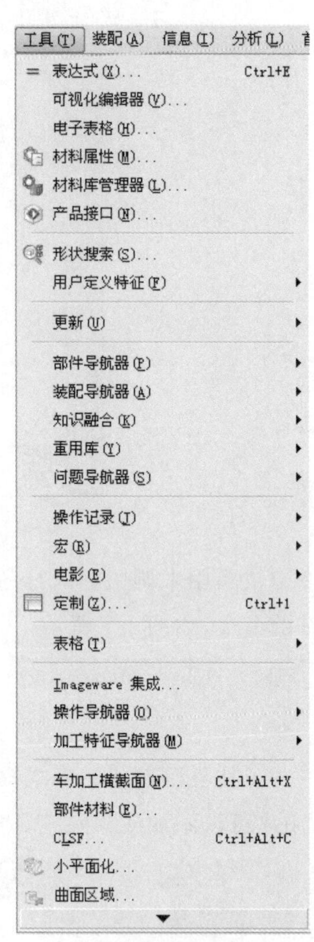

图1-11 “工具”菜单

(3)“信息”菜单中车间文档(U)功能可以自动生成方便编程人员与操作人员相互交流的工艺文件。

(4)“首选项”菜单是对加工首选项进行设置或修改。

2 主要工具栏

在UG CAM环境里,除了显示通用的工具栏外,还有加工模块内特有的四种工具栏:加工创建、加工对象、加工操作和导航器。通过选择“工具>>定制”子菜单即可对UG CAM的工具栏进行设置,如图1-12所示;在“定制”界面的“工具条”选项卡内选择需要的工具栏,即可实现工具栏的开关。也可以在工具栏内任意位置单击鼠标右键,在弹出的快捷菜单上直接选取要开关的工具栏类型,使用这种方法更为简便。

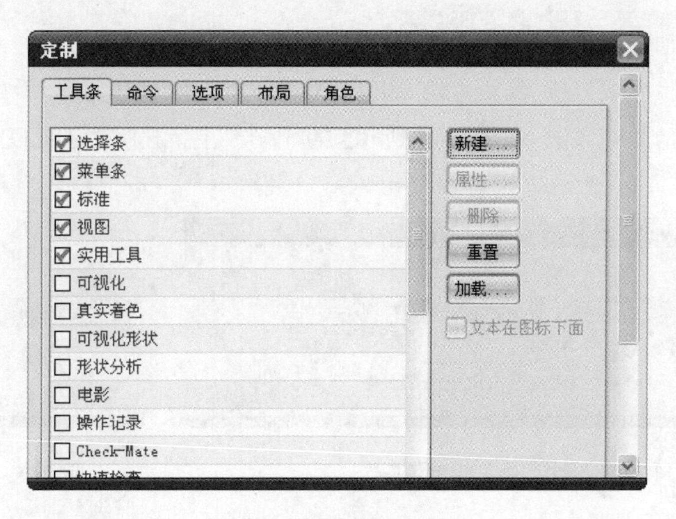

图 1-12 “定制”界面

(1)“插入”(加工创建)工具栏

如图 1-13 所示,“插入”工具栏包括创建程序、创建刀具、创建几何体、创建方法和创建操作五个工具,它们与“插入”主菜单下新增的五个菜单项具有相同的作用。具体功能含义见表 1-1。

图 1-13 “插入”工具栏

表 1-1 “插入”(加工创建)工具栏各按钮含义

功能	含义
创建程序	建立一组程序的父节点,对象将显示在“操作导航器”的“程序顺序视图”中
创建刀具	建立一把新的刀具并设置刀具参数,对象显示在“操作导航器”的“机床视图”中
创建几何体	建立几何体父节点,设定该几何体包含的工件、毛坯或坐标系等。对象显示在“操作导航器”的“几何视图”中
创建方法	建立一个加工方法节点,设定该方法的余量和加工公差等。对象显示在“操作导航器”的“加工方法视图”中
创建操作	建立一个操作,选择操作模板,并设定操作参数。对象显示在“操作导航器”的所有视图中

(2)“操作”(加工对象)工具栏

本工具栏提供了对加工操作的编辑、剪切、复制、粘贴、重命名、删除、变换、属性、信息、显示、切换图层/布局等多项功能,如图 1-14 所示。也可以通过在操作导航器窗口中直接选取某一操作,单击鼠标右键,在弹出的快捷菜单中选取相应命令。

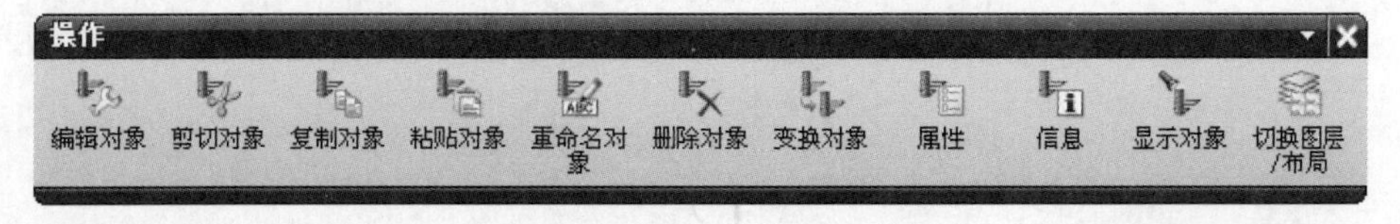

图 1-14 “操作”(加工对象)工具栏

(3)"操作"(加工操作)工具栏

本工具栏提供生成刀轨、编辑刀轨、删除刀轨、重播刀轨、确认刀轨、后处理、车间文档等多项对加工操作的处理方法,如图 1-15 所示。此外,"工件"工具栏还可以实现工件的显示方式等操作,如图 1-16 所示。

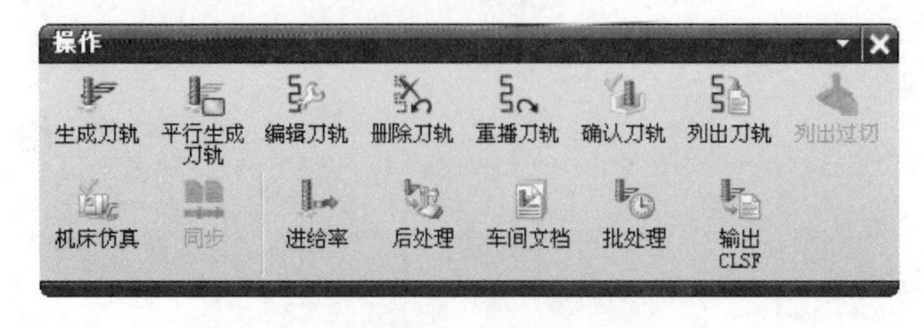

图 1-15 "操作"(加工操作)工具栏

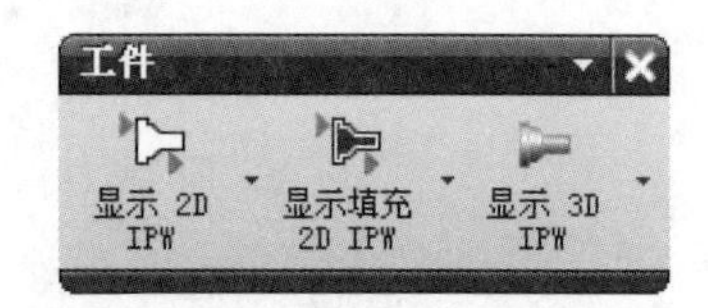

图 1-16 "工件"工具栏

(4)"导航器"工具栏

本工具栏给出了对已创建的加工操作的四种显示方式:程序顺序视图、机床视图、几何视图及加工方法视图等,如图 1-17 所示。通过"导航器"工具栏上的按钮,可切换各个视图。

图 1-17 "导航器"工具栏

3 操作导航器

在图形区窗口左侧的资源条上,单击"操作导航器"按钮即可弹出"操作导航器"。UG NX 8.0 加工环境中的操作导航器是一个对创建的操作进行全面管理的窗口,它有四个视图,分别是程序顺序视图、机床视图、几何视图和加工方法视图。这四个视图分别使用程序组、机床、几何体和加工方法作为主线,通过树形结构显示所有的操作,如图 1-18~图 1-21 所示。在"操作导航器"中单击鼠标右键会弹出一系列菜单,其中许多菜单的功能与主菜单的选项或各种工具栏中的工具功能相同,但快捷菜单更便于用户的操作和使用。

图 1-18 "操作导航器"程序顺序视图

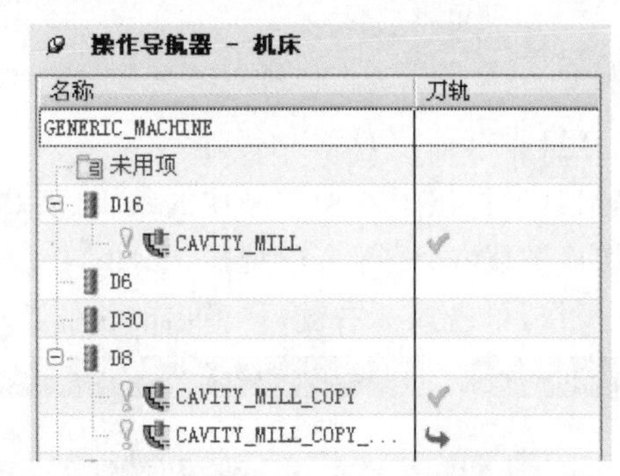

图 1-19 "操作导航器"机床视图

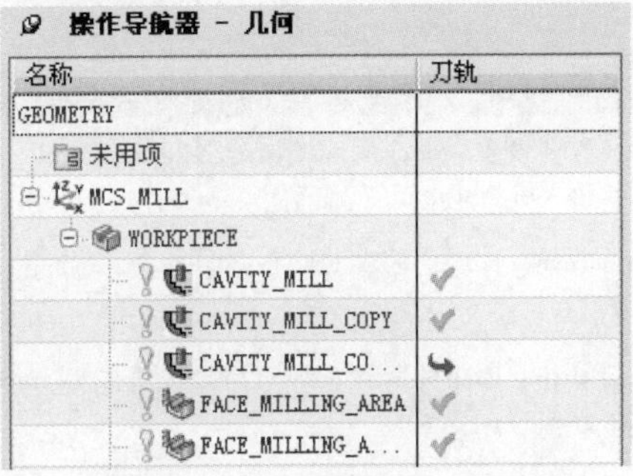

图 1-20 “操作导航器”几何视图

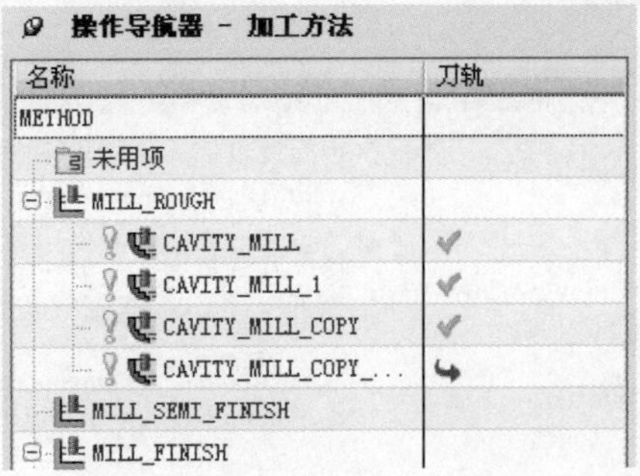

图 1-21 “操作导航器”加工方法视图

“操作导航器”的四个视图是相互联系、统一的整体，绝不可误解为各自孤立的部分，它们始终围绕着操作这条主线，按照各自的规律显示。“操作导航器”的作用就是方便操作的管理，提高程序编制的准确度和效率。其中使用较多的是几何视图和程序顺序视图。

（二）加工环境设置

1 加工环境概述

每次进入 UG 的加工模块进行编程工作时，UG CAM 将自动分配一个操作设置环境——UG 的加工环境。数控铣、数控车、数控电火花线切割编程都可以利用 UG CAM 进行编程，而且仅仅 UG CAM 的数控铣就可以实现平面铣、型腔铣、固定轴轮廓铣等不同类型的加工形式。

操作人员可以根据需要对 UG 的加工环境自行定制和选择，因为在实际工作中，每个编程人员所从事的工作往往比较单一，很少用到 UG CAM 的所有功能。通过定制加工环境，使得每个用户拥有不同的个性化的编程软件环境，从而提高工作效率。

2 CAM 会话配置

CAM 会话配置见表 1-2，它用来定义可用的 CAM 设置部件（模板），不同的 CAM 会话配置适合于不同加工需求。默认情况下的 CAM 会话配置为 cam_general，它提供通用的车削、三轴和多轴铣钻削、电火花线切割的加工编程功能。用户可以单击“浏览配置文件”按钮，指定一个预先自定义的 CAM 会话配置。

表 1-2 各种 CAM 会话配置

CAM 会话配置	包括的 CAM 设置
cam_express	该配置包括了 ASCII 库中的所有 CAM 设置：general，mill、turn、mill_turn、hole_making、wedm、legacy、inch、metric、express 和 tool_building，它是 CAM 基本功能的默认值
cam_express_part_planner	该配置包括了 Teamcenter Manufacturing 库中的所有 CAIV 设置，必须在 Teamcenter 环境下运行 UG NX 8.0 以上才有效
cam_general	该配置包括的 CAM 设置有 mill_planar、mill_contour、mill_multi-axis、drill、machining_knowledge、hole_making、turning、wire_edm、probing、solid_tool，它是默认的 CAM 配置，包括了所有通用的加工功能

续表

CAM 会话配置	包括的 CAM 设置
cam_library	该配置包括了 ASCII 库中的所有 CAM 设置:general、mill、turn、mill_turn、hole_making、wedm、legacy、inch、metric、express 和 tool_building
cam_part_planner_library	该配置包括了 Teamcenter Manufacturing 库中的所有 CAM 设置,必须在 Teamcenter 环境下运行 UG NX 8.0 以上才有效
cam_teamcenter_library	该配置包括了 Teamcenter Manufacturing 库中的所有 CAM 设置,必须在 Teamcenter 环境下运行 UG NX 8.0 以上才有效
feature_machining	该配置包括的 CAM 设置有 machining_knowledge、mill_feature、hole_making、mill_planar、mill_contour、drill、turning 和 wire_edm,它一般应用于特征加工
hole_making	该配置包括的 CAM 设置有 machining_knowledge、hole_making、mill_feature、mill_planar、mill_contour 和 drill,它一般应用于孔制造
hole_making_mw	该配置包括的 CAM 设置有 hole_making、hole_making_mw、mill_planar、mill_contour 和 drill,它一般应用于模具的孔制造
lathe	该配置包括的 CAM 设置仅有 turning,它一般应用于车削加工
lathe_mill	该配置包括的 CAM 设置有 turning、mill_planar、drill 和 hole_making,它一般应用于车削和铣削
mill_contour	该配置包括的 CAM 设置有 mill_contour、mill_planar、drill、hole_making、die_sequences 和 mold_sequences,它一般应用于模具顺序加工
mill_multi-axis	该配置包括的 CAM 设置有 mill_multi-axis、mill_multi_blade、mill_contour、mill_planar、drill 和 hole_making,它一般应用于多轴加工
mill_planar	该配置包括的 CAM 设置有 mill_planar、drill 和 hole_making,它一般应用于平面加工
wire_edm	该配置包括的 CAM 设置有 wire_edm,它一般应用于电火花线切割加工

③ CAM 设置

选择不同的 CAM 会话配置,在“要创建的 CAM 设置”列表框中将列出可以使用的 CAM 设置,不同的 CAM 会话配置包含了不同的 CAM 设置。一个 CAM 设置确定了可以使用的加工类型、刀具类型、几何体类型、加工方法和操作顺序,表 1-3 列出了所有 CAM 设置的适用范围。一个 CAM 设置就是一个 NX 部件文件,常称为模板,用户可以单击“浏览设置部件”按钮,指定一个 NX 部件文件作为要创建的 CAM 设置。

表 1-3　　各种 CAM 设置

英文名称	中文名称	含义
mill_planar	平面铣	主要进行面铣削和平面铣削,移除平面层中的材料。这种操作最常用于粗加工,为精加工操作做准备,也可用于精加工型腔平面、垂直侧面
mill_contour	轮廓铣	三轴铣削的主要功能,可切削带锥度壁和曲面的型腔。里面包括型腔铣、Z级深度加工、固定轴轮廓铣等。可用于粗加工、半精加工和精加工
mille_ multi-axis	多轴铣加工	主要进行可变轴的曲面轮廓铣、顺序铣等。多轴铣是用于精加工由轮廓曲面形成的区域的加工方法,通过精确控制刀轴和投影矢量使刀轨沿着设计意图做复杂轮廓移动
drill	点钻	可创建钻孔循环、锉孔循环、攻螺纹等操作
hole_making	自动钻孔	自动钻孔加工编程

续表

英文名称	中文名称	含义
turning	车削	车削加工编程
wire_edm	线切割	电火花线切割加工编程
solid_tool	固体工具	可用于创建实体工具
die_sequences	冲模顺序	可用于按照冲模加工的特定加工序列进行加工
mold_sequences	模具顺序	可用于按照模具加工的特定加工序列进行加工
probing	测量	可用于测量
machining_knowledge	加工知识	可用于钻孔、镗孔、沉头孔加工、型腔铣、面铣削和攻丝

4 加工环境的进入

(1)启动 UG NX 8.0,打开一个不包含 CAM 数据的部件文件,即没有进行过加工操作的 .prt 文件。

(2)单击"开始"右侧的下拉按钮,如图 1-22 所示;在弹出的下拉菜单中选择"加工",或使用快捷键 Ctrl+Alt+M 进入加工模块。当一个部件文件首次进入加工模块时,会弹出"加工环境"界面,如图 1-23 所示。UG NX 8.0 系统自带的 CAM 环境将出现在"要创建的 CAM 设置"列表框中。

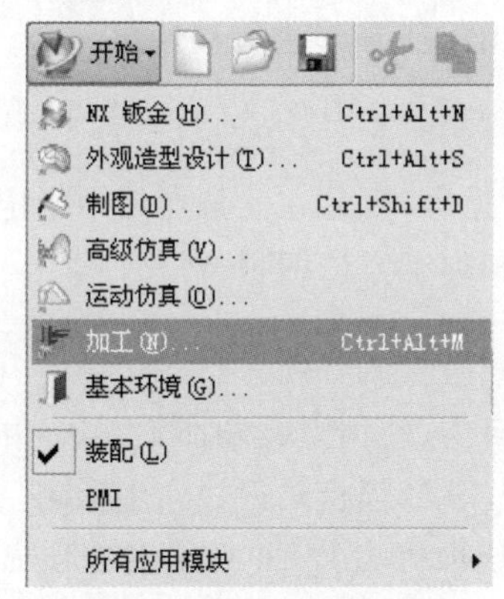

图 1-22 进入 UG CAM 模块

图 1-23 "加工环境"界面

(3)用户可以根据加工需要在"要创建的 CAM 设置"列表框中选择一种操作模板,然后单击"确定"按钮,即可进入相应的加工环境,开始编程工作。

四 UG CAM 编程基本流程

在 UG 的加工应用中,数控程序的生成可用如图 1-24 所示的流程图来表达,以便初步了解和体会 UG 生成数控程序的一般步骤及方法。

1 创建 CAD 数据模型,进入加工模块

首先需要获得 CAD 数据模型,建立主模型结构。提供数控编程的 CAD 数据模型,有

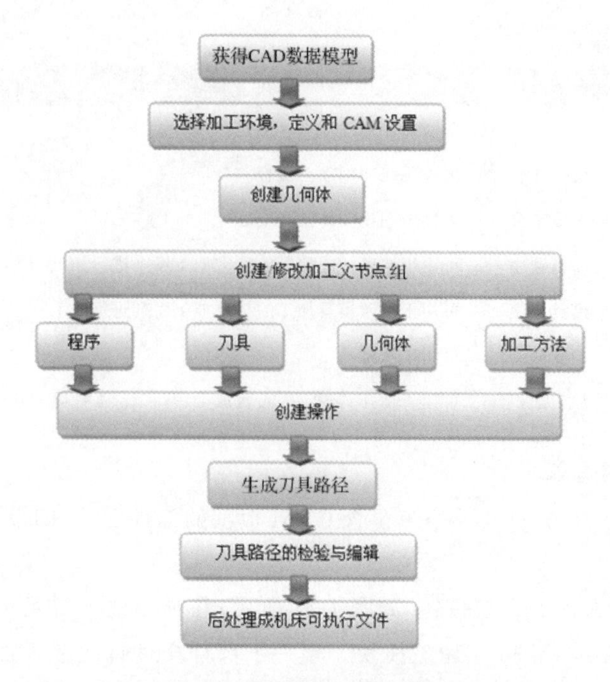

图 1-24　数控程序生成的流程图

两种常用方式：一是 UG 直接造型的实体模型；二是数据转换的 CAD 模型文件，如常见的 IGES 文件。创建 CAD 数据模型后，进入加工模块，对加工环境进行初始化。

2 创建父节点组

在创建的父节点组中可存储加工信息，如刀具数据等，凡是在父节点组中指定信息都可以被操作所继承。父节点组包括程序、刀具、几何体和加工方法四种类型。

3 创建操作并设置加工参数

在创建操作前指定这个操作的类、程序、使用几何体、使用刀具和加工方法，并指定操作的名称。创建操作时，在操作对话框中指定参数，这些参数都将对刀轨产生影响。操作中需设定加工的几何体对象、刀具、切削参数、机床控制、选项等参数，并且很多选项通过二级对话框进行参数的设置。对其不同的操作，需设定的操作参数也有所不同，同时也存在很多共同选项。操作参数的设置是 UG 编程中最主要的工作内容之一，设置操作参数包括：

(1)定义加工对象：选择加工几何体、检查几何体、毛坯几何体、边界几何体、区域几何体、底面几何体等。

(2)设置加工参数：包括走刀方式的设置，切削行距、切削深度的设置，加工余量的设置，进退刀方式设置等。

(3)设置工艺参数：包括角控制、避让控制、机床控制、进给率和主轴转速的设置等。

使用 UG 进行编程操作时，对操作对话框应按照从上到下的顺序逐个进行设置和确认，以防止遗漏。对某些可能影响刀具路径的参数即使可以直接使用默认值，也要做确认，以防万一因某个参数变化造成该参数的默认值发生变化。在刀具路径生成后需要检验，确认无误后再做后置处理和创建车间工艺文件。

4 生成刀具路径

在完成所有必须进行的操作参数设置后，就可以生成刀具路径了。在每一个操作对话框中，都可以单击“操作”选项中的“生成”按钮，生成加工路径。

5 刀具路径的检验与编辑

用户如果对创建的操作和刀具路径满意，就可以通过对屏幕视角的旋转、平移、缩放等操作来调整对刀轨的不同观察角度来观察。单击按钮，进行回放以确认刀具路径的正确性。对于某些刀具路径还可以用 UG 的切削仿真进一步检查刀轨，也可以先生成 CLS 文件，然后在 VeriCUT 软件中仿真。

6 后处理成机床可执行文件

刀具路径只有经过后置处理才可以生成数控机床能识别的数控加工程序，用户根据工厂机床的数控系统型号来选择后置处理文件，后处理结束后，生成的 NC 文件即可在数控机床上运行。

五 UG NX 8.0 加工特点与常用术语

（一）加工特点

UG NX 8.0 的加工模块是一套完善的、经过实践检验的 NC 编程系统，具有以下特点。

1 高度集成的一体化能力

加工模块真正实现了设计与制造的统一，NC 程序员、产品设计师和制造工程师可以在相同且统一的系统下直接进行全面设计、装配、工程制图和数控编程，设计数据与刀具加工轨迹保持关联性。当产品模型变更后，刀具加工轨迹信息将自动更新。

2 覆盖全面的加工流程

加工模块涵盖了从基本的车削、铣削和电火花线切割到复杂的多轴加工和高速加工的数控编程功能，提供广泛的加工能力。它的加工模块还具有一系列的刀轴控制方法，支持在加工复杂表面时精确控制机床刀轴的运动，并可进行碰撞和干涉检查。同时，具有优化的刀轨计算技术和高速加工（HSM）方式，保证刀具寿命和加工质量。

3 面向广泛的开放性

加工模块使用的几何体数据既可以是自身 CAD 功能生成的几何体，也可以是由其他任何 CAD 系统生成，再通过各种数据格式如 Iges、Step、Parasolid 等转换后，导入到 UG NX 8.0 中的点、线、片体和实体等几何体。

4 完整的编程系统

加工模块将所有 NC 编程需要的元素都集合在一起，包括刀具轨迹的生成与确认、后处理、机床仿真、数据转换、流程规划和车间文档以及用于加工的 CAD 几何建模，可创建和管理加工数据，并将其与工装、夹具和机床等资源联系起来。

5 集成的切削模拟仿真

加工模块提供完整的刀具加工轨迹切削仿真和机床运动模拟功能，机床运动模拟(ISV)是基于NC指令和机床控制器的仿真，可确保NC程序符合质量要求，而无须进行多次的试切实验，既节省材料，又降低因程序错误而带来的风险，这对于复杂零件的多轴加工和高速加工具有极其重要的作用。

6 知识驱动的编程自动化

加工模块提供强大的客户化能力，加工模板、加工流程向导和基于特征的机床加工，不仅可捕获公司标准，指导编程人员应用最佳机床加工实践，而且可根据模型上的形状特征自动选择加工流程和生成刀具加工轨迹，不需要太多的经验就可获得理想的质量结果，实现自动化编程，缩短编程时间。

(二)加工的常用术语

在UG CAM模块的操作过程中，有许多专门的术语来定义操作方法。了解这些术语的含义，是运用UG进行数控编程的基础，同时也是提高操作速度所必需的。

1 主模型

主模型即要加工成形的部件模型，也称为加工工件，它是用户在CAD模块创建的。在UG CAM的加工过程中，主模型作为加工参考对象，当所有的加工操作完成后，毛坯料即转换成主模型的外形。在UG CAM状态下，加工人员对主模型仅有读取权，没有修改权。在加工过程中，为了观察刀具和夹具是否存在干涉，可以将要加工的主模型调入加工装配件并作为加工过程的参考。主模型的修改将会更新到整个装配件。

使用主模型具有许多好处，如通过装配结构将三维设计模型与加工数据分开，但仍然可以保持模型数据的关联；使用主模型方法还可以在UG NX 8.0的不同模块中实行并行工程，减少数据量并提高设计效率。

2 设置

在UG NX 8.0的加工模块中，设置就是一个作为组件引用的工件、毛坯、固定件、夹具和机床的部件。

3 装配

UG NX 8.0的加工模块可以使用装配部件来加工，也称为主模型法加工。在一个操作中，选择装配部件或任一组件部件的几何体，所生成的加工数据存储在工作部件中。

建立一个包含夹具和固定件等组件的装配进行加工，具有三个优点：一是可以使夹具和固定件等几何体与加工的部件分离，从而减少数据量；二是可以使不具备访问权限的模型能生成相关联的加工数据；三是可以使多个NC程序员在独立的文件中同时生成加工数据。

4 操作

一个操作是指用户设定好各种加工参数后，让计算机(或数控机床)独立完成的加工动作过程，它包含了生成单个刀轨所使用的全部信息。在UG CAM环境中，一个程序或一段加工程序均可以称为一个操作，用来记录刀轨名、几何体数据(例如永久边界、画面、点等)、永久刀具、后处理命令集、显示数据和定义的坐标系等信息。

UG NX 8.0 的 CAM 操作可分为平面铣、轮廓铣、多轴铣、钻孔、车削、线切割等类型，每一种类型又可以分为几种更为详细的子操作，在后面的项目中将详细介绍。

对于生成和接收的每个操作，系统会保存在当前部件中生成刀轨所能使用的信息中。用户可以在编辑某个操作时使用此信息，也可以在定义新的操作时将其作为默认值。

5 处理中的工件(IPW)

由于绝大部分的部件需要通过多次的加工操作才能完成，因此每两次加工操作之间部件的状态是不一样的。在 UG CAM 中，定义每个加工操作后所剩余的材料为处理中的工件(In-Process Work Piece，IPW)。IPW 是 UG CAM 铣削加工编程所特有的。在加工过程中，为了提高型腔铣削过程的加工效率，数控编程人员必须合理地分配各个工步的加工参数，这就需要随时了解每个工步完成后毛坯料所处的状态，通过处理中的工件功能即可方便地达到这一目的。由此可见，中间过程为编程人员的编程提供了许多方便，同时也提高了实际的加工效率，避免了加工过程的空走刀现象。需要注意的是，在下一个工步中使用 IPW 之前，上一个工步必须已经成功地生成了刀具轨迹。

6 边界

边界用来定义约束切削移动的区域，这些区域既可以由包含刀具的单个边界定义，也可以由包含和排除刀具的多个边界的组合定义。边界的行为、用途和可用性随使用它们的加工模块的不同而有所差别，但也有一些共同的特性。

边界可以分为永久边界和临时边界两种。永久边界是被创建在多个操作之间共享的边界；临时边界是在加工模块内创建的，它们显示为临时实体。刷新屏幕将使临时边界从屏幕上消失，此时可以使用边界“显示”选项将临时边界重新显示出来。

与永久边界相比，临时边界具有许多优点，如可以通过曲线、边、现有永久边界、平面和点创建临时边界；临时边界与父几何体相关联，可以进行编辑，并且可以定制其内/外公差值、余量和切削进给率；此外，还可以用临时边界方便地创建永久边界。

7 后处理

后处理是指一个转换过程：把 UG 输出的刀具路径文件转换成机床可执行的标准格式。

8 模板文件

模板文件是包含了诸如工具、方法和操作等信息的文件。这些信息能被其他的 Part 格式文件取用。

9 刀具路径

刀具路径包含了刀具位置、进给速度、主轴转速、显示信息和后处理命令等信息。

10 关联性

如果在操作生成刀轨后，编辑该操作所用的几何体或刀具，那么当操作重新计算刀轨时，将自动使用这些新的信息，而不需要重新指定几何体。如果用来计算刀轨的几何体被删除，系统将提示指定新的几何体。

由于一些操作在更新时需要花费较长时间，每次改变几何体时自动更新刀轨，这会降低效率，因此应在需要时才更新刀轨。

六 坐标系

(一)坐标系概述

在 UG CAM 的加工过程中,经常涉及的坐标系有六种:机床坐标系、绝对坐标系、工作坐标系、加工坐标系、参考坐标系、已存坐标系。

1 机床坐标系

机床坐标系是机床上固有的坐标系,是机床加工运动的基本坐标系,也是考察刀具在机床上运动的基准坐标系,一般采用右手笛卡尔坐标系。机床坐标系的原点就是机床的原点或零点,其位置由生产厂家出厂前调整好,用户是不可更改的。

2 绝对坐标系(ACS)

绝对坐标系是系统内定的坐标系,不可更改,它是所有几何对象位置的绝对参考。

3 工作坐标系(WCS)

工作坐标系在建模或加工过程中应用非常广泛,该坐标系在空间是可以移动的。在图形区显示时,在每根坐标轴上用 *C* 做标志。需要注意的是:在加工过程中,当刀具轴不是 *ZC* 轴时,*I*、*J*、*K* 的值是相对于工作坐标系确定的。

4 加工坐标系(MCS)

加工坐标系是可以移动的,在部件加工过程中非常重要。经后处理后的程序坐标值是相对于加工坐标系的原点位置确定的。在图形区显示时,在每根坐标轴上用 *M* 做标志,与工作坐标系相比,各坐标轴较长。单击主菜单“格式>>MCS>>显示”命令,即可切换加工坐标系在绘图区显示或不显示。

5 参考坐标系(RCS)

参考坐标系是一个限制性的坐标系,一般用来做参照,默认位置在绝对坐标系位置。

6 已存坐标系(SCS)

已存坐标系用来标识空间位置,一般只用来做参考。

在上述的六种坐标系中,UG CAM 编程时主要关注加工坐标系(MCS)的设定,在建模过程中着重关注工作坐标系(WCS)的设定,然而,在实际加工过程中,则是通过“对刀”操作将工件的加工坐标系(MCS)与机床坐标系进行一一对应,从而实现自动编程到实际加工的转换。

(二)坐标系设置

1 加工坐标系的设置

在 UG NX 8.0 的加工环境中,双击如图 1-25 所示的坐标系节点 MCS_MILL,打开 Mill Orient 对话框,如图 1-26 所示。对话框中的和按钮均是用来改变加工坐标系方位的,下面分别进行介绍。

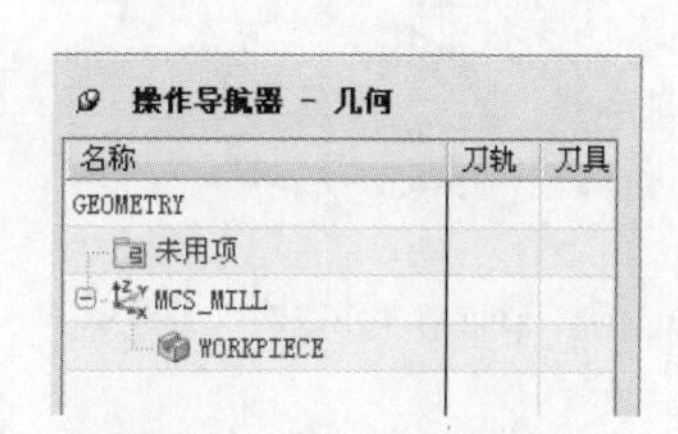

图 1-25　几何体操作导航器

图 1-26　Mill Orient 对话框

(1)动态修改加工坐标系的方位

首先,关闭加工坐标系的显示,单击主菜单"格式>>MCS>>显示"命令,在绘图区不显示加工坐标系。然后双击操作导航器中的坐标系节点 MCS_ MILL,打开 Mill Orient 对话框,单击按钮,弹出 CSYS 对话框,选择类型为"动态",如图 1-27 所示,在绘图区加工坐标系上出现了平移柄和旋转柄,如图 1-28 所示。拖动平移柄和旋转柄可动态地改变加工坐标系的方位。

图 1-27　CSYS 对话框

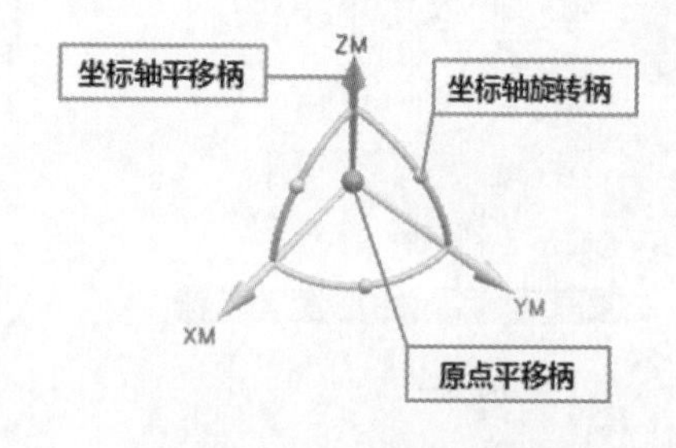

图 1-28　动态加工坐标系设置

①原点平移柄操作

单击加工坐标系的原点平移柄小球,则该小球变为红色,此时可以实时拖动将坐标系原点移至任意位置,而保持坐标系的方位不变。也可以通过点构造器选定任意点,则坐标系原点被移到该点。

②坐标轴平移柄操作

单击加工坐标系的 X、Y、Z 的任一轴的平移柄箭头,则会弹出跟踪对话框,如图 1-29 所示,此时可以拖动坐标系沿所选择的坐标轴方向进行实时移动,在跟踪对话框中会实时显示移动的距离。如在"距离"文本框中输入需要移动的距离值(可正可负),按回车键,则坐标系沿选定轴向移动相应的距离。如在"捕捉"文本框中输入数值,按回车键,则再次拖动坐标系时,移动的距离是捕捉数值的整数倍,且在"距离"文本框中实时显示。

③坐标轴旋转柄操作

单击加工坐标系的任一旋转柄小球,则会弹出跟踪对话框,如图 1-30 所示,此时可以拖动坐标系绕第三轴进行实时旋转,在跟踪对话框中会实时显示旋转的角度。如在"角度"文本框中输入需要旋转的角度值(可正可负),按回车键,则坐标系绕第三轴旋转相应的角度。若在"捕捉"文本框中输入数值,按回车键,则再次拖动坐标系时,每次旋转的是捕捉的角度值，且在“角度”文本框中实时显示。

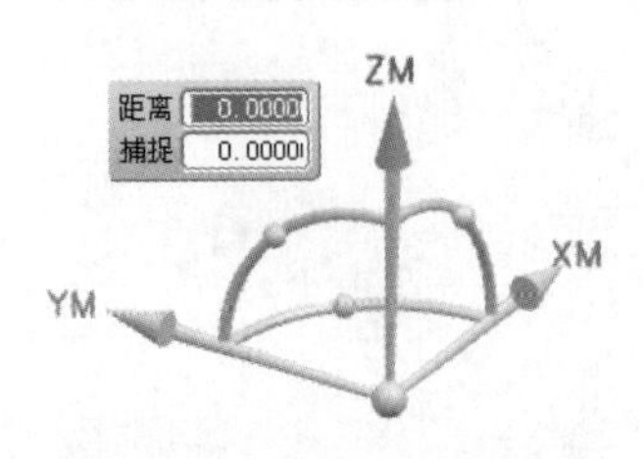

图 1-29 通过距离修改加工坐标系

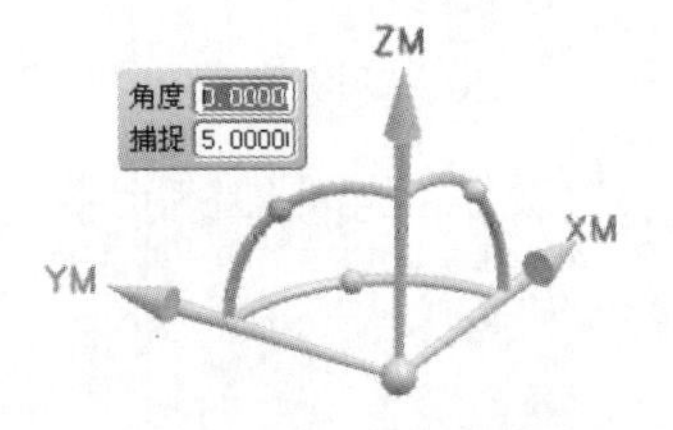

图 1-30 通过角度修改加工坐标系

(2)通过坐标系构造器修改加工坐标系的方位

在 Mill Orient 对话框中，单击按钮，或者在 CSYS 对话框中，单击“类型”下拉列表，如图 1-31 所示。

2 工作坐标系定位到加工坐标系

部分加工参数的设定有时参照加工坐标系，有时参照工作坐标系，为了统一工作坐标系和加工坐标系，可以设定加工的首选参数，单击主菜单“首选项>>加工”，弹出“加工首选项”对话框，选择“几何体”选项卡，如图 1-32 所示，勾选“将 WCS 定向到 MCS”复选框，单击“确定”按钮。则在同一个操作中设定加工参数时，工作坐标系将被临时定位到加工坐标系，这样工作坐标系与加工坐标系达成一致。

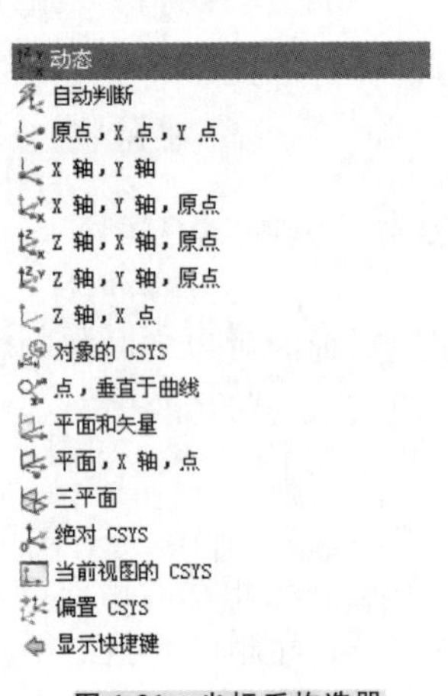

图 1-31 坐标系构造器

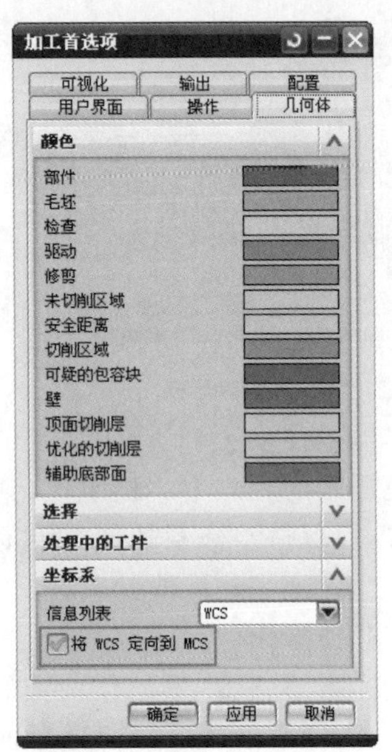

图 1-32 “加工首选项”对话框

3 参考坐标系的设置

参考坐标系的设置在 Mill Orient 对话框中，如图 1-33 所示，参考坐标系的设置与加工坐标系基本相同。当加工区域从零件的一部分移到另一部分时，参考坐标系用于定位非模型几何参数(包括起刀点、返刀点、刀轴的矢量方向和安全平面等)。在操作对话框中指定的起刀点、安全平面的 Z 值以及其他矢量数据，都是参照工作坐标系，而确定刀具位置的各点坐标是参照加工坐标系。一般情况下，建议勾选“链接 RCS 和 MCS”复选框，此时参考坐标系区域的按钮将变为灰色不可用，表示参考坐标系与加工坐标系保持一致，这样可以使系统减少参数的重新指定工作量。

（三）安全高度设置

在 UG NX 8.0 加工模块中定义安全高度有两种方法，第一种是在加工坐标系中定义，第二种是在“传递/快速”中定义。

一般情况下，可以为每个要加工的工件定义一个加工坐标系，双击如图 1-25 所示的坐标系节点 MCS_MILL，打开 Mill Orient 对话框，如图 1-34 所示。单击“安全距离”选项组，在“安全设置选项”中选择定义类型，然后在“安全距离”文本框中输入平面偏置距离，就可以定义安全高度了。

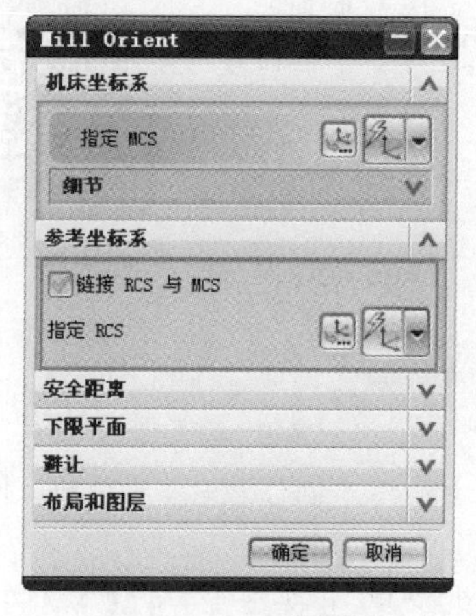

图 1-33 参考坐标系

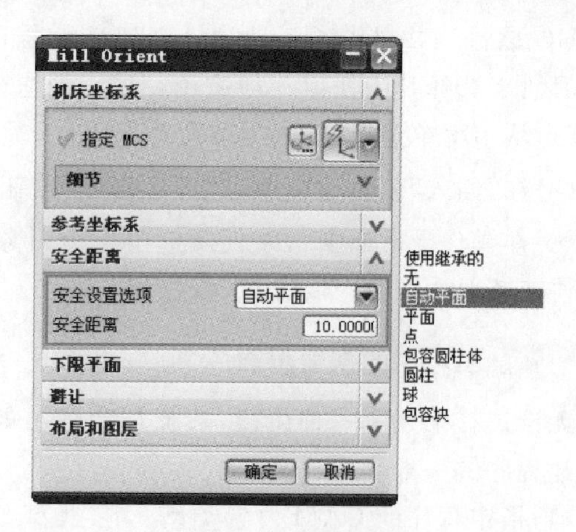

图 1-34 安全高度设置

第二种方法是在平面铣或型腔铣操作参数对话框中，单击“非切削移动”按钮，弹出“非切削移动”对话框，选择其中的“传递/快速”选项卡，“安全距离”设置选项如图 1-35 所示，具体操作与第一种方法相同。

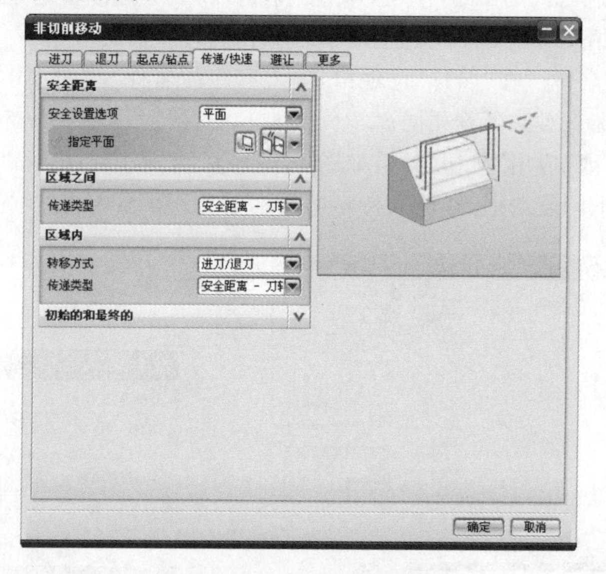

图 1-35 “非切削移动”对话框

七 加工对象的设定

UG NX 8.0 加工对象的设定主要包括加工程序、加工刀具、加工几何体、加工方法和加工操作的设定，下面就这几个内容进行详细介绍。

（一）加工程序的设定

1 加工程序的创建方法

UG 软件一共提供了三种途径创建新的程序，用户可以根据个人的操作习惯来选择其中任何一种途径。这三种途径如下：

加工对象的设定

（1）从主菜单选择“插入>>程序”。

（2）在“插入”工具栏中单击“创建程序”按钮。

（3）在操作导航器窗口中任意选中一个对象后，单击鼠标右键，在弹出的快捷菜单中选择“插入>>程序组”。

2 加工程序的创建步骤

无论选择上述哪一种途径，系统都会弹出如图 1-36 所示的“创建程序”对话框，下面介绍创建程序的一般步骤：

（1）指定程序的 CAM 设置类型。在“类型”选项组，单击“▼”并选择合适的 CAM 设置，例如 mill_planar。因为 CAM 设置类型不会影响程序组的创建，因此，这一步可以省略。

（2）指定程序的子类型。在“程序子类型”选项组，选择合适的程序子类型按钮。默认情况下，系统仅有一个程序子类型，因此，这一步也可以省略。

（3）指定程序的位置。在“位置”选项组，单击“▼”并选择合适的父级组，例如 NC_PROGRAM。一般情况下，建议不要选择 NONE 作为程序的父级组。

（4）输入程序的名称。在“名称”选项组，输入程序的名称，例如 UP，注意输入的名称不能与已存在的任何加工对象名称相同。

（5）单击“确定”或“应用”按钮，弹出如图 1-37 所示的“程序”对话框。如果需要，可以勾选“运算程序消息”下的复选框，并输入特定的文本信息；否则，单击“确定”按钮即可。

图 1-36 “创建程序”对话框

图 1-37 “程序”对话框

(二)加工刀具的设定

刀具创建与选用的具体介绍如下。

1 刀具基本概念

(1)刀具参考点

数控铣床上的刀具受 NC 程序的控制沿 NC 程序的刀轨运动实现对工件的切削,刀具移动的点就是刀具参考点,也就是说,刀轨是刀具参考点的轨迹。在 UG NX 8.0 中,各种形式的刀具,其刀具参考点都在刀具底部的中心位置,如图 1-38 所示,也就是说 UG NX 8.0 生成的刀轨就是刀具上这一点的运动轨迹。

(2)刀具轴

在 UG NX 8.0 中,经常会用到刀具轴的概念,刀具轴是指一个矢量方向,它位于刀具的轴线上,从刀具参考点指向刀柄方向,如图 1-39 所示。

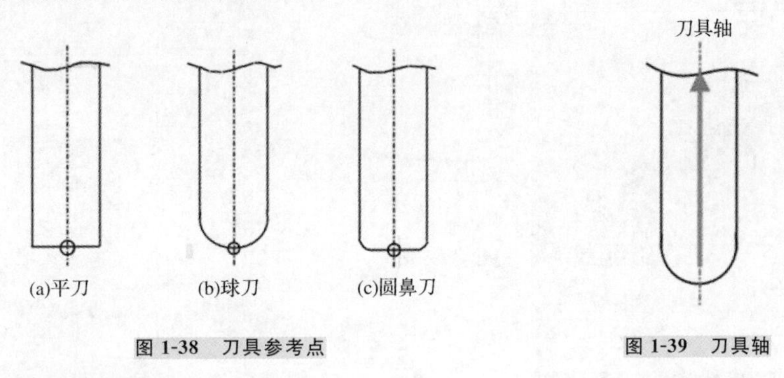

图 1-38 刀具参考点

图 1-39 刀具轴

2 刀具的创建方法

UG 软件一共提供了三种途径创建新的刀具,用户可以根据个人的操作习惯来选择其中任何一种途径。这三种途径如下:

(1)从主菜单选择"插入>>刀具"。

(2)在"插入"工具栏中单击"创建刀具"按钮。

(3)在操作导航器窗口中任意选中一个对象后,单击鼠标右键,在弹出的快捷菜单中选择"插入>>刀具"。

3 新刀具的创建步骤

无论选择上述哪一种途径,系统都会弹出如图 1-40 所示的"创建刀具"对话框,下面介绍创建新刀具的一般步骤:

(1)指定刀具的 CAM 设置类型。在"类型"选项组,单击"▼"并选择合适的 CAM 设置,例如 mill_contour。CAM 设置类型不同,刀具的子类型也随之不同。

(2)指定刀具的子类型。在"刀具子类型"选项组,选择合适的刀具子类型按钮。例如铣刀(Mill)按钮。

(3)指定刀具的位置。在"位置"选项组,单击"▼"并选择合适的父级组,例如 GENERIC_MACHINE。一般情况下,建议不要选择 NONE 作为程序的父级组。

(4)输入刀具的名称。在“名称”选项组，输入刀具的名称，例如 D16，注意输入的名称不能与已存在的任何加工对象名称相同。

(5)单击“确定”或“应用”按钮，将弹出与刀具类型相对应的刀具参数对话框，例如“铣刀-5 参数”对话框，如图 1-41 所示。根据选择刀具类型的不同，UG 软件提供的刀具参数也随之不同。

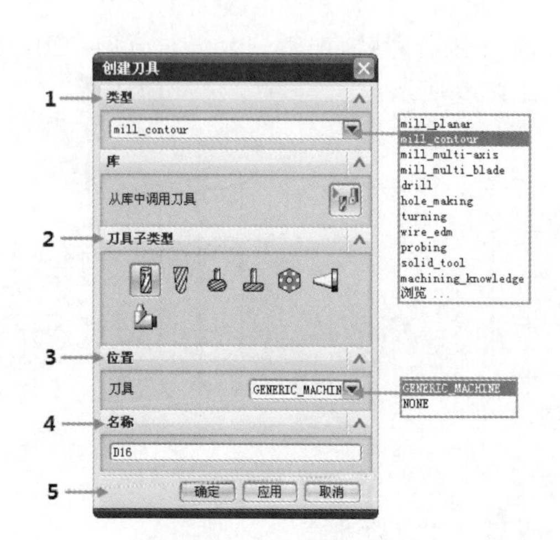

图 1-40 “创建刀具”对话框

图 1-41 “铣刀-5 参数”对话框

(6)设定刀具的参数。在刀具参数对话框中，设定刀具的“直径”“材料”等参数，单击“确定”按钮即可完成刀具的设置。

单击资源条中的“操作导航器”按钮，打开操作导航器，在其中可以看到刚创建的刀具，如图 1-42 所示，如果这把刀具不符合要求，可以在操作导航器中双击它，打开刀具的参数对话框，在对话框中修改它的相关参数。

4 刀库刀具的调用

尽管 UG NX 8.0 提供了让用户自己创建刀具的功能，但是，在实际编程中，对于常用的刀具，用户往往不必自己创建，可以直接从刀库中选取。

(1)从 UG NX 8.0 内部刀库中调出刀具的步骤为：利用刀具创建方法中的一种，打开“创建刀具”对话框，如图 1-40 所示。

(2)单击“从库中调用刀具”按钮，弹出“库类选择”对话框，如图 1-43 所示，单击 Milling 铣刀类前的“＋”，其下显示了铣刀的 11 个类别，选择 End Mill(non indexable)类，单击“确定”按钮。

名称	刀轨	刀具	描述
GENERIC_MACHINE			通用机床
未用项			mill_planar
D16			Milling To...

图 1-42　操作导航器机床视图

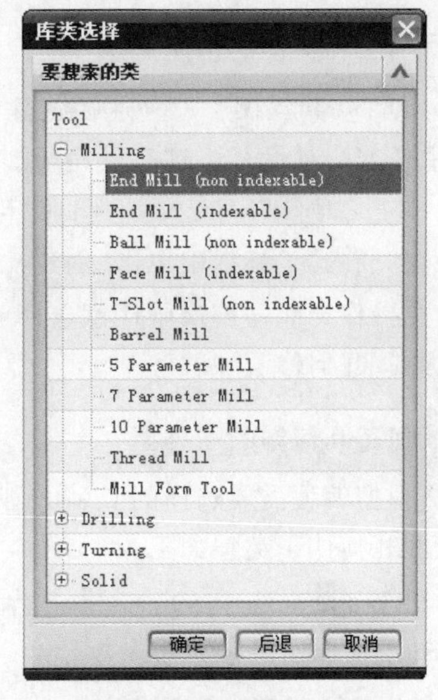

图 1-43　“库类选择”对话框

(3)弹出“搜索准则”对话框，如图 1-44 所示，接受默认设置，单击“确定”按钮，系统在刀库中进行自动搜索，搜索到的刀具将在弹出的“搜索结果”对话框中显示，如图 1-45 所示。其中列出了搜索到的刀库中 End Mill(non indexable)类的所有刀具，选择其中的一把铣刀，单击“确定”按钮，则从刀库中调出了所需的铣刀。

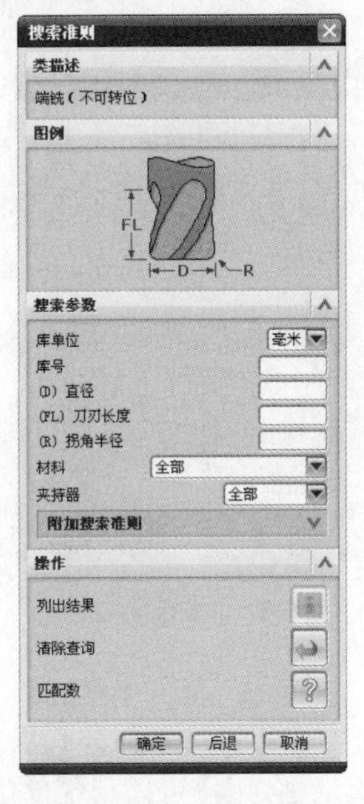

图 1-44　“搜索准则”对话框

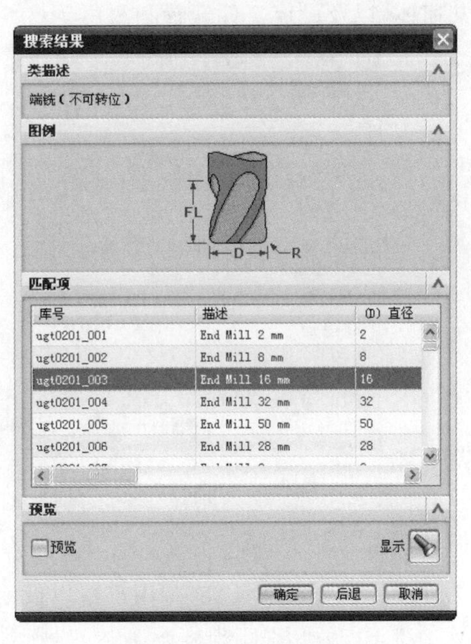

图 1-45　“搜索结果”对话框

(三)加工几何体的设定

加工几何体用来设定加工工件的形状、机床坐标系和安全高度等信息。在实际编写程序时，要根据加工工艺要求来创建新的加工几何体。

① 加工几何体的创建方法

UG 软件一共提供了三种途径创建新的加工几何体，用户可以根据个人的操作习惯来选择其中任何一种途径。这三种途径如下：

(1)从主菜单选择“插入>>几何体”。

(2)在“插入”工具栏中单击“创建几何体”按钮。

(3)在操作导航器窗口中任意选择一个对象后，单击鼠标右键，在弹出的快捷菜单中选择“插入>>几何体”。

② 加工几何体的子类型

用户根据编程需要选择的 CAM 设置不同，几何体子类型也就随之不同。在使用过程中，常见的几何体子类型如下：

(1)MCS

MCS 主要应用于创建机床坐标系。单击 MCS 按钮，弹出如图 1-46 所示的 MCS 对话框，根据情况定义机床坐标系和安全平面的位置。当一个工件需要二次加工，并且机床坐标系的方位不同时，就需要创建两个机床坐标系，分别管理各自的操作。

(2)WORKPIECE

通过 WORKPIECE 子类型，用户可以设定用于通用加工所需的几何体。当用户选择 WORKPIECE 子类型时，弹出如图 1-47 所示的“工件”对话框，用户可以指定部件、毛坯和检查几何体，以及设定工件偏置和材料等。

图 1-46　MCS 对话框

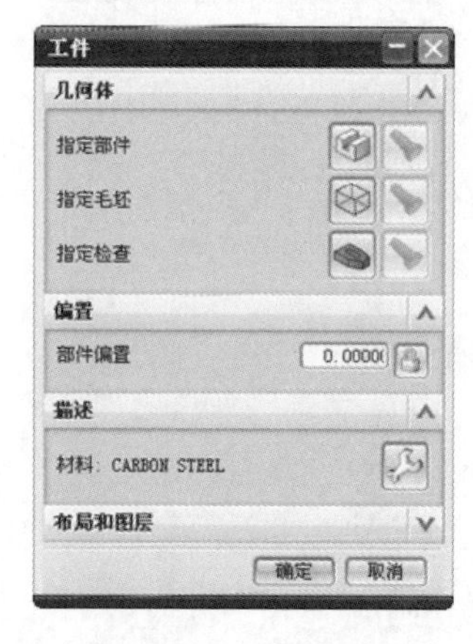

图 1-47　“工件”对话框

(3)MILL_GEOM

通过 MILL_GEOM 子类型，用户可以设定用于铣削加工所需的几何体。当选择 MILL_GEOM 子类型时，弹出如图 1-48 所示的“铣削几何体”对话框，用户可以指定部件、毛坯和检查几何体，以及设定工件偏置和材料等。

(4)MILL_AREA

通过 MILL_AREA 子类型，用户可以设定用于铣削加工所需的铣削区域几何体。当选择 MILL_AREA 子类型时，弹出如图 1-49 所示的“铣削区域”对话框，用户可以指定部件、检查、切削区域、壁和修剪边界几何体。

图 1-48 “铣削几何体”对话框

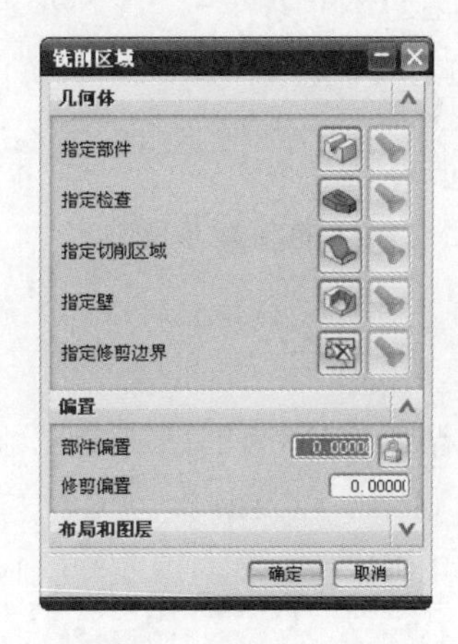

图 1-49 “铣削区域”对话框

(5)MILL_BND

通过 MILL_BND 子类型，用户可以设定用于铣削加工所需的铣削边界几何体。当选择 MILL_BND 子类型时，弹出如图 1-50 所示的“铣削边界”对话框，用户可以指定部件、毛坯、检查和修剪边界几何体。

(6)HOLE_BOSS_GEOM

通过 HOLE_BOSS_GEOM 子类型，用户可以设定用于螺纹孔加工所需的几何体。当选择 HOLE_BOSS_GEOM 子类型时，弹出如图 1-51 所示的“孔或凸台几何体”对话框。在使用 hole_making 作为 CAM 设置类型时，HOLE_BOSS_GEOM 几何体适用于建立一个螺纹铣操作。

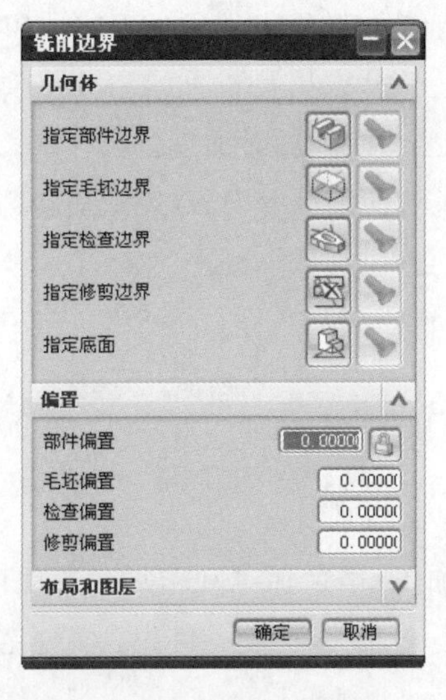

图 1-50 “铣削边界”对话框

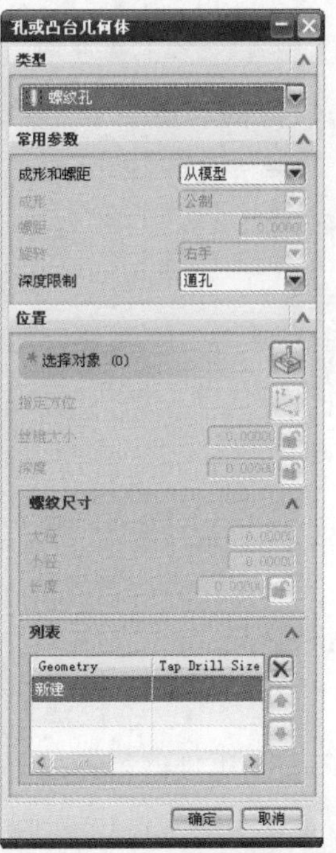

图 1-51 “孔或凸台几何体”对话框

(7)MILL_TEXT

通过 MILL_TEXT 子类型,用户可以设定用于铣削加工所需的铣削区域几何体。当选择 MILL_TEXT 子类型时,弹出如图 1-52 所示的"铣削文本"对话框。

3 加工几何体的创建步骤

无论选择上述哪一种途径,UG 系统均会弹出如图 1-53 所示的"创建几何体"对话框,下面介绍创建几何体的一般步骤:

(1)指定程序的 CAM 设置类型。在"类型"选项组,单击"▼"并选择合适的 CAM 设置,例如 mill_planer。CAM 设置类型不同,几何体的类型也会不同。

(2)指定几何体的子类型。在"几何体子类型"选项组,选择合适的几何体子类型按钮。

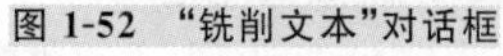

图 1-52 "铣削文本"对话框

图 1-53 "创建几何体"对话框

(3)指定几何体的位置。在"位置"选项组,单击"▼"并选择合适的父级组,例如 GEOMETRY。一般情况下,建议不要选择 NONE 作为程序的父级组。

(4)输入几何体的名称。在"名称"选项组,输入几何体的名称,例如 MILL_AREA,注意输入的名称不能与已存在的任何加工对象名称相同。

(5)单击"确定"或"应用"按钮,弹出与几何体子类型相匹配的对话框。

(6)指定几何体,包括部件几何体,指定检查区域及切削区域等内容,完成后单击"确定"按钮。

(四)加工方法的设定

1 加工方法参数

(1)余量

数控编程加工中,工件的数控加工一般要经过粗加工、半精加工和精加工等工序,创建每一个操作时都需要下一个操作或工序保留加工余量。UG NX 8.0 提供了多种定义余量的方式,见表 1-4。

表 1-4　　UG NX 8.0 定义的各种加工余量

余量类型	说明
部件余量	在工件所有的表面上指定剩余材料的厚度值，如图 1-54 所示
部件底面余量	在工件的底面上指定剩余材料的厚度值，它是在刀具轴方向测量的数值，只应用于工件上的水平表面，如图 1-55 所示
部件侧壁余量	在工件的侧边上指定剩余材料的厚度值，在每一切削层上，它是在水平方向测量的数值，应用于工件的所有表面，如图 1-56 所示
检查余量	指定切削时刀具离开检查几何体的距离，如图 1-57 所示。将一些重要的加工面或者夹具设置为检查几何体，设置余量可以起到安全保护作用
修剪余量	指定切削时刀具离开修剪几何体的距离，如图 1-58 所示
毛坯余量	指定切削时刀具离开毛坯几何体的距离。毛坯余量可以使用负值，因此使用毛坯余量可以放大或缩小毛坯几何体，如图 1-59 所示

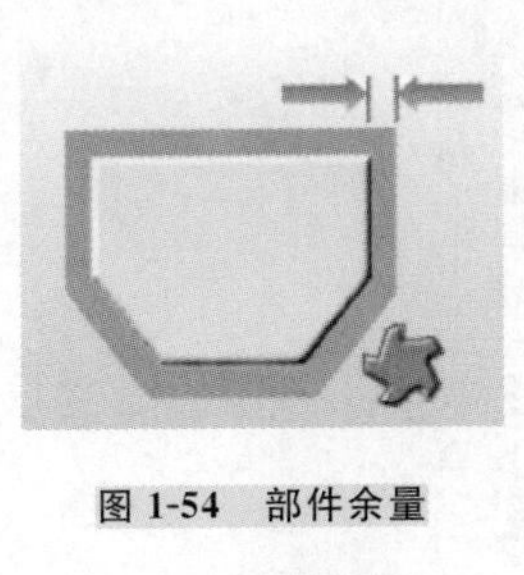
图 1-54　部件余量

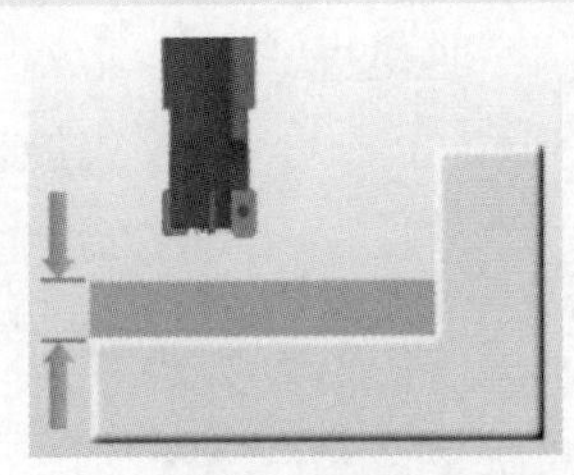
图 1-55　部件底面余量

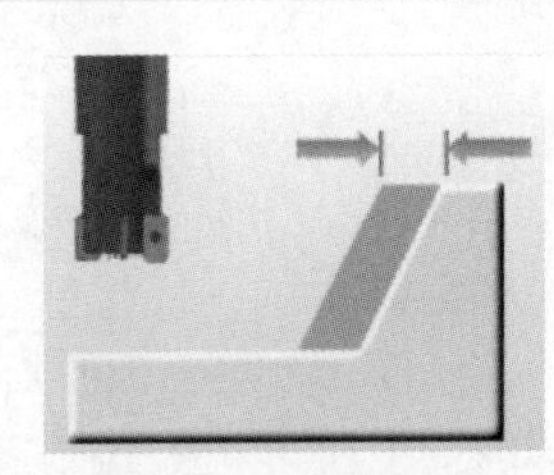
图 1-56　部件侧壁余量

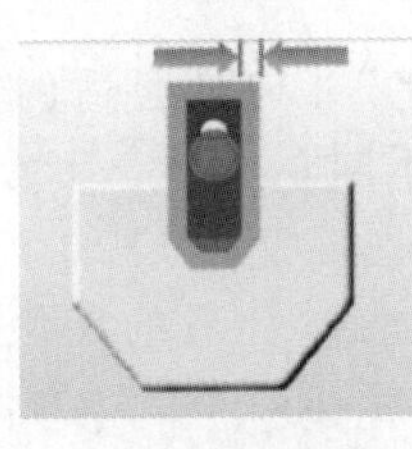
图 1-57　检查余量

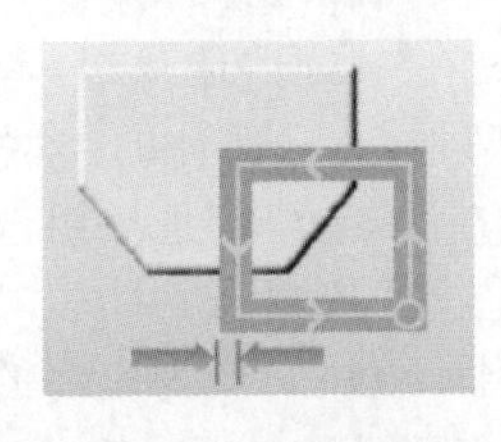
图 1-58　修剪余量

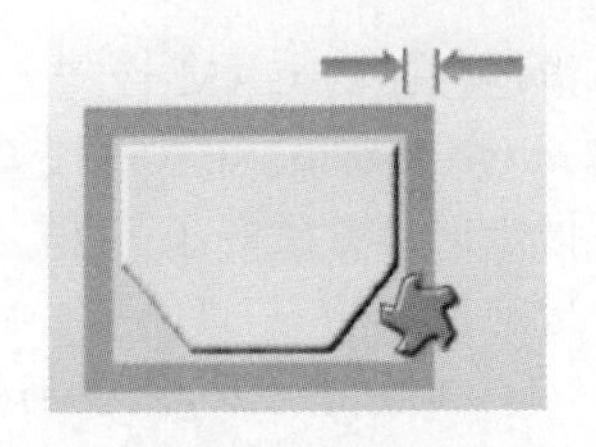
图 1-59　毛坯余量

(2)内、外公差

内、外公差决定了刀具可以偏离工件表面的允许距离，即实际加工出的工件表面与理想模型之间的允许偏差。内公差是实际加工过切的最大允许误差，外公差是实际加工不足的最大允许误差。内公差和外公差参数的意义分别如图 1-60 和图 1-61 所示。

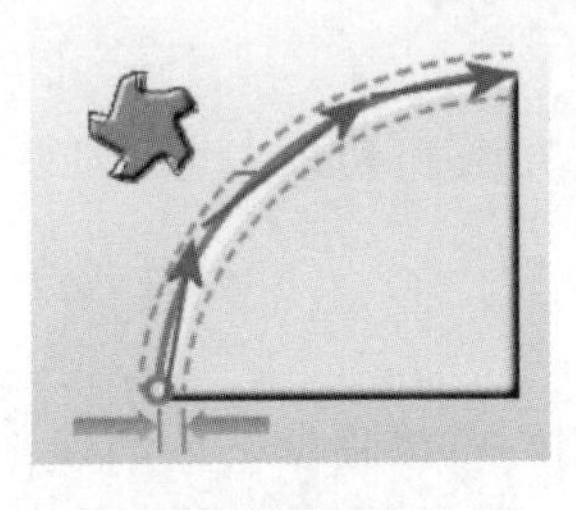
图 1-60　内公差

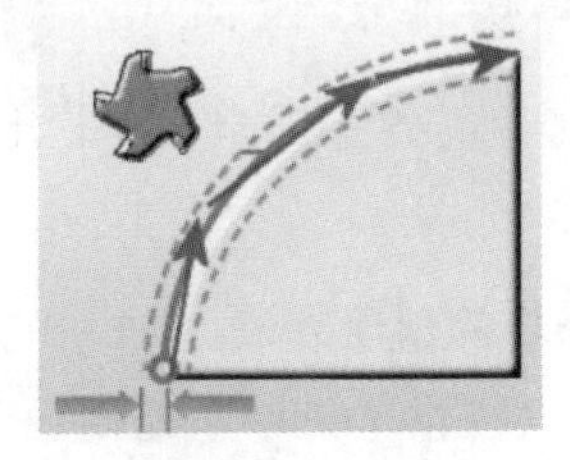
图 1-61　外公差

2 加工方法的创建方法

UG 软件一共提供了三种途径创建新的方法，用户可以根据个人的操作习惯来选择其中任何一种途径。这三种途径如下：

(1)从主菜单选择“插入>>方法”。

(2)在“插入”工具栏中单击“创建方法”按钮。

(3)在操作导航器窗口中任意选中一个对象后,单击鼠标右键,在弹出的快捷菜单中选择“插入>>方法”。

3 加工方法的创建步骤

无论选择上述哪一种途径,UG系统均会弹出如图1-62所示的“创建方法”对话框,下面介绍创建方法的一般步骤:

图1-62 “创建方法”对话框

(1)指定程序的CAM设置类型。在“类型”选项组,单击“▼”并选择合适的CAM设置,例如mill_contour。CAM设置类型不同,几何体的类型也会不同。

(2)指定加工方法的子类型。在“方法子类型”选项组选择合适的加工方法子类型按钮。

(3)指定加工方法的位置。在“位置”选项组,单击“▼”并选择合适的父级组,例如METHOD。一般情况下,建议不要选择NONE作为程序的父级组。

(4)输入加工方法的名称。在“名称”选项组,输入加工方法的名称,例如MILL_METHOD,注意输入的名称不能与已存在的任何加工对象名称相同。

(5)单击“确定”或“应用”按钮,将弹出与加工方法子类型相匹配的对话框。

(6)设定加工方法的参数,包括部件余量、公差、进给速度和切削方式等,完成后单击“确定”按钮。

(五)加工操作的设定

加工操作主要包含了刀具、加工几何体、切削方法和切削参数、刀轨显示等内容的设置。

1 加工操作的创建方法

UG软件一共提供了三种途径创建新的操作,用户可以根据个人的操作习惯来选择其中任何一种途径。这三种途径如下:

(1)从主菜单选择“插入>>操作”。

(2)在“插入”工具栏中单击“创建操作”按钮。

(3)在操作导航器窗口中任意选中一个对象后,单击鼠标右键,在弹出的快捷菜单中选择“插入>>操作”。

2 加工操作的创建步骤

无论选择上述哪一种途径，UG 系统均会弹出如图 1-63 所示的“创建操作”对话框，下面介绍创建操作的一般步骤：

图 1-63 “创建操作”对话框

(1)指定加工操作的 CAM 设置类型。在“类型”选项组，单击“▼”并选择合适的 CAM 设置，例如 mill_contour。CAM 设置类型不同，加工操作的类型也会不同。

(2)指定加工操作的子类型。在“操作子类型”选项组，选择合适的加工操作子类型按钮。例如需要固定轴曲面铣时可选择“CONTOUR_AREA”按钮。

(3)指定加工操作的位置。在“位置”选项组，分别对操作指定合适的“程序”、“刀具”、“几何体”和“方法”的父级组。一般情况下，建议不要选择 NONE 作为程序的父级组。

(4)输入加工操作的名称。在“名称”选项组，输入加工操作的名称，例如 CAVITY_MILL，注意输入的名称不能与已存在的任何加工对象名称相同。

(5)单击“确定”或“应用”按钮，将弹出与加工操作子类型相匹配的对话框。

(6)设定加工操作的参数，包括切削参数、非切削参数等，完成后单击“确定”按钮。

八 加工对象的管理

UG 软件与 MasterCAM、Cimatron 这些类型的编程软件的编程思路是不一样的，UG 软件将编程中一些公共的信息提取出来，形成了各种参数组，例如刀具组、加工方法组等，参数组包含很多类型的加工参数。这些参数基于在操作导航器中的位置，可以从组到组或从组到操作进行传递。节点位置处于更高一层的参数组称为父级组，而处于更低一层的参数组称为子级组。子级组可从它的父级组继承参数，操作也可从它的父级组继承参数。对于节点位置并列的参数组之间以及各种操作之间，加工参数均不会传递。

（一）操作与组的参数继承

在图 1-64 中有三个参数组和五个操作。由于加工参数沿从上而下的方向进行传递，所以“CAVITY_MILL”等五个操作从其父级组“WORKPIECE”和“MCS_MILL”继承参数。在操作导航器中，使用剪切（或复制）并粘贴或进行内部粘贴，就可以轻松修改参数组和操作的节点位置，也可以通过拖动来实现节点位置的修改。在粘贴时，如果使用“粘贴”，则操作或参数组与目标参数组之间就形成并列的位置关系，它们之间不存在参数继承；如果使用“内部粘贴”，则操作或参数组与目标参数组之间就形成“父子”的位置关系，它们之间存在参数继承。

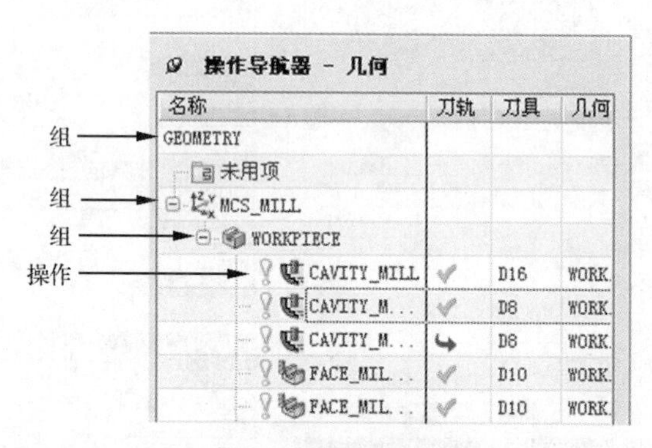

图 1-64 组和操作的关系

（二）加工对象的操作工具

为了满足各种加工对象的管理，UG 系统为广大用户提供了多种途径和工具，用户可以根据个人的操作习惯选择以下四种方法：

(1)使用“工具>>操作导航器>>刀轨”菜单，如图 1-65 所示。

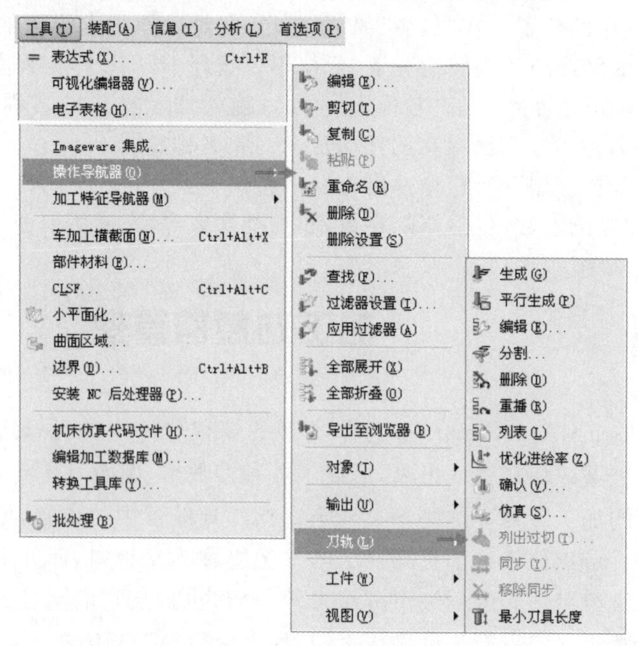

图 1-65 “工具>>操作导航器>>刀轨”菜单

(2)使用“操作”工具栏,如图 1-66 所示。

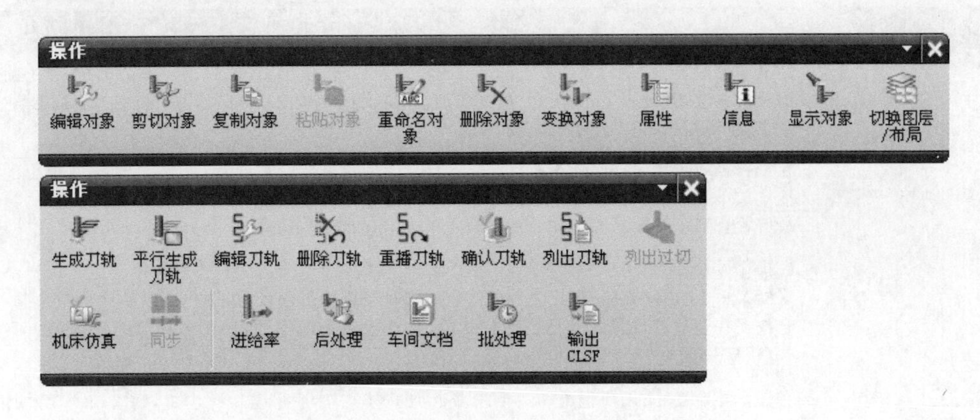

图 1-66 “操作”工具栏

(3)使用“操作”右键快捷菜单,如图 1-67 所示。被选择的加工对象不同,右键快捷菜单也会有所不同。

图 1-67 “操作”右键快捷菜单

“操作”右键快捷菜单的常见操作工具包括:编辑、剪切、复制、删除、粘贴、内部粘贴、重命名、生成、平行生成和重播等。上述“操作”右键快捷菜单工具的操作说明见表 1-5。

表 1-5　“操作”右键快捷菜单工具

菜单工具名称	操作说明
编辑	在操作导航器中，用户先选择目标加工对象，然后单击鼠标右键，弹出快捷菜单；在弹出的快捷菜单中选择“编辑”，将弹出与所选择加工对象相匹配的对话框，用户可以修改它的参数。注意：也可双击目标对象来编辑其参数
剪切	在操作导航器中，用户先选择目标加工对象，然后单击鼠标右键，弹出快捷菜单；在弹出的快捷菜单中选择“剪切”。已剪切的对象将临时放置在剪贴板上，用户可以使用粘贴功能，把它放置在合适的位置。在剪切并重新粘贴后，操作的名称不会改变
复制	在操作导航器中，用户先选择目标加工对象，然后单击鼠标右键，弹出快捷菜单。在弹出的快捷菜单中选择“复制”。已复制的对象将临时放置在剪贴板上，用户可以使用粘贴功能，把它放置在合适的位置。当复制并粘贴后，会产生一个新操作，操作名称后面自动加上字符“COPY”
删除	在操作导航器中，用户先选择一个或多个加工对象，然后单击鼠标右键，弹出快捷菜单。在弹出的快捷菜单中选择“删除”即可。删除的对象将从操作导航器中消失
粘贴	在操作导航器中，用户先选择一个目标节点，然后单击鼠标右键，弹出快捷菜单。在弹出的快捷菜单中选择“粘贴”即可。被粘贴的对象与选择的目标之间为并列关系，或称为“兄弟”关系。如果被粘贴的对象与目标对象的类型不同，系统将弹出警告信息
内部粘贴	在操作导航器中，用户先选择一个目标节点，然后单击鼠标右键，弹出快捷菜单。在弹出的快捷菜单中选择“内部粘贴”即可。内部粘贴使得被粘贴的对象与目标对象之间存在“父子”关系。如果被粘贴的对象与目标对象的类型不同，系统将弹出警告信息
重命名	在操作导航器中，用户先选择一个目标节点，然后单击鼠标右键，弹出快捷菜单。在弹出的快捷菜单中选择“重命名”，输入对象的新名称，按回车键
生成	在操作导航器中，先选择一个或多个操作，然后单击鼠标右键，弹出快捷菜单。在弹出的快捷菜单中选择“生成”。当选择多个操作生成刀轨时，在生成一个刀轨后，系统就会暂停计算
平行生成	在操作导航器中，先选择一个或多个程序组（或者操作），然后单击鼠标右键，弹出快捷菜单。在弹出的快捷菜单中选择“平行生成”，此时系统会在后台对选中的操作生成刀轨，允许用户继续进行其他操作
重播	在操作导航器中，先选择一个或多个操作，然后单击鼠标右键，弹出快捷菜单。在弹出的快捷菜单中选择“重播”。如果操作不存在刀轨，系统将会弹出警告信息

（4）使用动态拖放功能。

（三）加工对象的变换操作

1 变换概述

在数控编程加工中，有很多加工部位存在着一定的相似性，常见的有加工对象具有对称性，为了避免对相同部位做大量重复性工作，UG NX 8.0 对加工对象的刀轨允许使用“变换”操作，即允许用户对刀轨进行复制和移动操作，还可以创建原先刀轨的实例。

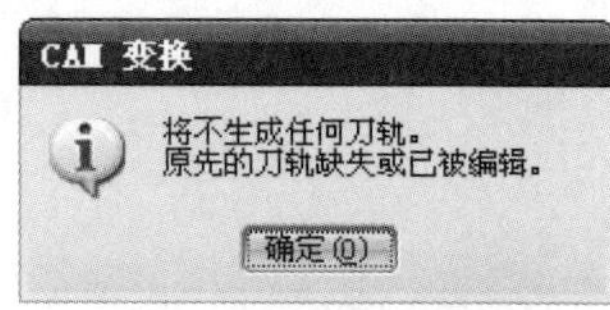

图 1-68　当刀轨被编辑未更新时的变换警告

在操作导航器中有刀轨 A，如果用户对刀轨 A 进行了编辑而没有及时更新，若还对刀轨 A 使用变换操作，那么系统会弹出如图 1-68 所示的警告信息。此时用户只需单击“确定”按钮，系统就会继续进行变换操作，完成后，用户只需重新生成刀轨即可。

2 变换的类型

(1)平移

平移变换类型将选定的操作或刀轨按指定的方向和距离进行移动,它提供了两种定义运动的方法:增量和至一点,介绍如下:

①增量:包括 *XC* 增量、*YC* 增量和 *ZC* 增量,输入数值的正负和大小确定了移动的方向和距离。必须说明的是,增量类型是沿着工作坐标系(WCS)移动的。

②至一点:先指定一个参考点,再指定一个终止点,由参考点和终止点之间的相对位置来确定移动的距离和方向。

(2)比例

比例变换类型将选定的操作或刀轨基于参考点按一定比例进行放大或缩小。比例变换的参数包括指定一个参考点和设定比例因子。

(3)绕点旋转

绕点旋转变换类型将选定的操作或刀轨绕过参考点并平行于 *ZC* 轴的直线旋转。绕点旋转变换的参数主要有旋转角度的定义,系统定义了两种定义旋转角度的方式:指定和两点,介绍如下:

①指定:指定"枢轴点"和设定"角度"值。角度沿逆时针方向进行计算测量。

②两点:指定"枢轴点"、"角起点"和"角终点"。角起点和角终点与枢轴点连线之间的夹角就是旋转角度,旋转方向由角终点相对于角起点与枢轴点连线的位置确定。

(4)绕直线旋转

绕直线旋转变换类型将选定的操作或刀轨绕任意直线旋转,它提供了三种定义旋转直线的方法:选择、两点、点和矢量,介绍如下:

①选择:指定一条存在的直线和设定角度值。直线的方向确定旋转轴的正向,角度值沿逆时针方向进行计算。

②两点:指定起点、终点和设定角度值。由起点指向终点的方向确定旋转轴的正向,角度值沿逆时针方向进行计算。

③点和矢量:指定点、矢量和设定角度值。角度值沿逆时针方向进行计算。

(5)通过一直线镜像

通过一直线镜像变换类型将在直线的另一侧创建选定操作或刀轨的镜像图像,它提供了三种定义镜像直线的方法:选择、两点、点和矢量,具体用法与绕直线旋转的参数相同。

(6)通过一平面镜像

通过一平面镜像变换类型相对于平面创建选定操作或刀轨的镜像图像。通过一平面镜像变换类型主要使用平面工具指定一个平面作为镜像平面。

(7)圆形阵列

圆形阵列变换类型将创建选定操作或刀轨的圆周图样。圆形阵列变换的参数主要有参考点、阵列原点、数量、半径、起始角、增量角度。阵列的第一个对象的参考点在阵列原点上,每个对象与目标点的关系和每个对象与参考点的关系都是相同的。主要参数介绍如下:

①数量:设定圆形阵列对象的数量。

②半径:设定圆形阵列圆的半径,它表示阵列原点与阵列第一个对象的参考点之间的距离。

③起始角：设定圆形阵列圆上第一个对象起始角度的位置。

④增量角度：设定相邻阵列对象之间的角度增量。

(8)矩形阵列

矩形阵列变换类型将复制选定的操作或刀轨，以创建与 *XC* 轴和 *YC* 轴平行的列。矩形阵列变换的参数主要有参考点、阵列原点、*XC* 向的数量、*YC* 向的数量、*XC* 向偏置、*YC* 向偏置、阵列角度。阵列的第一个对象的参考点在阵列原点上，每个对象与目标点的关系和每个对象与参考点的关系都是相同的。主要参数介绍如下：

①*XC* 向的数量：设定沿 *XC* 方向矩形阵列对象的数量。

②*YC* 向的数量：设定沿 *YC* 方向矩形阵列对象的数量。

③*XC* 向偏置：设定矩形阵列中相邻对象的参考点之间沿 *XC* 方向的距离。

④*YC* 向偏置：设定矩形阵列中相邻对象的参考点之间沿 *YC* 方向的距离。

⑤阵列角度：设定矩形阵列的旋转角度，角度根据阵列原点从 *XC* 正方向沿逆时针方向计算。

(9)CSYS 到 CSYS

CSYS 到 CSYS 变换类型将选定的操作或刀轨从参考坐标系移动或复制到目标坐标系。CSYS 到 CSYS 变换的参数主要有从 CSYS、到 CSYS，介绍如下：

①从 CSYS：设定参考坐标系。

②到 CSYS：设定目标坐标系。

3 变换的操作步骤

UG 软件提供多种变换类型，然而，无论用户选用哪一种类型，它们的操作步骤大体上是相同的，具体的操作步骤如下：

(1)选择变换对象。在操作导航器中，选择一个或多个操作(或程序组)，单击鼠标右键，选择“对象>>变换”，系统弹出如图 1-69 所示的“变换”对话框。

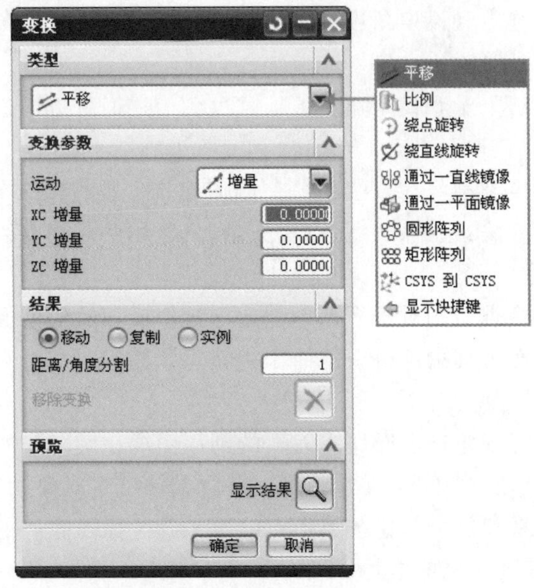

图 1-69 “变换”对话框

(2)指定变换类型。在“类型”选项组,单击“▼”并选择所需的变换类型。

(3)设置变换参数。在“变换参数”选项组,如果需要就先指定“运动”方式,再设定合适的变换参数。变换和运动类型不同,变换参数也随之不同。

(4)指定变换结果。在“结果”选项组中变换结果有“移动”、“复制”和“实例”三种类型。

(5)单击“确定”按钮,完成变换操作。

九 刀轨可视化仿真与机床仿真

在数控编程中,检验环节是必不可少的,UG 系统提供了检验刀具轨迹在加工过程是否过切、欠切或发生碰撞等情况,从而避免造成直接的经济损失及发生安全隐患。UG NX 8.0 提供了两种仿真校验方法,一种是刀轨可视化仿真,另一种是机床仿真。以下重点介绍刀轨可视化仿真。

(一)刀轨可视化仿真概述

1 刀轨可视化仿真操作步骤

刀轨可视化仿真提供了多种刀轨图形化显示的方法,为及时发现过切等问题提供了可视化工具,其操作步骤如下:

(1)进入刀轨可视化仿真界面。方法有两种,第一种是在“操作导航器”内选择要进行可视化仿真的一个或多个操作,如需要选择多个不连续对象,则按住 Ctrl 键;如需要选择多个连续对象,则按住 Shift 键。第二种是在“加工操作”工具栏中单击“确认刀轨”按钮,弹出“刀轨可视化”对话框,如图 1-70 所示,在“刀轨可视化”对话框中提供了三种仿真显示模式。

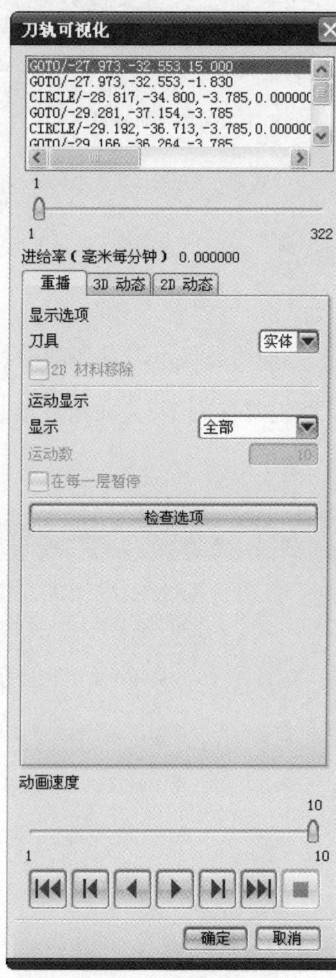

图 1-70 “刀轨可视化”对话框

(2)选择一种仿真显示模式,单击“播放”按钮,将开始对刀具路径进行可视化切削仿真。

2 刀轨可视化仿真三种显示模式

(1)重播

刀具路径重播是仿真刀具沿刀具路径显示切削路径的过程。通过调节“动画速度”“单步执行”等按钮可以显示刀具路径的播放方法和速度。“重播”选项卡的“刀具”选项主要用于指定刀具的显示方式,各参数说明见表 1-6。“显示”选项主要用于指定刀轨的显示方式,各参数说明见表 1-7。

表 1-6　　　　　　　　　　**"刀具"选项各参数说明**

选项	参数说明
开	在刀具的当前位置显示其线框
点	在刀具的当前位置显示一点作为刀具端点
刀轴	在刀具的端点当前位置显示一条直线
实体	在刀具和刀柄的当前位置显示刀具实体
装配	在刀具的当前位置显示一个数据库加载的 NX 部件

表 1-7　　　　　　　　　　**"显示"选项各参数说明**

选项	参数说明
全部	在图形窗口中显示所有的操作刀轨
当前层	在图形窗口中显示属于当前切削层的刀轨。刀具移动至该切削层路径末端时则显示下一个切削层
下 n 个运动	在图形窗口中仅显示当前刀具位置前指定数目的刀轨运动
过切	在图形窗口中只显示过切部分的刀轨运动

(2)2D 动态

2D 动态显示刀具切削材料后的工件,即只显示切削结果,不显示切削过程。2D 动态各参数说明见表 1-8。在播放前也会要求用户指定毛坯,如图 1-71 所示。

表 1-8　　　　　　　　　　**2D 动态各参数说明**

选项	参数说明
显示	该按钮仅在刀具路径播出后可以使用。单击该按钮,图形窗口中显示加工后的产品形状,可以用不同的颜色来区分切削和切削后的区域
比较	用设计产品来比较切削部件,帮助用户查看刀具位置有无过切现象,部件余量也可显示
创建	可创建一个放置在工作部件上的小平面实体,且可在线框模式或渲染模式中显示
删除	用于删除显示的 IPW 小平面实体。只有当前显示 IPW 的小平面实体时才能单击该按钮
重置	重新初始化播放设置,只有在选择"重置"后才能重新运行动态材料移除
抑制动画	用于查看可视化过程的最终结果,无须等待动画播放完毕

(3)3D 动态

3D 动态显示刀具沿刀具路径移动的同时切削材料的过程。在播放前会要求用户指定毛坯。这种模式允许在操作窗口进行缩放、旋转、平移等操作,如图 1-72 所示。参数说明可参见"2D 动态"。

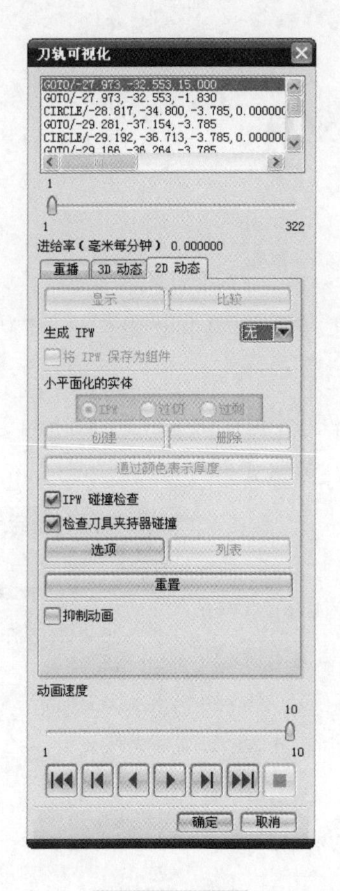

图 1-71　2D 动态

图 1-72　3D 动态

(二)过切检查

在“加工操作”工具栏中单击“确认刀轨”按钮，弹出如图 1-70 所示的“刀轨可视化”对话框中，单击“检查选项”按钮，即可进行过切检查。

“检查选项”命令主要用来检查生成的刀轨是否存在刀具、夹具与工件发生过切的现象。在“刀轨可视化”对话框中单击“检查选项”按钮，弹出“过切检查”对话框，如图 1-73 所示。用户在“过切检查”对话框中设定要进行过切检查的内容，然后单击“确定”按钮，系统完成过切检查后，将弹出“信息”对话框，该对话框中将显示存在的过切信息。

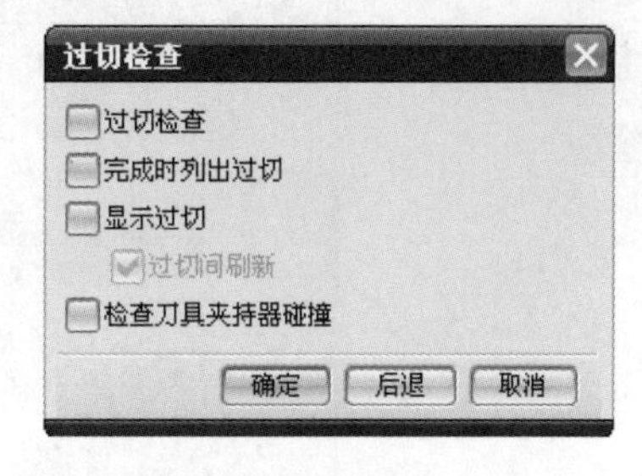

图 1-73　“过切检查”对话框

十 后置处理

(一)车间文档

车间文档是用来指导加工生产的指导性文件,一般包括刀具和材料信息、控制几何体、加工参数、后处理命令、刀具参数、刀轨信息等内容。

在 UG CAM 中,单击"加工操作"工具栏中的"车间文档"按钮来生成车间工艺文档。UG CAM 输出的车间工艺文档有 TEXT 和 HTML 两种格式。

(二)后处理和 NC 代码

UG 软件的数控编程是基于图像基础的,因此,编制好的程序还需要转换为数控机床所能识别的代码。由于数控机床的控制系统只能识别 NC 代码内容,故刀轨生成无误后,接下来要做的就是把刀轨转换为 NC 代码。把刀轨转换为 NC 代码的过程,一般称为后处理。

在"加工操作"工具栏中,单击"后处理"按钮,弹出"后处理"对话框,如图 1 74 所示。在"后处理器"下拉列表框中可以选择与加工机床匹配的后处理器,并设定输出单位。如果"后处理器"下拉列表框中没有所需要的后处理,可以单击按钮来选择适合的后处理文件。在设定好保存的路径和文件名后,单击"确定"按钮,即可生成如图 1-75 所示的 NC 加工代码。

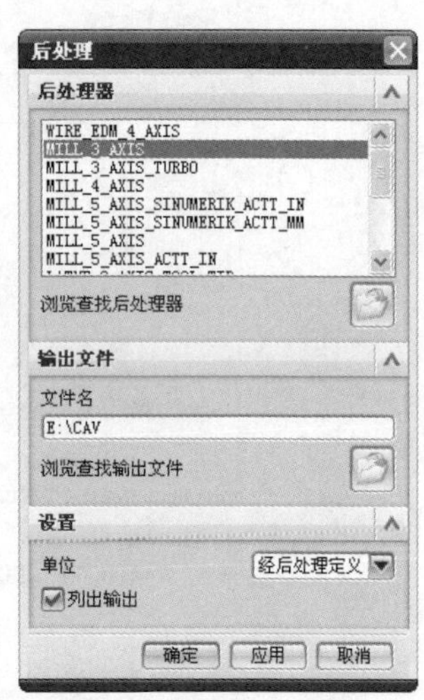

图 1-74 "后处理"对话框

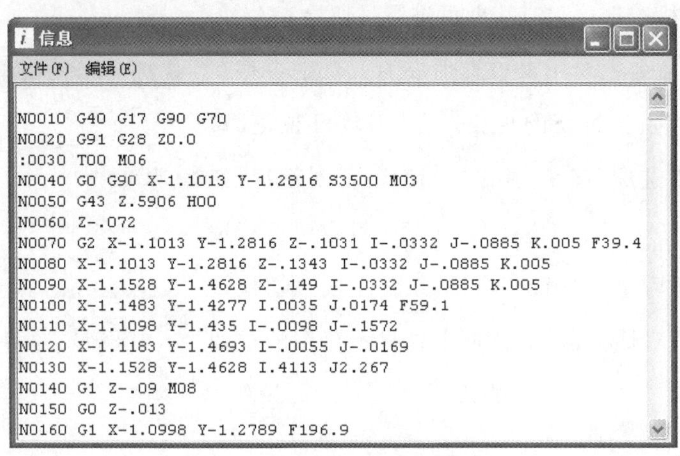

信息

文件(F) 编辑(E)

```
N0010 G40 G17 G90 G70
N0020 G91 G28 Z0.0
:0030 T00 M06
N0040 G0 G90 X-1.1013 Y-1.2816 S3500 M03
N0050 G43 Z.5906 H00
N0060 Z-.072
N0070 G2 X-1.1013 Y-1.2816 Z-.1031 I-.0332 J-.0885 K.005 F39.4
N0080 X-1.1013 Y-1.2816 Z-.1343 I-.0332 J-.0885 K.005
N0090 X-1.1528 Y-1.4628 Z-.149 I-.0332 J-.0885 K.005
N0100 X-1.1483 Y-1.4277 I.0035 J.0174 F59.1
N0110 X-1.1098 Y-1.435 I-.0098 J-.1572
N0120 X-1.1183 Y-1.4693 I-.0055 J-.0169
N0130 X-1.1528 Y-1.4628 I.4113 J2.267
N0140 G1 Z-.09 M08
N0150 G0 Z-.013
N0160 G1 X-1.0998 Y-1.2789 F196.9
```

图 1-75 NC 加工代码

设置初始化加工环境的操作步骤如下：

1 调入工件

启动 UG NX 8.0 后，单击“标准”工具栏上的“打开”按钮，弹出“打开”对话框，选择本教材素材资源包中的“1-1. prt”文件，单击“OK”按钮。（注意：要先将本教材素材资源包中的文件复制到自己硬盘上的英文或数字目录下，可登陆职教数字化服务平台进行下载。）

2 进入加工环境

单击“开始”按钮 开始 下拉列表中的“加工”命令，打开“加工环境”对话框，如图 1-76 所示。在“要创建的 CAM 设置”下拉列表框中选择 mill_planar 作为操作模板，单击“确定”按钮，进入加工环境。

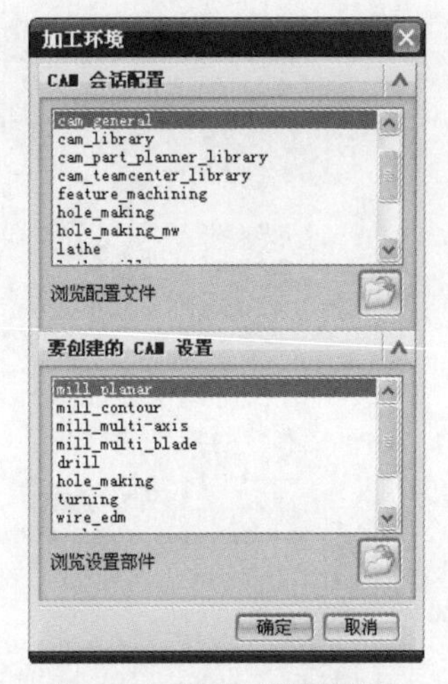

图 1-76 “加工环境”对话框

3 创建程序组

（1）单击界面左侧资源条中的“操作导航器”按钮，打开操作导航器，在操作导航器中单击鼠标右键，在弹出的快捷菜单中选择“程序顺序”，操作导航器如图 1-77 所示。

认识 UG NX 8.0 的 CAM 模块

（2）选中节点“NC_PROGRAM”，单击鼠标右键，选择“插入>>程序组”，弹出“创建程序”对话框，在“名称”文本框中输入程序名“NEW_PROGRAM”，其他接受默认设置，完成后单击“确定”按钮，弹出“程序”对话框，继续单击“确定”按钮即可。已创建的程序组如图 1-78 所示。

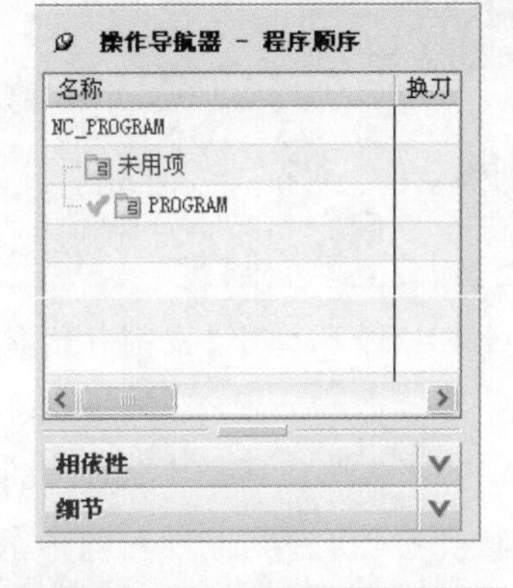

图 1-77 “操作导航器”程序顺序视图

图 1-78 已创建的程序组

4 设定坐标系和安全高度

（1）在操作导航器中单击鼠标右键，在弹出的快捷菜单中选择“几何视图”，将操作导航器切换到几何视图，然后在操作导航器的空白处，单击鼠标右键，选择“全部展开”显示所有几何体父级组。

(2)在主菜单中选择“首选项>>加工”,弹出“加工首选项”对话框。在“几何体”选项卡的“坐标系”选项组中打开“将 WCS 定向到 MCS”选项的检查符,单击“确定”按钮。

(3)在操作导航器中,双击坐标系按钮 MCS_MILL,弹出 Mill Orient 对话框,单击模型的上表面,此时,机床坐标系(MCS)自动移动到模型的中心上方位置,如图 1-79 所示。

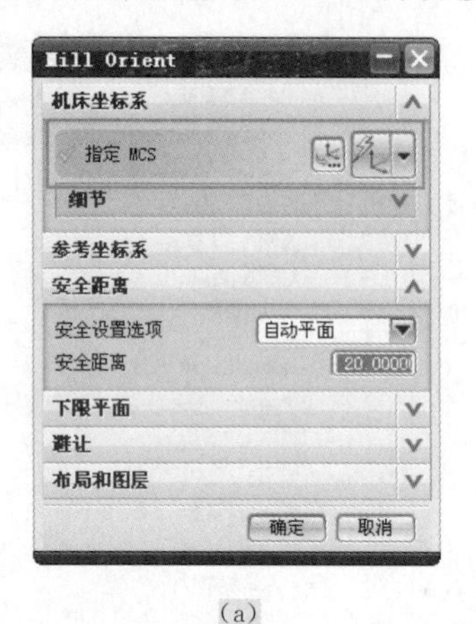

(a)

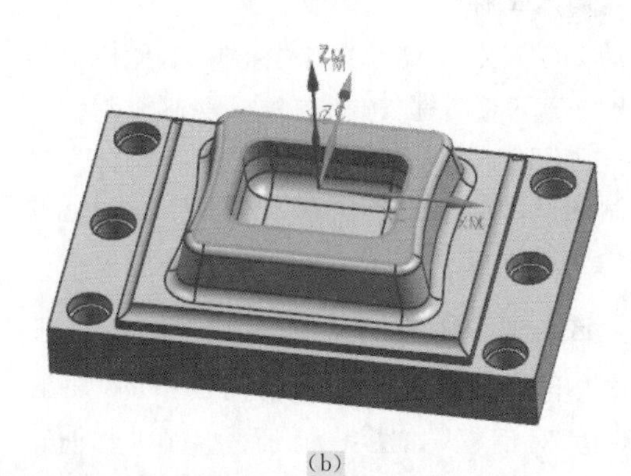

(b)

图 1-79　机床坐标系的设置

(4)选择“安全设置选项”中的“平面”,单击模型的上表面,如图 1-80 所示,在“距离”文本框中输入值“20”,再次单击“确定”按钮。

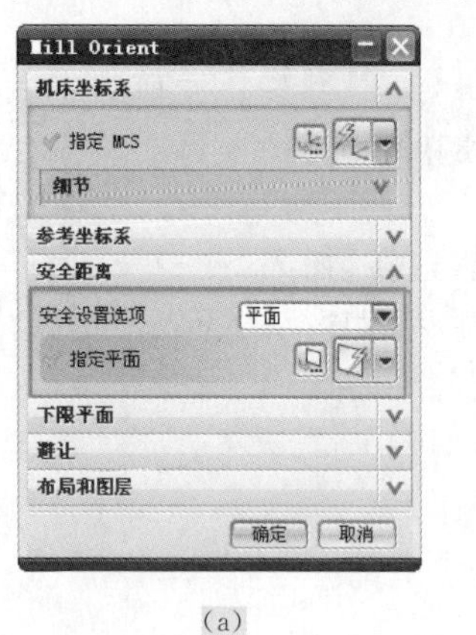

(a)

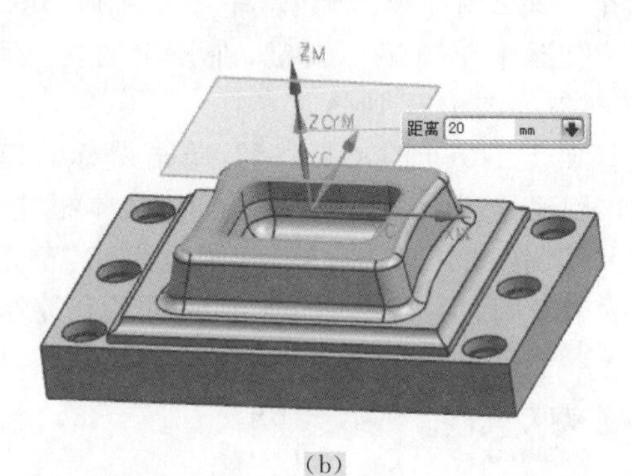

(b)

图 1-80　安全高度的设置

5 指定几何体

(1)在操作导航器的几何视图中双击节点“WORKPIECE”,弹出“铣削几何体”对话框,如图 1-81 所示。

(2)创建工件几何体,在“铣削几何体”对话框中单击按钮,弹出“部件几何体”对话框,在绘图区选择模型为工件几何体部件后,单击“确定”按钮,完成工件几何体的设置。如图 1-82 所示。

(3)创建毛坯几何体,在“铣削几何体”对话框中单击按钮,弹出“毛坯几何体”对话框,选择其中的“自动块”选项,然后单击“确定”按钮,如图 1-83、图 1-84 所示。

（4）单击“确定”按钮，退出“铣削几何体”对话框。

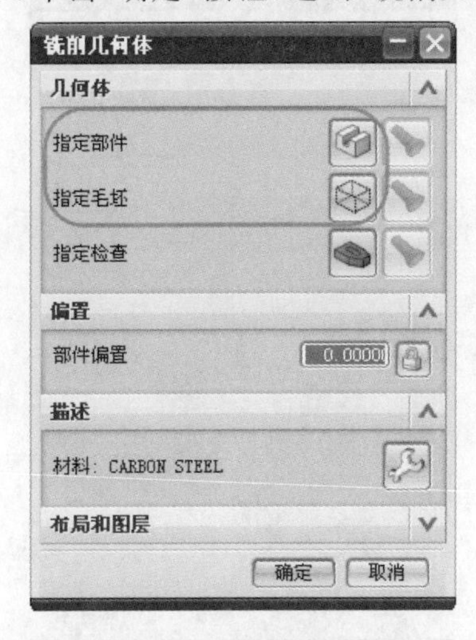

图 1-81 “铣削几何体”对话框

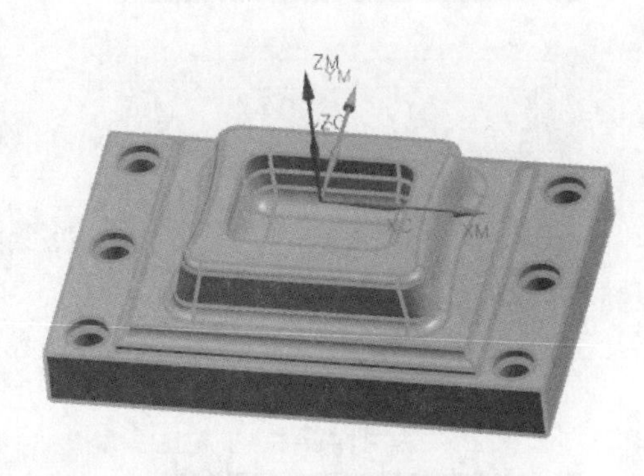

图 1-82 工件几何体的设置

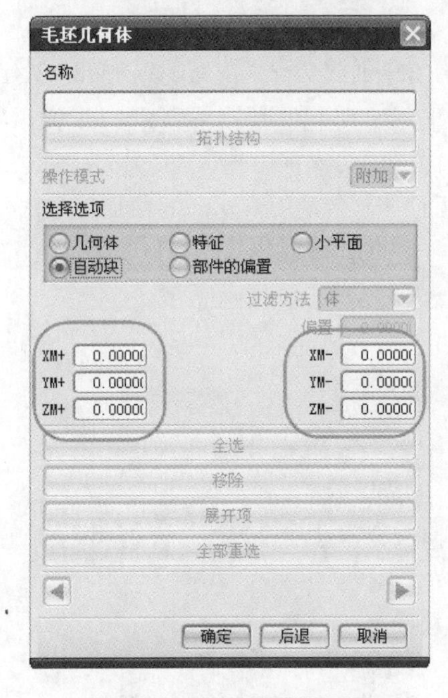

图 1-83 “毛坯几何体”对话框

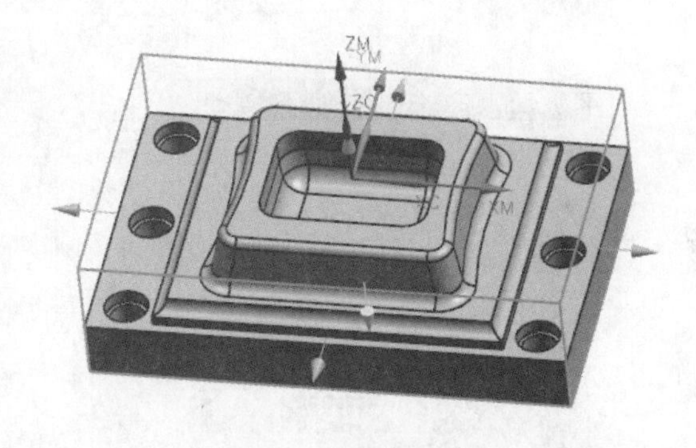

图 1-84 生成的毛坯几何体

6 创建加工方法

（1）创建粗加工方法。单击“加工创建”工具栏中的“创建方法”按钮，弹出“创建方法”对话框。在“名称”文本框中输入“MILL_0.3”，如图 1-85 所示。单击 应用 按钮，弹出“铣削方法”对话框，在“部件余量”文本框中输入“0.3”，“内公差”文本框中输入“0.03”，“外公差”文本框中输入“0.1”，如图 1-86 所示。这样就创建了一个余量为 0.3 mm 的粗加工方法。

图 1-85 “创建方法”对话框(粗加工)

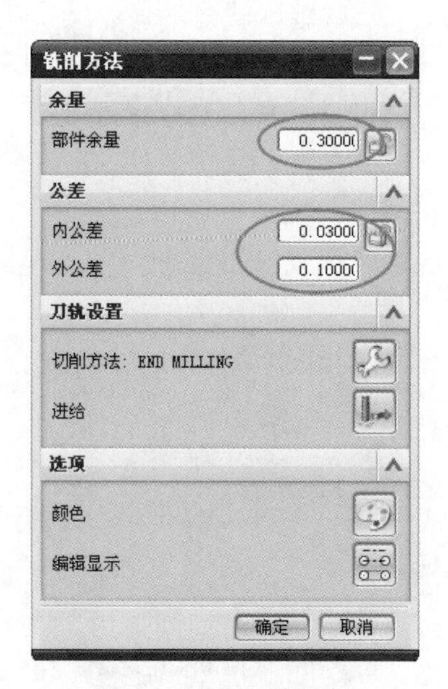

图 1-86 粗加工方法参数

(2)创建精加工方法。单击“加工创建”工具栏中的“创建方法”按钮，弹出“创建方法”对话框。在“名称”文本框中输入“MILL_0”,如图 1-87 所示。单击应用按钮,弹出“铣削方法”对话框,在“部件余量”文本框中输入“0”,“内公差”文本框中输入“0.015”,“外公差”文本框中输入“0.015”,如图 1-88 所示。这样就创建了一个余量为 0 mm 的精加工方法。

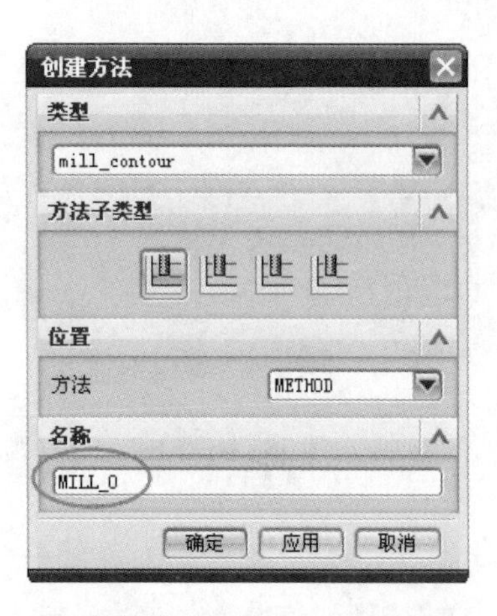

图 1-87 “创建方法”对话框(精加工)

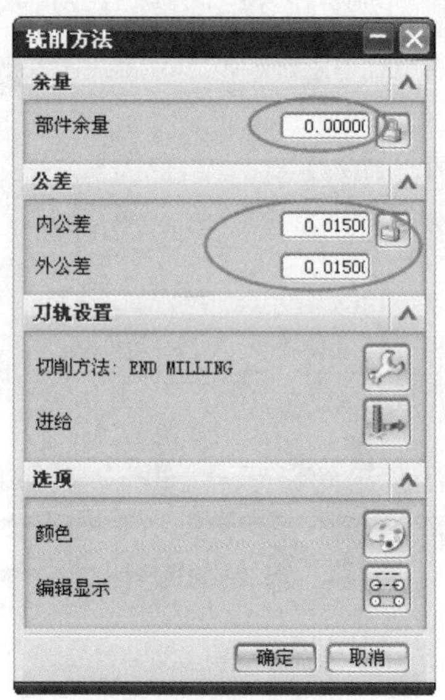

图 1-88 精加工方法参数

7 创建刀具

(1)创建 ϕ12 mm 平刀。单击“加工创建”工具栏中的“创建刀具”按钮，弹出“创建刀具”对话框,默认的“子类型”为铣刀，在“名称”文本框中输入“D12”,如图 1-89 所示。单击应用按钮,弹出“铣刀-5 参数”对话框,在“直径”文本框中输入“12”,如图 1-90 所示。单

击 确定 按钮，返回“创建刀具”对话框。

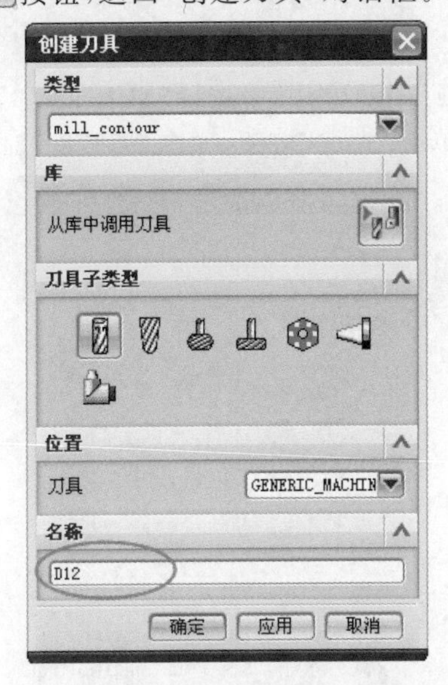

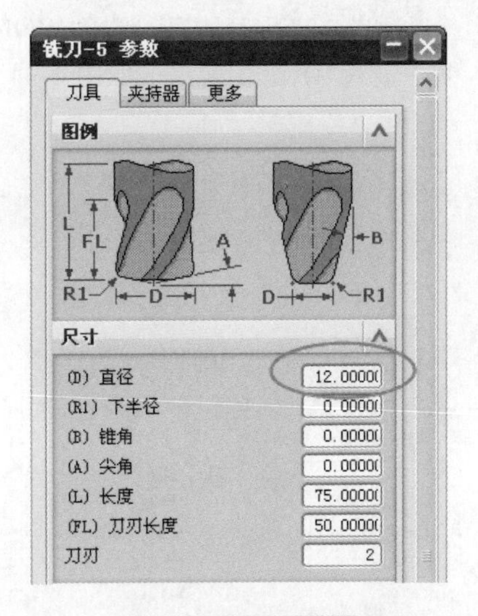

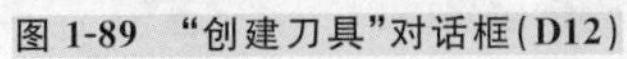

图 1-89　“创建刀具”对话框(D12)

图 1-90　D12 刀具参数

(2)创建 ϕ6 mm 球刀。在“创建刀具”对话框中的刀具“子类型”中选择 ，在“名称”文本框中输入“R3”，如图 1-91 所示。单击 应用 按钮，弹出“铣刀-球头铣”对话框，在“直径”文本框中输入“6”，如图 1-92 所示。单击“确定”按钮，在“创建刀具”对话框中单击“取消”按钮，完成两把刀具的创建。

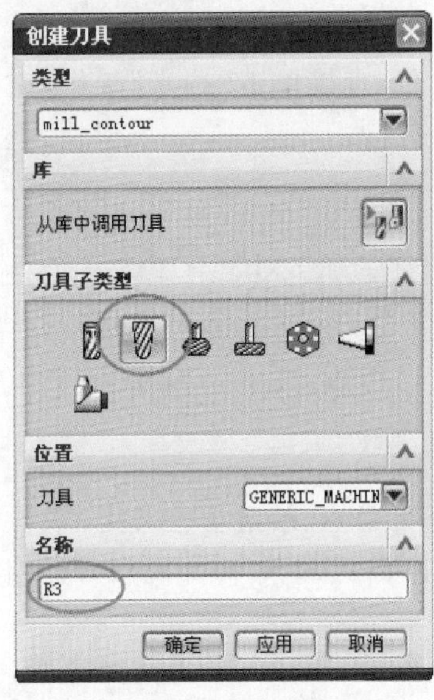

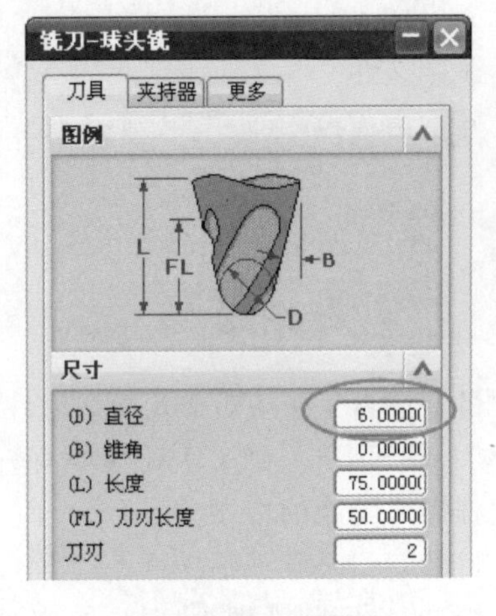

图 1-91　“创建刀具”对话框(R3)

图 1-92　R3 刀具参数

(3)刚刚创建的两把刀具显示在操作导航器的“机床视图”中，如图 1-93 所示。如要修改刀具，双击刀具的按钮即可进入刀具参数的编辑对话框。

8 创建新的操作

(1)创建型腔铣粗加工操作。单击“加工创建”工具栏中的“创建操作”按钮 ，弹出“创建操作”对话框。在“类型”选项组中选择“mill_contour”；在“操作子类型”选项组中单击“CAVITY MILL”按钮；在“位置”选项组中的“程序”中选择“NEW_PROGRAM”，在“刀具”中选择“D12”，在“几何体”中选择“WORKPIECE”，在“方法”中选择“MILL_0.3”；在“名称”文本框中输入“Rough_D12”，如图 1-94 所示。单击“确定”按钮，弹出“型腔铣”对话框。

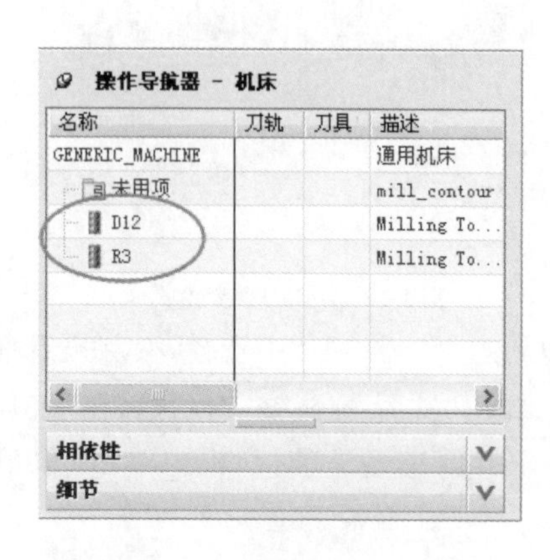

图 1-93 机床视图显示已创建的刀具

图 1-94 “创建操作”对话框(粗加工)

(2)“型腔铣”对话框的参数全部接受默认的设置，直接单击“确定”按钮，完成操作的创建。

9 保存文件

在主菜单中选择“文件>>保存”，将所有已经创建的加工对象与部件一起保存。

本项目让读者了解 UG NX 8.0 软件 CAM 模块的特点、新增功能以及 NX 编程加工基本流程，对 UG NX 8.0 的 CAM 模块有一个基本的感性认识，后面的项目将详细介绍该软件各种编程操作功能的应用。

本项目的知识是学习后续 UG NX 8.0 编程的基础，理解和熟悉其中的概念(如坐标系、加工对象的设定与管理等)对后续内容的学习有很大帮助。

打开本教材素材资源包中的“1-2.prt”文件，如图 1-95 所示，练习该零件的加工对象设

置，包括安全高度、MCS 指定、毛坯几何体、部件几何体、加工方法以及加工刀具的设置。（注意：要先将本教材素材资源包中的文件复制到自己硬盘上的英文或数字目录中。）创建三种加工方法、三把加工刀具，具体要求见表 1-9。

图 1-95　零件

表 1-9　　**参数设置要求**　　mm

加工方法				加工刀具			
名称	部件余量	内公差	外公差	类型	名称	直径	下半径
MILL_0.5	0.5	0.03	0.05	平铣刀	D10	10	0
MILL_0.2	0.2	0.03	0.03	球头刀	R5	10	0
MILL_0	0	0.015	0.03	圆鼻刀	D16R0.8	16	0.8

项目二

UG NX 8.0 CAM 公用切削参数设置

本项目主要在 UG NX 8.0 CAM 环境下完成如图 2-1 所示的零件在数控编程环境下两个平面加工的切削参数设置，使读者深刻理解并掌握切削步距、切削模式和公用切削参数设置等操作的常用命令的用法，能够根据实际情况设置 UG NX 8.0 CAM 的公用切削参数。

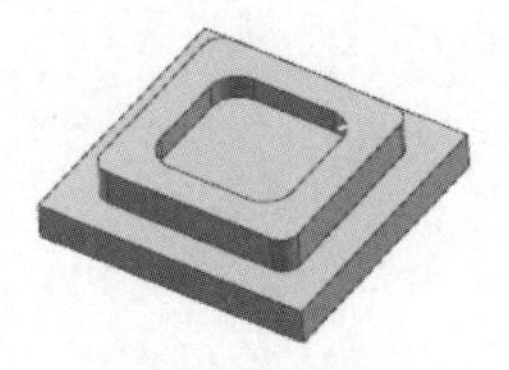

图 2-1 零件

教学目标

【能力目标】

能够运用 UG 软件对零件数控编程中的公用切削参数进行合理设置。

【知识目标】

掌握 UG 软件数控编程中公用切削参数设置的相关命令操作。

【素质目标】

1. 培养沟通、团队合作能力。
2. 培养自学能力及独立工作能力。
3. 培养细致观察、勤于思考、做事认真的良好作风。
4. 培养文献检索能力。

分析图 2-1 所示的零件可知，在进行公用切削参数设置过程中，用户必须使用切削步距、切削模式和公用切削参数等命令。

本项目通过完成一个零件公用切削参数设置任务，培养学生能够根据实际需要设置公用切削参数的能力，让学生充分掌握自动编程切削参数设置的功能与命令，同时培养学生思考、解决问题等能力。

本项目涉及的知识包括 UG NX 8.0 软件切削步距、切削模式和公用切削参数设置等内容，知识重点是切削模式和公用切削参数操作功能的掌握，知识难点是公用切削参数的设置。下面将详细介绍 UG NX 8.0 CAM 公用切削参数相关知识。

一　切削进给率和速度

（一）切削进给率和速度概述

进给率是一项重要的数控加工工艺参数，进给率是指刀具相对于加工工件各种动作的（进刀、退刀、快进、正常切削）移动速度。在工件切削过程中，取决于部件材料、刀具材料、切削方法和切削层深度这四个因素，对于不同的刀具运动类型，其进给率是不同的。编程人员在编程时是否合理地设置了切削速度和主轴转速将直接影响加工效率和加工质量。UG CAM 为编程人员提供了富于变化的进给率和切削速度。在设置时可以选择进给率单位为英寸每分钟（ipm）或英寸每转（ipr），也可按照毫米每分钟（mmpm）或毫米每转（mmpr）来设置。

（二）切削进给率和速度的设定

UG 软件提供了三种途径设定主轴的转速和刀具运动的进给率，用户可以根据个人的操作习惯选择任意一种方式来设定切削进给率和速度。这三种途径如下：

（1）在创建或编辑加工方法时，在“铣削方法”对话框中，单击“进给”按钮，弹出如图 2-2 所示的“进给”对话框，用户可以根据需要设定各种刀具运动的进给率，这些参数将自动传递给操作。但是这种方法系统没有提供主轴转速的设置。

（2）在操作导航器中，选定一个操作后，单击鼠标右键，在快捷菜单中选择“对象＞＞进给率”，弹出如图 2-3 所示的“进给率和速度”对话框，用户可以在其中设定主轴转速和各种刀具运动的进给率。使用这种方法，用户只能设置部分类型刀具运动的进给率。

（3）在操作对话框的“刀轨设置”选项组中，单击“进给率和速度”按钮，弹出如图 2-4 所示的“进给率和速度”对话框，用户可以在其中设定主轴转速和各种刀具运动的进给率。

使用这种方法，用户可以设置所有类型刀具运动的进给率。

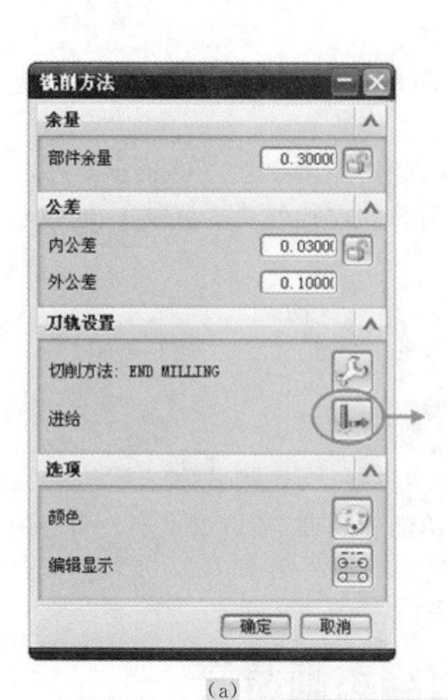

(a)

(b)

图 2-2 通过“进给”对话框设置进给率

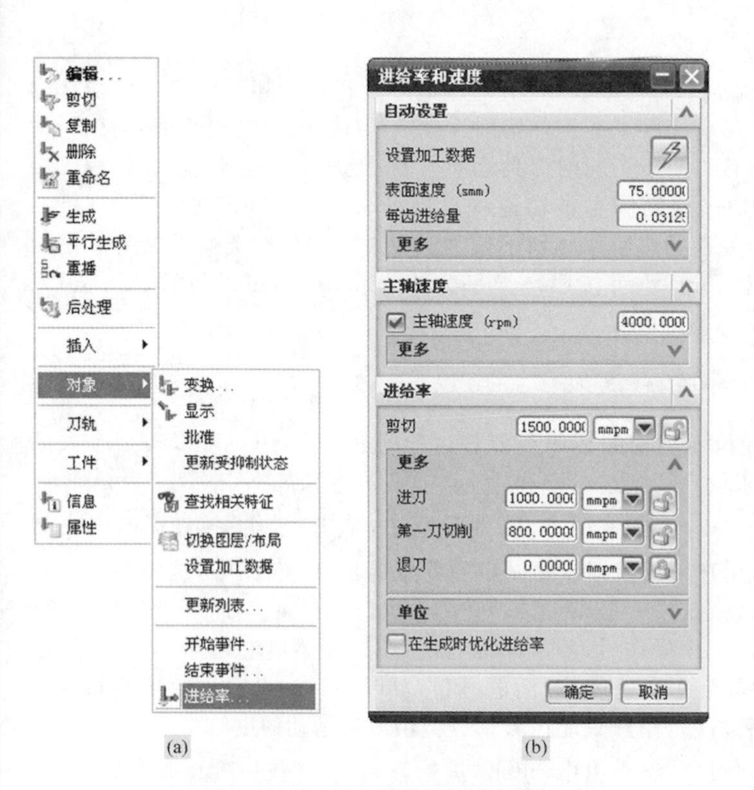

(a) (b)

图 2-3 通过右键快捷菜单设置进给率

图 2-4 “进给率和速度”对话框

(三)进给率和转速的参数说明

1 "自动设置"选项组参数

如图 2-5 所示,"自动设置"选项组用于设定表面速度和每齿进给量等参数,各参数含义见表 2-1 。

表 2-1 "自动设置"选项组参数含义

参数	含义
设置加工数据	若在创建加工操作时指定了工件材料、刀具类型切削方式等参数,单击按钮,软件会自动计算出最优的主轴转速、进给量、切削速度、背吃刀量等参数
每齿进给量	表示刀具转动一周每齿切削材料的厚度。测量单位是英寸或毫米
表面速度	表示切削加工时刀具在材料表面的切削速度。测量单位是每分钟英尺或米
更多	在切削参数设定完毕后,单击按钮就会使用已设定的参数。推荐从预定义表格中抽取适当的表面参数

2 "主轴速度"选项组参数

如图 2-6 所示,"主轴速度"选项组用于设置主轴速度大小、方向等,各参数含义见表 2-2。

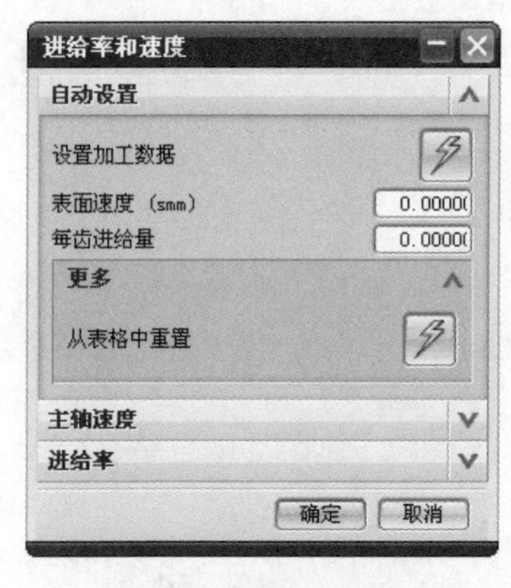

图 2-5 "自动设置"选项组

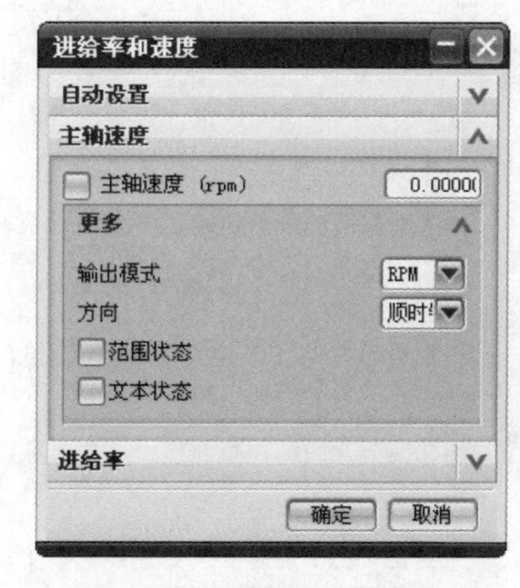

图 2-6 "主轴速度"选项组

表 2-2 "主轴速度"选项组参数含义

参数	含义
主轴速度	表示刀具转动的速度,单位是 rpm(每分钟转速)
输出模式	主轴转速有四种输出模式,分别为无、rpm(每分钟转速)、sfm(每分钟曲面英尺)、smm(每分钟曲面米)
方向	主轴的方向设置有三个选项:无、顺时针、逆时针
范围状态	表示允许的主轴速度范围。可勾选"范围状态"复选框,然后在"范围状态"文本框中输入允许的主轴速度范围
文本状态	表示允许的主轴速度范围。可勾选"文本状态"复选框,然后在"文本状态"文本框中输入允许的主轴速度范围

3 “进给率”选项组参数

如图 2-4 所示，“进给率”选项组用来设定刀轨在不同运动阶段的进给速率。一条完整的刀轨按刀具运动阶段的先后分别为快进、逼近、进刀、第一刀切削、步进、剪切、横越、退刀、返回。在 UG NX 8.0 中，关于刀轨的各种进给速度的名称及其对应的运动阶段如图 2-7 所示。各运动阶段的含义见表 2-3，在设定所有的进给速度时，如果接受默认值为 0，则该速度就是机床控制器内设定的机床快速运动速度。如果设定为一个数值，则在 NC 程式中输出给定的速度值。

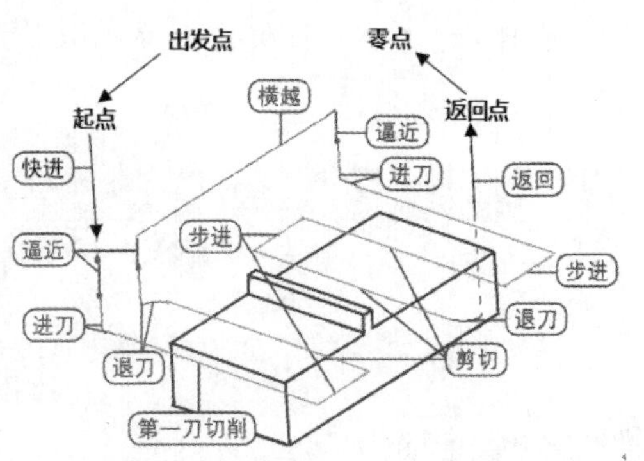

图 2-7　刀轨的各种运动阶段

“单位”选项组中有“设置非切削单位”和“设置切削单位”两个参数。

(1)“设置非切削单位”用来设置刀具在没有切削材料时的移动速度单位，如进刀、退刀等。非切削有三种单位可以选择，分别是无、mmpm 和 mmpr。

(2)“设置切削单位”用来设置刀具在切削材料时的移动速度单位。切削也有三种单位可以选择，分别是无、mmpm 和 mmpr。

表 2-3　各运动阶段的含义

运动阶段	含义
快进	从出发点到起点和从返回点到零点的运动状态，即在非切削状态下的快速换位速度。一般接受默认设置为 0
逼近	进入切削前的进给速度。一般可比快速进给速度小一些，也可以设置为 0
进刀	进刀速度。需要考虑切入时的冲击，应取比剪切更小的速度值
第一刀切削	初始切削进给率，当切削进给率为 0 时，系统将使用快速进给率。需考虑到毛坯表面有一层硬皮，应取比剪切更小的速度值
步进	相邻两刀之间的跨过速度。一般可取与剪切相同的速度。如果是提刀跨过，系统会自动使用快速进给的速度
剪切	刀具在切削工件时的进给速度。最重要的切削参数，一般根据经验，综合考虑刀具和被加工材料的硬度及韧性，给出速度值
横越	刀具从一个切削区域转移到另一个切削区域的非切削移动速度。可以取较高的速度值，但最好不要取零值
退刀	离开切削区的速度。可以取与剪切相同的速度，当取零值时，如果是线性退刀，系统就使用快速进给，如果是圆弧退刀，系统就使用剪切速度
返回	退刀运动完成后的返回运动。一般接受默认设置为 0

二　切削步距

切削步距是指在每一个切削层相邻两次走刀之间的距离，如图 2-8 所示。它是一个关系到加工效率、工件表面加工质量和刀具切削负载的重要参数。切削步距越大，走刀数量就越少，加工时间越短，但是切削负载增大，工件表面加工质量粗糙度也增加。这是速度与质量的问题，如果加工速度太快，就一定会影响到加工质量，反之，要求加工质量高，则加工速度不可太快。在实际编制刀轨时，编程人员需要综合考虑加工几何形状特点和加工工艺要求等，选择一种合适的步距方式，力争做到保证达到质量要求的前提下达到较高的加工速度。

UG NX 8.0 提供了五种切削步距定义方法，如图 2-9 所示，分别是“恒定”、“残余高度”、“刀具平直百分比”、“多个”和“变量平均值”。

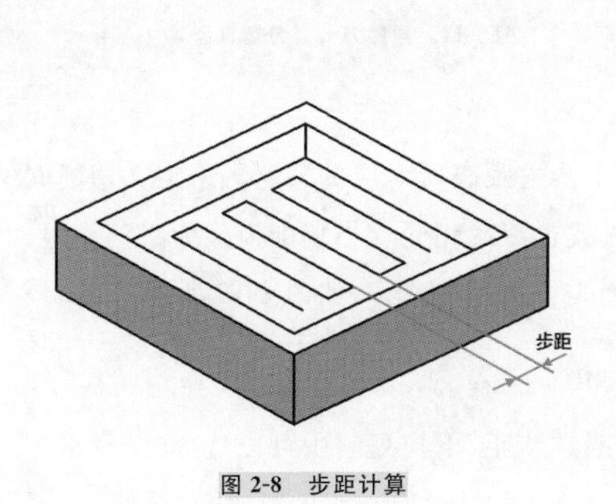

图 2-8 步距计算

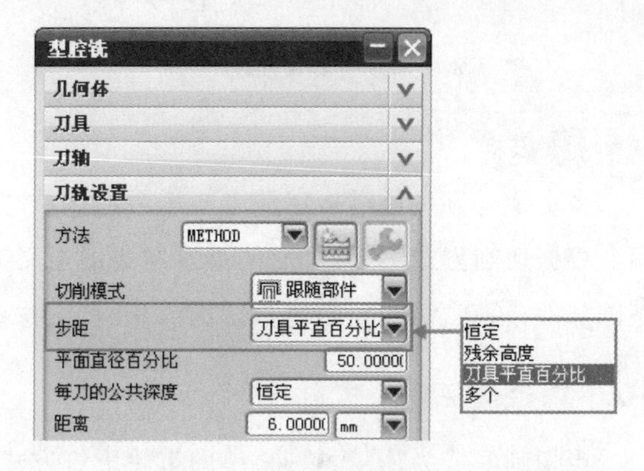

图 2-9 切削步距选项

1 恒定

恒定步进方式将指定的距离常数作为切削的步距。如果设置的刀路间距不能平均分割所在的区域，系统将减小步进距离，但仍然保持恒定的步进距离。当切削模式为配置文件和标准驱动方式时，设置的步进距离是指轮廓切削和附加刀路之间的步进距离。

2 残余高度

残余高度步进方式通过指定加工后残余材料的高度来计算出切削步距，残余高度和切削步距的关系如图 2-10 所示。但事实上系统只保证在刀具轴垂直于被加工表面的情况下，残余高度不超过指定值。因此在一个操作中，加工的非陡峭面的表面粗糙度较为均匀，而陡峭面的表面粗糙度较大。

3 刀具平直百分比

刀具平直百分比步进方式以有效刀具直径乘以百分比参数的积作为切削步距。如果步进距离不能平均分割所在区域，系统将减小刀具步进距离，但步进距离保持恒定。在工件的粗加工常用到此参数，一般粗加工可设定切削步距为刀具直径的 50%～75%。刀具有效直径计算如下：

(1)平刀和球刀：有效刀具直径指的是刀具参数中的直径。

(2)圆鼻刀：有效刀具直径指的是刀具参数中的直径减去两个刀角半径的差值，即 $D-2R$，如图 2-11 所示。

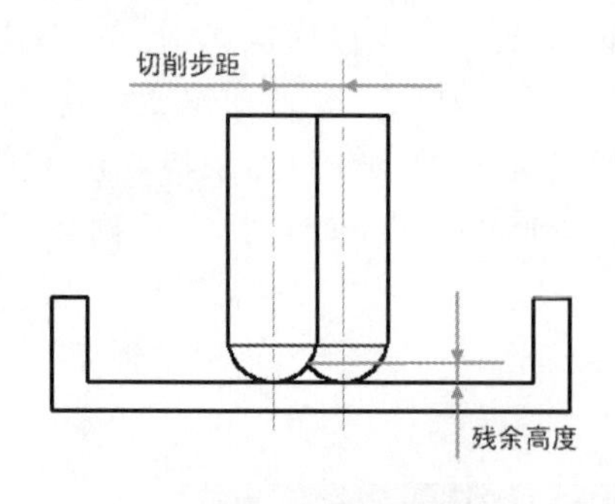

图 2-10　残余高度方式的步距

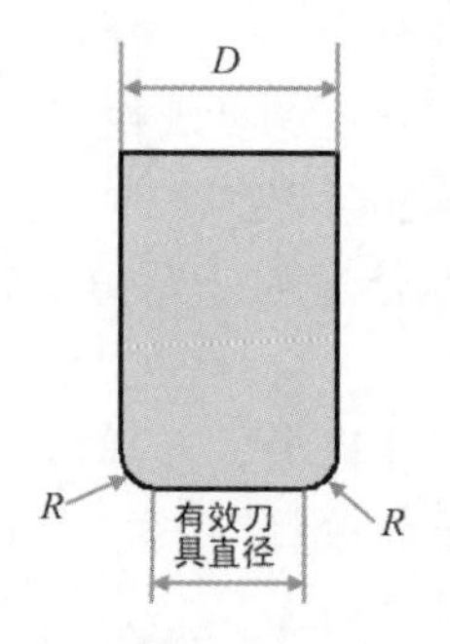

图 2-11　圆鼻刀有效刀具直径

4 多个

多个步进方式通过指定多个步进距离以及每个步进距离所对应的刀路数来定义切削间距。根据切削方式不同，可变的步进距离的定义方式也不尽相同。当切削模式为跟随周边、跟随部件、轮廓、标准驱动时，可以在“步距”下拉列表中选择“多个”，如图 2-12 所示。

5 变量平均值

当切削模式为往复、单向、单向带轮廓铣方式时，“步距”下拉列表中可以选择“变量平均值”，定义可变的步进距离对话框，如图 2-13 所示。用户通过设定步距的最大值、最小值，系统将使用最大值、最小值来决定步距大小及刀路数。系统自动按最大值计算出最少的刀路数，同时还将调整步进距离以保证刀具始终沿着部件壁面进行切削而不会剩余多余的材料。如果最大步距和最小步距相同，系统将按固定步进距离进行切削壁部可能剩余材料。

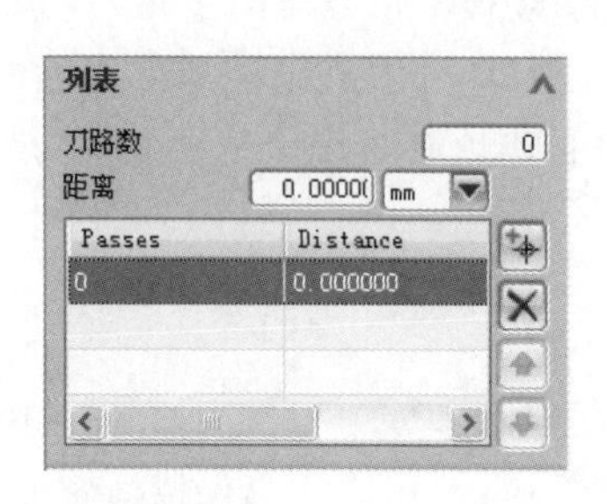

图 2-12　“多个”步距方式

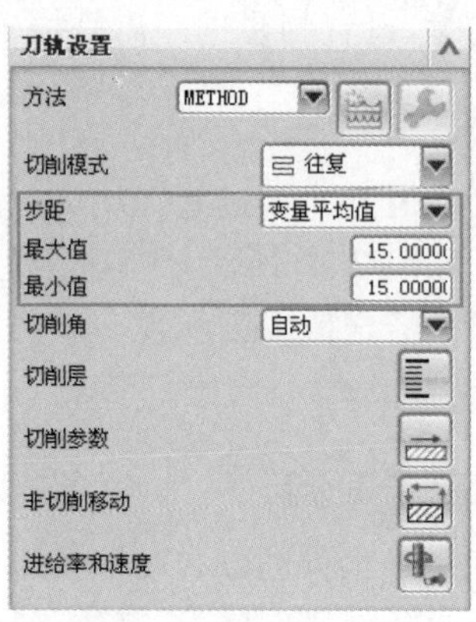

图 2-13　“变量平均值”步距方式

在各种操作对话框的“刀轨设置”选项组，单击“切削模式”右边的“▼”，可以指定刀轨的切削模式。切削模式确定了用于加工切削区域的刀轨模式，不同的切削模式可以生成不同的刀具路径。

三 切削模式

在各种操作中，常用的控制加工切削区域的刀位轨迹形式的切削模式一共有八种，包括往复、单向、单向轮廓，这三种切削方法产生平行刀位轨迹；跟随周边、跟随部件和摆线，产生同心的刀位轨迹；轮廓和标准驱动，只沿着切削区域轮廓产生一条刀位轨迹。前六种切削方法适用于区域的切削，后两种切削方法适用于轮廓或者外形的切削，图 2-14 是平面铣的切削模式。在实际编写刀轨时，编程人员应根据加工对象的形状特点和数控加工工艺要求，选择一种合适的切削模式。

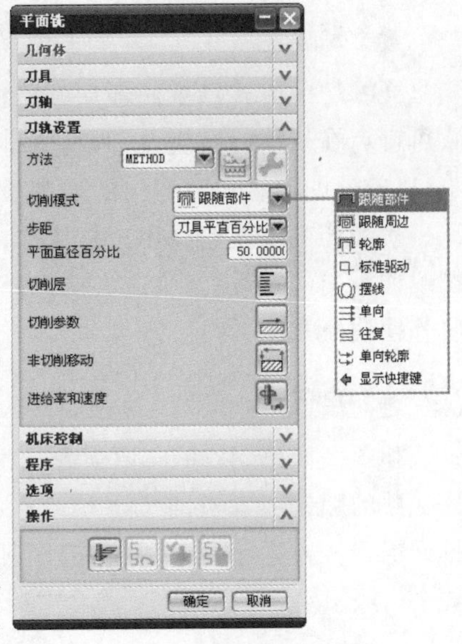

图 2-14　各种切削模式

1 跟随部件

跟随部件切削方式又称为沿零件切削，通过对指定零件几何体进行偏置来产生刀位轨迹，如图 2-15 所示。它与跟随周边切削方式的不同之处在于，跟随周边切削只从外围的环进行偏置，而跟随部件切削则从整个部件几何体进行偏置来产生切削路径，不管部件几何体定义的是周边环、岛屿还是型腔，保证了刀具沿着整个部件几何体进行切削，当遇到偏置路径相交时，系统将修剪多余路径。跟随部件切削适用于区域切削。与跟随周边切削不同之处还在于跟随部件切削不需要指定是由内向外切削还是由外向内切削（步距运动方向），系统总是按照切向零件几何体的方式来决定型腔的切削方向。即对于每组偏置，越靠近零件几何体的偏置越靠后切削。

2 跟随周边

跟随周边切削方式是创建一系列跟随切削区域外轮廓的同心刀轨，如图 2-16 所示。它是通过对外围轮廓的偏置得到刀位轨迹的。此方式还能维持刀具在步距运动期间连续地进行切削运动，尽最大可能地切除材料。除了可以通过顺铣和逆铣选项指定切削方向外，还可以指定是由内向外切削还是由外向内切削。

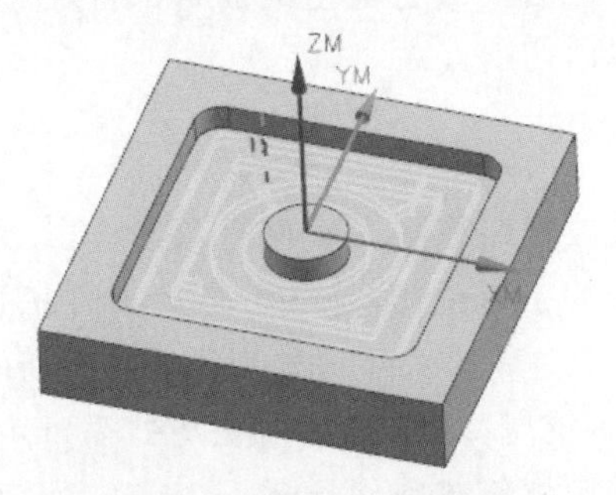

图 2-15　跟随部件切削类型

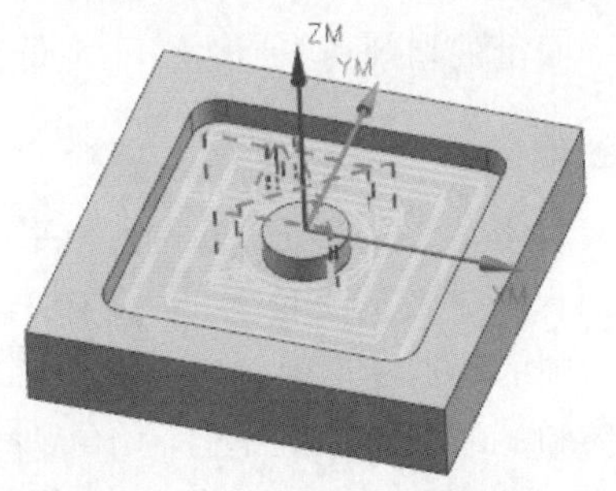

图 2-16　跟随周边切削类型

跟随周边切削和跟随部件切削通常用于带有岛屿和内腔零件的粗加工，如模具的型芯和型腔。这两种切削方法生成的刀轨都是由系统根据零件形状的偏置产生，在形状交叉的地方所创建的刀轨将不规则，而且切削不连续，此时可以通过调整步距、刀具或者毛坯的尺寸来得到较为理想的刀轨。

3 摆线

摆线切削方式产生回环切削路径控制被嵌入的刀具运动，如图 2-17 所示。这种切削模式可避免在切削时发生全刀切入而导致切削的材料量过大。摆线切削方式可用于高速加工，以较低的而且相对均匀的切削负荷进行粗加工。

摆线切削模式允许用户指定向内或向外的步进切削方向。当步进方向向内时，产生的摆线称为向内摆线；当步进方向向外时，产生的摆线称为向外摆线。在使用时应该优先使用向外摆线模式。

4 单向

如图 2-18 所示，单向切削方式生成一系列沿着相同方向的线性平行切削路径。始终维持一致的顺铣或者逆铣切削方式。刀具在切削轨迹的起点进刀，切削到切削轨迹的终点，刀具回退到转换平面高度，然后转移到下一行轨迹的起点，以同样的方向进行下一行的切削。

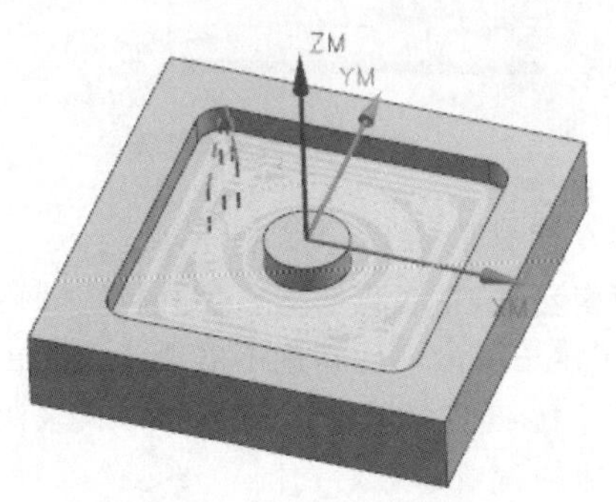

图 2-17 摆线切削类型

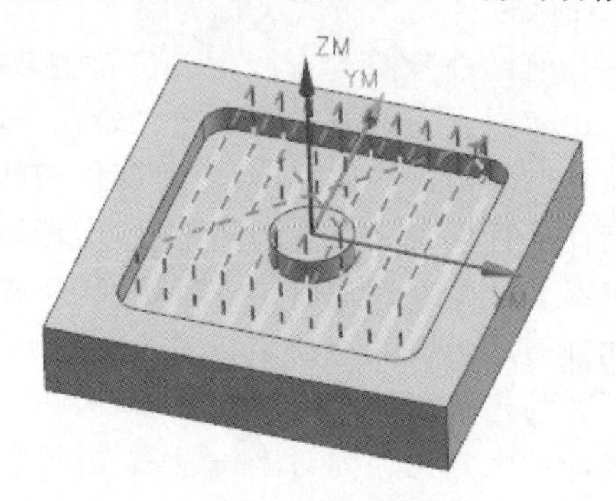

图 2-18 单向切削类型

单向切削方式的缺点在于加工效率相对较低，其原因在于单向切削会出现频繁抬刀现象，同时在刀具路径回退的过程不进行切削运动。单向切削方式的优点是，它可以始终保持顺铣或者逆铣的状态，其加工精度较高。因此，单向切削常应用于有特殊工艺要求的场合，例如岛屿表面的精加工和不适用于往复切削方的场合。一些陡壁的筋板部位，工艺上只允许刀具自下而上的切削，这种情况下，只能采用单向切削方式。

5 往复

如图 2-19 所示，往复切削方式利用平行的线性刀路移除大量材料，这种模式允许刀具在运动期间保持连续的进给运动，没有产生多余的抬刀动作，是一种最节省时间的切削运动。往复切削的特点是切削方向交替变化，在顺铣、逆铣方式不停地变换。往复切削方式经常用于内腔和岛屿顶面的粗加工，去除材料的效率较高。使用这种加工方式需要注意的是：在第一刀切入内腔时，如果没有预钻孔，则应该采用螺旋式或斜插式下刀，螺旋下刀角度一般为 1°～3°。

6 单向轮廓

如图 2-20 所示，单向轮廓切削方式用来创建单向的、沿着轮廓平行的刀位轨迹。这种切削方式特点是其创建的刀位轨迹始终保持顺铣或者逆铣。它与单向切削相似，只是在下刀时将下刀到前一刀轨的起始位置，沿轮廓切削到当前行的起点，然后进行当前行的切削；切削到端点时，抬刀到转移平面，再返回到起始当前行的起点下刀，进行下一行的切削。沿轮廓的单向切削方式通常用于粗加工后要求余量均匀的零件，如薄壁类零件。使用此种切削方式时，加工过程比较平稳，对刀具基本上没有冲击。

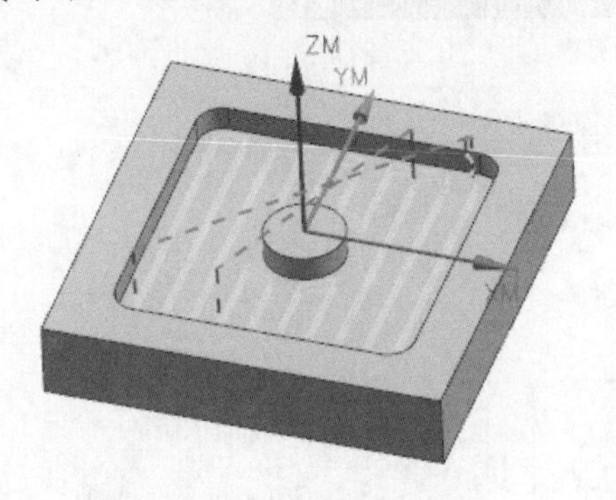

图 2-19　往复切削类型

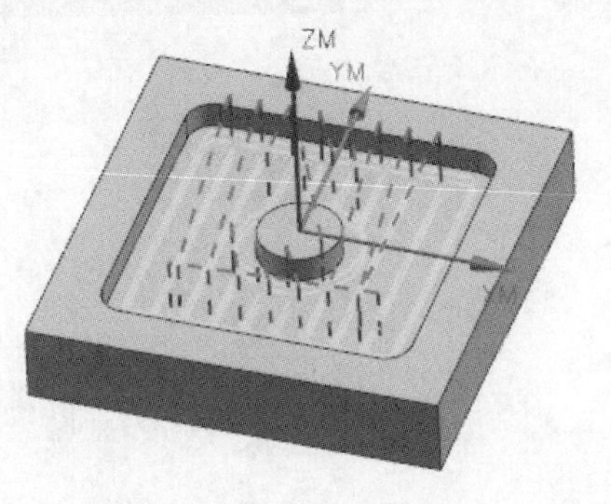

图 2-20　单向轮廓切削类型

7 轮廓

如图 2-21 所示，轮廓切削方式用于创建一条或指定数量的刀位轨迹对零件的内、外轮廓的切削。该切削方式同时适用于敞开区域和封闭区域的两种加工情况。

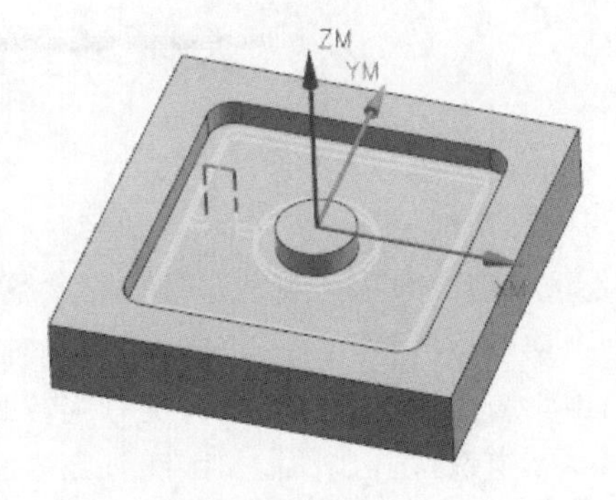

图 2-21　轮廓切削类型

8 标准驱动

标准驱动切削方式具有严格地沿着指定的边界驱动刀具运动，同时在轮廓切削中排除自动边界修剪的功能。其特点在于每一个外形生成的轨迹不依赖于任何其他的外形，而只由轮廓自身的区域决定，在两个外形之间不执行布尔运算，所以标准驱动切削方式允许刀轨自相交，是一种特殊的轮廓切削方式。这种切削方法非常适合于轨迹重叠或者相交的加工操作，例如雕花、刻字及一些外形要求较高的零件加工等。

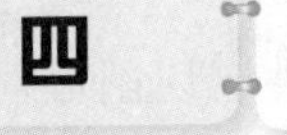

切削参数设置

在 UG 软件各种操作对话框中，在“刀轨设置”选项组有“切削参数”选项，单击按钮，弹出“切削参数”对话框，该对话框一般包含“策略”、“余量”、“拐角”、“连接”、“空间范围”和“更多”六个选项卡。用户可以根据编程工艺需要指定刀具切削运动的参数。“切削参数”对话框的参数由操作的“类型”、“子类型”和“切削方法”等确定。

(一)“策略”选项卡

“策略”选项卡定义了最常用的操作和主要参数,如图 2-22 所示,用户可以通过该选项卡指定切削的方向和顺序、设定刀轨延伸长度和毛坯距离等主要参数。平面加工、型腔铣加工以及固定轴轮廓铣加工的“策略”选项卡参数类型是不一样的,在后面的项目中会分开详细介绍,在这里将着重介绍这几种操作类型中相同的参数。

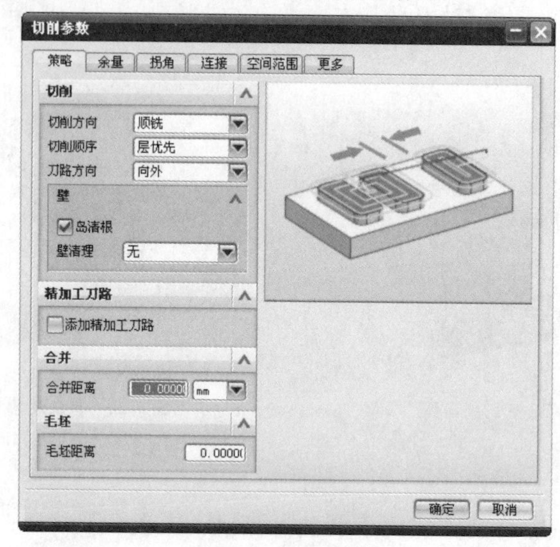

图 2-22 “策略”选项卡

1 切削

(1)切削方向

“切削方向”有“顺铣”、“逆铣”、“跟随边界”和“边界反向”四个选项。用户可以通过“切削方向”来设定切削时刀具的运动方向,具体参数解释如下:

①顺铣:在切削加工时,铣刀旋转的方向与工件进给方向一致,如图 2-23 所示。

②逆铣:在切削加工时,铣刀旋转的方向与工件进给方向相反,如图 2-24 所示。

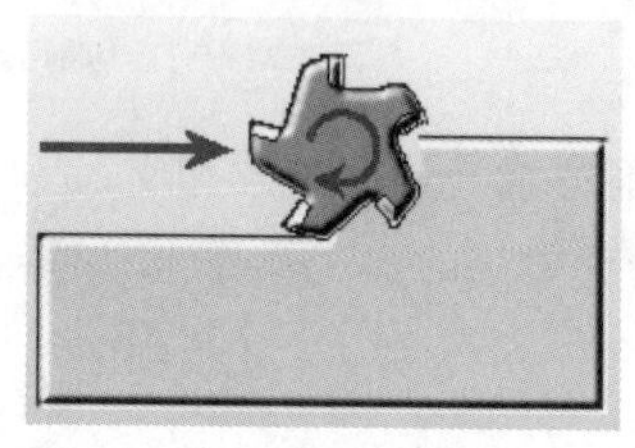

图 2-23 “顺铣”切削方向

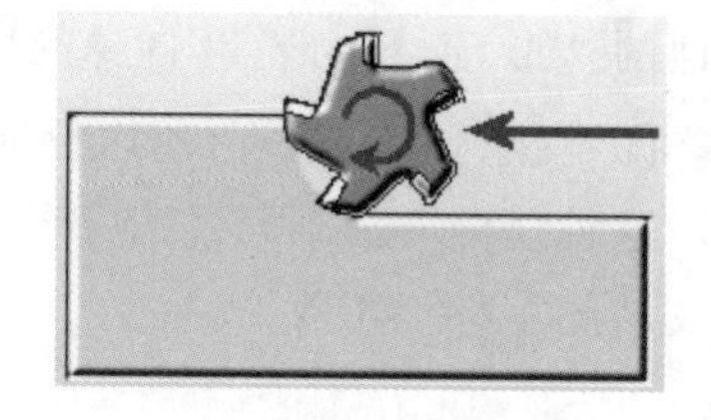

图 2-24 “逆铣”切削方向

③跟随边界:系统自动根据边界的方向和刀具旋转的方向决定切削方向。刀具切削的方向决定于边界的方向,与边界方向一致,仅适用于“平面铣”及其子类型,如图 2-25 所示。

④边界反向:系统自动根据边界的方向和刀具旋转的方向决定切削方向。刀具切削的方向决定于边界的方向,与边界方向相反,仅适用于“平面铣”及其子类型,如图 2-26 所示。

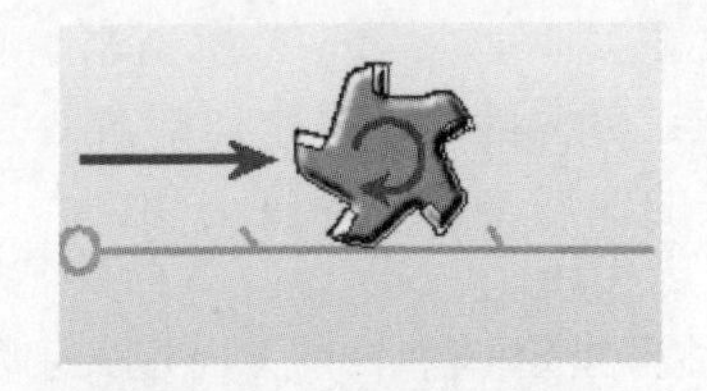

图 2-25 “跟随边界”切削方向

图 2-26 “边界反向”切削方向

(2)切削顺序

“切削顺序”有“层优先”和“深度优先”两个选项。用户可以通过“切削顺序”来设定在具有多个加工区域和切削层时,刀具连续切削的优先方法,具体参数解释如下:

①层优先:如果一个切削层具有多个切削区域,则在完成一个切削层的所有区域后,刀具才进入下一个切削层进行切削,如图 2-27 所示。

②深度优先:如果一个切削层具有多个切削区域,则在完成一个切削区域的切削后,刀具才进入下一个区域进行切削,如图 2-28 所示。一般情况下,这种类型可以有效地缩短抬刀时间。

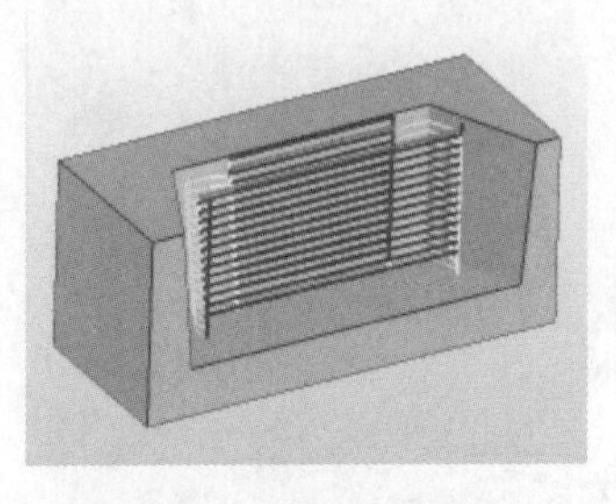

图 2-27 “层优先”切削顺序

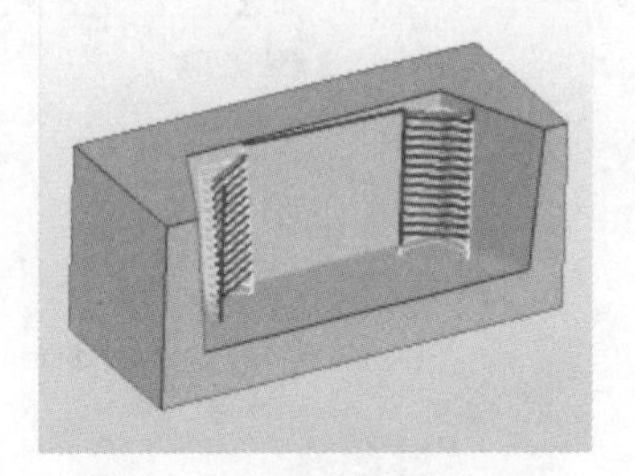

图 2-28 “深度优先”切削顺序

(3)刀路方向

当“切削模式”选择为“跟随周边”类型时,“策略”选项卡有“刀路方向”的选项。“刀路方向”有“向内”和“向外”两个选项,在实际应用过程中,尽量选用“向外”切削方式。用户可以通过“刀路方向”来设定区域切削时的步进方向,具体参数解释如下:

①向外:使刀具从工件中心向周边切削。这种加工方式无须预钻孔,减少了切屑的干扰,如图 2-29 所示。

②向内:从工件周边向中心切削,如图 2-30 所示。

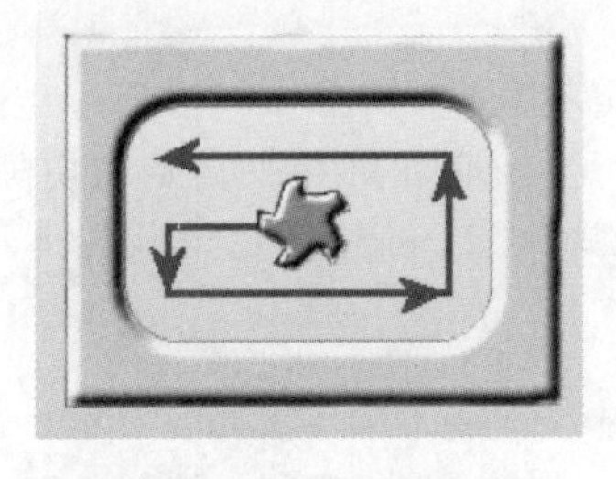

图 2-29 “向外”刀路方向

图 2-30 “向内”刀路方向

(4)切削角

当“切削模式”选择为“单向”、“往复”或“单向轮廓”时,“策略”选项卡有“切削角”的选项。“切削角”有“自动”、“指定”、“最长的线”和“矢量”四个选项。用户可以通过“切削角”来设定当使用线性切削模式时切削路径的角度。切削角度是指切削路径与 WCS 坐标系 $+XC$轴方向(逆时针)的夹角,具体参数解释如下:

①自动:根据每个切削区域形状确定最有效的切削角,使得在区域切削时具有最少的内

部进刀运动。

②指定：使用该项时，允许用户指定一个与＋XC 方向的夹角确定切削角。

③最长的线：系统将以一与区域外轮廓中最长的线段平行的角度为切削角。如果区域外轮廓不包含线段，则系统自动搜索最长的内部轮廓线段。

④矢量：使用该项时，允许用户使用“矢量”对话框指定一个矢量方向定义切削角。矢量将沿刀轴方向投影到切削层平面以确定切削角的大小。

以上四种类型的“切削角”如图 2-31 所示。

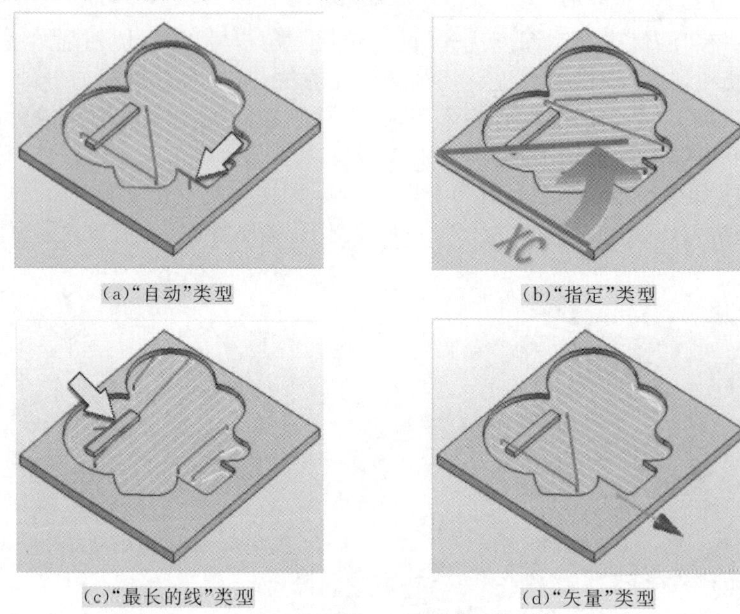

(a)“自动”类型　(b)“指定”类型

(c)“最长的线”类型　(d)“矢量”类型

图 2-31　四种“切削角”类型

(5)壁

当“切削模式”选择为“跟随周边”、“单向”、“单向轮廓”、“往复”或“轮廓”时，“策略”选项卡有“壁”的选项。“壁”有“岛清根”、“只切削壁”和“壁清理”三种类型。

①岛清根：复选项，用于控制系统是否增加跟随岛屿轮廓运动的切削刀路，如 图 2-32 所示。当用户勾选后，系统将自动计算岛屿的轮廓，可确保在岛屿的周围不会留下多余的材料。一般情况下，尽量勾选“岛清根”选项。

②只切削壁：复选项，用于控制是否只切削指定的侧壁，如图 2-33 所示。当用户勾选此项后，系统将会产生指定侧壁的切削路径，否则将产生所有轮廓包括岛屿的切削路径。在面铣削操作中，如果用户只希望切削区域中的某些轮廓侧壁，可先指定壁几何体，然后再勾选“只切削壁”选项。

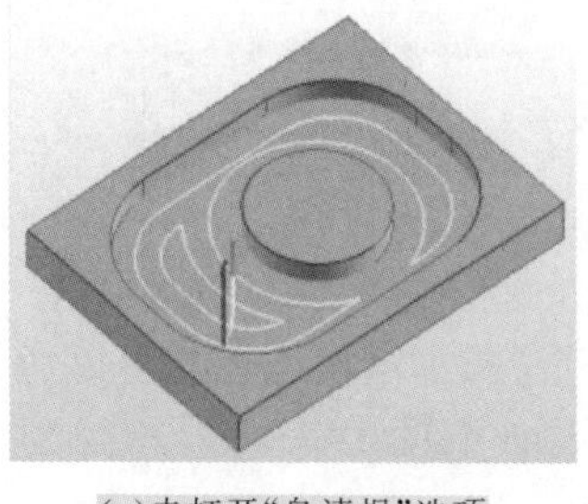

(a)未打开“岛清根”选项

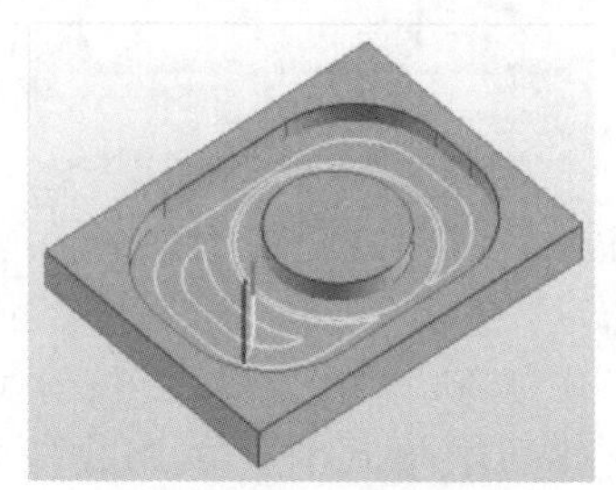

(b)已打开“岛清根”选项

图 2-32　“岛清根”选项说明

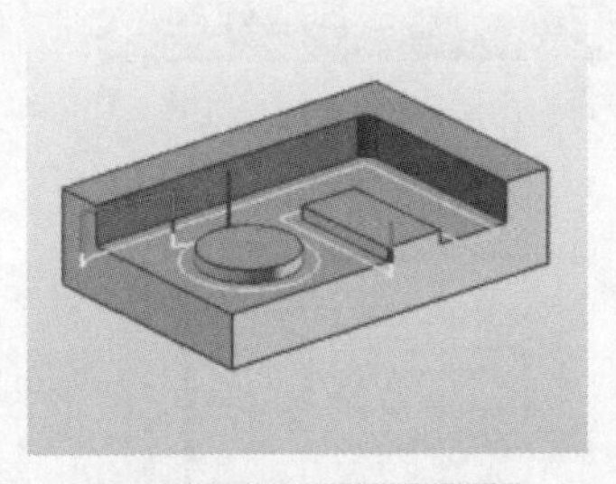

(a)未打开“只切削壁”选项

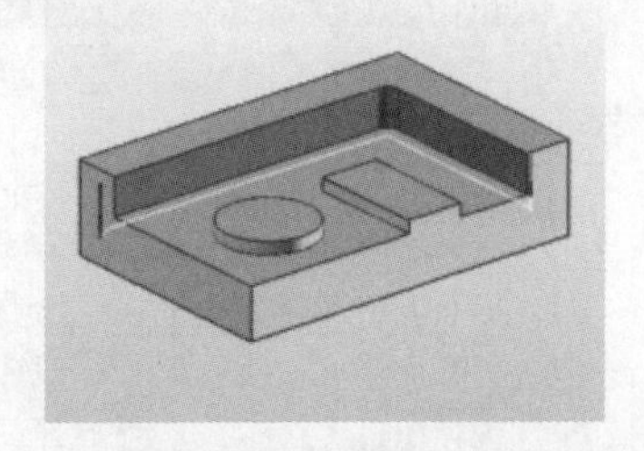

(b)已打开“只切削壁”选项

图 2-33 “只切削壁”选项说明

③壁清理:有“无”、“在起点”、“在终点”和“自动”四个选项。用户可以通过“壁清理”来设定切除侧壁残余材料的处理方法。应用“壁清理”后,系统将会在每个切削层切削之后或之前插入一个跟随区域轮廓的切削路径来切除侧壁残余材料。一般在使用“单向”和“往复”两种切削模式时,应该进行壁清理,保证不会在工件侧壁上残留多余材料。具体参数解释如下:

- 无:系统将进行周壁清理。在“壁清理”中选择“无”,切削完毕后工件周围壁上会留有残余材料。
- 在起点:刀具在切削每一层前,先进行沿周边的清壁加工,然后再做型腔内部的铣削,如图 2-34 所示。
- 在终点:刀具在切削每一层时,先做型腔内部的铣削,最后进行沿周边的清壁加工,如图 2-35 所示。

图 2-34 “壁清理”的“在起点”类型

图 2-35 “壁清理”的“在终点”类型

- 自动:系统将不会另外添加一个独立跟随区域轮廓移动的切削路径,但仍然会在每个切削层切削时自动产生跟随区域轮廓移动的切削路径,以避免在侧壁留下过多材料。

2 精加工刀路

无论用户选择哪种类型的切削模式,在“策略”选项卡中都会出现“精加工刀路”选项。精加工刀路指的是刀具在完成主切削刀轨后,再增加的精加工刀轨。在这个轨迹中,刀具环绕着边界和所有的岛屿生成一个轮廓轨迹。这个轨迹只在底面的切削平面上生成,可以使用“余量”选项卡为这个轨迹指定余量。精加工刀路设置如图 2-36 所示。精加工刀路与轮廓铣削中的附加刀轨不一样,它只产生在底面一层的加工,适用于各种加工方式。

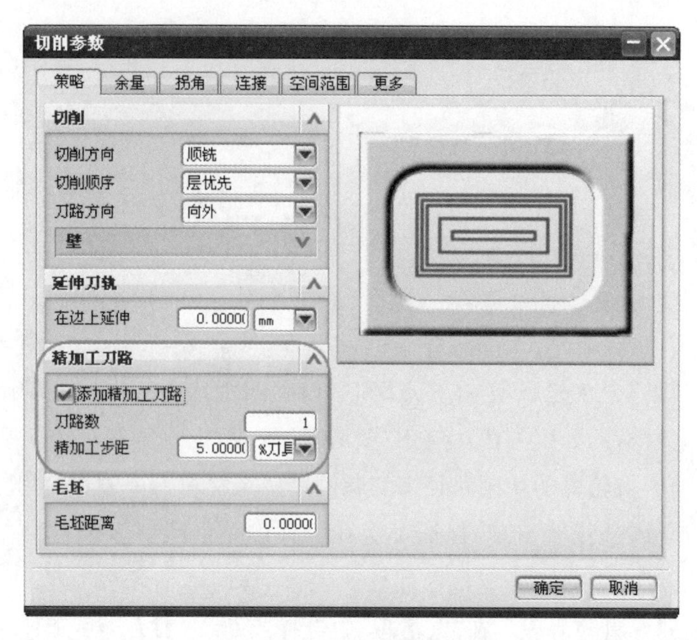

图 2-36 “精加工刀路”参数的设置

3 合并

当用户选择切削模式类型为“跟随部件”时，“策略”选项卡将会出现“合并”选项，如图 2-37 所示。“合并”选项只有“合并距离”一个参数，“合并距离”指的是当它的最大值大于工件同一高度上当前断开距离时，刀路就自动连接，不做抬刀运动。

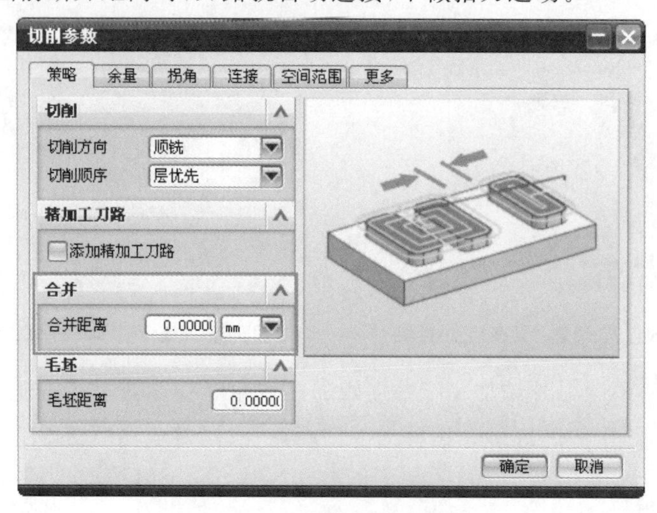

图 2-37 “合并”参数的设置

4 延伸刀轨

“延伸刀轨”用于设定在区域边缘处相切刀路延伸的长度，以充分切除多余材料。如图 2-38 所示，当设定了延伸长度后，在刀路的起点和终点会沿切矢量方向延长，使得刀具平顺地进入和退出切削区域，对于加工表面具有一定余量的零件很有用。

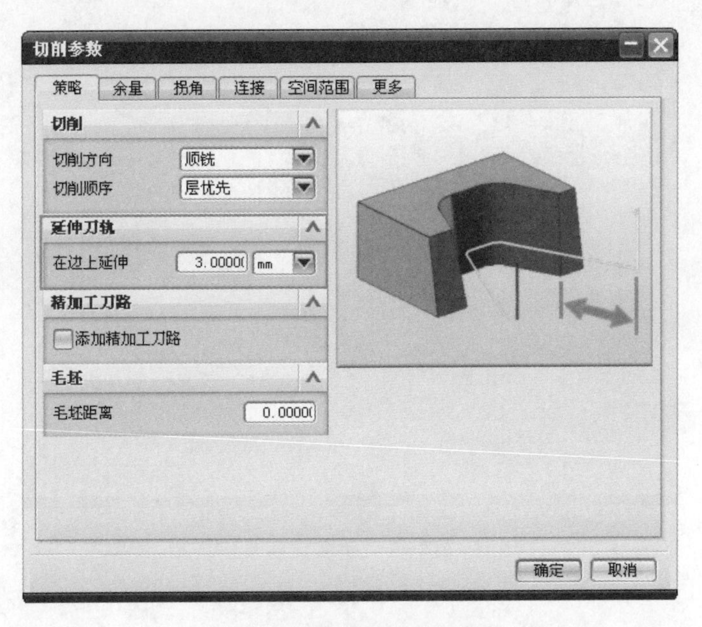

图 2-38 “延伸刀轨”参数的设置

5 毛坯

“毛坯”选项常见于型腔铣、平面铣和面铣削操作。“毛坯”选项只有“毛坯距离”一个参数,“毛坯距离”用于定义要去除的材料厚度,产生毛坯几何体,如图 2-39 所示。

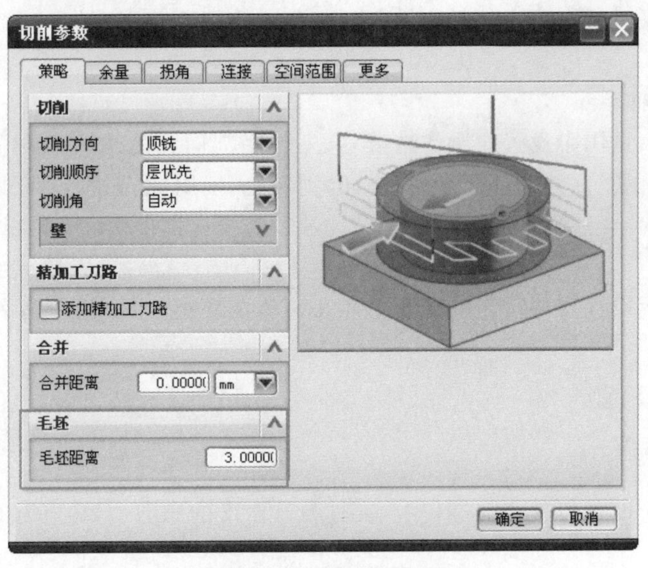

图 2-39 “毛坯”参数的设置

(二)“余量”选项卡

如图 2-40 所示,“切削参数”对话框中的“余量”选项卡允许用户根据工件材料、刀具材料和切削深度等实际切削条件,设定不同几何体的余量和加工精度公差。一般在工件粗加工和半精加工的编程时,需要设定几何体的余量。

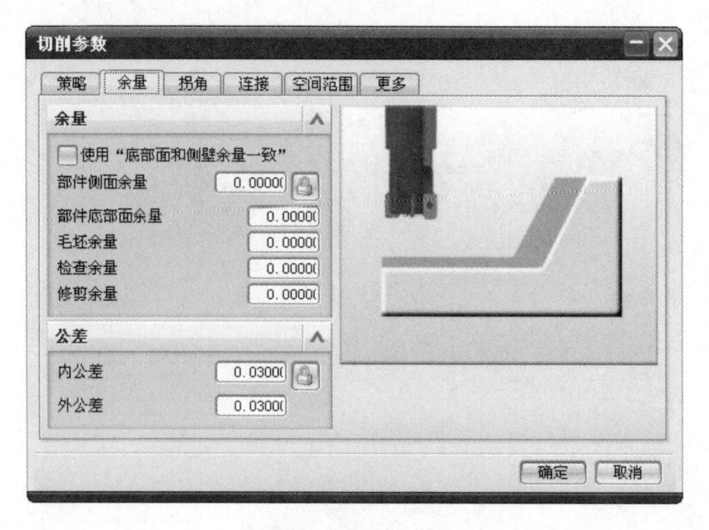

图 2-40 “余量”选项卡

1 余量

“余量”选项包含五个参数，分别是“部件侧面余量”、“部件底部面余量”、“毛坯余量”、“检查余量”和“修剪余量”。

(1)部件侧面余量

部件侧面余量用于设置在操作结束后，留在零件侧壁上的余量。在数控加工中，通常在粗加工或半精加工时留出一定部件余量以备精加工使用。在实际加工中常将其设置为 0.1～0.5 mm。

(2)部件底部面余量

部件底部面余量用于设置在操作结束后，工件底部面和岛屿顶面剩余的材料余量。如果“部件侧面余量”和“部件底部面余量”一样，则勾选“使用‘底部面和侧壁余量一致’”复选框。在实际加工中，往往部件底部面余量设置的数值要比部件侧面余量的数值小。

(3)毛坯余量

毛坯余量用于设置切削时刀具离开毛坯几何体的距离，主要用于有着相切情形的毛坯边界。

(4)检查余量

检查余量用于设置刀具切削过程中，刀具与已定义的检查边界之间的最小距离。

(5)修剪余量

修剪余量用于设置刀具切削过程中，刀具与已定义的修剪边界之间的最小距离。

2 公差

公差用于定义刀具偏离实际零件的允许范围，公差越小，切削越准确，产生的轮廓越光顺。“公差”选项包含两个参数，分别是“内公差”和“外公差”。

(1)内公差

内公差用于设置刀具切削切入零件时的最大偏距，系统默认为 0.03 mm。

(2)外公差

外公差用于设置刀具切削离开零件时的最大偏距，系统默认为 0.03 mm。

在实际加工过程中，内、外公差的设置是可以不一致的，例如当粗加工时，外公差可以设置大些，这样加工速度可以得到一定的提高。

（三）"拐角"选项卡

如图 2-41 所示，"切削参数"对话框中的"拐角"选项卡允许用户指定当刀具沿着拐角运动切削时的刀轨形状，产生光顺平滑的切削路径，这样可以有效减少刀具在拐角运动时偏离工件侧壁而引起的过切现象，有利于高速加工，还可以控制刀具做圆弧运动时的运动进给速率，使刀轨中圆弧部分的切屑负载与线性部分的切屑负载相一致。

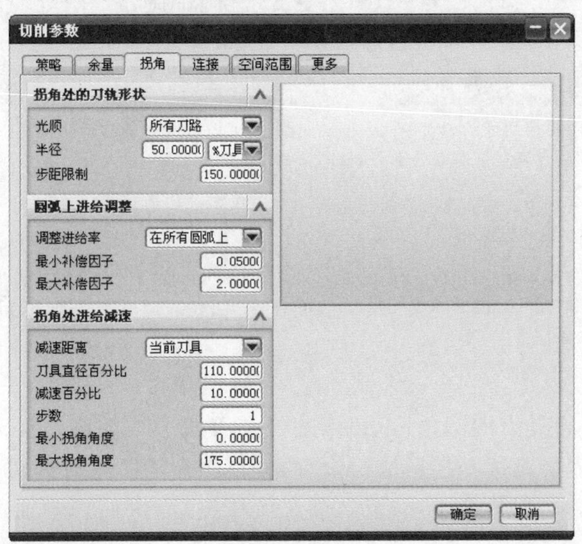

图 2-41 "拐角"选项卡

1 拐角处的刀轨形状

"拐角处的刀轨形状"一般有两组选项，分别是"凸角"和"光顺"，图 2-42 是平面铣削操作的"拐角处的刀轨形状"选项组。

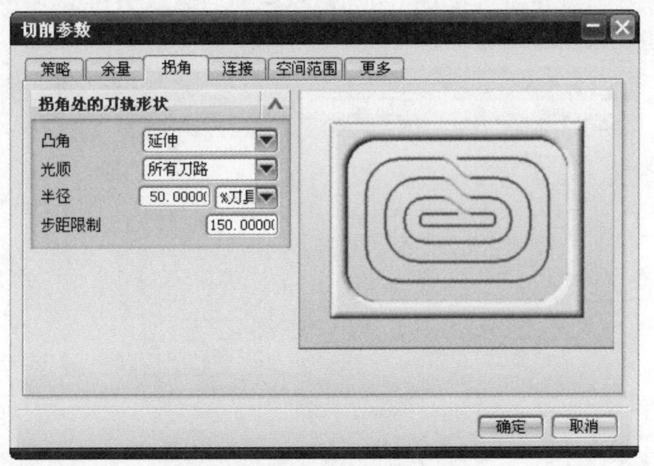

图 2-42 "拐角处的刀轨形状"选项组

（1）凸角

凸角用于指定当刀具沿着轮廓运动时刀轨的形状，如图 2-43 所示。"凸角"一共有三个选项，分别是“绕对象滚动”、“延伸并修剪”和“延伸”，其具体介绍见表 2-4。

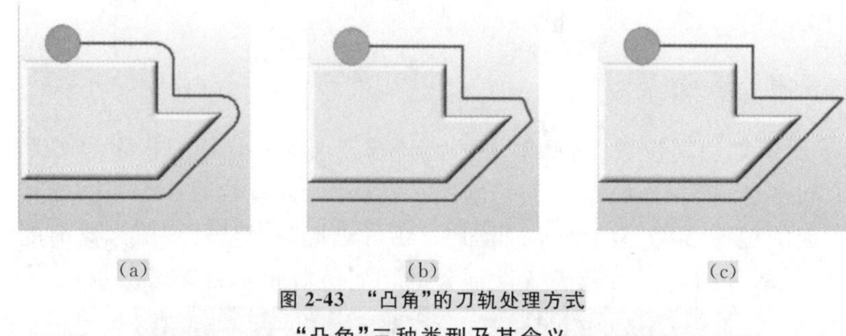

图 2-43 “凸角”的刀轨处理方式

表 2-4 “凸角”三种类型及其含义

类型	含义
绕对象滚动	系统将在拐角处的刀轨中插入圆弧运动，刀具与拐角点始终保持接触，此时圆弧半径等于刀具半径，拐角点就是该圆弧的圆心，如图 2-44(a)所示
延伸并修剪	系统将拐角处的刀轨沿着切向延长一定距离形成近似“倒角”的切削刀路。适用于拐角不大于 60°的情况，如图 2-44(b)所示
延伸	系统将拐角处的刀轨沿切向延伸到相交而形成尖角的刀轨形状，使得刀具在沿拐角的轮廓移动时脱离边界，如图 2-44(c)所示。仅可应用于沿轮廓运动的刀轨，对于远离轮廓的刀轨，一般用“绕对象滚动”类型

(2)光顺

光顺用于指定当刀具沿内凹角运动时，是否在刀轨中增加圆弧运动。一般在加工硬质材料或高速加工时，需要对这一栏目进行设置，其目的在于防止刀具切削移动的前进方向发生突然变化，使得刀具切削载荷突然增加，引起机床振动，进而影响加工质量或者引发刀具崩断等事故。如果在内凹角的刀轨中添加圆弧，就会在内凹角的侧壁残留过多的余量。“光顺”选项有两种类型，分别是“无”和“所有刀路”。

①无：当刀具沿内凹角运动时，在刀轨中不增加圆弧运动。

②所有刀路：当刀具沿内凹角运动时，对所有刀轨均增加圆弧运动，如图 2-44 所示。可以通过使用刀具直径的百分比来设定所增加圆弧运动的圆弧半径及步距限制，一般设置的圆弧半径不大于步距限制的 50％。

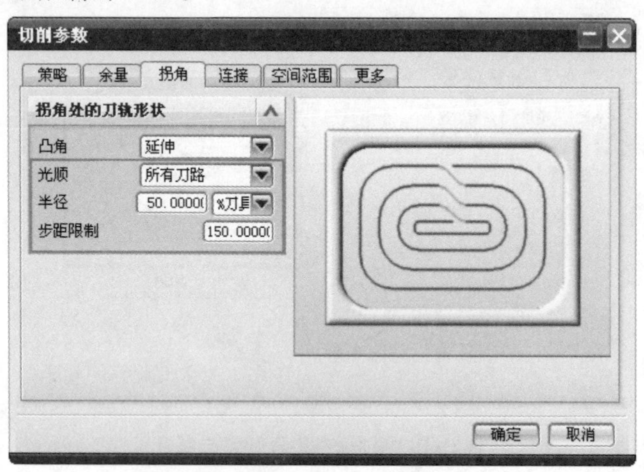

图 2-44 “光顺”选项的“所有刀路”类型

2 圆弧上进给调整

圆弧上进给调整用于调整刀轨中圆弧运动的进给速度，以保持刀具边缘的进给速度与线性运动的进给速度一致。当刀具沿着凸角运动切削时，进给速度提高；当刀具沿着内凹角运动切削时，进给速度降低，使得切屑负载平均，降低刀具过于陷入或偏离拐角材料的可能性。“调整进给率”选项有两种类型，分别是“无”和“在所有圆弧上”，如图 2-45 所示，下面分述这两种类型。

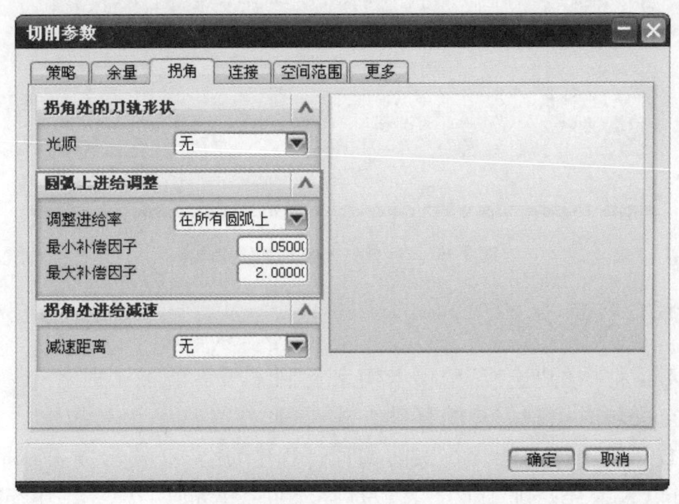

图 2-45 “圆弧上进给调整”选项组

(1)无：不对刀轨圆弧运动进行进给速度的调整。

(2)在所有圆弧上：在所有刀轨的圆弧运动进行进给速度的调整。最小补偿因子、最大补偿因子是指进给速度调整的倍率范围，系统将自动根据最小补偿因子、最大补偿因子来选择相应的倍率。

3 拐角处进给减速

拐角处进给减速用于设定沿内凹角运动时，降低刀具的进给速度，使得刀具运动更加平稳，可有效防止刀具过切现象。系统会自动检测减速距离，并按指定的减速步数降低进给速度。当完成减速后，刀具将加速到正常的进给速度。“减速距离”选项有三种类型，分别是“无”、“当前刀具”和“上一个刀具”，如图 2-46 所示。

(1)无：在拐角处系统不对进给做减速处理。

(2)当前刀具：系统使用当前刀具确定减速开始和结束的距离，减速开始和结束的位置由当前刀具直径的百分比确定。这种类型中有以下参数：“刀具直径百分比”是指输入当前刀具的百分比确定减速或加速移动的距离；“减速百分比”是指输入当前切削进给速度的百分比，确定减速后的进给速度；“步数”是指输入减速的步数确定减速的平稳性，步数越大，减速越平稳。

(3)上一个刀具：系统使用以前刀具确定减速开始和结束的距离，减速开始和结束的位置是刀具与部件几何体的切点。这种类型有以下参数：“刀具直径”是指输入以前刀具的直径确定减速或加速移动的距离；其他参数含义与“当前刀具”类型相同。

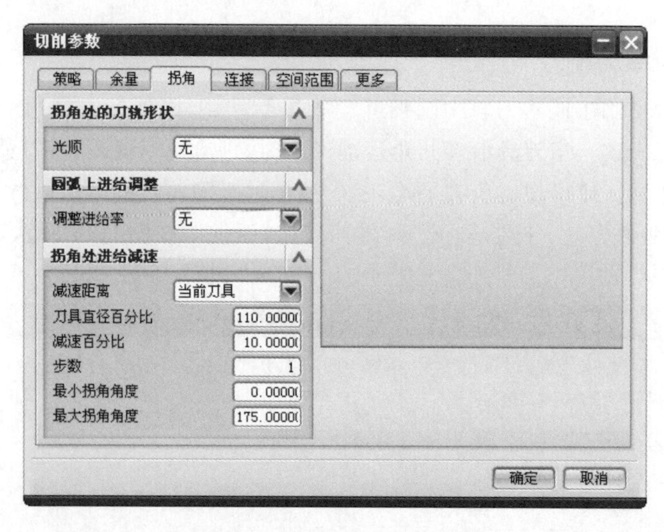

图 2-46 “拐角处进给减速”选项组

（四）“连接”选项卡

“切削参数”对话框中的“连接”选项卡用来控制多个岛屿加工时各个岛屿切削的顺序，以及刀具经过跨空区域时控制刀具的移动方式，因此在具有多个岛屿形状并且岛屿高低不平的工件加工中必须使用该功能。在实际编程过程中，用户必须根据实际情况，指定合理的连接参数，这样可以大大提高加工效率。当选择不同类型的操作，“切削参数”对话框中“连接”选项卡的参数也会有所差别，“连接”选项卡一般包含“切削顺序”、“跨空区域”、“优化”和“开放刀路”等选项组。当选择“面铣削”操作类型，“连接”选项卡如图 2-47 所示。

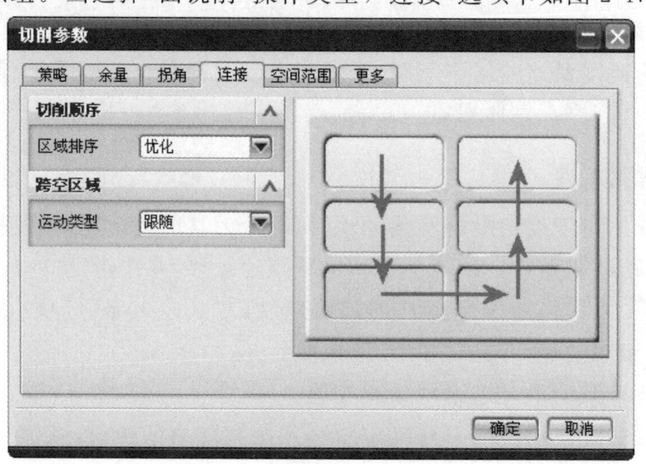

图 2-47 “连接”选项卡

1 切削顺序

“切削顺序”选项组用于安排区域切削顺序以及为每个区域指定切削起点。系统提供有“标准”、“优化”、“跟随起点”和“跟随预钻点”四种类型。

（1）标准：指系统确定切削区域的加工顺序，如图 2-48 所示。对于“平面铣”操作，系统一般使用边界的创建顺序作为加工顺序，或使用面的创建顺序作为加工顺序。但有的时候也有例外，因为系统可能会因为实际需要而分割或合并区域，这样顺序信息就会丢失。因此，如果此时选用该选项，切削区域的加工顺序将是任意和低效的。当使用层优先作为“切削顺序”来加工多个切削层时，系统将针对每一个层重复相同的加工顺序。

(2)优化：系统根据最有效的加工时间自动决定各切削区域的加工顺序，如图 2-49 所示。系统确定的加工顺序可使刀具尽可能少地在区域之间来回移动，并且当刀具从一个区域移到另一个区域时刀具的总移动距离最短。当使用层优先作为“切削顺序”来加工多个切削层时，“优化”功能将确定第一个切削层中的区域的加工顺序。第二个切削层中的区域将以相反的顺序进行加工，以缩短刀具在区域之间的移动时间。这种交替反向将一直持续下去，直到所有切削层加工完毕。

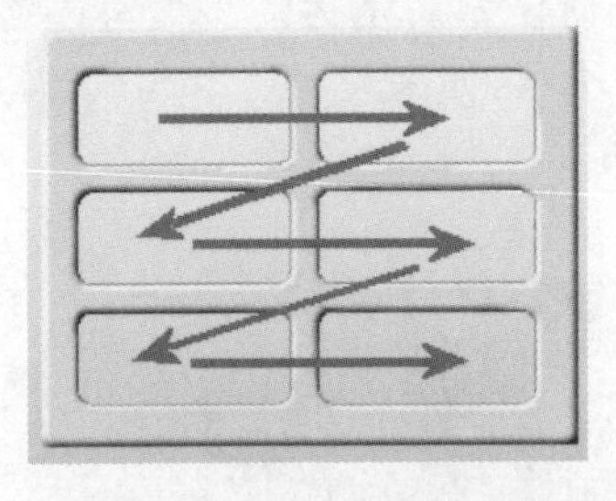

图 2-48 “标准”方式的区域排序

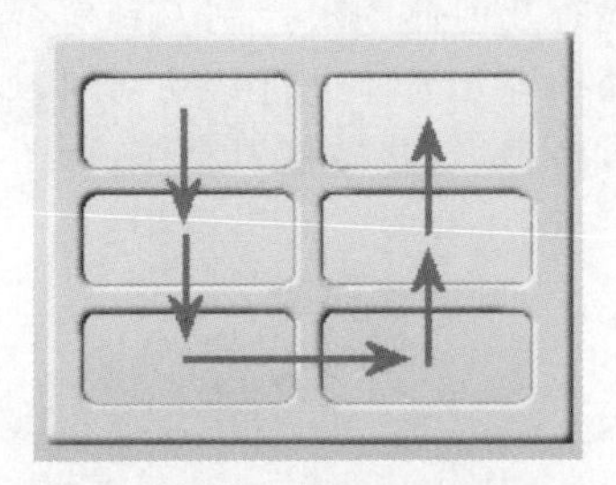

图 2-49 “优化”方式的区域排序

(3)跟随起点：系统根据指定“切削区域起点”时所采用的顺序来确定切削区域的加工顺序，如图 2-50 所示。这些点必须是处于活动状态的，以便“区域排序”能够使用这些点。如果用户为每个区域均指定了一个点，系统将严格按照点的指定顺序来安排加工顺序。

(4)跟随预钻点：系统根据不同切削区域中指定的预钻孔下刀点的位置的选择顺序来决定各个切削区域的加工顺序，如图 2-51 所示。

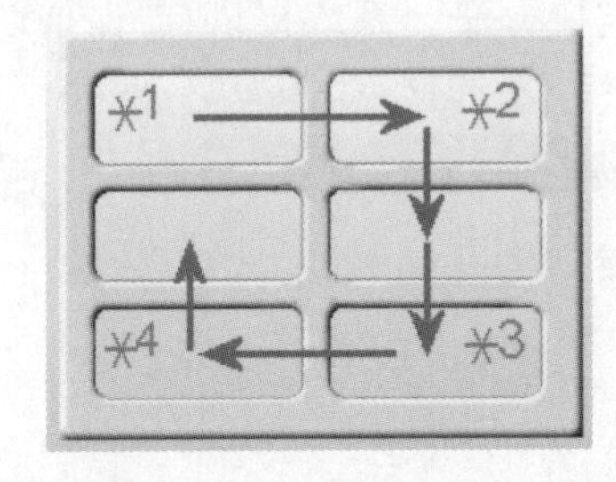

图 2-50 “跟随起点”方式的区域排序

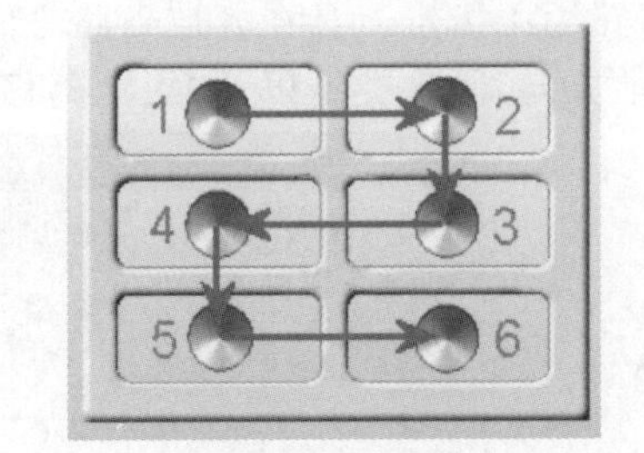

图 2-51 “跟随预钻点”方式的区域排序

2 跨空区域

“跨空区域”选项用于指定刀具遇到跨空区域(例如凹陷区域)时控制刀具的移动方式。系统提供有“跟随”、“切削”和“移刀”三种类型，如图 2-52 所示。

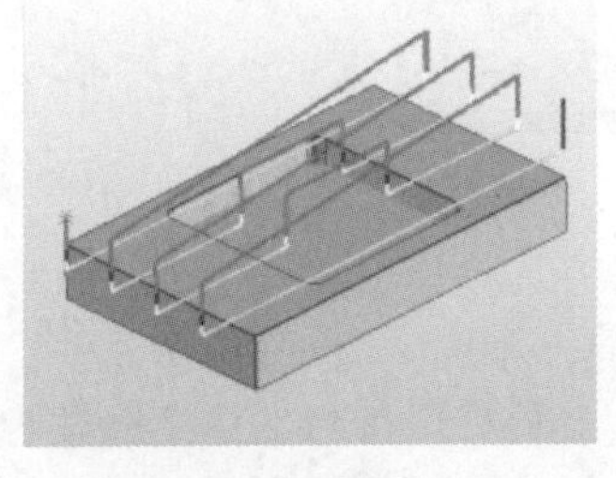

(a)跟随

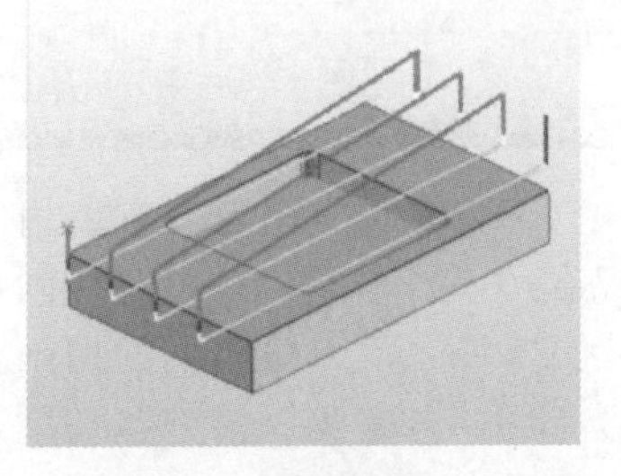

(b)切削

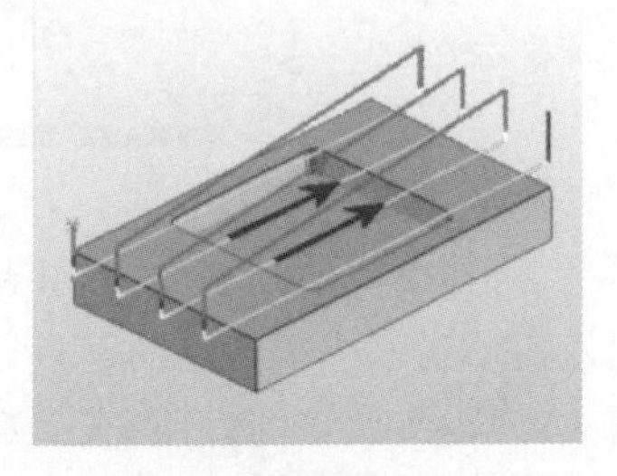

(c)移刀

图 2-52 跨空区域的三种方式

（1）跟随：刀具经过一个跨空区域时，提刀到一定高度，然后快速跨越到下一个切削区域。

（2）切削：控制刀具以正常切削进给率通过跨空区域，即忽略跨空区域。

（3）移刀：刀具沿着切削方向在跨空区域做快速运动。

在上述三种方式中，“跟随”类型最为安全，但是刀轨变长。

3 优化

切削模式选择不同，“优化”选项所提供的参数也不同。当切削模式采用线性的切削模式时，“连接”选项卡将没有“优化”选项。“优化”选项有“跟随检查几何体”复选框。

跟随检查几何体用于控制刀具是否跟随检查几何体做切削运动。当勾选这个选项后，刀具将跟随检查几何体进行移动切削，如图 2-53(a)所示；如果关闭这个选项，刀具在遇到检查几何体时将抬刀，并做移刀动作，如图 2-53(b)所示。

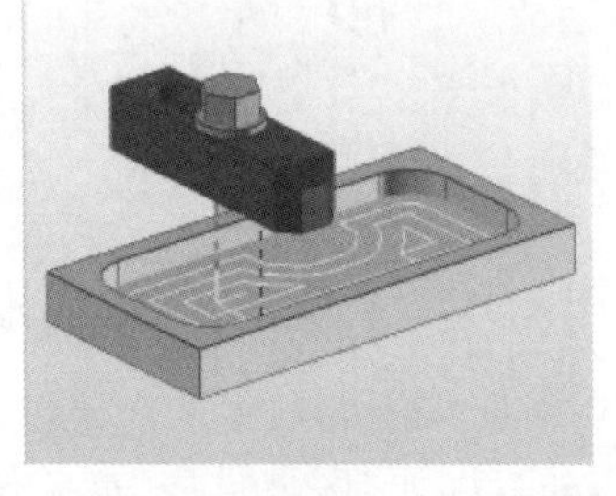

(a)打开

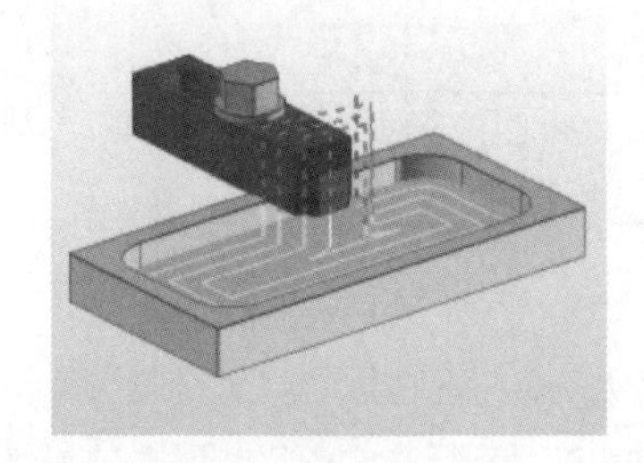

(b)关闭

图 2-53　跟随检查几何体的应用

4 开放刀路

开放刀路用于指定刀具在开放刀路之间移动的连接方法。系统提供有“保持切削方向”和“变换切削方向”两种类型以及“短距离移动上的进给”复选框，如图 2-54 所示。

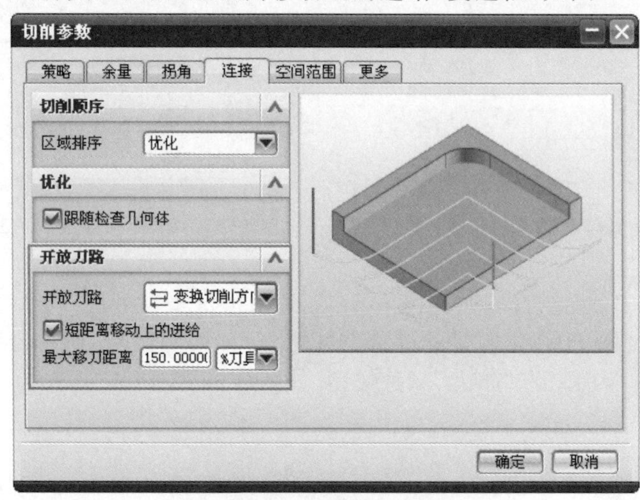

图 2-54　“开放刀路”选项组

（1）保持切削方向：在开放刀路中，当完成一条刀路切削后，刀具将抬刀离开工件并做移刀运动到下一条刀路的起点，以保持每一条刀路相同的切削方向。如图 2-55(a)所示。

（2）变换切削方向：在开放刀路中，当完成一条刀路切削后，刀具将保持与工件接触做步进移动到下一条刀路的起点，并采用相反的切削方向进行切削。如图 2-55(b)所示。

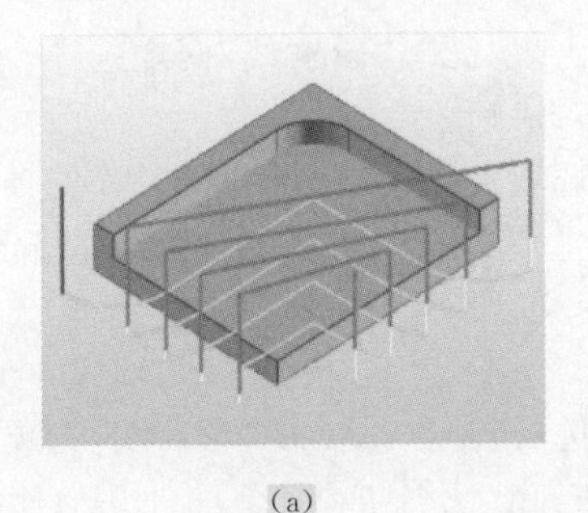
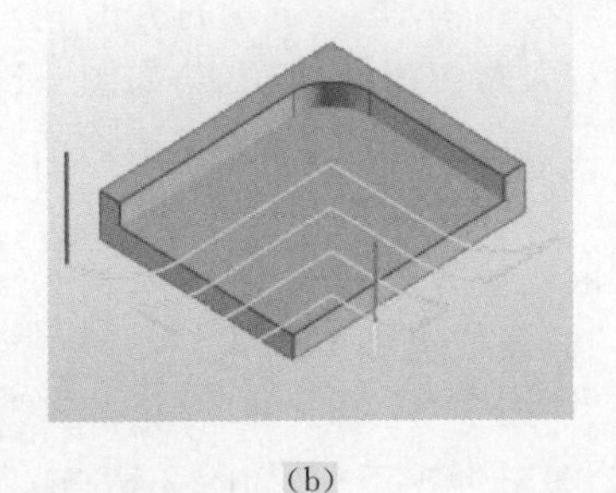

(a)　(b)

图 2-55　开放刀路的应用

(3)短距离移动上的进给:指定在同一个边界区域内的不同切削区域之间,刀具将会怎样运动。当两个区域之间的距离小于指定的“最大移刀距离”时,刀具将沿着部件几何体表面做进刀动作;反之,刀具将以当前的传递方法提刀,然后做移刀运动到下一个进刀点上方的位置。

(五)“空间范围”选项卡

如图 2-56 所示,“切削参数”对话框中的“空间范围”选项卡用于指定刀轨在拐角处的移动形状,产生光顺平滑的切削路径,这样可以有效减少刀具在拐角运动时偏离工件侧壁而引起的过切现象,有利于高速加工,还可以控制刀具做圆弧运动时的运动进给率,使刀轨中圆弧部分的切屑负载与线性部分的切屑负载一致。“空间范围”选项卡包含“毛坯”、“刀具夹持器”、“小面积避让”、“参考刀具”和“陡峭”等选项组。下面逐一介绍。

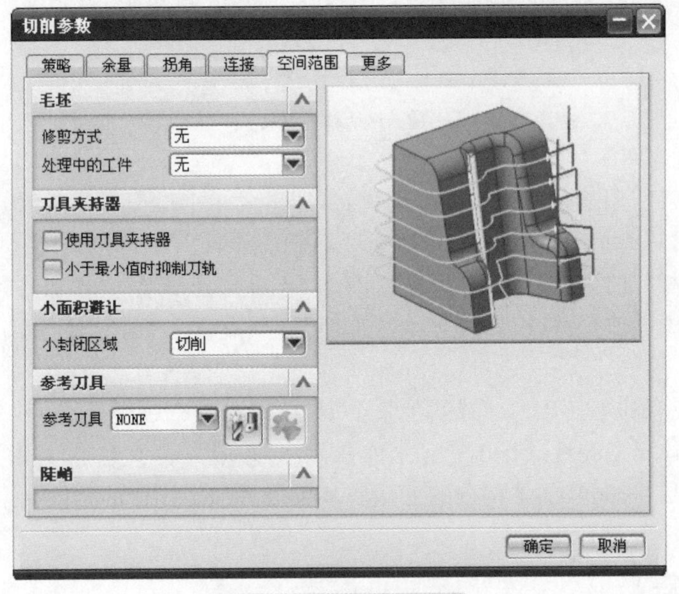

图 2-56　“空间范围”选项卡

1 毛坯

“毛坯”选项组可以对毛坯相关参数进行设置。系统提供有“修剪方式”和“处理中的工件”两个参数。

(1)修剪方式

“修剪方式”表示在没有明确定义“毛坯几何体”的情况下,“修剪方式 ”功能可自动识别出型芯部件的“毛坯几何体”。当“更多”选项卡的“容错加工”选项关闭时,会出现“无”、“外部边”两个选项；当“容错加工”选项打开时，会出现“无”、“轮廓线”两个选项。

①无：表示对刀路使用修剪功能，如图 2-57(a)所示。

②外部边：当“更多”选项卡的“容错加工”选项关闭时，出现“外部边”选项。该选项使用面、片体或曲面区域的外部边在每个切削层中生成刀轨。方法是：沿着边缘定位刀具，并将刀具向外偏置，偏置值为刀具的半径，而这些定义“部件几何体”的面、片体或曲面区域与定义“部件几何体”的其他边缘不相邻。

③轮廓线：当“更多”选项卡的“容错加工”选项勾选时，出现“轮廓线”选项。该选项使用部件几何体的轮廓来生成刀轨，如图 2-57(b)所示。方法是：沿着部件几何体的轮廓定位刀具，并将刀具向外偏置，偏置值为刀具的半径。可以将轮廓线当作部件沿刀轴投影所得的“阴影”。

当使用“按轮廓修剪”同时打开“容错加工”时，系统将使用所定义的部件几何体底部的轨迹作为修剪形状。这些形状将沿着刀轴投影到各个切削层上，并且将在生成可加工区域的过程中用作修剪形状。

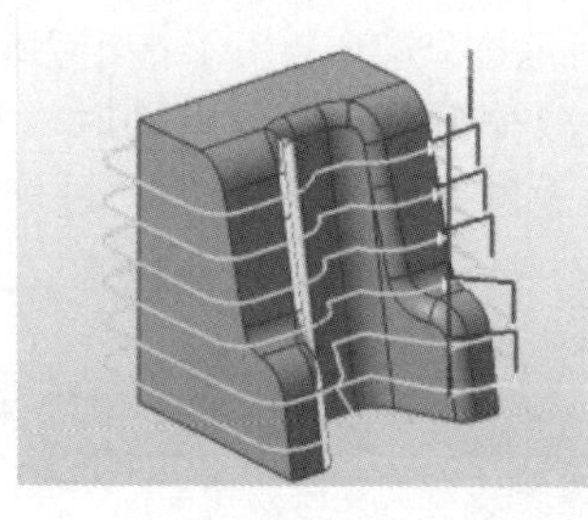

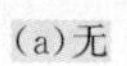

(a)无

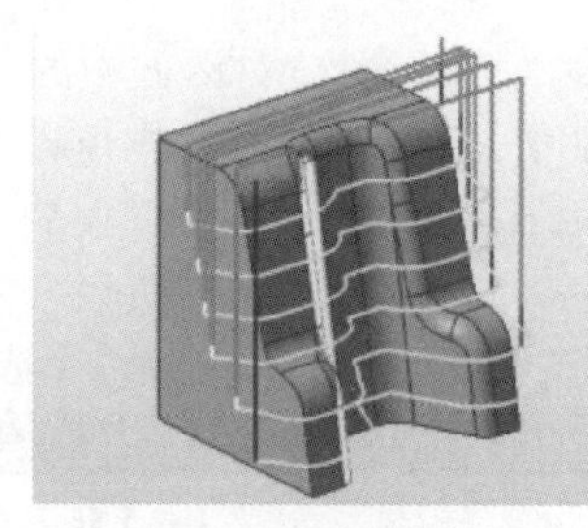

(b)轮廓线

图 2-57 修剪方式

(2)处理中的工件

“处理中的工件”用于指定操作剩余的材料，即生成一个操作后的残留毛坯，以便二次粗加工使用，英文缩写为 IPW，含义是 In Process Workpiece。当希望系统在生成刀轨时考虑先前操作剩余的材料时，可以在操作中使用 IPW，不过打开 IPW 会增加刀轨计算时间，IPW 不适于进行变换的操作。系统为“处理中的工件”选项提供了“无”、“使用 3D”和“使用基于层”三种类型。

①无：使用现有的毛坯几何体或切削整个型腔，如图 2-58(a)所示。

②使用 3D：控制型腔铣操作创建小平面几何体，并用其表示毛坯，如图 2-58(b)所示。

③使用基于层：控制被加工部分的毛坯要基于上一加工操作的切削剩余量，仅适用于型腔铣，如图 2-58(c)所示。

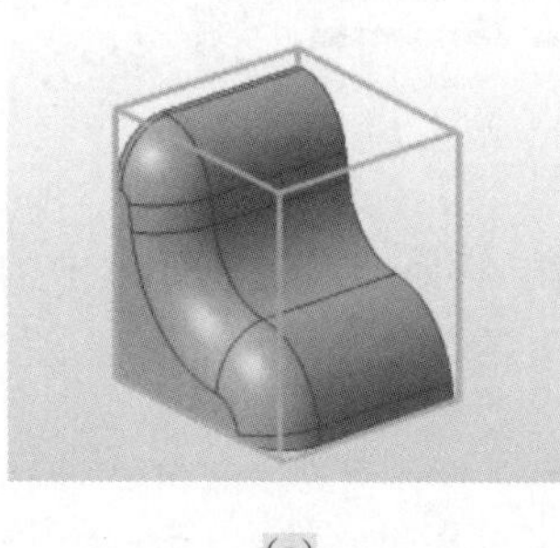

(a)

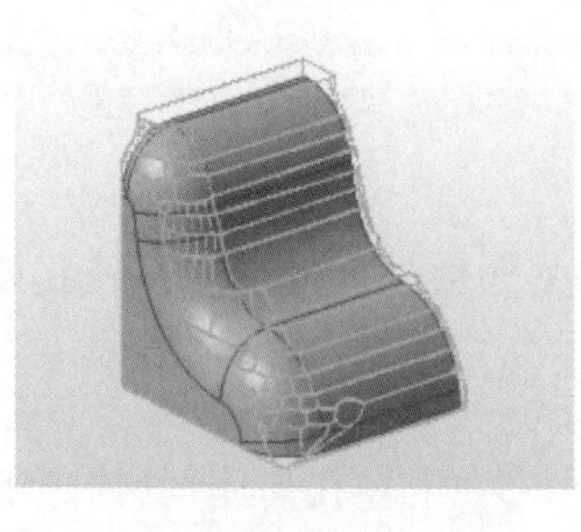

(b)

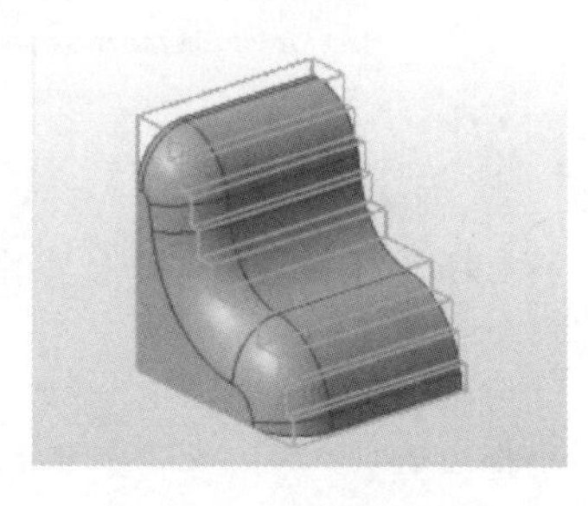

(c)

图 2-58 “处理中的工件”的类型

2 刀具夹持器

“刀具夹持器”选项组包含“使用刀具夹持器”、“IPW 碰撞检查”和“小于最小值时抑制刀轨”三个复选框。

(1)使用刀具夹持器:这个选项有助于避免夹持器与工件发生碰撞,并在操作中选择尽可能使用短的刀具。当打开这个选项后,系统将首先检查夹持器是否会与处理中的工件、毛坯几何体、部件几何体或检查几何体发生碰撞。任何将导致碰撞的区域都会从切削区域中移除,保证获得的刀轨在切削材料时不会发生与夹持器碰撞的情况。如图 2-59 所示。

图 2-59 “使用刀具夹持器”的设置

(2)IPW 碰撞检查:当“使用刀具夹持器”选项被勾选后,“IPW 碰撞检查”选项将被激活,此开关用于管理碰撞检查的快速打开或关闭,用于在模拟过程中,检查刀具和刀柄与加工后的剩余材料的碰撞,可以进一步提高生成刀路的安全性。

(3)小于最小值时抑制刀轨:系统根据剩余材料体积的最小值来控制刀轨的输出。

3 小面积避让

小面积避让只有“小封闭区域”一个选项。

4 参考刀具

要加工上一个刀具未加工到的拐角中剩余的材料时,可以使用“参考刀具”。参考刀具一般是用来先对区域进行粗加工的刀具,系统计算指定的参考刀具剩下的材料,然后为当前操作定义切削区域。如果是因为刀具拐角半径而未加工到,则剩余材料会在壁和底面之间。如果是因为刀具直径过大而未加工到,则剩余材料会在壁之间。“参考刀具”有两个参数需要设置。

(1)参考刀具:在选项组或者刀库里选择上一步粗加工的刀具,如图 2-60 所示。

(2)重叠距离:指控制刀轨清除材料的最小厚度,如图 2-61 所示。该距离是按照参考刀具的直径沿着切面定义的区域宽度。只有当用户为参考刀具指定了偏置时,重叠距离才有效,可应用的重叠距离值限制在刀具半径内。

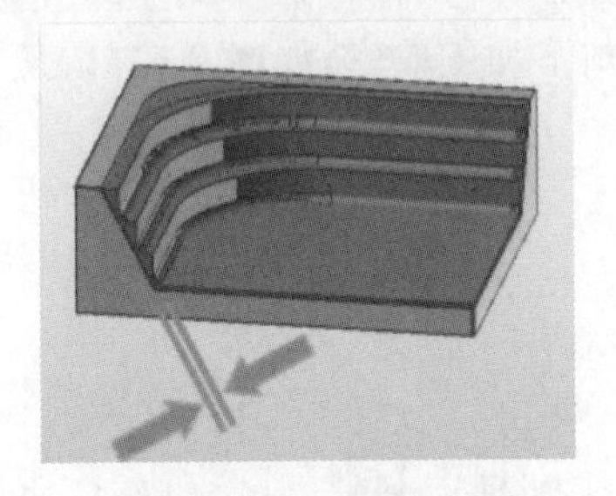

图 2-60 “参考刀具”的设置

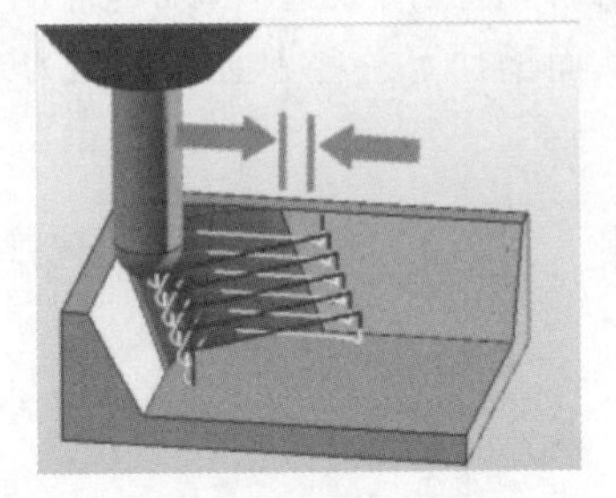

图 2-61 “重叠距离”的设置

5 陡峭

只有在定义了参考刀具后,“陡峭”选项才被激活。该选项用于控制切削陡峭壁最小角度。在“角度”对应的文本框中填入数值即可。

(六)"更多"选项卡

"更多"选项卡用于指定安全设置、边界逼近以及下限平面等辅助参数,如图 2-62 所示。这些参数一般在某些特殊情况下才使用。"更多"选项卡包含"安全距离"、"原有的"、"底切"和"下限平面"等选项组。

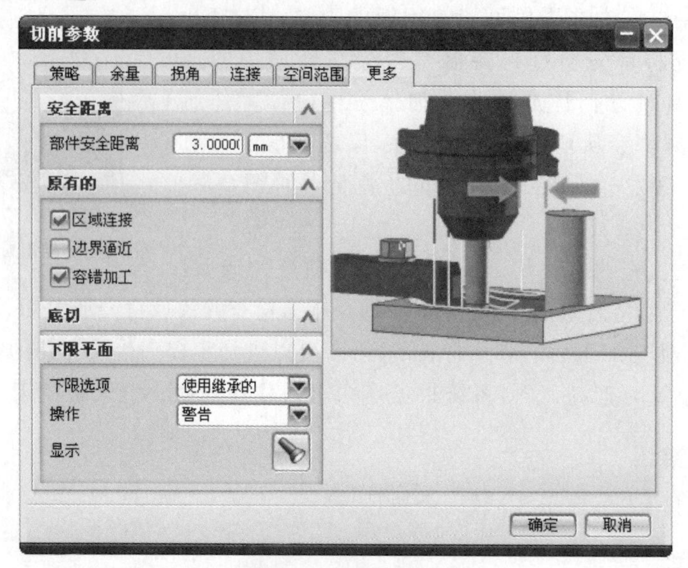

图 2-62 "更多"选项卡

1 安全距离

安全距离用于设置部件的安全距离,即刀具夹持器与部件几何体之间的安全距离,以保证刀具在切削运动过程中不会与部件几何体发生干涉。

2 原有的

(1)区域连接

区域连接用于控制是否优化刀路之间的步距移动,尽可能减少刀具抬刀的次数。当打开这个选项后,系统将最大限度地保持刀具与部件连续接触,减少进刀和退刀的次数,如图 2-63(a)所示;若关闭该选项,刀具将从一个区域退刀,做移刀运动到下一个区域再重新进行切入,从而增加了一些不必要的抬刀动作,影响了加工效率,如图 2-63(b)所示。

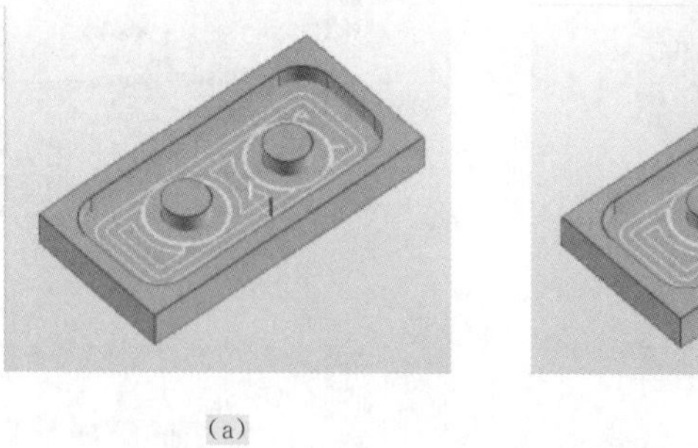

(a)　(b)

图 2-63 "区域连接"选项设置

(2)边界逼近

边界逼近用于控制是否对样条曲线或二次曲线的边界进行简化处理，在远离边界的刀路中产生更多、更长的直线运动，从而缩短刀轨计算时间和缩短刀轨。如图 2-64 所示。

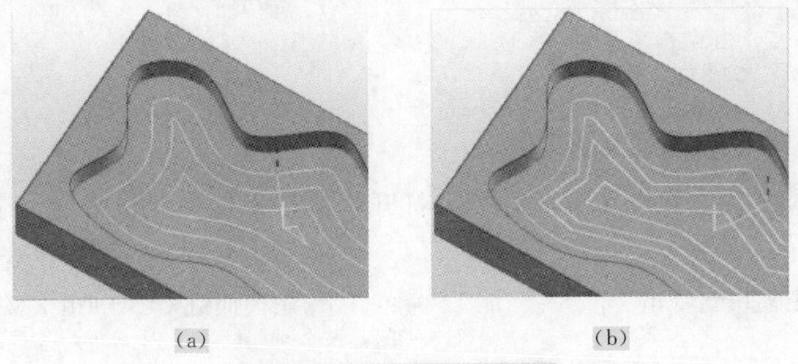

(a) (b)

图 2-64 “边界逼近”选项设置

(3)容错加工

“容错加工”用于准确地寻找不过切零件的可加工区域。在大部分的操作中，这个选项是被激活的。“容错加工”在使用时，系统将在直角坐标栅格上以数字方式处理模型。栅格大小是切削公差和刀具尺寸的函数。对于普通部件，栅格为 1～2 mm。当指定的毛坯距离是相对于部件的偏置时，用于追踪毛坯的公差将比用于追踪部件的公差宽松得多，这是因为毛坯几何体的尺寸没有必要和部件几何体同样精确。当指定的毛坯几何体的尺寸与部件几何体非常相近(小于一个栅格的大小)时，毛坯轨迹和部件轨迹将相互重叠，从而导致切削区域出错。在这种情况下，最好能沿着部件的轮廓进行切削，而不指定毛坯。生成的结果将是沿部件几何体的刀路。

3 底切

“底切”选项组只有“防止底切”一个参数，它通过使系统在生成刀轨时考虑底切几何体，来防止刀柄与部件几何体之间产生摩擦。进行型腔铣时，在打开“防止底切”后，系统将对刀柄应用完整的“水平间距”(在“进刀/退刀”选项指定)，但如果“水平安全距离”大于刀具半径，则会应用刀具半径。当刀柄位于底切之上且距离与刀具半径相等时，随着刀具更深地切过切削层，刀具将逐渐从底切处移走。当刀柄接触到底切时，将应用完整的“水平安全距离”，如图 2-65 所示。

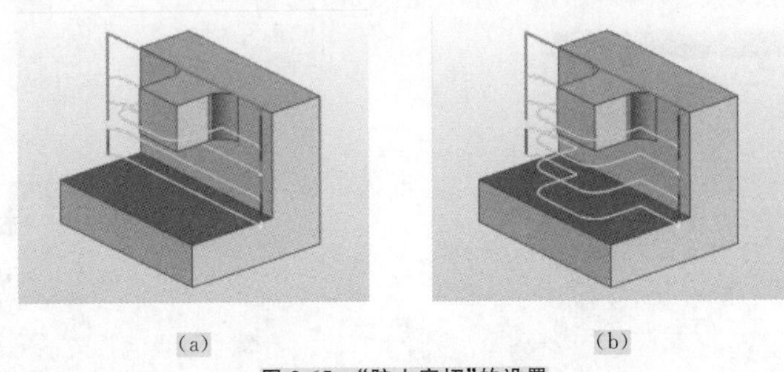

(a) (b)

图 2-65 “防止底切”的设置

打开“防止底切”后，系统处理时间将延长。如果没有确定底切区域，则关闭该功能以缩短处理时间。关闭“防止底切”后，系统将不会考虑底切几何体。这将导致处理竖直壁面时的公差更加宽松。在“加工”中导入要处理的几何体时，关闭此选项有助于补偿因搬运或模型不够干净所带来的问题。

项目实施操作步骤如下：

公用切削参数设置

1 打开模型文件，进入加工环境

(1)打开模型文件。启动 UG NX 8.0，打开本教材素材资源包中的 2-1.prt 文件。

(2)进入加工模块。单击“开始>>加工”命令，或使用快捷键 Ctrl+Alt+M，进入加工模块。

2 设置 PLANAR_MILL 公用切削参数

(1)在编程环境下，如图 2-66 所示的“导航器”工具栏中选择“几何视图”，在工序导航器几何视图中显示零件的两个平面加工程序，如图 2-67 所示。

图 2-66 “导航器”工具栏

图 2-67 工序导航器几何视图 1

(2)在如图 2-67 所示的工序导航器几何视图中双击“PLANAR_MILL”，弹出“平面铣”对话框，如图 2-68 所示。打开“刀轨设置”选项组，如图 2-69 所示。

(3)切削模式、步距的设置。在“刀轨设置”选项组中，选择“步距”为“刀具平直百分比”为 75%，选择“切削模式”为“跟随周边”，结果如图 2-70 所示。

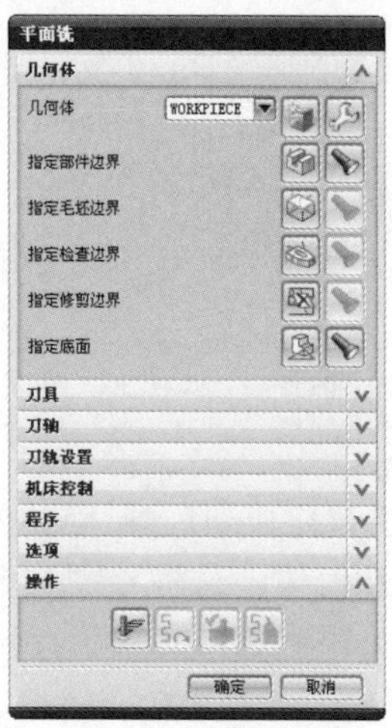

图 2-68 “平面铣”对话框

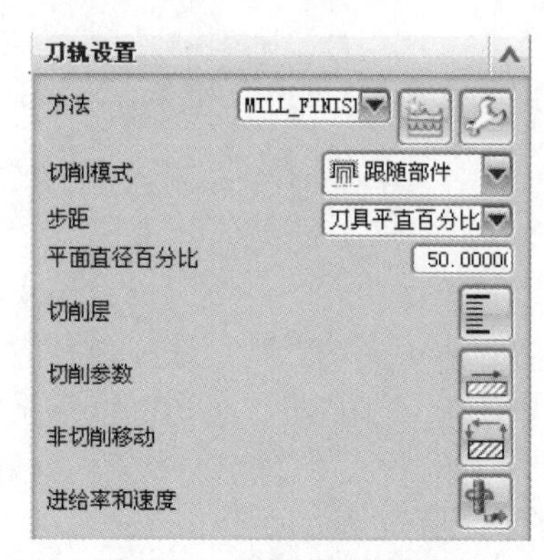

图 2-69 “刀轨设置”选项组

(4)切削层设置。在“刀轨设置”选项组中，单击“切削层”按钮，弹出如图 2-71 所示的“切削层”对话框，在“每刀深度”文本框中输入“1.5”，单击“确定”按钮，返回“平面铣”对话框。

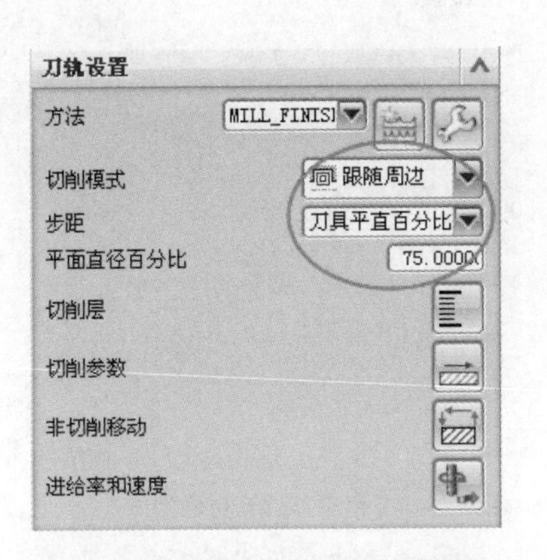

图 2-70 “切削模式”和“步距”设置 1

图 2-71 “切削层”对话框 1

(5)进给率和速度设置。单击如图 2-70 所示的“进给率和速度”按钮，弹出“进给率和速度”对话框，如图 2-72 所示，“主轴速度”设置为“1800”，“进给率”设置为“800”，单击“确定”按钮。

(6)切削参数设置。单击“切削参数”按钮即可进入“切削参数”对话框，将“策略”选项卡中的“切削顺序”设置为“深度优先”，勾选“添加精加工刀路”复选框，如图 2-73 所示，单击“确定”按钮，返回“平面铣”对话框。

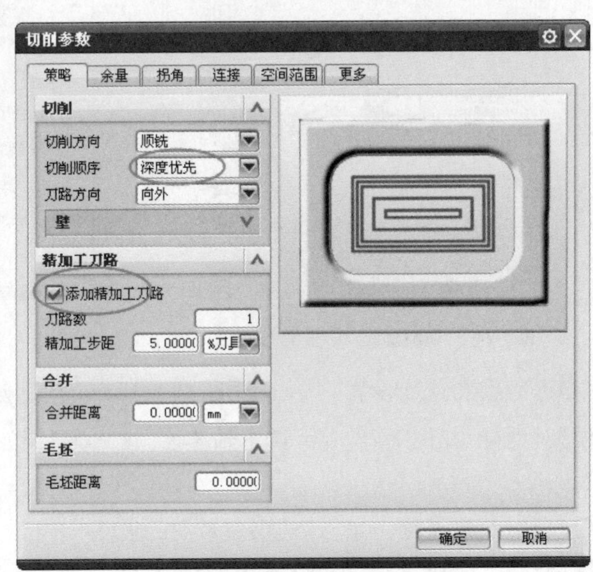

图 2-72 “进给率和速度”对话框 1

图 2-73 “策略”选项卡设置

(7)生成刀位轨迹。单击“生成”按钮，系统计算出粗加工的刀位轨迹，如图 2-74 所示，单击“确定”按钮，在工序导航器几何视图的 WORKPIECE 节点下产生一个 PLANAR_MILL 程序。

3 设置 PLANAR_MILL_1 公用切削参数

（1）在如图 2-75 所示的工序导航器几何视图中双击“PLANAR_MILL_1”，打开“平面铣”对话框，如图 2-68 所示。打开“刀轨设置”选项组，如图 2-69 所示。

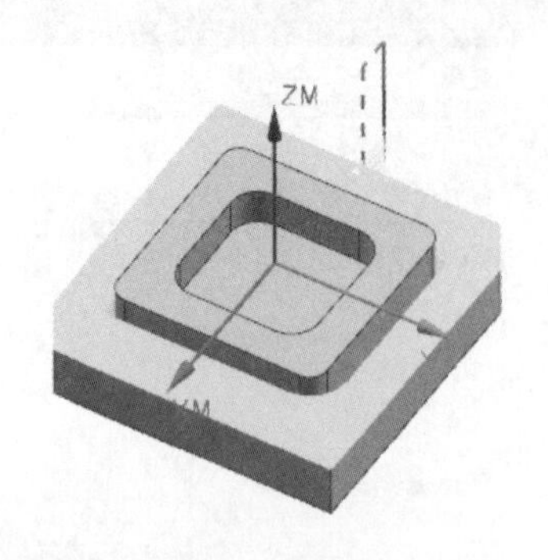

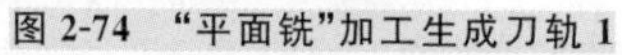

图 2-74 “平面铣”加工生成刀轨 1

图 2-75 工序导航器几何视图 2

（2）切削模式、步距的设置。在“刀轨设置”选项组中，选择“步距”为“刀具平直百分比”为 60%，选择“切削模式”为“跟随周边”，结果如图 2-76 所示。

（3）切削层设置。在“刀轨设置”选项组中，单击“切削层”按钮，弹出如图 2-79 所示的“切削层”对话框，在“每刀深度”文本框中输入“1”，单击“确定”按钮，返回“平面铣”对话框。

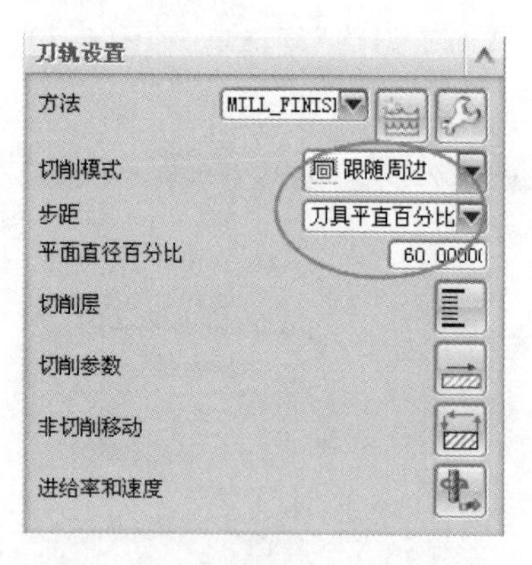

图 2-76 “切削模式”和“步距”设置 2

图 2-77 “切削层”对话框 2

（4）进给率和速度设置。单击如图 2-76 所示的“进给率和速度”按钮，弹出“进给率和速度”对话框，如图 2-78 所示，“主轴速度”设置为“2200”，“进给率”设置为“600”，单击“确定”按钮。

（5）切削参数设置。单击“切削参数”按钮即可进入“切削参数”对话框，将“策略”选项卡中的“切削顺序”设置为“深度优先”，勾选“添加精加工刀路”复选框，如图 2-73 所示，单击“确定”按钮，返回“平面铣”对话框。

（6）生成刀位轨迹。单击“生成”按钮，系统计算出粗加工的刀位轨迹，如图 2-79 所示，单击“确定”按钮，在工序导航器几何视图的 WORKPIECE 节点下产生一个 PLANAR_MILL_1 程序。

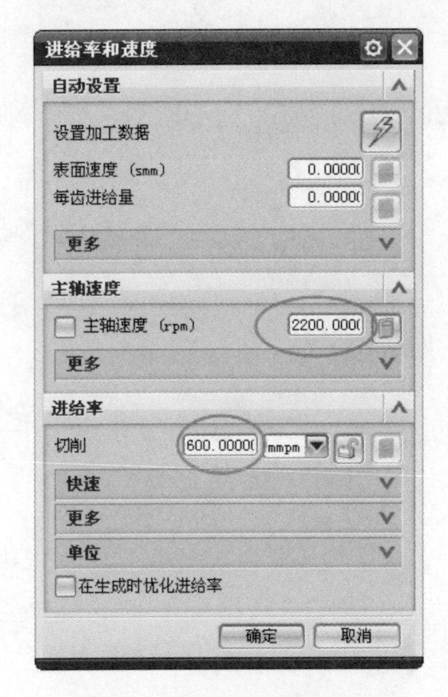

图 2-78 “进给率和速度”对话框 2

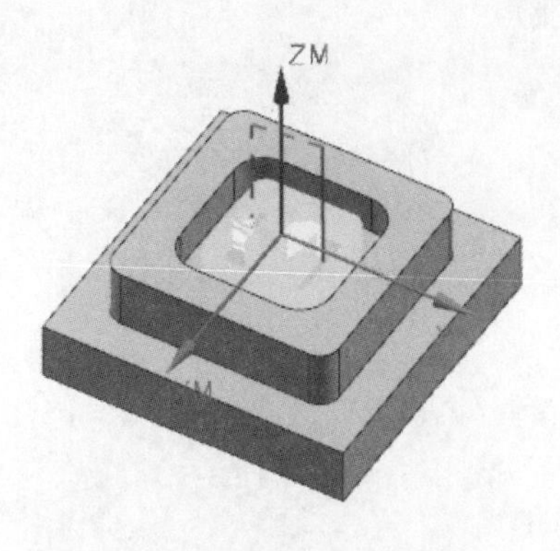

图 2-79 “平面铣”加工生成刀轨 2

规纳总结

本项目主要介绍了 UG NX 8.0 的公用切削参数的设置，包括切削进给和主轴速度、切削模式的类型和功能，还重点介绍了“策略”选项卡、“余量”选项卡、“拐角”选项卡等“切削参数”对话框中的参数设置。

通过本项目学习，用户掌握了公共切削参数的设置方法，包括切削进给和主轴速度、切削模式类型设置等内容，培养了用户运用 UG 软件进行公共切削参数设置的能力。在学习过程中，注意切削模式类型设置等重点、难点内容的理解与掌握。

拓展练习

1. 请完成如图 2-80 所示零件的公用切削参数设置。打开本教材素材资源包中的“2-2. prt”文件。

要求：(1)设置进给率为 800 mmpm，主轴速度为 2 500 rpm。

(2)每刀深度设置为 2 mm。

(3)切削模式设置为“跟随周边”，步距为 65%，刀路方向设置为“向内”。

(4)余量设置为 0.15 mm。

2. 请完成如图 2-81 所示零件的公用切削参数设置。打开本教材素材资源包中的“2-3. prt”文件。

要求：(1)设置进给率为 1 000 mmpm，主轴速度为 2 000 rpm。

(2)每刀深度设置为 3 mm。

(3)切削模式设置为“跟随周边”,步距为 75%。

(4)切削参数设置:切削顺序设置为“深度优先”,勾选“添加精加工刀路”。

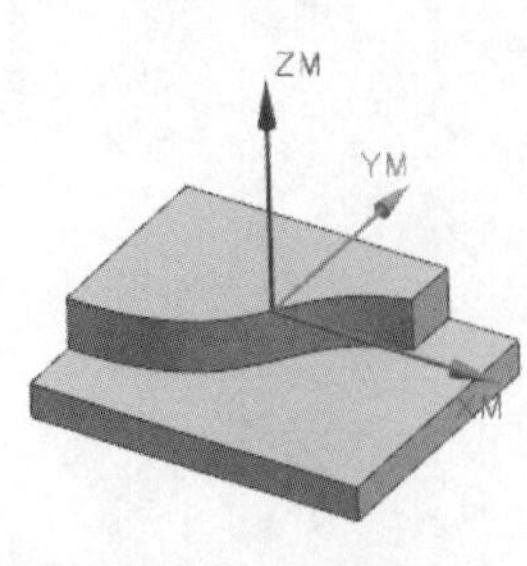

图 2-80 练习零件 1

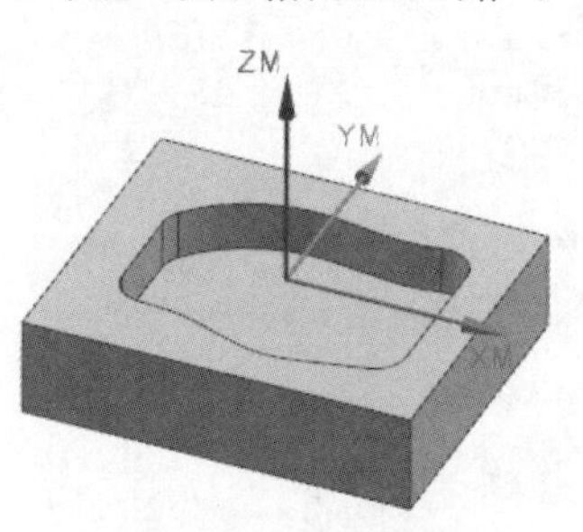

图 2-81 练习零件 2

项目三
UG NX 8.0 CAM 非切削参数设置

本项目主要在 UG NX 8.0 CAM 环境下完成如图 3-1 所示零件数控编程环境下两个平面加工的非切削参数设置，使读者深刻理解并掌握进刀、退刀、传递/快速、避让等选项卡设置常用用法，能够根据实际情况设置 UG NX 8.0 CAM 的非切削参数。

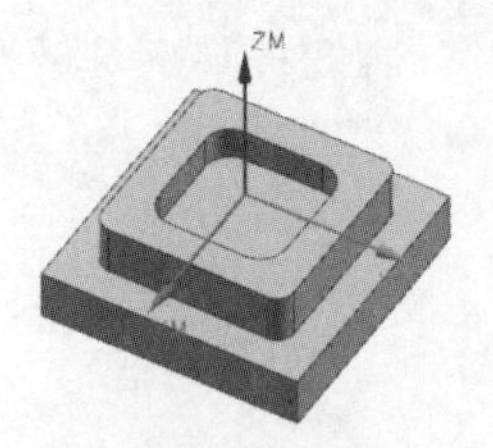

图 3-1　零件

教学目标

【能力目标】

能够运用 UG 软件对零件数控编程中的非切削参数进行合理设置。

【知识目标】

掌握 UG 软件数控编程中非切削参数设置的相关命令操作。

【素质目标】

1. 培养沟通、团队合作能力。
2. 培养自学能力及独立工作能力。
3. 培养细致观察、勤于思考、做事认真的良好作风。
4. 培养文献检索能力。

分析图 3-1 所示的零件可知，在进行非切削参数设置过程中，用户必须使用到进刀、退刀、传递/快速、避让等非切削参数命令。

本项目通过完成零件非切削参数设置任务，培养学生能够根据实际加工工艺需要进行非切削参数合理设置的能力，让学生充分掌握自动编程非切削参数设置的功能与命令，同时培养学生思考、解决问题等能力。

本项目涉及的知识包括 UG 软件 CAM 刀轨的设置，以及进刀、退刀、起点/钻点、传递/快速、避让、更多选项卡设置等内容，知识重点是进刀、退刀、传递/快速、避让等参数操作功能的掌握，知识难点是进刀、退刀选项卡参数的设置。

刀路轨迹

UG 软件的刀路轨迹设置是数控编程过程中的公共参数，能够深刻认识及熟练操作刀路轨迹，对于数控编程人员来说是非常有用的。刀路轨迹的内容包括刀路轨迹的组成、显示和操作。

（一）刀路轨迹的组成

UG NX 8.0 提供的各种类型操作，数控编程人员可根据工艺需要适当选用。当设置好操作的各种参数后，单击按钮，在 UG 软件绘图区内系统自动将操作生成一系列曲线，这些曲线就是工件在实际加工过程中刀具的运动轨迹，即刀路轨迹，简称刀路。

非切削移动指的是刀具进入工件之前或者离开工件之后的运动，而切削运动指的是刀具与工件接触，实现加工产生切屑的运动。项目二中的图 2-6 所示为一个完整的刀路轨迹，非切削移动涵盖了从出发点到起点、逼近、进刀、横越、退刀、返回和从返回点到零点的刀具运动；切削运动由第一刀切削、步进和剪切组成。

（二）刀路轨迹的显示

刀路轨迹的显示主要用于控制在屏幕上刀路轨迹的图形表示，包括刀具的显示、路径的显示和刀轨生成的显示。单击各类操作对话框“选项”组中的“编辑显示”按钮，弹出“显示选项”对话框，如图 3-2 所示，其中可以设置刀路轨迹显示的各项参数。

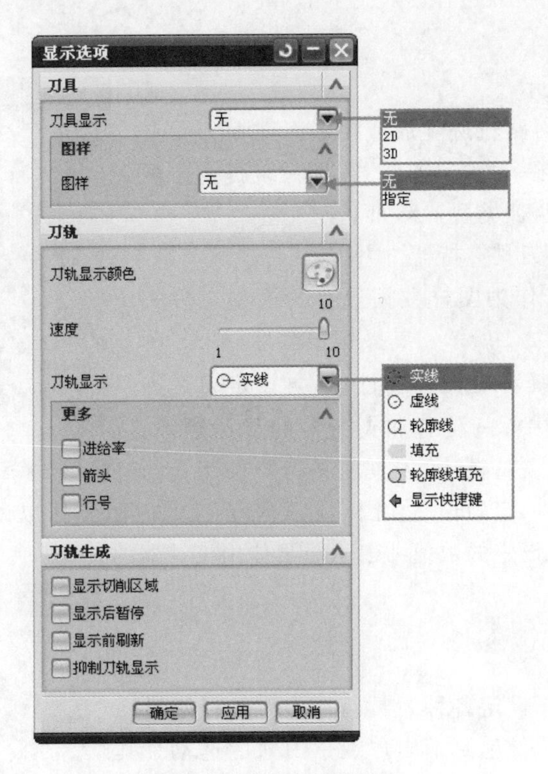

图 3-2 “显示选项”对话框

① 刀具的显示

(1)刀具显示简介

“刀具显示”用于指定在刀路轨迹生成或播放时刀具的显示方式和显示频率。在“刀具显示”选项系统提供了三种类型:无、2D 和 3D。

①无:默认情况下,系统设置为“无”类型,表示不显示刀具形状,如图 3-3(a)所示。

②2D:显示刀具的二维形状,如图 3-3(b)所示。

③3D:显示刀具的三维形状,如图 3-3(c)所示。

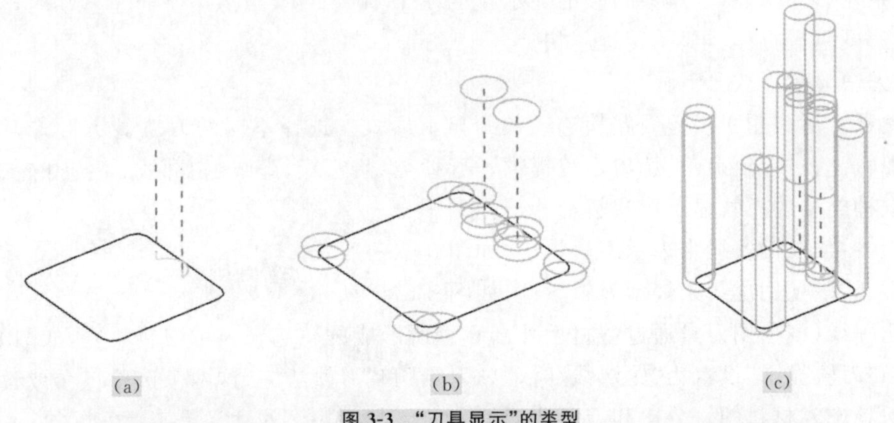

图 3-3 “刀具显示”的类型

当“刀具显示”选项设置为“2D”或“3D”时,将会激活“频率”选项,用于设定当刀具从一个刀位点运动到下一个刀位点时刀具显示的频率。“频率”设置为“1”表示在每个刀具定位点都会显示刀具形状。

(2)刀具夹持器显示

图样用于指定在刀路轨迹生成或播放时建模刀具夹持器的显示及其显示频率。在“图样”选项系统提供了两种类型:无、指定。这两种类型解释如下:

①无:不显示建模刀具夹持器。

②指定:指定一个作为图样数据保存的模型文件来定义刀具夹持器,如图 3-4 所示。其操作步骤是:单击“图样文件”按钮,当选择一个图样文件后,再设定刀具夹持器相对于刀具末端中心的位置和夹持器的显示频率。通常,如果刀具安装在夹持器中,刀具与夹持器按照孔的轴线是一致的,并伸出一定的长度。因此,“X 增量”和“Y 增量”可以设置为“0”,而“Z 增量”需要设定一定的数值,设定的数值即表示刀具伸出夹持器的长度。

图 3-4 指定建模文件表示刀具夹持器

2 刀轨的显示

(1)刀轨显示颜色

刀轨显示颜色用于设定各种刀具运动类型路径的显示颜色。指定不同的显示颜色便于用户观察刀轨的运动。其操作步骤是:

①单击“刀轨”选项组中的“刀轨显示颜色”按钮,弹出“刀轨显示颜色”对话框,如图 3-5 所示。

②在指定颜色时,单击运动类型右边的颜色图框,弹出“颜色”对话框,用户选择所需的颜色后单击“确定”按钮完成设置。

图 3-5 指定刀路的显示颜色

(2)刀轨显示速度

刀轨显示速度用于控制刀轨播放速度的快慢,按住“速度”滑动条左右滑动,可以调整刀轨的显示速度在 1～10 变化,当滑动条向左移动时,数值越小,显示速度越慢;反之,显示速度越快。

(3)刀轨显示形式

刀轨显示形式用于设置刀路轨迹线条的显示形式。选择不同的刀轨显示形式,便于用户查看刀轨。在“刀轨显示”选项系统提供了五种类型:实线、虚线、轮廓线、填充和轮廓线填充。这五种类型的刀轨显示形式解释如下:

①实线:该项用实线来表示刀轨轨迹,如图 3-6(a)所示。

②虚线:该项用虚线来表示刀轨轨迹,如图 3-6(b)所示。

③轮廓线:该项用刀具通过型材后外部直径所形成的轨迹来表示刀轨轨迹,如图 3-6(c)所示。当“刀轨显示”设置为“轮廓线”时,“%刀具”和“刀轨法向”这两个选项将会被激活,用于设定刀具嵌入材料的百分比和刀轨法向的方向。“%刀具”的含义是表示实际执行切削的刀具直径;“刀轨法向”的含义是指刀轨的投影方向,在默认情况下为刀轴方向,用户也可以指定其他方向。

④填充：该项将在垂直于刀轴的平面轮廓内填充颜色表示刀具移动轨迹，如图 3-6(d)所示。

⑤轮廓线填充：该项除了在垂直于刀轴的平面轮廓内填充颜色外，还会用实线画出该平面轮廓线和刀具形状，如图 3-6(e)所示。

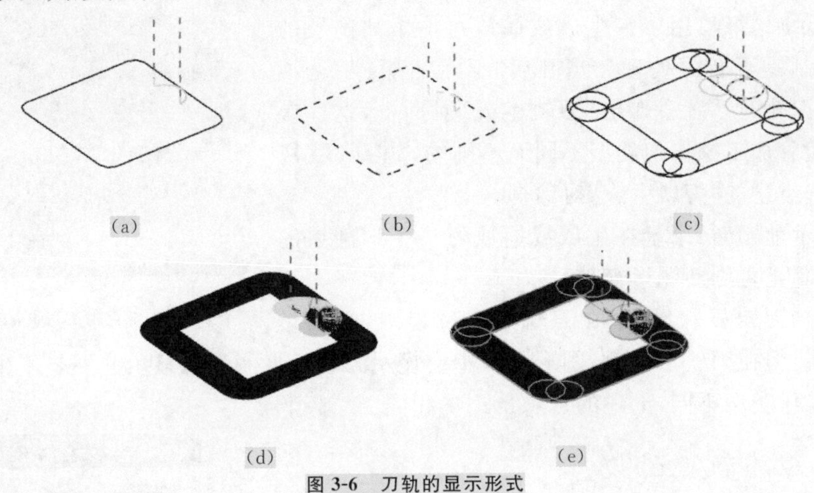

(a) (b) (c) (d) (e)

图 3-6 刀轨的显示形式

(4)更多刀轨显示

“更多”刀轨显示用于控制播放刀轨的进给率、切削方向箭头和行号。在“刀轨”选项组中单击“更多”选项按钮，将扩展显示“进给率”、“箭头”和“行号”三个复选框。

①进给率：勾选这个复选框，表示在播放刀轨时，将显示移动类型的进给率，并且当输出 CLS 时，写出一条 PAINT 命令。

②箭头：勾选这个复选框，表示在播放刀轨时，将显示箭头表示切削方向，并且当输出 CLS 时，写出一条 PAINT 命令。

③行号：勾选这个复选框，则当输出 CLS 时，写出一条 PAINT 命令。

若“进给率”、“箭头”和“行号”均被勾选，则刀轨显示如图 3-7 所示。

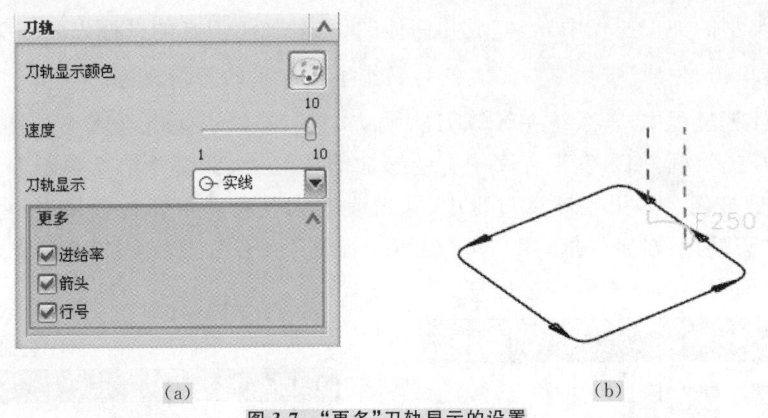

(a) (b)

图 3-7 “更多”刀轨显示的设置

3 刀轨生成的显示

刀轨生成的显示用来控制在刀轨生成或播放时切削区域和刀轨的显示，系统提供了“显示切削区域”、“显示后暂停”、“显示前刷新”和“抑制刀轨显示”等选项。

（1）显示切削区域：用于控制是否显示定义每个切削层的单个或多个可加工区域的边界形状。

（2）显示未切削区域：用于控制是否显示定义每个切削层的单个或多个无法加工区域的边界形状。

（3）显示后暂停：用于在生成或播放每一个切削层的刀轨后，控制是否暂停处理。当开启"显示后暂停"选项后，在生成刀轨时系统会弹出"刀轨生成"对话框，这些参数内容将随着加工操作的类型不同而不同的，如图 3-8 所示为平面铣类型的"刀轨生成"对话框。

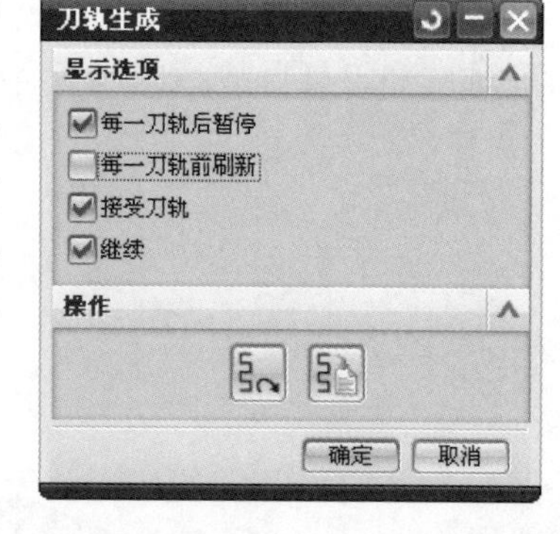

图 3-8　平面铣类型的"刀轨生成"对话框

（4）显示前刷新：用于在生成或播放每一个切削层的刀轨前，控制是否刷新图形窗口。

（5）抑制刀轨显示：用于在刀轨生成过程中，控制是否显示刀轨，但在刀轨重播时，图形窗口中会显示刀轨。抑制刀轨显示并不是不生成刀轨。

加工操作类型不同，上述的选项也不尽相同。

（三）刀路轨迹的操作

UG 软件在各种类型的加工操作底部有一个"操作"选项组，"操作"选项组用于生成刀轨以及对刀轨进行各种操作，如图 3-9 所示。"刀路轨迹"操作一共有五个按钮，分别是"生成"、"重播"、"确认"、"显示所得的 IPW"和"列表"。通常情况下，当加工操作没有刀轨时，只有"生成"按钮是激活的，因此，只有当操作生成刀轨后，其他按钮才会相应激活。

图 3-9　刀路轨迹的操作按钮

1 生成

在各种类型的加工操作中，当完成几何体的设定、加工刀具的选择以及相关切削参数的指定后，通过单击"生成"按钮，完成各类操作生成加工的刀路轨迹。

在刀轨计算过程中，若系统在计算刀路轨迹时耗时过长，系统会弹出如图 3-10 所示的"任务进行中"提示框，如果发现程序中有的参数需要修改，即需要中途中断刀轨的计算，可以单击"停止"按钮。如果在计算过程中，系统发现刀轨存在可疑或者错误，将会弹出如图 3-11 所示的"刀轨生成"警告框，用户可以单击"确定"或者"始终确定"按钮查看警告信息，如果单击"取消"按钮，则忽略警告信息。

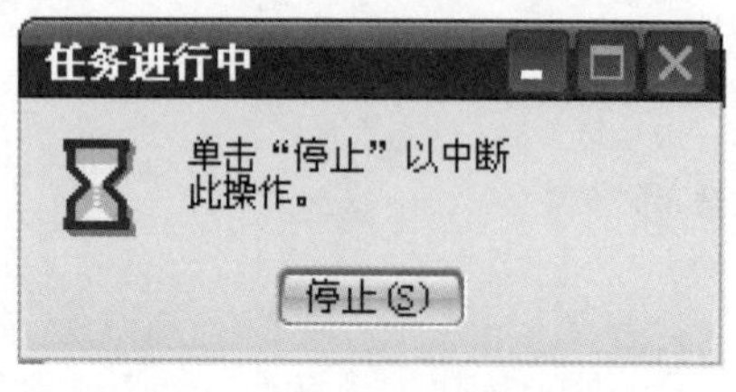

图 3-10　"任务进行中"提示框

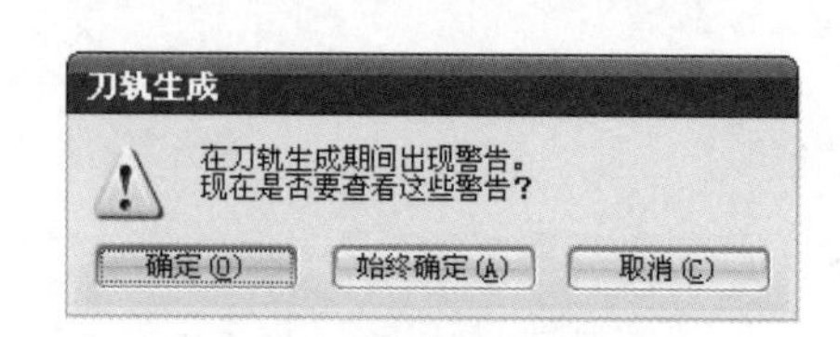

图 3-11　"刀轨生成"警告框

② 重播

在用户对加工操作完成刀轨的生成后，“重播”按钮 才会被激活，这个按钮用于不重新对刀轨进行计算，直接进行重新播放刀轨。如果在“刀轨生成”选项中勾选“显示后暂停”复选框，在刀轨重播时，若存在多个切削层，系统会弹出如图 3-12 所示的“重播刀轨”提示框，用于在刀轨重播时控制刀轨的暂停。

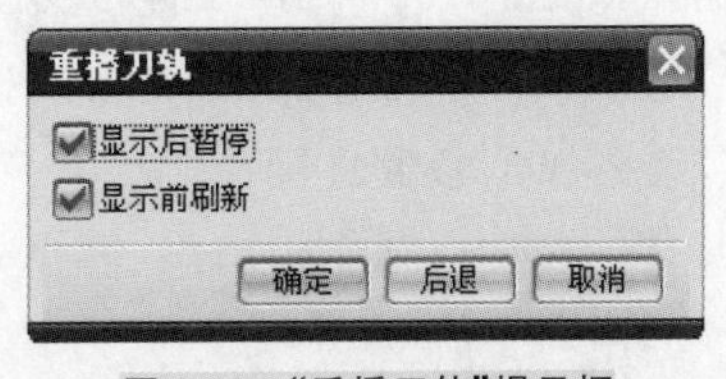

图 3-12 “重播刀轨”提示框

③ 确认

在用户对加工操作完成刀轨的生成后，“确认”按钮 才会被激活，单击这个按钮会弹出“刀轨可视化”对话框。“刀轨可视化”对话框的相关内容参见项目一。

④ 显示所得的 IPW

在用户对加工操作完成刀轨的生成后，“显示所得的 IPW”按钮 才会被激活，单击这个按钮后，在图形窗口中将显示执行当前刀轨后获得的 IPW 形状。这个选项只有在型腔铣削加工中，并且在“切削参数”对话框中将“处理中的工件”设置为“使用 3D”时才会被激活。

⑤ 列表

在用户对加工操作完成刀轨的生成后，“列表”按钮 才会被激活，这个按钮用于查看当前刀轨源文件的文本信息，包括刀具、机床坐标系、刀具定位点和后处理命令等。当用户单击这个按钮后，系统将会弹出“信息”窗口，如图 3-13 所示。

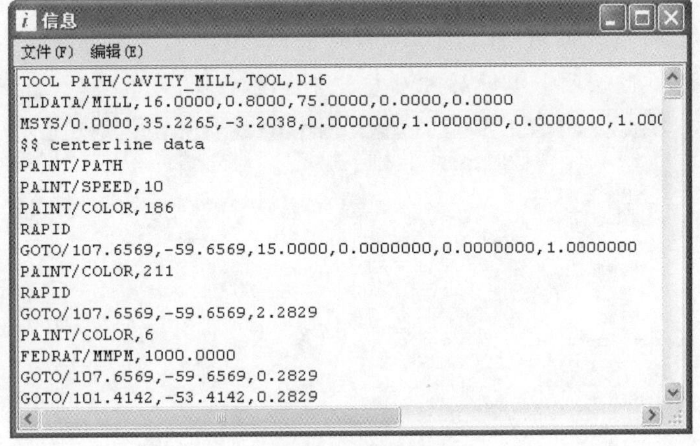

图 3-13 “信息”窗口

二 非切削移动参数设置

非切削移动控制如何将多个刀轨段连接为一个在工作中相连的完整刀轨，主要的作用是在切削运动之前、之后和之间定位刀具。“非切削移动”可以是简单的单个进刀和退刀，也可以是涵盖从出发点到起点、逼近、进刀、横越、退刀、返回和从返回点到零点的刀具运动，如

图 3-14 所示，非切削移动还包括刀具补偿功能，因为刀具补偿是在非切削移动过程中被激活的。如图 3-15 所示，在各种类型的加工操作对话框“刀轨设置”选项组中，单击“非切削移动”按钮，系统会弹出“非切削移动”对话框，用于设定刀轨中与非切削移动相关的各种参数，这些加工参数直接控制了程序。这个对话框包含六个选项卡，分别是：“进刀”选项卡、“退刀”选项卡、“起点/钻点”选项卡、“传递/快速”选项卡、“避让”选项卡和“更多”选项卡。

出发点
安全平面
移刀
起点
逼近
进刀
移刀
分离
退刀
部件表面
逼近
进刀
部件表面
回零点
移刀
分离
退刀

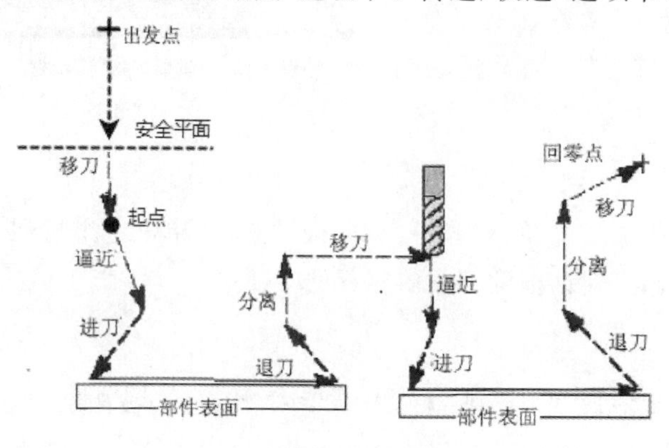

图 3-14　非切削移动

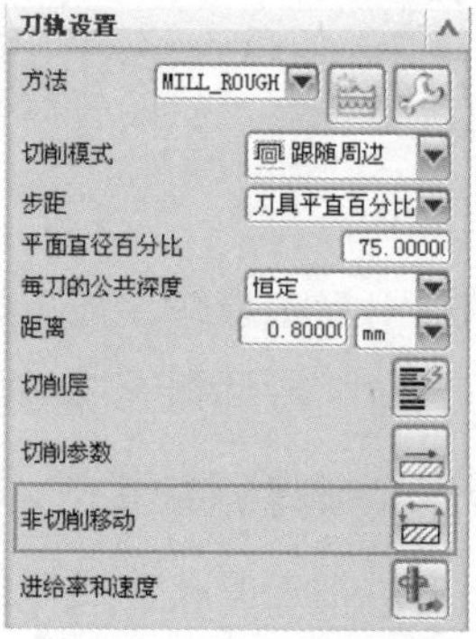

刀轨设置
方法
MILL_ROUGH
切削模式
跟随周边
步距
刀具平直百分比
平面直径百分比
75.0000(
每刀的公共深度
恒定
距离
0.8000(
mm
切削层
切削参数
非切削移动
进给率和速度

图 3-15　“非切削移动”按钮

（一）“进刀”选项卡

“进刀”选项卡用来设置刀具从零点位置运动到切削位置的运动方式，分为封闭区域和开放区域两种进刀方式，设置合理的进刀参数有助于避免出现部件内部进刀底面拉刀痕或过切部件等加工失误。

进入选项卡对话框操作步骤：在各种类型加工操作对话框“刀轨设置”选项组单击“非切削移动”按钮，此时系统弹出“非切削移动”对话框，用户选择该对话框中的“进刀”选项卡，如图 3-16 所示，在此选项卡可以对进刀方式进行设置。

非切削移动
进刀
退刀
起点/钻点
传递/快速
避让
更多
封闭区域
进刀类型
螺旋线
直径
90.0000(
%刀具
倾斜角度
15.0000(
高度
3.0000(
mm
高度自
前一层
最小安全距离
0.0000(
mm
最小斜面长度
70.0000(
%刀具
开放区域
进刀类型
线性
长度
50.0000(
%刀具
旋转角度
0.0000(
倾斜角度
0.0000(
高度
3.0000(
mm
最小安全距离
50.0000(
%刀具
修剪至最小安全距离
初始封闭区域
初始开放区域
确定
取消

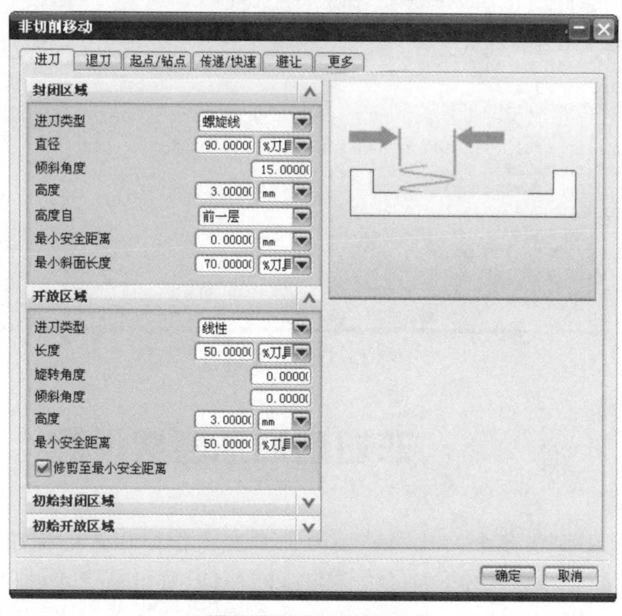

图 3-16　“进刀”选项卡

❶ 封闭区域的进刀

单击“封闭区域”的“进刀类型”选项的下拉列表，可以选择进刀类型。UG NX 8.0 针对封闭区域为用户提供了四种进刀类型，分别是：“螺旋线”、“沿形状斜进刀”、“插铣”和“无”。下面介绍这几种类型。

(1)螺旋线

螺旋线将帮助用户创建一个与第一个切削运动相切的、无碰撞的螺旋状进刀轨迹，程序会在进刀点形成螺旋线，刀具会沿此线进刀，有利于保护刀具。如果切向进刀会与部件碰撞，则“螺旋线”进刀会离开部件，并在区域起点周围形成螺旋线。如果区域起点周围的“螺旋线”进刀会与部件碰撞，则 UG NX 8.0 会调整“螺旋线”进刀的刀路，使其按照“沿形状斜进刀”类型沿相同的内部刀路斜进刀。

“螺旋线”进刀的一般规则是：如果系统无法根据输入的数据在材料外找到开放区域对部件进刀，则系统将驱使刀具倾斜进入切削层。

当切削模式选用“轮廓”时，在许多情况下刀具都有向部件进刀的空间，并且保留在材料外部。在这些情况下，系统不会驱使刀具倾斜进入切削层。如果用户在切削的型腔区域中创建的刀路数或设置的水平安全距离使得刀具没有可用于“螺旋线”进刀的开放区域，刀具将倾斜进入切削层。

如果系统无法执行“螺旋线”进刀或用户已指定“单向”、“往复”或“单向轮廓”作为切削模式，系统在驱使刀具对部件斜进刀时，将沿着对刀轨的跟踪路线运动。系统将沿远离部件壁的刀轨运动，以免刀具沿壁移动。刀具下降到切削层后，会步进到第一个切削刀轨(如有必要)并开始第一刀。

当用户选择“螺旋线”选项后，系统将会激活相关参数，可供设置的参数有直径、倾斜角度、高度、最小安全距离、最小斜面长度，如图 3-17 所示。

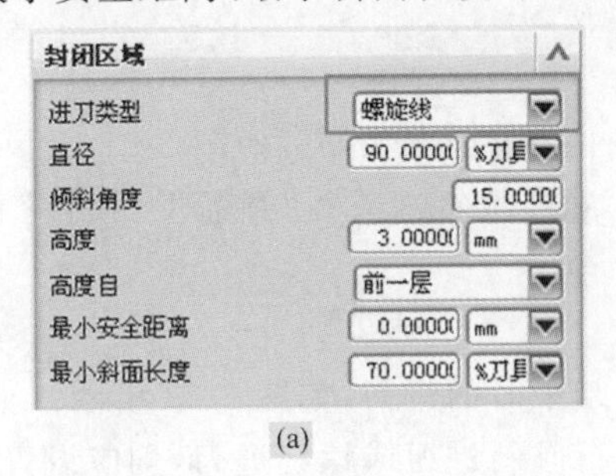

(a)

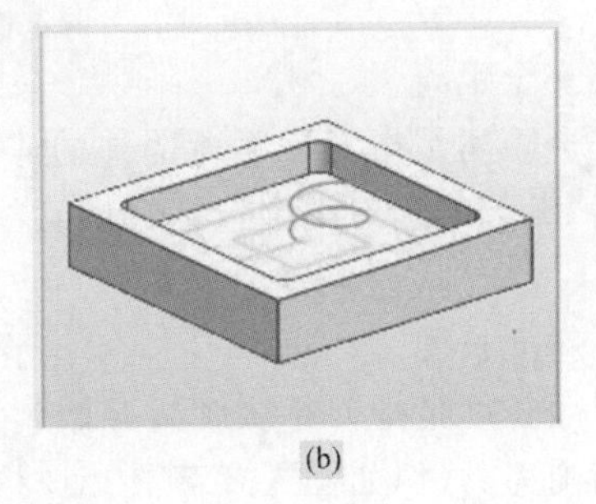

(b)

图 3-17 “螺旋线”进刀类型

①直径

“螺旋线”进刀方式默认的直径值为刀具直径的 90%。系统允许“螺旋线”进刀轨迹与刀具有 10%的重叠，这将防止在螺旋线中央留下一根立柱。如果加工区域小于用户指定的“螺旋线”区域，系统会减小直径并重新尝试螺旋进刀。此过程会一直持续到进刀成功或刀轨直径变得小于“最小斜面长度”为止。“螺旋线”进刀方式“直径”参数如图 3-18 所示。

②倾斜角度

倾斜角度是指系统控制刀具切入材料内的斜度，该角度是以与部件表面垂直的平面为基准测量得到的。该角度必须大于 0°且小于 90°。刀具从用户指定倾斜角度与最小安全距离所生成的工件几何体的相交处开始倾斜移动。如果要切削的区域小于刀具半径,则不会发生倾斜,如图 3-19 所示。

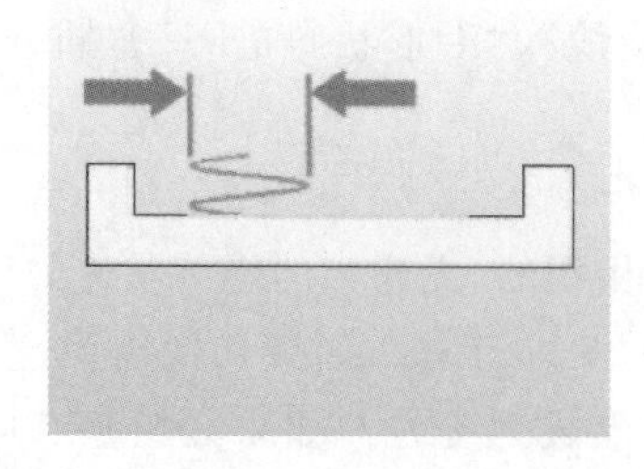

图 3-18 “直径”参数

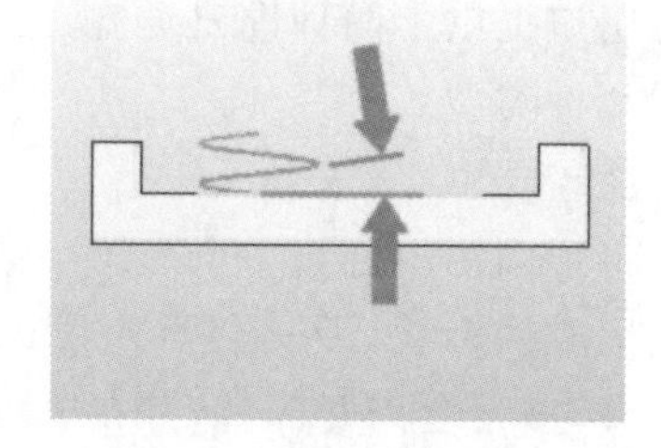

图 3-19 “倾斜角度”参数

③高度

高度是指由用户指定刀具开始进刀时进刀点与参考平面的距离,它确定了进刀点高度位置,如图 3-20 所示。而“高度自”则用来确定参考平面的位置,系统提供了三种方法:“当前层”、“前一层”和“平面”,用户可以在编写刀轨时根据实际情况指定一种最适合的方法。

- 当前层:高度值将从当前切削层的平面开始沿刀轴方向进行测量,如图 3-20(a)所示。
- 前一层:高度值将从前一个切削层的平面开始沿刀轴方向进行测量,如图 3-20(b)所示。
- 平面:高度值将从用户指定的平面开始沿刀轴方向进行测量,如图 3-20(c)所示。

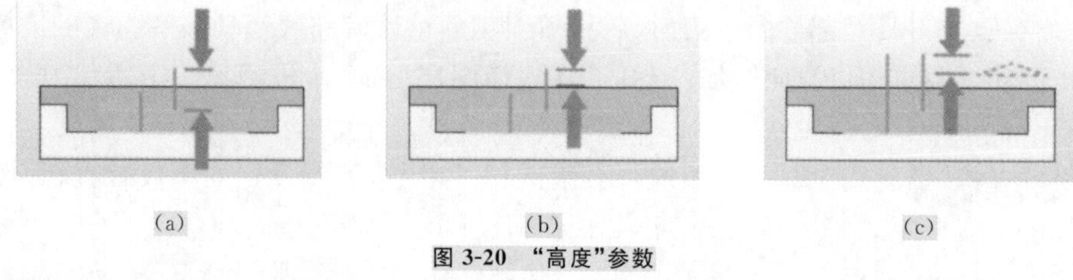

(a) (b) (c)

图 3-20 “高度”参数

④最小安全距离

最小安全距离是指刀具远离部件的非加工区域的水平距离,如图 3-21 所示。具有“最小安全距离”参数的进刀类型包括:“螺旋线”、“沿形状斜进刀”、“圆弧”、“线性”和“线性-相对于切削”。

⑤最小斜面长度

最小斜面长度是指刀具从倾斜开始到倾斜结束时的进刀,如图 3-22 所示。如果需要使用非对中切削刀具(例如插入式刀具)对材料执行倾斜进刀或螺旋进刀,均应设置“最小斜面长度”,这样可以保证倾斜进刀运动不在刀具中心下方留下未切削的小块或柱状材料。

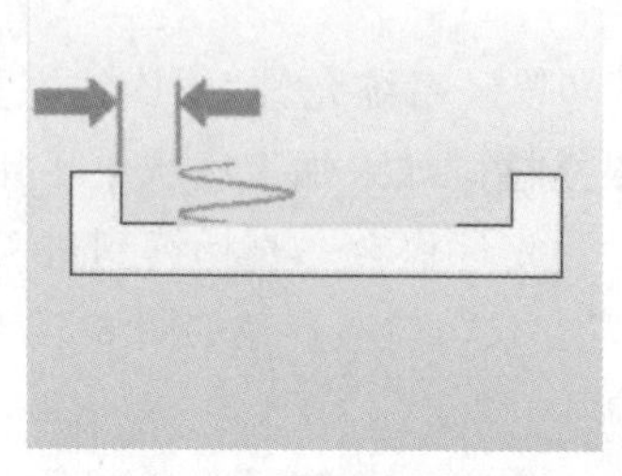

图 3-21 “最小安全距离”参数

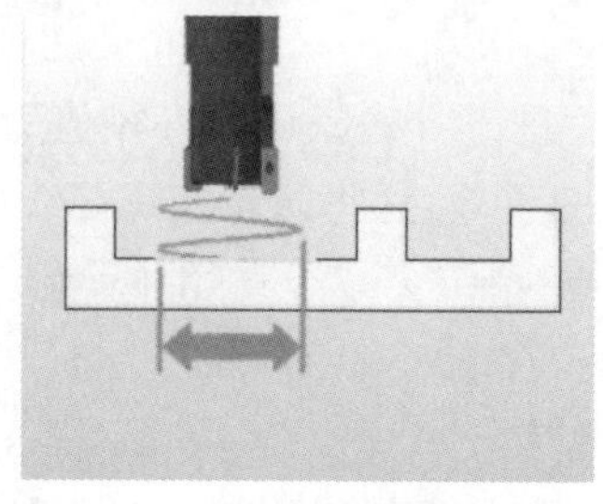

图 3-22 “最小斜面长度”参数

“最小斜面长度”选项控制刀具在自动斜削或螺旋进刀切削材料时必须在最短距离移动。使用“最小斜面长度”功能对于需要在前导和后置插入物间留有足够重叠部分，从而有效地防止未切削材料接触到刀具。

当切削区域太小时，程序没有为最小螺旋直径或最小斜面长度留下足够空间，则系统会自动更改进刀类型为“沿形状斜进刀”或“插铣”。

(2)沿形状斜进刀

沿形状斜进刀会帮助用户创建一个倾斜进刀，该进刀会沿第一个切削运动的形状移动。“沿形状斜进刀”驱动刀具沿所有被跟踪的切削刀路倾斜，而不需要考虑形状。当与“跟随部件”、“跟随周边”和“轮廓”等切削模式结合使用时，进刀将根据步进是“向内”还是“向外”来跟踪“向内”或“向外”的切削刀路。

用户可以通过单击“进刀类型”选项的下拉列表，选择“沿形状斜进刀”选项。“非切削移动”对话框的“封闭区域”参数如图 3-23 所示。

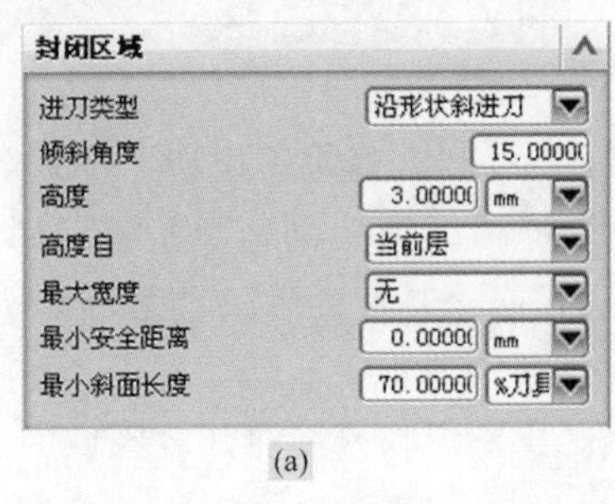

(a)

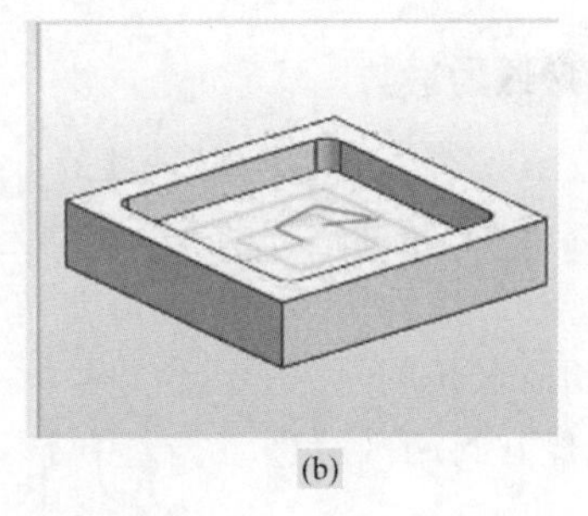

(b)

图 3-23 “沿形状斜进刀”的进刀类型

“倾斜角度”、“高度”、“高度自”、“最小安全距离”这几个参数的含义与“螺旋线”进刀方式一样。

①最大宽度

“最大宽度”是指刀具斜向切入的宽度，如图 3-24 所示。系统对于“最大宽度”提供了两种类型，解释如下：

- 无：进刀路径的宽度自动捕捉内部或外部第一个切削路径的宽度。
- 指定：由用户指定一个数值来限定进刀路径的宽度。

当使用“跟随部件”、“跟随周边”和“轮廓”加工切削模式时，倾斜进刀是跟踪“内部”还是“外部”的第一个切削路径，这取决于步进方向是“向内”还是“向外”。

②最小斜面长度

最小斜面长度表示刀具必须从倾斜开始跟踪到倾斜结束的最小刀轨距离。图 3-25 显示的最小斜面长度——直径百分比为 100%，是刀具直径的 1 倍。

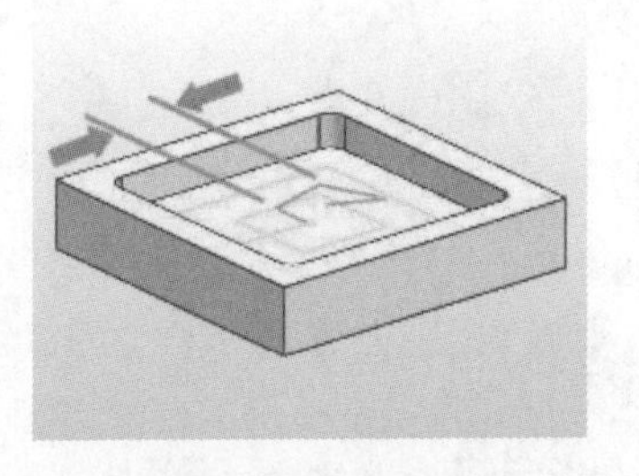

图 3-24 “最大宽度”参数

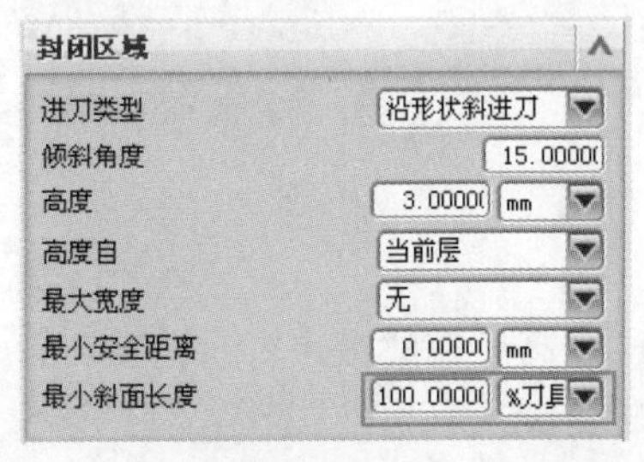

图 3-25 “最小斜面长度”参数

(3)插铣

“插铣”进刀类型将产生一个线性运动的刀轨，如图 3-26 所示。刀具从进刀点开始沿刀轴反向(－ZM 方向)做线性运动，直至到达切削层的开始切削点为止。“插铣”进刀类型参数“高度”指的是刀具开始进刀移动的进刀点高度。

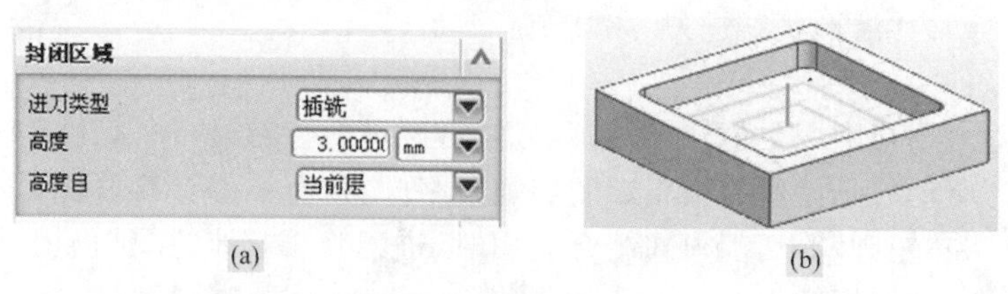

(a) (b)

图 3-26 “插铣”进刀类型

(4)无

当用户选择“无”这种类型作为进刀方式，系统将以默认的方式进刀。

2 开放区域的进刀

单击“开放区域”的“进刀类型”选项的下拉列表，可以选择进刀类型。UG NX 8.0 针对开放区域为用户提供了九种进刀类型，分别是：“与封闭区域相同”、“线性”、“线性-相对于切削”、“圆弧”、“点”、“线性-沿矢量”、“角度 角度 平面”、“矢量平面”和“无”。

(1)与封闭区域相同

程序将按照在封闭区域进刀类型中定义的参数来控制刀具在开放区域的进刀。

(2)线性

“线性”进刀方式将创建一个线性进刀轨迹，其方向可以与第一刀切削运动相同，也可设定角度和位置。如果没有设定“倾斜角度”，刀具将先从进刀点开始沿着刀轴反向(－ZC 方向)直线运动刀切削层后，再沿着由旋转角度定义的方向运动。当用户选择“线性”进刀类型，“非切削移动”对话框“开放区域”参数变成如图 3-27 所示。这种进刀方式可供设置的参数有“长度”、“旋转角度”、“倾斜角度”、“高度”、“最小安全距离”和“修剪至最小安全距离”。这些参数中，通常需要定义的是“长度”、“旋转角度”、“倾斜角度”和“高度”，它们共同定义了刀具开始进刀时的进刀位置、线性运动的方向。

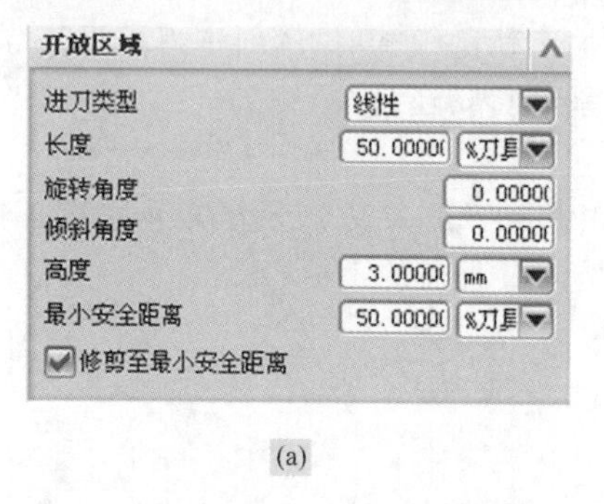

(a)

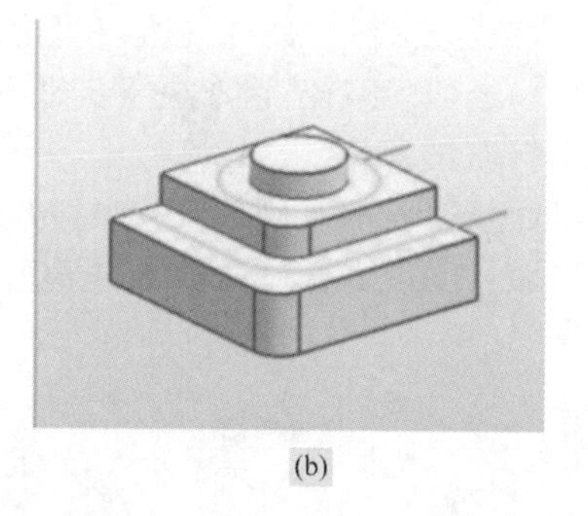

(b)

图 3-27 “线性”进刀类型

“长度”、“高度”和“最小安全距离”等的含义与“螺旋线”进刀方式一样。

①旋转角度

旋转角度指直线进刀路径与第一个切削路径的夹角，它在开始切削点按逆时针计算，如

图 3-28 所示。具有“旋转角度”参数的进刀类型包括:“线性”、“线性-相对于切削”和“角度 角度 平面”3 种。“旋转角度”与“倾斜角度”共同确定刀具做线性运动进刀的方向。

②倾斜角度

倾斜角度指直线进刀路径与第二个切削路径的夹角,它在开始切削点沿逆时针方向计算,如图 3-29 所示。

③修剪至最小安全距离

修剪至最小安全距离用来控制是否切除超过最小安全距离的进刀路径,使圆弧或直线进刀路径从最小安全距离的位置开始。“修剪至最小安全距离”选项打开与关闭情形如图 3-30 所示。

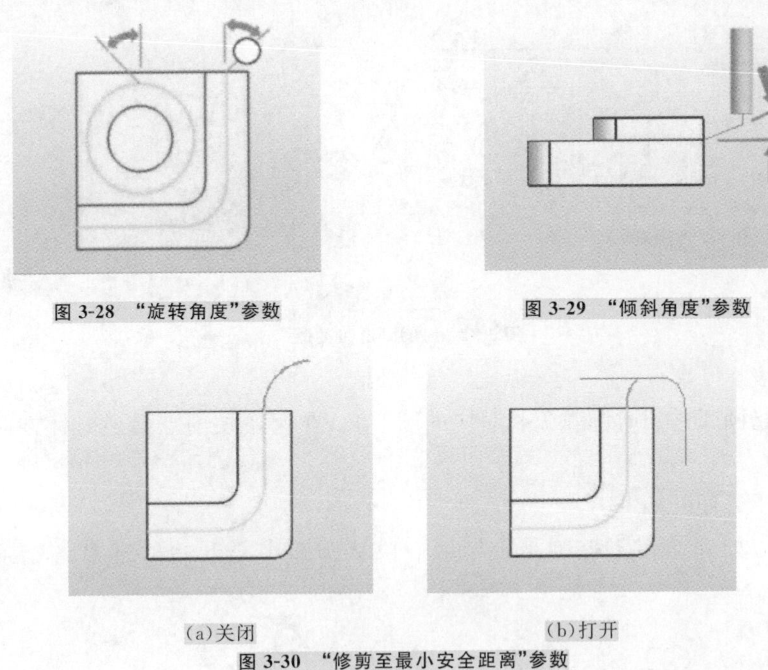

图 3-28 “旋转角度”参数

图 3-29 “倾斜角度”参数

(a)关闭

(b)打开

图 3-30 “修剪至最小安全距离”参数

(3)线性-相对于切削

“线性-相对于切削”进刀类型用于创建一个相对于第一刀切削路线合理的刀轨路线,例如切入圆柱时,会自动按照几何相切的方式切入工件。这种进刀方式可供设置的参数有“长度”、“旋转角度”、“倾斜角度”、“高度”、“最小安全距离”和“修剪至最小安全距离”。如图 3-31 所示。

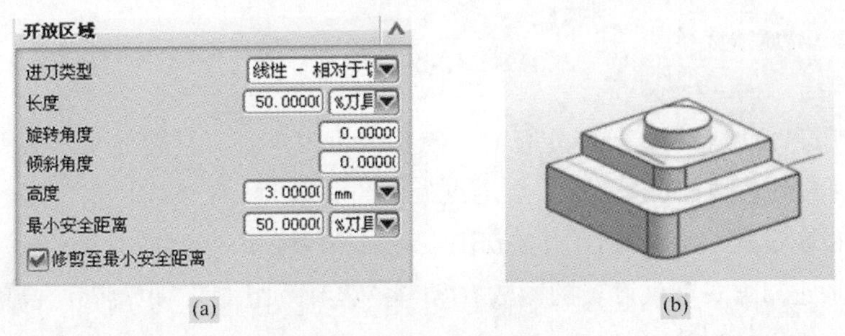

(a)

(b)

图 3-31 “线性-相对于切削”进刀类型

（4）圆弧

"圆弧"会帮助用户创建一个与第一刀切削路线相切的圆弧进刀运动，一般应用于精加工。刀具首先从进刀点沿刀轴反向（$-ZM$ 方向）到达切削层，然后从圆弧起点沿指定的半径开始做圆弧运动，直至到达切削层的开始切削点为止。这种进刀方式可供设置的参数有"半径"、"圆弧角度"、"高度"、"最小安全距离"、"修剪至最小安全距离"和"在圆弧中心处开始"。其中"半径"、"圆弧角度"和"高度"是三个关键参数，"半径"和"圆弧角度"共同确定圆弧运动起点位置，而进刀点则由圆弧起点处沿刀轴正方向的"高度"值确定；若用户设定了"最小安全距离"并且大于圆弧起点与部件的距离，则在圆弧运动前增加一段线性运动路径。如图 3-32 所示。

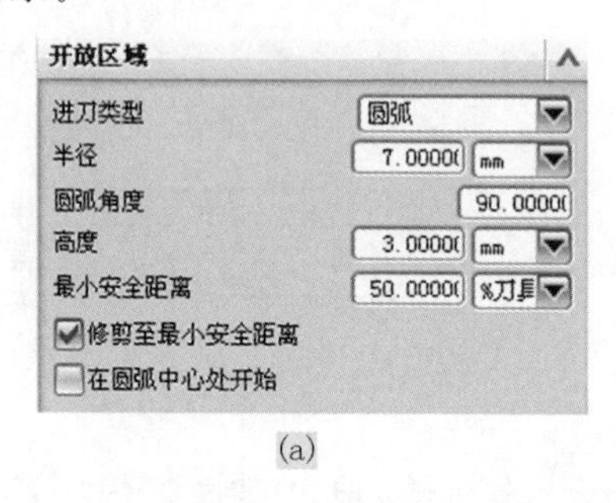

(a)

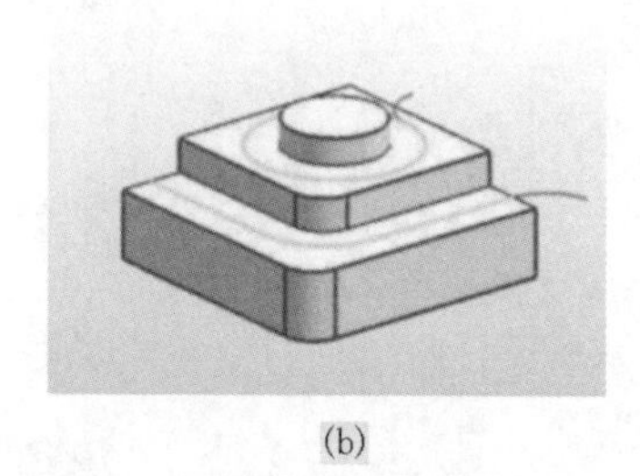

(b)

图 3-32 "圆弧"进刀类型

①圆弧角度

圆弧角度指圆弧进刀时圆弧弧长对应的圆心角，在起始切削点沿逆时针方向计算。如图 3-33 所示。

②在圆弧中心处开始

在圆弧中心处开始用于控制是否增加一段从圆弧中心开始的进刀路径。如图 3-34 所示。

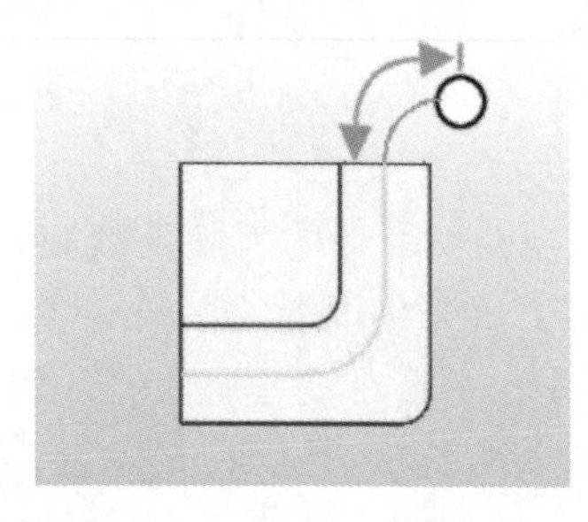

图 3-33 "圆弧角度"参数

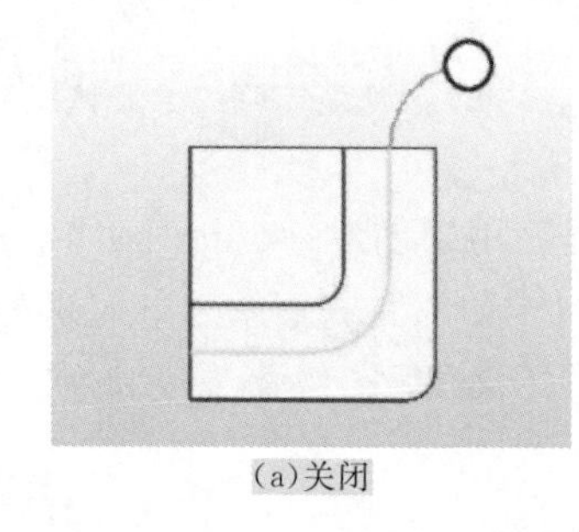

（a）关闭

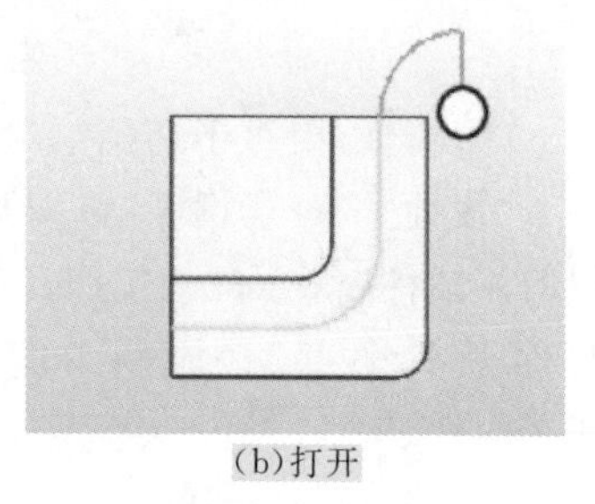

（b）打开

图 3-34 "在圆弧中心处开始"参数

（5）点

点或帮助用户使用点构造器指定任意一点作为进刀点。刀具首先从进刀点开始沿刀轴反向（$-ZC$ 方向）到达切削层，然后从指定点处沿直线运动，直至到达切削层的开始切削点为止。若用户指定了圆弧半径，则在开始切削点增加一段圆弧运动，使刀具平顺过渡到第一个切削路径。这种进刀方式可供设置的参数有"半径"、"有效距离"、"距离"和"高度"。同时，用户还可以指定进刀点的位置，首先单击"指定点"按钮，系统弹出"点"对话框，然后根据需要设置初始进刀点位置，设置完毕后单击"确定"按钮即可完成点的设置。如图 3-35 所示。

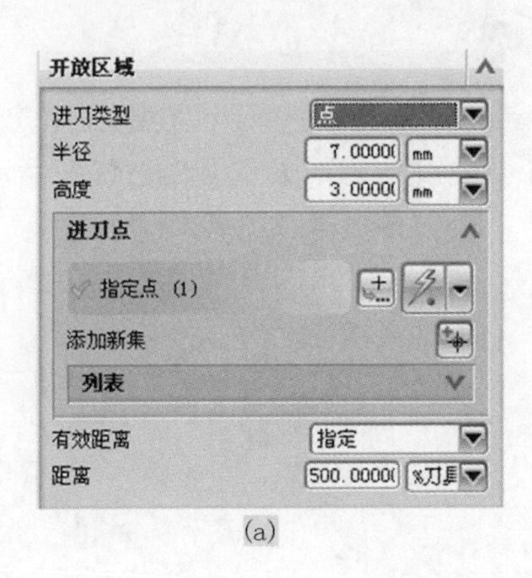

(a)

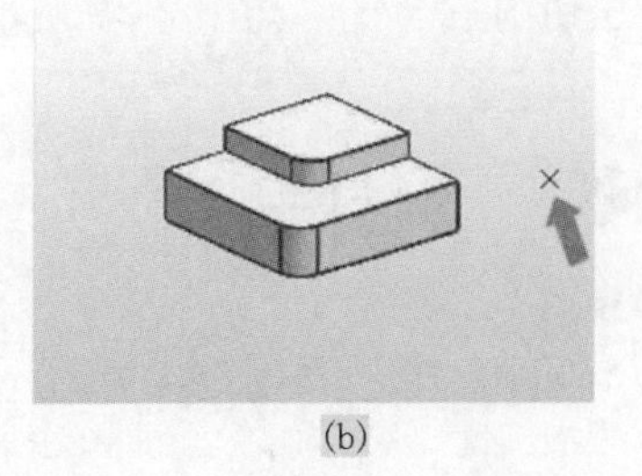

(b)

图 3-35 “点”进刀类型

(6)线性-沿矢量

“线性-沿矢量”通过矢量构造器指定一个方向来定义进刀路线。刀具从进刀点开始沿指定的矢量方向做线性运动,直至到达切削层的开始切削点为止。这种进刀方式可供设置的参数有“指定矢量”、“长度”和“高度”等。其中“指定矢量”方向定义了刀具做进刀移动的方向;“长度”是沿矢量方向进行测量的路径长度,它确定了开始斜线进刀点的位置;“高度”是在开始斜线进刀点沿刀轴方向(+ZM 方向)计算的一段直线长度。如图 3-36 所示。

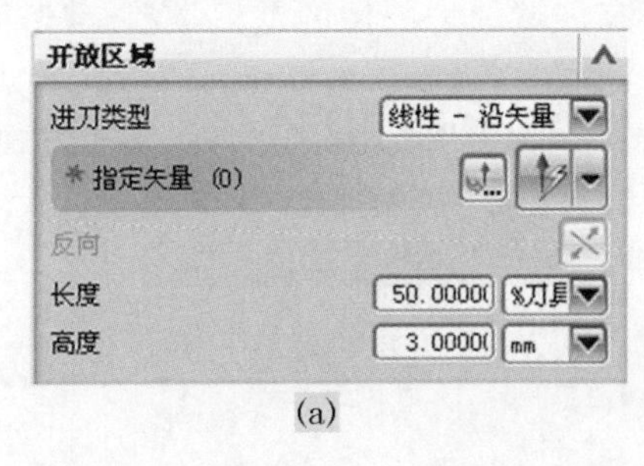

(a)

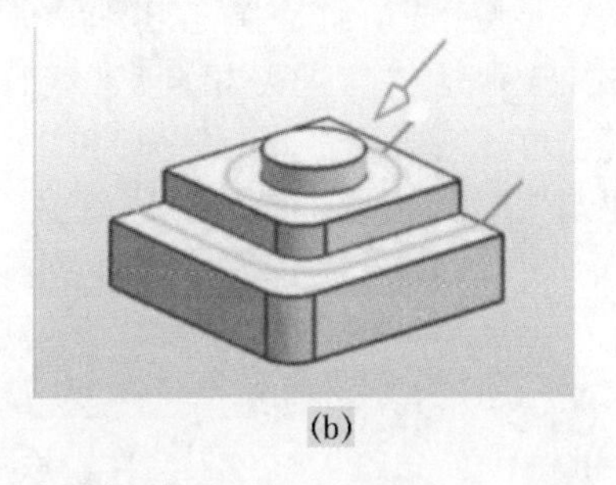

(b)

图 3-36 “线性-沿矢量”进刀类型

(7)角度 角度 平面

“角度 角度 平面”通过平面构造器指定一个平面作为进刀点高度位置,输入两个角度值决定进刀方向。刀具从进刀点开始沿指定的角度方向做线性运动,直至到达切削层的开始切削点为止。这种进刀方式可供设置的参数有“旋转角度”、“倾斜角度”和“指定平面”等。进刀点位置是通过进刀的角度与进刀平面的交点确定的。如图 3-37 所示。

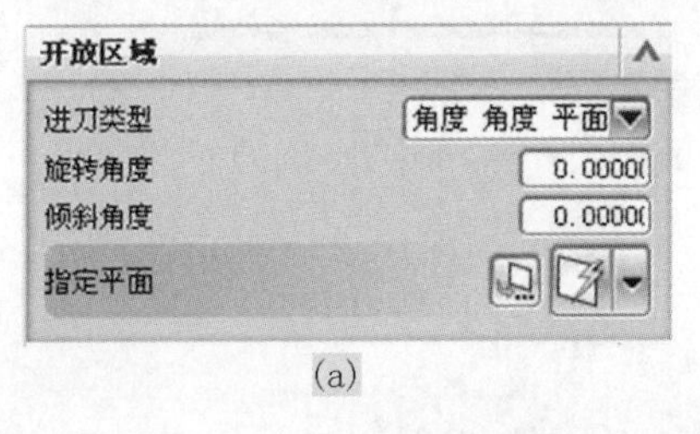

(a)

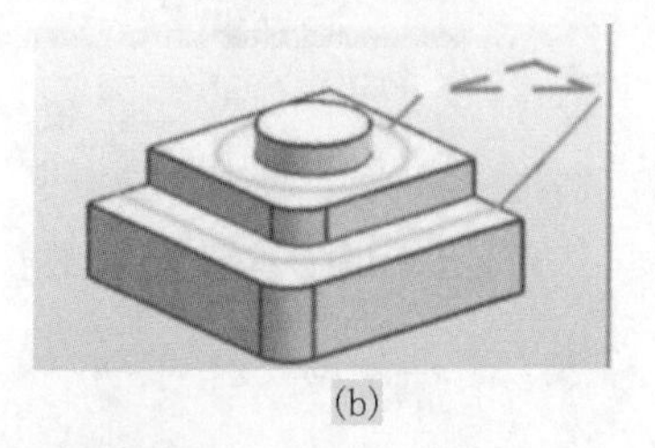

(b)

图 3-37 “角度 角度 平面”进刀类型

(8)矢量平面

"矢量平面"通过矢量构造器指定矢量决定进刀方向，通过平面构造器指定平面决定进刀点，这种进刀运动是直线的。刀具从进刀点开始沿指定的矢量方向做线性运动，直至到达切削层的开始切削点为止。如图 3-38 所示。

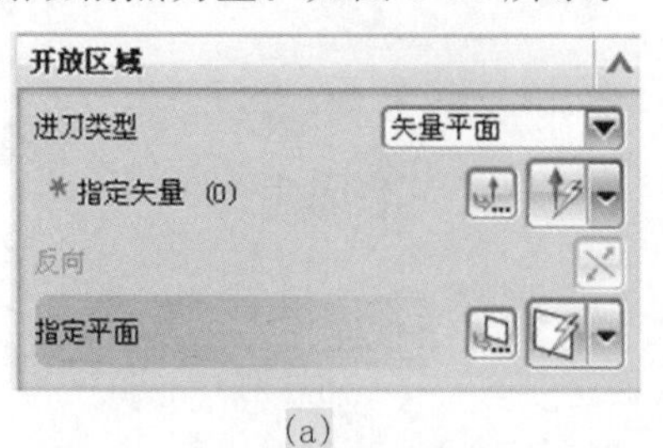

(a)

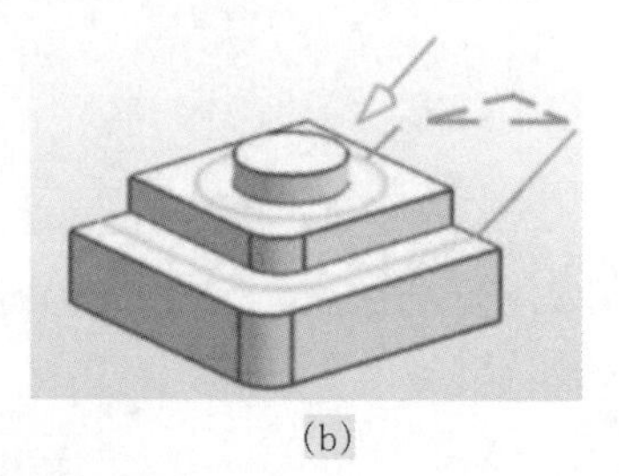

(b)

图 3-38 "矢量平面"进刀类型

(9)无

"无"表示用户不指定任何进刀方式，系统采用默认的进刀方式。

(二)"退刀"选项卡

"退刀"选项卡用来设置刀具在切削结束后刀具的运动方式，该选项卡一共有"退刀"和"最终"两个选项组，如图 3-39 所示。"退刀"选项组是指定刀具在完成一个区域的切削后的退刀类型，"最终"选项组是指定刀具在完成所有区域的切削后的退刀类型。"退刀类型"有 10 种方式，分别是："与进刀相同"、"线性"、"圆弧"、"点"、"线性-沿矢量"、"抬刀"、"沿矢量"、"角度 角度 平面"、"矢量平面"和"无"。除了"抬刀"方式不同之外，其他方式的参数设置和效果与"进刀"选项卡设置相同，这里不再赘述。下面只介绍"抬刀"退刀方式。

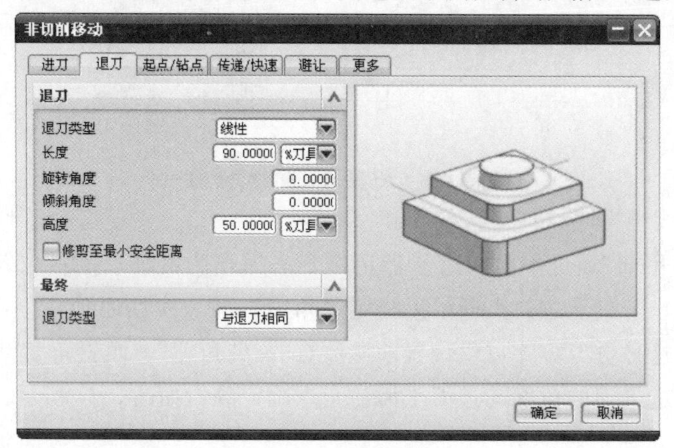

图 3-39 "退刀"选项卡

"抬刀"是指刀具在切削运动结束时采用竖直退刀，如图 3-40 所示。这种退刀方式需要设定"高度"参数，定义退刀移动路径的长度。

(三)"起点/钻点"选项卡

"起点/钻点"选项卡是刀具进入工件时的进刀位置，以及在工件中刀具开始切削的切削点位置，如图 3-41 所示。"起点/钻点"选项卡有三个选项组，分别是："重叠距离"、"区域起点"和"预钻孔点"，下面分别介绍这些参数的设置。

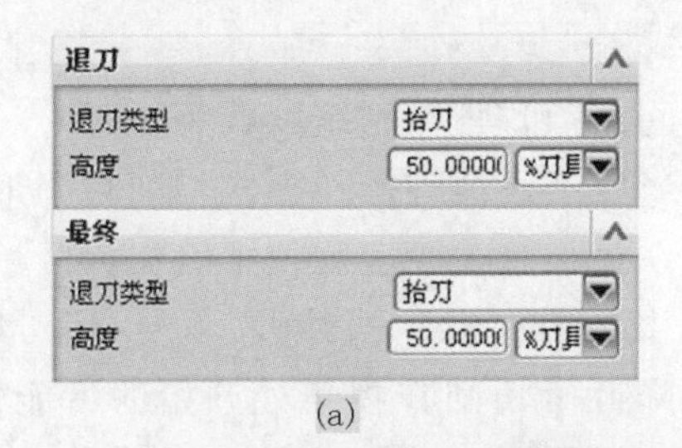

(a)

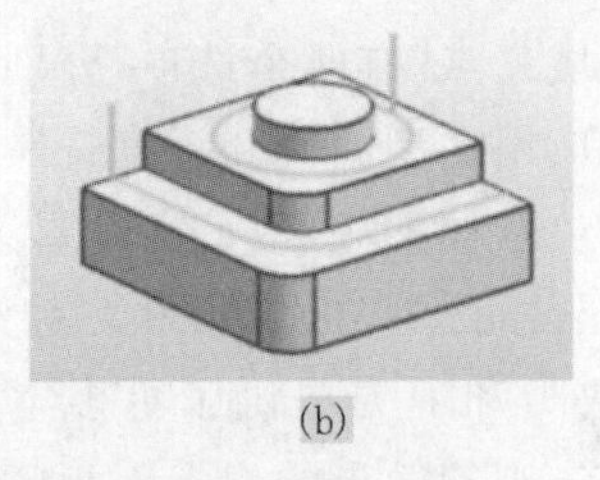

(b)

图 3-40 “抬刀”退刀类型

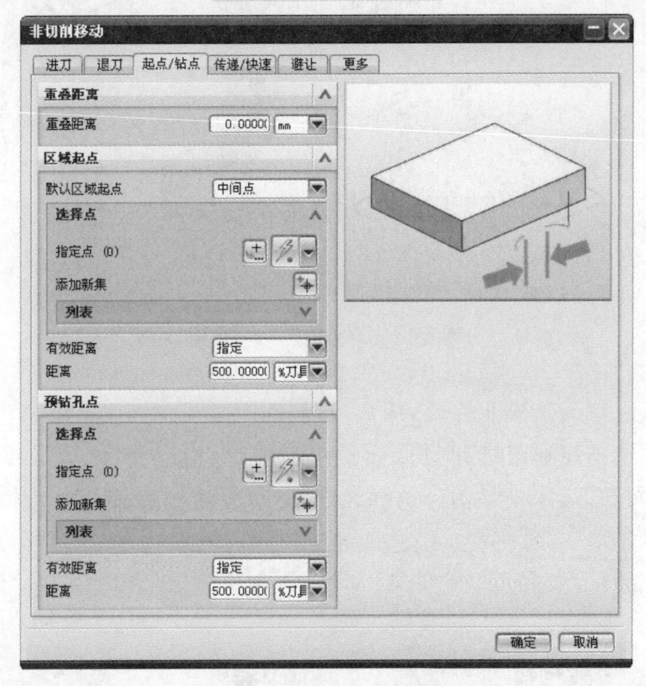

图 3-41 “起点/钻点”选项卡

1 重叠距离

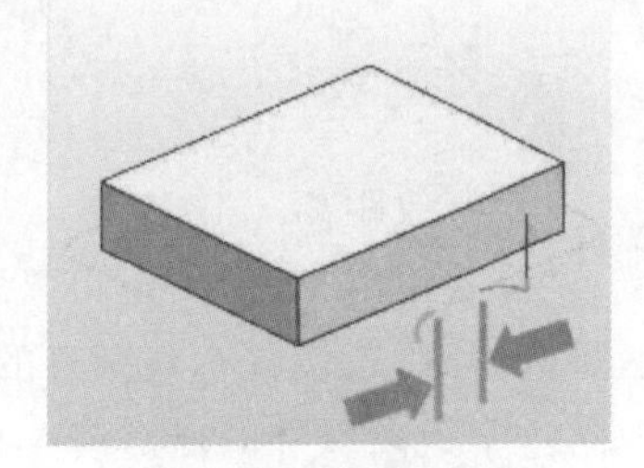

图 3-42 “重叠距离”参数

“重叠距离”是指在切削过程中刀轨进刀路线与退刀路线的重合长度，如图 3-42 所示，用户设置的“重叠距离”表示总重叠距离。为什么要设置“重叠距离”呢？通常在一个封闭的刀轨，起始切削点和结束切削点为相同的位置，由于刀具等因素，经常会在工件侧壁留下刀痕或多余材料。通过设定一定长度的重叠距离，就可以使得刀具在完成一个封闭路径回到起始切削点位置时再向前运动一定距离的路径后才退刀，实现了重叠切削，可确保不会留下残余材料，并避免在工件的进刀和退刀位出现刀痕，从而提高了零件的表面质量。

2 区域起点

“区域起点”用于定义刀具初始进刀位置。

(1)默认区域起点

“默认区域起点”有两个选项,分别是“中间点”和“角”,系统默认为“中间点”。“默认区域起点”主要应用在型腔铣和深度铣操作中,当使用这两种操作模式切削封闭形状时,若选择“中间点”选项(如图 3-43(a)所示),系统会在最长直线段上定位中点作为区域起点,以查找每个切削层的可加工区域形状。如果系统找不到最长的直线段,就会寻找最长的分段。这为“圆弧”进刀和退刀提供了更多空间,并降低了切削在拐角处开始的可能性。若选择“角”选项,系统则把边界的起点作为区域起点,如图 3-43(b)所示。

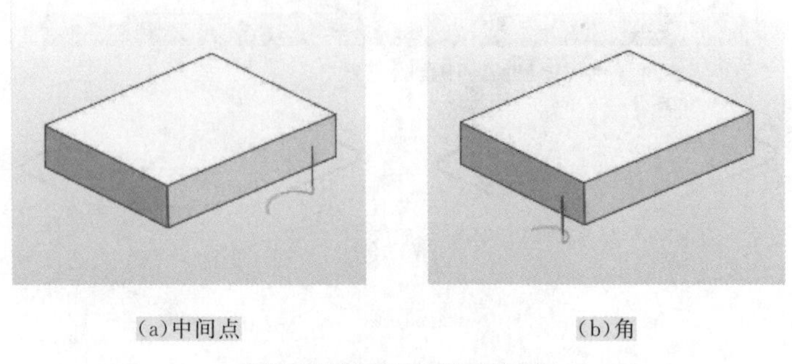

(a)中间点　　(b)角

图 3-43 “默认区域起点”参数

(2)选择点

若默认的区域起点无法满足需要,用户可以使用“指定点”选项组来指定一个或多个区域起点。“指定点”选项组通过选择“预定点”或使用“点构造器”来定义点,如图 3-44 所示,所选择的点会在“列表”选项中显示。系统允许用户删除不需要的点。

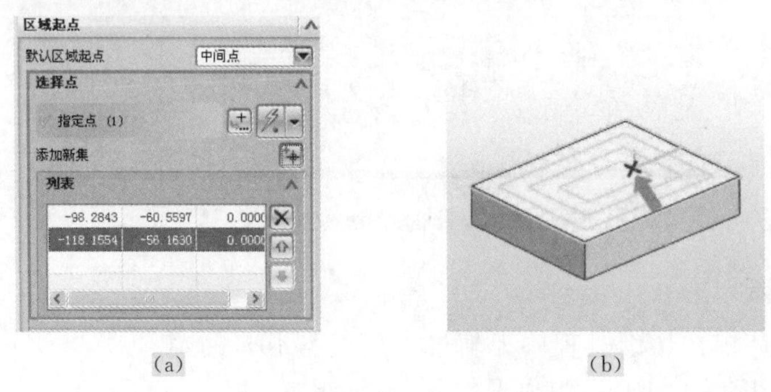

(a)　　(b)

图 3-44 “指定点”参数

(3)有效距离

“有效距离”用于设定距离以忽略某些区域的起点,如图 3-45 所示。当指定多个点作为区域起点时,若设置有效距离的参数为“指定”,则系统允许输入一个最大值,这样系统可以忽略这个距离以外的点。若选择“无”作为“有效距离”选项的参数,则系统不会忽略任何点。

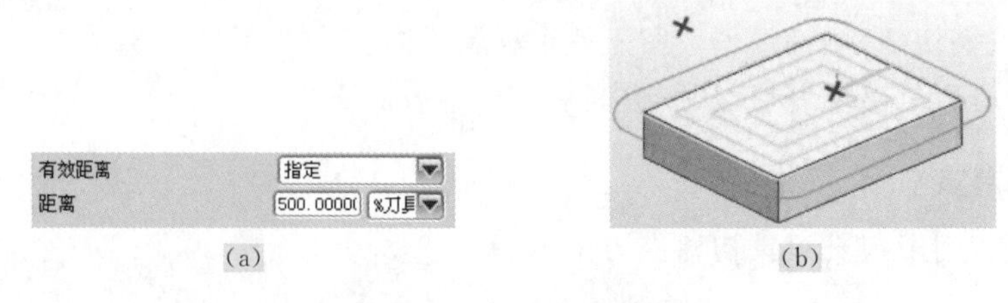

(a)　　(b)

图 3-45 “有效距离”参数

3 预钻孔点

“预钻孔点”选项组用于在加工中存在已经预先钻好的孔，定义一个预钻孔点如图 3-46 所示。在型腔切削时，若采用自动进刀模式，则需要定义进刀位置。因此，当在该切削区域切削时，要求切削起点将尽可能地靠近定义的点位置。在默认情况下，系统会根据每个切削层的边界自动确定一个预钻孔点。如果没有满足用户的需要，则可以在“选择点”选项内指定一个或多个预钻孔点。

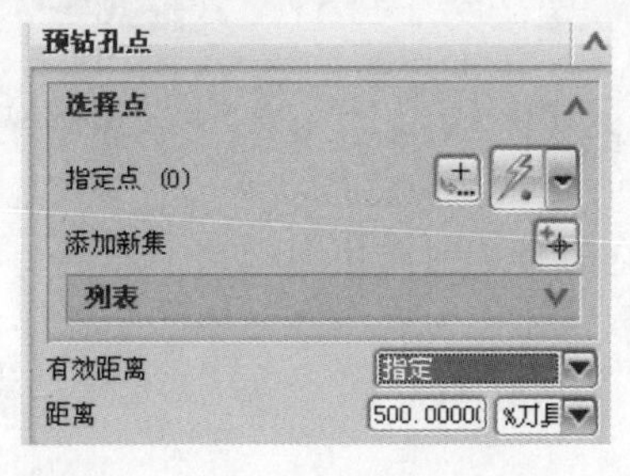

(a)

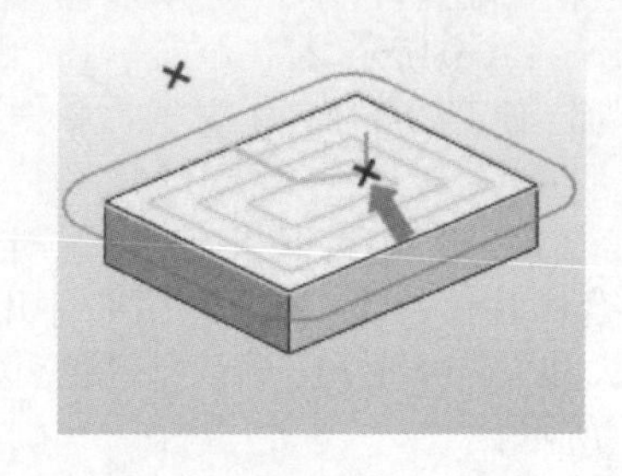

(b)

图 3-46 “预钻孔点”参数

“选择点”和“有效距离”参数的含义同“区域起点”。

(四)“传递/快速”选项卡

“传递/快速”选项卡用于指定刀具从一个切削刀路运动到下一个切削刀路的移动方式及其参数，如图 3-47 所示。在 UG NX 8.0 的加工环境下，系统驱动刀具移动的过程通常是首先驱使刀具移动到一个指定的平面(例如安全平面)，然后再移动到该平面高于进刀点的位置，最后再从指定平面进入进刀点。“传递/快速”选项卡有“安全距离”、“区域之间”、“区域内”和“初始的和最终的”选项组，下面分别介绍这些参数的设置。

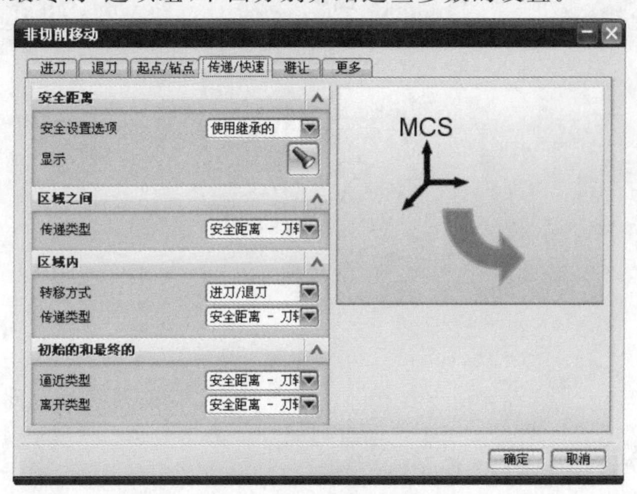

图 3-47 “传递/快速”选项卡

1 安全距离

“安全距离”用于指定一个合适的安全平面，使刀具抬起到该平面做横越移动，以安全跨过障碍物而避免发生碰撞，如图 3-48 所示。该选项包括九种类型，分别是“使用继承的”、

“无”、“自动平面”、“平面”、“点”、“包容圆柱体”、“圆柱”、“球”和“包容块”。

(1)使用继承的：系统将使用机床坐标系中所指定的安全平面。如图 3-49(a)所示。

(2)无：刀轨将不会使用安全平面；如果不指定安全平面，有的情况系统会出现警告对话框。如图 3-49(b)所示。

(3)自动平面：系统将沿刀轴方向（+*ZM* 方向）计算部件几何体的最高位置，这个高度再加上“安全距离”定义安全平面。如图 3-49(c)所示。

(4)平面：使用“平面构造器”来定义安全平面。如图 3-49(d)所示。

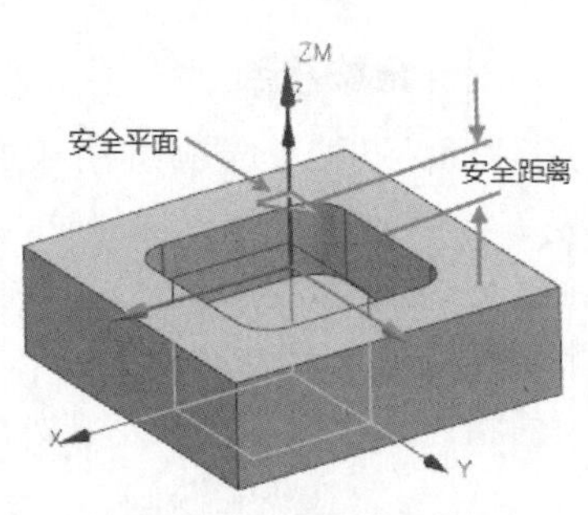

图 3-48 “安全距离”参数

(5)点：使用“点”对话框指定一个点定义安全刀具传递或快速运动。如图 3-49(e)所示。

(6)包容圆柱体：指定一个包裹部件几何的圆柱体作为安全几何体。圆柱体尺寸由部件几何体形状和“安全距离”确定。系统假设刀具在圆柱以外空间的运动是安全的。如图 3-49(f) 所示。

(7)圆柱：指定一个点和矢量、半径定义一个圆柱体作为安全几何体。圆柱体的长度是无限长的，系统假设刀具在圆柱以外空间的运动是安全的。如图 3-49(g)所示。

(8)球：指定一个点和半径定义一个球体作为安全几何体，系统假设刀具在球体以外空间的运动是安全的。如图 3-49(h)所示。

(9)包容块：用户指定一个包裹部件几何的方块体作为安全几何体。方块体尺寸由部件几何体形状和“安全距离”确定。系统假设刀具在包裹块以外空间的运动是安全的。如图 3-49(i) 所示。

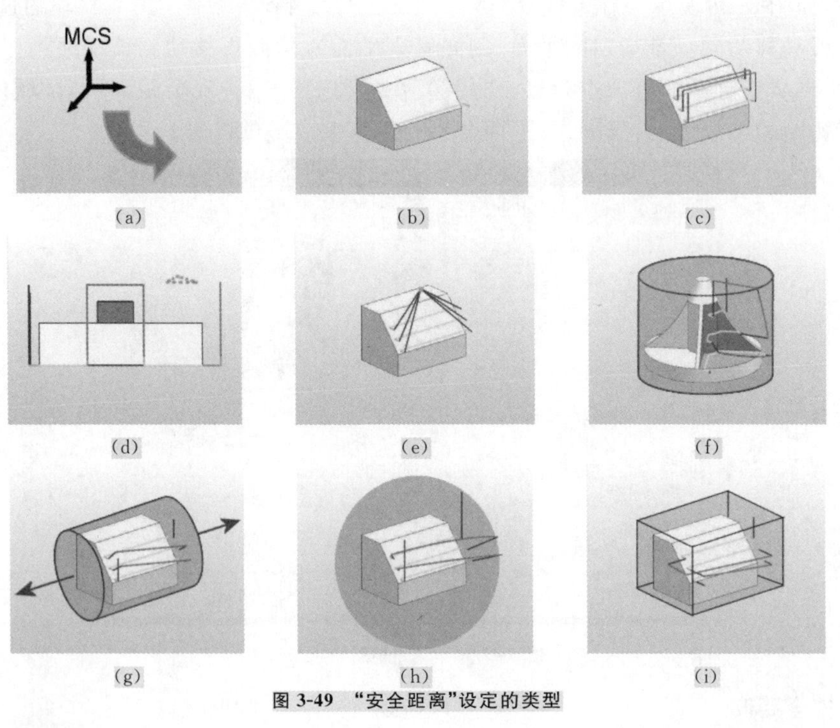

图 3-49 “安全距离”设定的类型

2 区域之间

此选项组用于为用户在较长的距离或在不同的切削区域之间清除障碍物而添加进刀和

退刀移动。通过指定一个合适的传递类型，达到避免撞刀、缩短刀具空切时间的目的。它的主要参数是"传递类型"。

"传递类型"选项包括七个参数："安全距离-刀轴"、"安全距离-最短距离"、"安全距离-切割平面"、"前-平面"、"直接"、"最小安全值 Z"和"毛坯平面"。

(1)安全距离-刀轴：使刀具在完成退刀后沿刀轴＋*ZM* 方向抬起到由"安全距离"选项组所指定的安全平面，然后在该平面内做移刀运动到下一个路径，进刀点的上方，最后沿刀轴－*ZM* 方向运动到进刀点。如图 3-50(a)所示。

(2)安全距离-最短距离：使刀具退回到一个系统认为是最短距离的安全平面，再做移刀运动。如图 3-50(b)所示。

(3)安全距离-切割平面：使刀具沿切削平面退回到安全几何体，再做移刀运动。如图 3-50(c) 所示。

(4)前-平面：使刀具在完成退刀后沿刀轴＋*ZM* 方向抬起到前一切削层上方"安全距离"定义的平面，然后在该平面内做移刀运动到下一个路径进刀点的上方，最后沿刀轴－*ZM* 方向运动到进刀点。若没有任何前一层的平面是安全的，则刀具抬起到安全平面做移刀运动。如图 3-50(d)所示。

(5)直接：使刀具在完成退刀后沿直线直接运动到下一个切削区域的进刀点，如果未指定进刀移动，则直接运动到初始切削点，如图 3-50(e)所示。若在提刀过程中，遇到障碍物发生干涉，刀具将抬起到在"安全距离"所指定的安全平面做移刀运动到下一个切削区域的进刀点上方。如果没有定义安全平面，则刀具抬起到系统隐含的最高平面做移刀运动。

(6)最小安全值 Z：使刀具在完成退刀后沿直线直接运动到下一个切削区域的进刀点，如果未指定进刀移动，则直接运动到切削点。产生的刀轨与"直接"类型相似。但是当发生干涉时，刀具将抬起到岛屿上面第一个切削层上方"安全距离"定义的平面做移刀运动。如图 3-50(f)所示。

(7)毛坯平面：使刀具在退刀后沿刀轴＋*ZM* 方同抬起到毛坯几何体平面上方"安全距离"定义的平面，然后在该平面内做移刀运动到下一个路径进刀点的上方，最后沿刀轴－*ZM* 方向运动到进刀点。如图 3-50(g)所示。

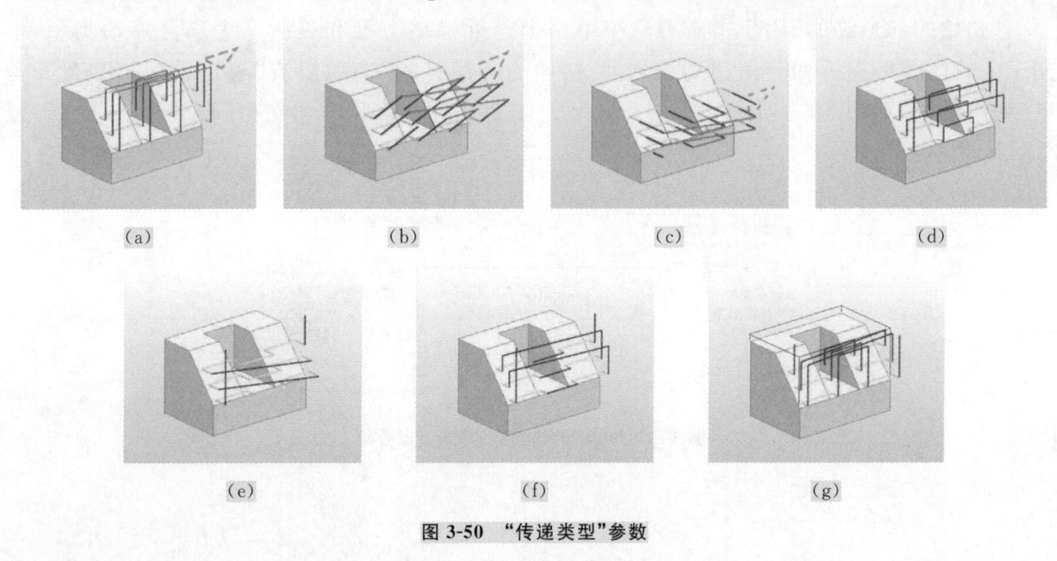

图 3-50 "传递类型"参数

3 区域内

“区域内”选项组用于在较短的距离内清除障碍物而添加进刀和退刀移动，包括两个子选项。

(1)转移方式

转移方式用于指定刀具在区域内做移刀移动时的进刀和退刀移动类型，以区别于在区域之间的进刀和退刀移动方式。系统提供三种方式，分别是：“进刀/退刀”、“抬刀和插削”和“无”。

①进刀/退刀：在区域内的移刀移动将使用“进刀”和“退刀”选项卡所指定的进刀和退刀移动类型。如图 3-51(a)所示。

②抬刀和插削：在区域内的移刀移动将使用插削进刀移动类型，使用抬刀退刀移动类型。但在区域之间仍然使用“进刀”和“退刀”选项卡所指定的进刀和退刀移动类型。如图 3-51(b) 所示。

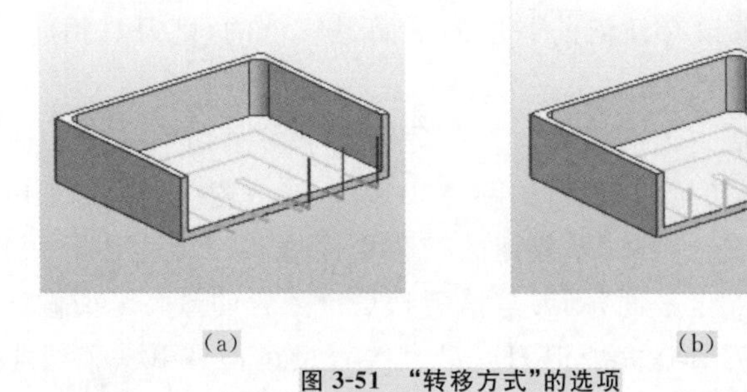

(a) (b)

图 3-51 “转移方式”的选项

③无：在区域内的移刀移动没有进刀和退刀移动。但在区域之间仍然使用“进刀”和“退刀”选项卡所指定的进刀和退刀移动类型。

(2)传递类型

区域内的“传递类型”与区域之间的“传递类型”参数相同。

4 初始的和最终的

“初始的和最终的”用于指定刀轨中第一个逼近移动类型和最后一个离开移动类型，不同于刀轨内部的逼近和分离移动类型。“初始的和最终的”选项组有“逼近类型”和“离开类型”两组参数，如图 3-52 所示。它们与区域之间的“传递类型”的含义相同。

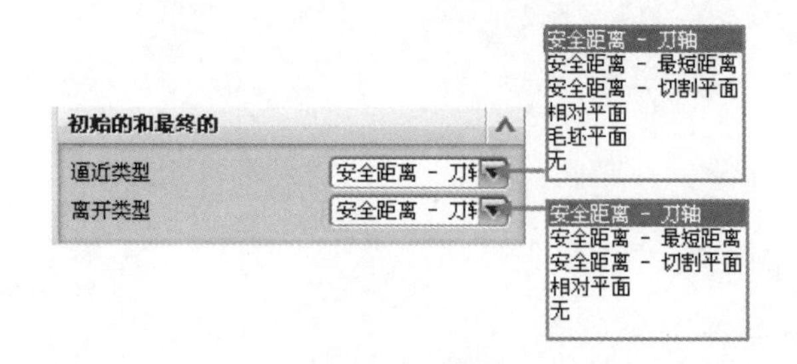

图 3-52 “初始的和最终的”选项组参数

（五）“避让”选项卡

“避让”选项卡用于设置相关参数以避免刀具在做非切削移动时出现切入冲击或撞刀等干涉现象。“避让”选项卡为用户提供有“出发点”、“起点”、“返回点”和“回零点”四个选项组参数。如图 3-53 所示。

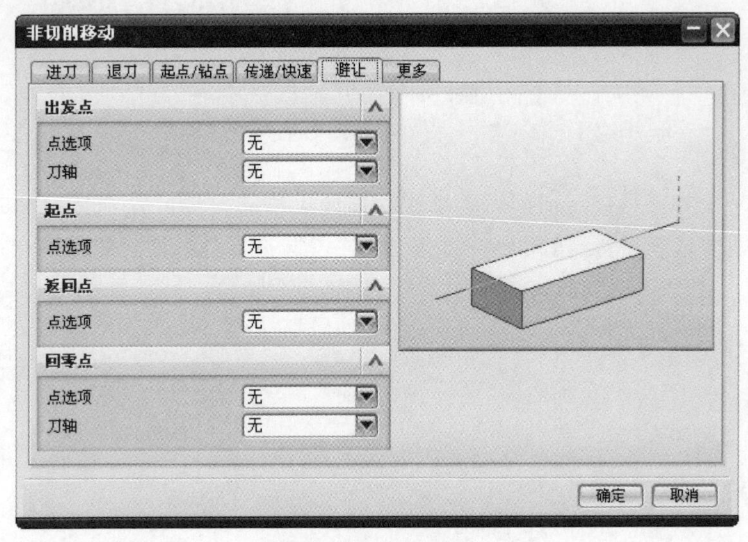

图 3-53 “避让”选项卡

① 出发点

出发点在新刀轨开始时指定刀具的初始位置，如图 3-54 所示。如果在“点选项”选项中选择“指定”，用户将可以通过“点构造器”来定义出发点；选择“无”将不指定任何点。同时可以在“刀轴”选项中选择“选择刀轴”，通过“矢量”对话框来定义刀轴的方向，一般在多轴加工的情况下才需要指定刀轴的方向。

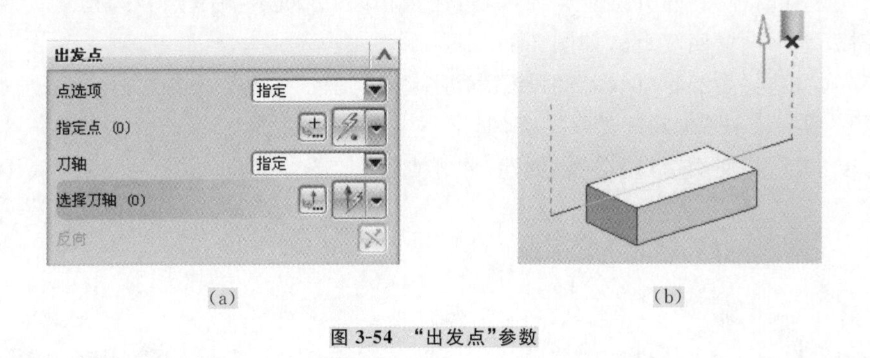

(a) (b)

图 3-54 “出发点”参数

② 起点

起点是指为刀具避让几何体或装夹组件（例如机床夹具、虎钳等）指定一个刀具位置，如图 3-55 所示。如果在“点选项”选项中选择“指定”，用户将可以通过“点构造器”来定义起点；选择“无”将不指定任何点。

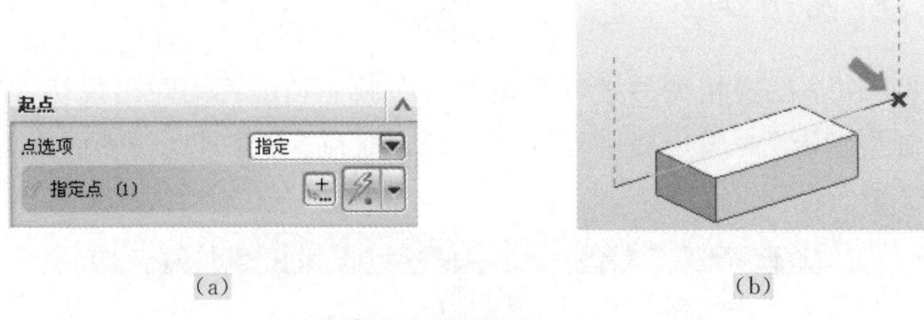

(a) (b)

图 3-55 “起点”参数

3 返回点

“返回点”是指为刀具指定切削运动结束后离开工件的刀具位置，如图 3-56 所示。如果在“点选项”选项中选择“指定”，用户将可以通过“点构造器”来定义返回点；选择“无”将不指定任何点。

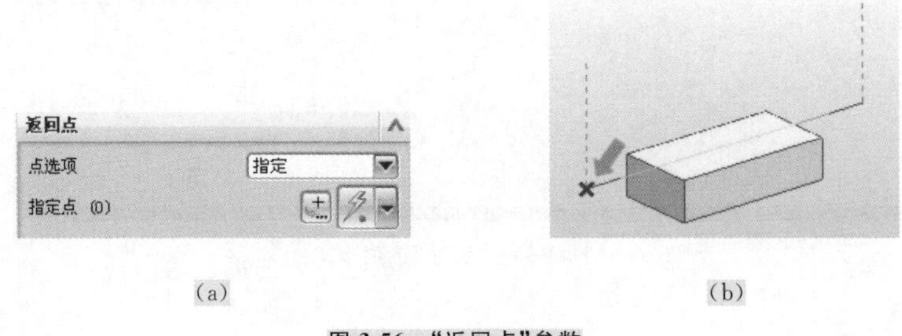

(a) (b)

图 3-56 “返回点”参数

4 回零点

“回零点”是用于指定最终刀具位置。“回零点”选项组有“点选项”和“刀轴”两个选项。

(1)点选项

“点选项”有四种类型，分别是：“无”、“与起点相同”、“回零-没有点”和“指定”。

①无：表示不设置回零点。如图 3-57(a)所示。

②与起点相同：系统将“回零点”设置为与“起点”是同一个点。如图 3-57(b)所示。

③回零-没有点：驱动刀具返回零点，但是不生成点。如图 3-57(c)所示。

④指定：表示将使用“点构造器”创建“回零点”。如图 3-57(d)所示。

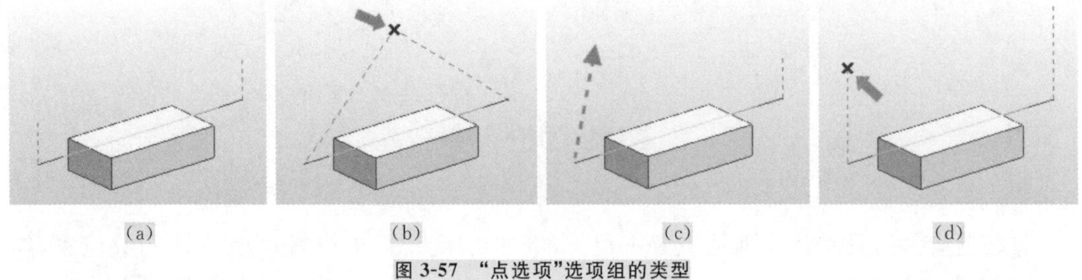

(a) (b) (c) (d)

图 3-57 “点选项”选项组的类型

(2)刀轴

“刀轴”选项允许用户通过矢量对话框来定义刀轴的方向，一般在多轴加工的情况下才需要指定“刀轴”的方向。

(六)"更多"选项卡

"更多"选项卡用于设定是否在非切削移动时进行碰撞检查,以及是否使用刀具补偿功能,如图 3-58 所示。"更多"选项卡有两个选项组,分别是"碰撞检查"和"刀具补偿"。

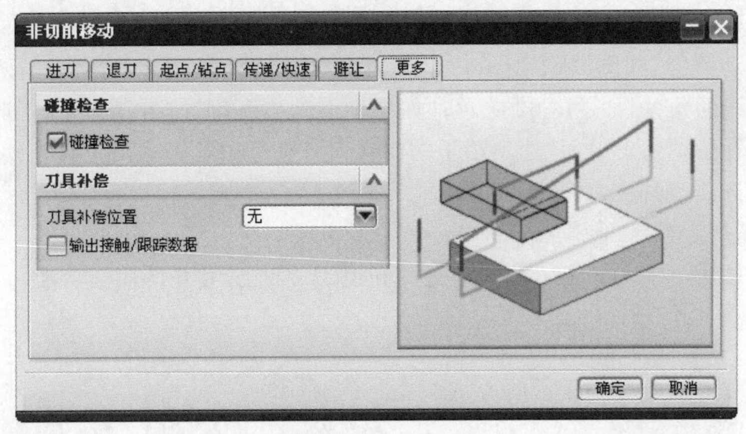

图 3-58 "更多"选项卡

1 碰撞检查

"碰撞检查"主要用于控制在非切削移动时,系统是否对刀具与部件几何体和检查几何体之间的碰撞进行检测。"碰撞检查"复选框被勾选,表示进行碰撞检查,如图 3-59 所示,系统将保证刀具与部件几何体和检查几何体之间保持一定的距离(安全距离)。如果不进行"碰撞检查",在进刀、退刀和移刀过程中就有可能出现过切现象,对操作安全存在一定隐患,因此,一般建议用户勾选此项。

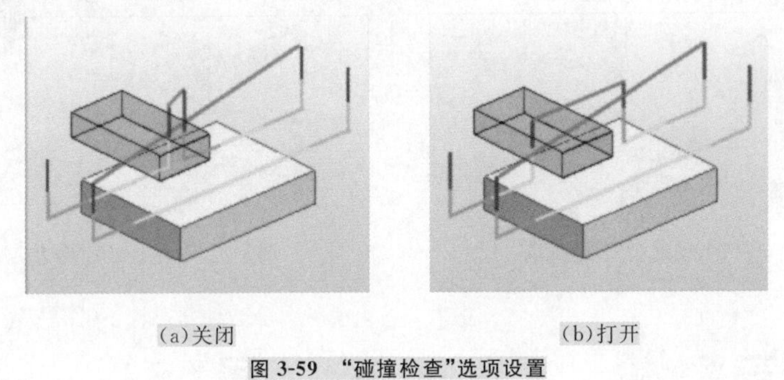

(a)关闭　　(b)打开

图 3-59 "碰撞检查"选项设置

2 刀具补偿

在实际加工中,对于因刀具直径尺寸偏差而引起的加工精度误差,可使用刀具补偿功能。当用户使用不同尺寸的刀具进行切削时,采用"刀具补偿"针对一个刀轨可获得相同的结果。在 UG NX 8.0 的加工模块中,平面铣、型腔铣和线切割的加工处理器都提供了刀具补偿功能。这个功能仅仅适用于跟随部件、跟随周边、摆线和轮廓的切削模式,其他模式是不适合的。

"刀具补偿位置"用于指定是否使用刀具补偿功能以及设置刀轨中的使用刀具补偿的位置及取消补偿的位置。这个选项有如下三个参数:

(1)无

“无”表示在刀轨中不使用刀具补偿功能。如图 3-60(a)所示。

(2)所有精加工刀路

系统将在所有精加工刀路中的进刀和退刀之间使用刀具补偿功能。如图 3-60(b)所示。当选择这种类型时,系统会激活其他参数:“最小移动”选项表示在圆弧运动起点前增加的一段线性运动路径,如图 3-61 所示;“最小角度”选项表示最小移动路径与圆弧运动进刀点或退刀点切线的角度,如图 3-62 所示;“如果小于最小值,则抑制刀具补偿”选项用于控制是否抑制刀具补偿;“输出平面”选项用于控制在刀具补偿中是否输出刀具补偿的平面定义,如果打开这个选项,则输出 *XY* 平面的功能代码 G17。

(3)最终精加工刀路

系统将在最后一个精加工刀路中的进刀和退刀之间使用刀具补偿功能。如图 3-60(c)所示。

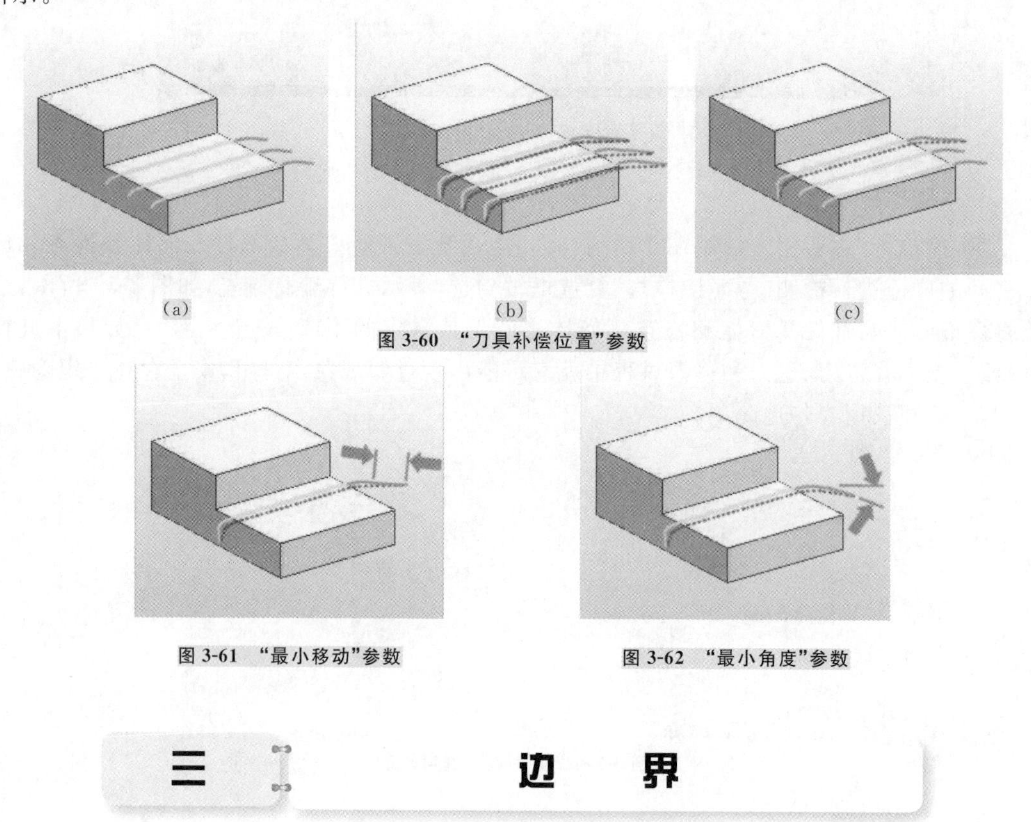

(a) (b) (c)

图 3-60 “刀具补偿位置”参数

图 3-61 “最小移动”参数

图 3-62 “最小角度”参数

三 边 界

边界是指用来定义刀具切削运动的区域范围。所有边界都是二维的,在同一个平面上,而创建边界的曲线、边、点等可以在不同平面上,这样的平面可以通过“自动”或“用户定义”两种方式来定义。本节将讲述边界的用途、边界的创建和边界的编辑。

(一)边界的用途

从边界的定义可知,UG 主要用边界来限定一个区域范围。常用的边界有“部件边界”、“毛坯边界”、“检查边界”、“修剪边界”和“驱动边界”。

1 部件边界

部件边界用于定义描述完整的零件轮廓，控制刀具运动的范围，可以通过选择面、边界、曲线和点来定义部件边界。如图 3-63 所示。

2 毛坯边界

毛坯边界用于描述被加工工件的材料整体范围，指定毛坯边界的定义与指定部件边界的定义方法类似。只能选择封闭的边界。如图 3-64 所示。

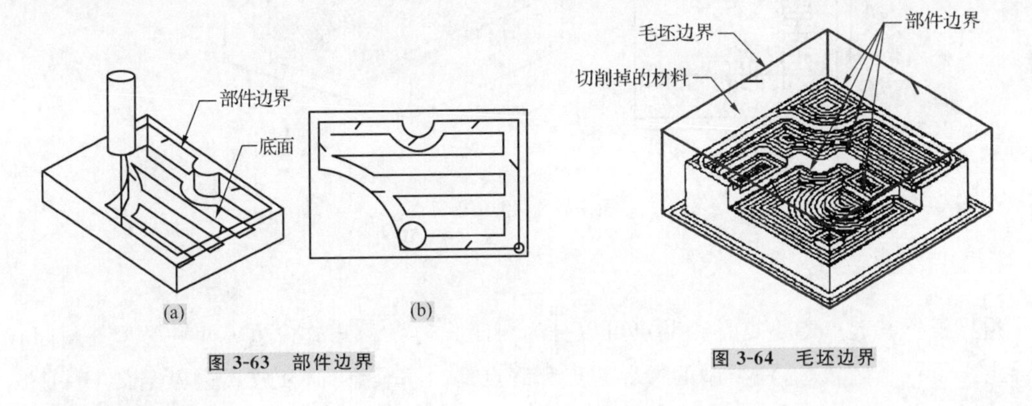

图 3-63　部件边界

图 3-64　毛坯边界

3 检查边界

检查边界用于定义加工过程中要避开的夹具或其他区域的边界，例如夹具、虎钳和压板等。如图 3-65 所示。

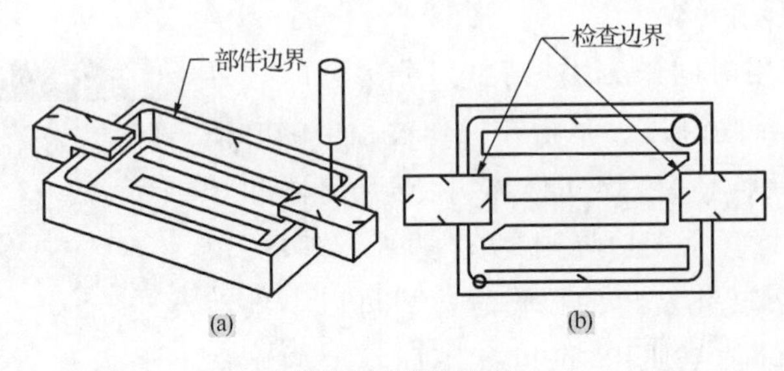

图 3-65　检查边界

4 修剪边界

修剪边界用于进一步控制刀具的运动范围，对由零件边界生成的刀轨做进一步修剪。修剪的材料侧封闭区域选项可以是内部或外部，开放区域是左侧或右侧。如图 3-66 所示。

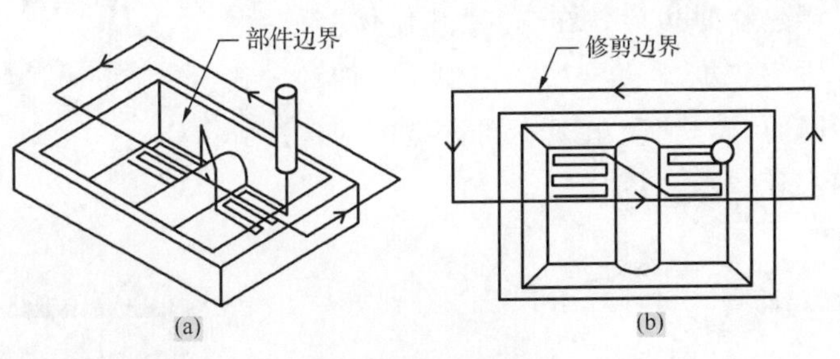

图 3-66　修剪边界

5 驱动边界

驱动边界主要用在固定轴和可变轴轮廓加工，它定义切削区域的范围，如图 3-67 所示。驱动边界定义的切削范围可以大于、等于或者小于部件几何体定义的切削范围。

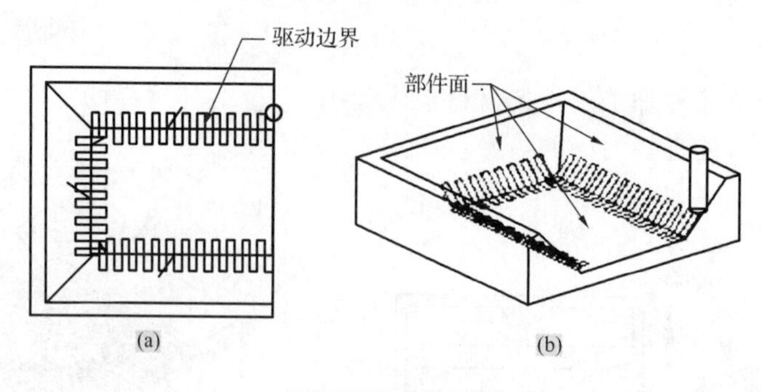

图 3-67　驱动边界

（二）边界的创建

边界根据其起点和终点是否共点可以分为封闭式边界和开放式边界两种类型。封闭式边界定义了一个区域，这种类型的边界起点和终点是同一个点；而开放式边界定义了一个路径，这种类型的边界起点和终点不是同一个点。判断一个边界是开放式边界还是封闭式边界，不要仅仅从外形来确定，而应该从定义时选择的曲线/边缘类型来判断，若选择的类型是“封闭的”，创建的边界将是一条封闭式边界，若选择的类型是“开放的”，创建的边界就是一条开放式边界。

如果边界根据使用时间来分类，则可以分为临时边界和永久边界两种类型。临时边界是指在操作过程中临时使用的，用来定义部件几何体、毛坯几何体、检查几何体和修剪几何体的曲线或轮廓。永久边界则是在“边界管理器”中创建的，或由临时边界转化获得的。临时边界可以一次性使用，而永久边界可以重复使用，可以被不同类型的操作引用。

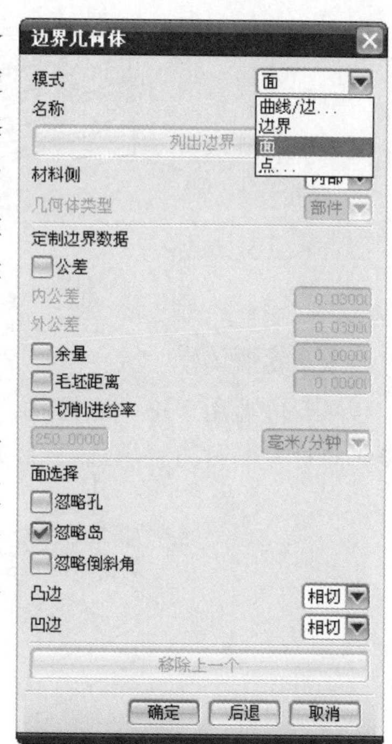

图 3-68　“边界几何体”对话框

1 临时边界的创建

在各种类型的加工操作中，当出现“边界几何体”对话框时，即表示可以创建临时边界。在“边界几何体”对话框中，用户可以通过“曲线/边”、“边界”、“面”和“点”四种方式创建边界，选择不同的“模式”会出现不同类型的创建边界对话框，如图 3-68 所示。

（1）模式

边界几何体创建的模式具体如下：

①曲线/边：当用“曲线/边”的模式来定义边界几何体时，边界几何体仅与定义它的曲线和边有关，该模式不能被其他操作共享。当选择“曲线/边”，系统会弹出“创建边界”对话框，如图 3-69 所示，通过选择已经存在的曲线和曲面边缘来创建边界。

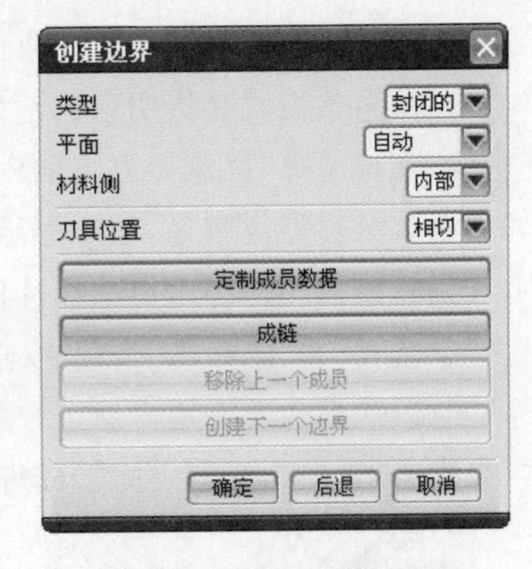

图 3-69 “创建边界”对话框

● 类型：该下拉列表可以指定边界是封闭的还是开放的。开放的边界只能搭配轮廓或标准加工方法，如使用其他切削方法，系统自动将此开放的边界在起点与终点处用直线连接起来，形成一个封闭环。

● 平面：该下拉列表可以用所选择的几何体投射的平面或边界创建的平面，有“用户定义”和“自动”两个选项。选择“自动”选项，系统将根据选择的几何体决定边界平面，如果选择的边界的前两个对象是直线，则两条直线所定义的平面即为边界平面；选择“用户定义”选项，系统会弹出如图 3-70 所示的“平面”对话框，用户可通过该对话框定义边界几何体投射的平面位置。

● 材料侧：用来定义材料在边界的方向，决定了刀具路径生成的位置。当几何体类型为“修剪”时，材料侧将变成修剪侧，用来定义某一侧刀具路径将被修剪掉。

● 刀具位置：该选项决定刀具与边界的相对位置，有“相切”和“位于”两种选项。当选择“相切”选项时，刀具的轮廓与边界相切；当选择“位于”选项时，刀具的中心轴线在边界上。

● 定制成员数据：该选项允许对所选择的边界的公差、侧边余量、切削速度和后处理命令等参数进行设置。单击“定制成员数据”按钮，此时“创建边界”对话框中间部位增加了“定制成员数据”选项组，如图 3-71 所示。

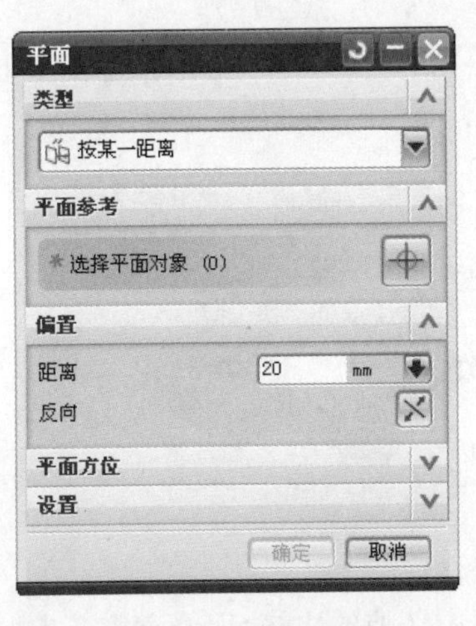

图 3-70 “平面”对话框

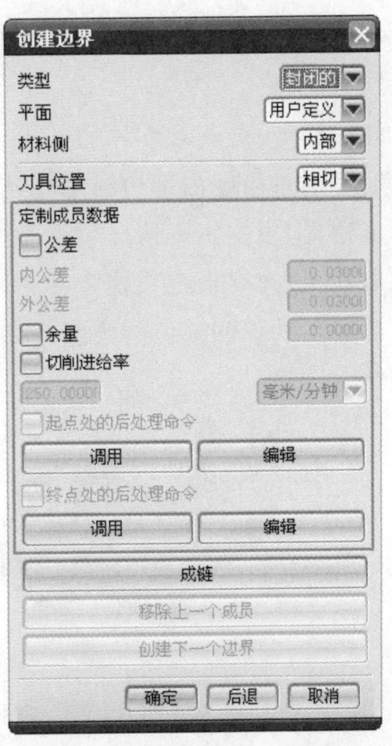

图 3-71 “定制成员数据”选项组

● 成链：该选项可以让用户通过选择边界的起始边和终止边来创建边界。

②边界：该模式是指用已创建好的永久边界来定义几何对象类型，可以通过单击其对话框中的“列出边界”按钮列出当前模型中所有的永久边界，该模式可以被其他操作共享。但是，如果永久边界被删除，加工边界仍将存在。

③面：该模式允许用户选择片体或实体的单个平面。这通常是最简单的方法。内部边是由“忽略孔”和“忽略岛”选项决定的。

④点：该模式允许用户通过一系列已定义的点创建封闭边界。用户通过打开的“点构造器”来指定点，在这些点之间形成直线或者曲线，再由线构成边界。

（2）名称

“名称”可以通过输入表面、永久边界、点的名称来选取对象，在实际操作中，通常不会给对象先指定名称属性，所以一般不使用这种方法。

（3）材料侧

“材料侧”用于指定边界所定义的岛屿的材料位于边界的哪一侧，包括“内部”和“外部”两个选项。当指定部件几何体、毛坯几何体和检查几何体时，必须指定刀具切削的是内侧材料还是外侧材料。材料侧始终与刀具侧相反，若用户将“材料侧”定义为“内部”，则刀具在切削几何体的外侧；如果用户将“材料侧”定义为“外部”，则刀具在切削几何体的内侧。

对于封闭的边界，材料侧由边界的内部或外部决定，而对于开放的边界，材料侧由边界的左侧或右侧决定。以边界的箭头指向为正方向，左手边为左侧，右手边为右侧。

（4）几何体类型

“几何体类型”用来定义边界在切削过程中以何种几何体类型出现。

（5）定制边界数据

“定制边界数据”用来对所选择的边界的“公差”、“余量”、“毛坯距离”和“切削进给率”等选项进行设置。

（6）面选择

“面选择”通过指定内部边缘来创建边界，如果创建边界的方式是“面”，则在被选取的表面边缘形成边界，根据实际情况可以做如下三种选择。

①忽略孔：该选项指定系统定义边界时忽略面中孔的边缘，即不考虑在主模型上所选平面被切除后留下的下凹部位的边缘。如图 3-72 所示。

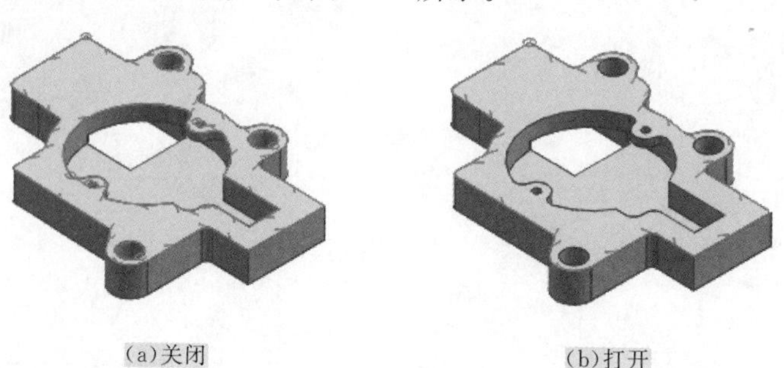

(a)关闭　　(b)打开

图 3-72　“忽略孔”参数

②忽略岛：该选项指定系统定义边界时将忽略面中岛屿的边缘，即不考虑在主模型所选

平面上的凸台几何体的边缘。如图 3-73 所示。

(a)关闭

(b)打开

图 3-73 “忽略岛”参数

③忽略倒斜角:该选项指定系统定义边界时对所有面上邻接的倒角、倒圆和圆面是否认可。如果此选项被激活,则建立的边界将包括这些倒角、倒圆和圆面等如果未被激活,则边界只建立在所选择面的边缘。如图 3-74 所示。

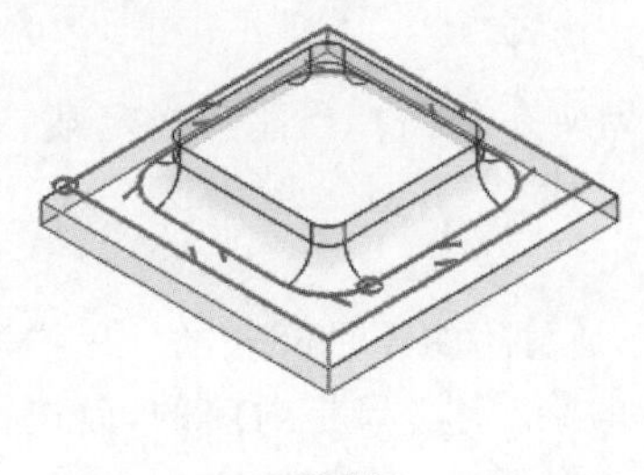
(a)关闭

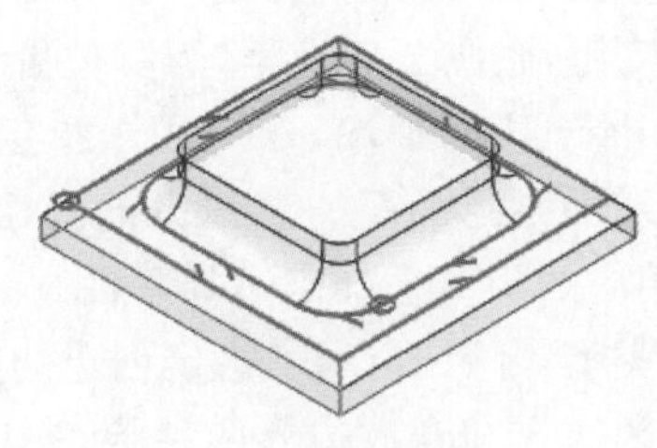
(b)打开

图 3-74 “忽略倒斜角”参数

(7)凸边/凹边

如果“凸边”或“凹边”被选中,则表示控制刀具在凸边位置或凹边位置。凸边通常在开放位置,因此常常将刀具位置设置为“上”,此时可以完全切除此处材料;凹边位置通常垂直于内壁,刀具在内角凹边位置,一般设置为“相切于”。凸边/凹边的定义如图 3-75 所示。

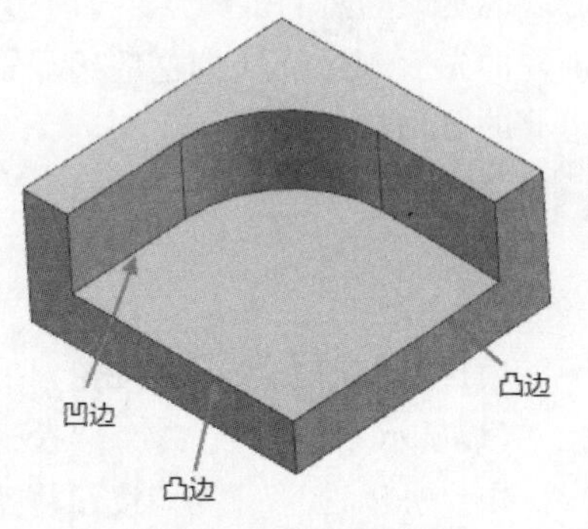

图 3-75 凸边/凹边的定义

2 永久边界的创建

用户如果需要单独创建永久边界,可以通过单击主菜单上的“工具>>边界”菜单,或者按快捷键“Ctrl+Alt+B”,即可进入“边界管理器”对话框,如图 3-76 所示。

(1)创建

当用户单击“创建”按钮后,系统会弹出“创建边界 B1”对话框,其中“B1”表示创建边界的名称,如图 3-77 所示。在此对话框中用户可以指定创建永久边界所需的曲线和轮廓等几何对象、刀具与永久边界的位置关系、永久边界所在的平面、永久边界的类型和永久边界的名称更改等。

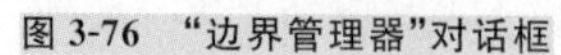
图 3-76 “边界管理器”对话框

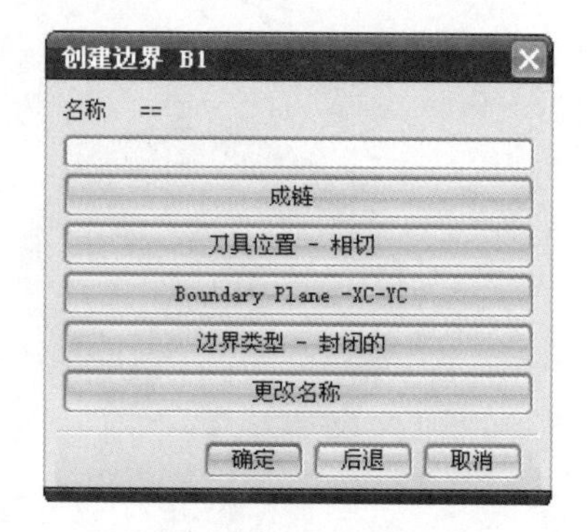

图 3-77 “创建边界 B1”对话框

①成链:用户可以在主模型中选择开始曲线,被选中的曲线呈高亮显示,然后再选择结束曲线,系统会自动搜索使之相互连接,形成一组封闭的曲线。

②刀具位置-相切:用来决定刀具接近边界时的位置,系统默认值为“相切”,单击“刀具位置-相切”按钮,系统会切换至“刀具位置-开”。

③Boundary Plane -XC-YC:用于指定创建边界所在平面。当用户指定某一平面后,系统把选中曲线沿指定平面的法线方向投影到指定平面上,并且一般以 *XC-YC* 平面为基准平面,偏置相应的距离来确定边界平面。

④边界类型-封闭的:用于指定创建的边界状态是封闭的还是开放的。用户可通过单击此按钮在封闭边界和开放边界两种状态中切换。如果指定边界是封闭的,而选择的边界不是封闭的,则系统会自动延伸第一条边界和最后一条边界的曲线,使其成为一个封闭的边界。

⑤更改名称:用于改变当前边界的名称,当操作时创建一条边界,系统会自动根据边界创建的先后顺序依次将这些边界命名为 B1、B2……用户可根据自己的需要单击该按钮更改边界的名称。

(2)删除

用户可以通过“删除”按钮选择想要删除的边界,单击“确定”按钮即可删除边界。

(3)隐藏

用户可以通过“隐藏”按钮对某些边界进行隐藏。

(4)显示

用户可以通过“显示”按钮将某些被隐藏的边界切换为显示。

(5)列表

用户可以通过“列表”按钮查看当前所有的永久边界。

(三)边界的编辑

在实际编程中,由于工艺条件随时有可能改变,所以程序的修改是无法避免的。当产生的刀轨不符合要求或者实际情况的要求,即需要修改刀轨时,用户就必须编辑已经定义好的几何体,这时候就需要对边界进行编辑。

下面以部件边界的编辑为例介绍边界编辑的步骤:

(1)打开加工操作对话框,单击“指定部件边界”旁边的“选择或编辑部件边界”按钮,系统弹出“编辑边界”对话框,如图 3-78 所示。

(2)在“编辑边界”对话框中,用户可以通过◀和▶按钮来选择需要编辑的边界,被选中的边界在图形显示区会高亮显示。当完成边界对象的选定时,可以对“编辑边界”对话框的“类型”、“平面”、“材料侧”和“填充边界平面”进行选择修改。用法同前。

(3)若用户选定边界后,不仅仅对“类型”、“平面”和“材料侧”等进行修改,还需要修改选定边界内部成员,例如修改某个成员的刀具位置或者成员起点等。那么,用户就可以单击“编辑”按钮,系统弹出“编辑成员”对话框,如图 3-79 所示。“编辑成员”对话框参数含义如下:

①“刀具位置”选项有“相切”和“对中”两种,用于确定刀具相对于边界选定成员对象的位置。

②“起点”按钮可以修改选定成员对象的起点。

③“第一个成员”按钮可以选定第一个成员对象。

④“选择方法”类型有“单个”和“成链”两种,用于确定成员对象创建的方式。

用户根据需要对选定边界的成员完成修改后,单击“确定”按钮,返回“编辑成员”对话框。

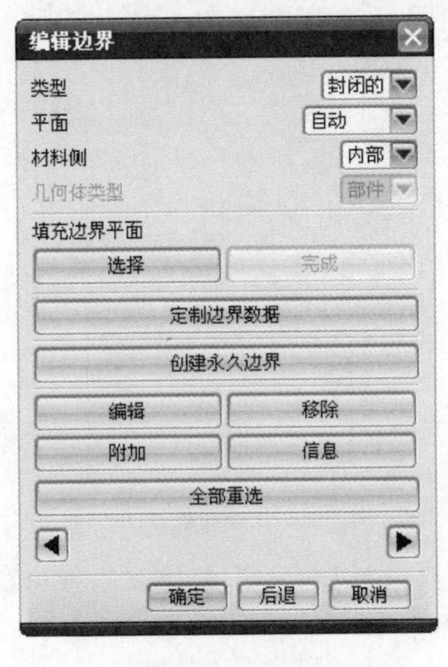

图 3-78 “编辑边界”对话框

图 3-79 “编辑成员”对话框

(4)若用户需要在现有边界的基础上增加,可以单击“附加”按钮,系统弹出“边界几何体”对话框,具体用法在前面已经讲述过,这里不再赘述。

(5)若用户需要删除某些现有边界,可以通过单击“移除”按钮,系统会直接删除当前图像显示区高亮显示的边界。用户可以通过“编辑成员”对话框中的◀和▶按钮来选择需要删除的边界。

(6)若用户需要删除所有边界,可以通过单击“全部重选”按钮,系统弹出如图 3-80 所示的“全部重选”警告框。单击“确定”按钮,所有边界将会被一次性删除;若单击“取消”按钮,则放弃删除任何边界。

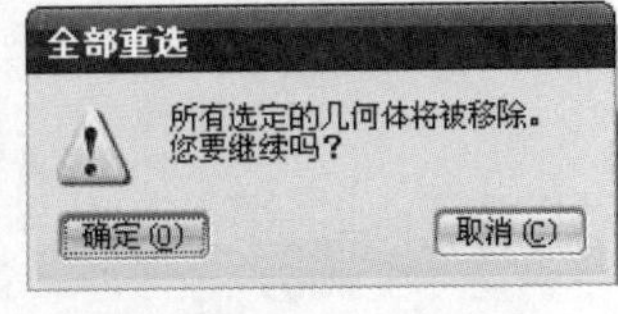

图 3-80 “全部重选”警告框

(7)当对边界对象完成全部修改后,单击“确定”按钮,完成边界的编辑。

项目实施操作步骤如下：

非切削参数设置

1 打开模型文件进入加工环境

(1)打开模型文件。启动 UG NX 8.0,打开本教材素材资源包中的 3-1.prt 文件。

(2)进入加工模块。选择“开始>>加工”命令,或使用快捷键“Ctrl+Alt+M”,进入加工模块。

2 设置 PLANAR_MILL 非切削参数 1

(1)在编程环境下,在如图 3-81 所示的“导航器”工具栏中选择“几何视图”,在“工序导航器-几何”中将显示零件的两个平面加工程序,如图 3-82 所示。

图 3-81 “导航器”工具栏

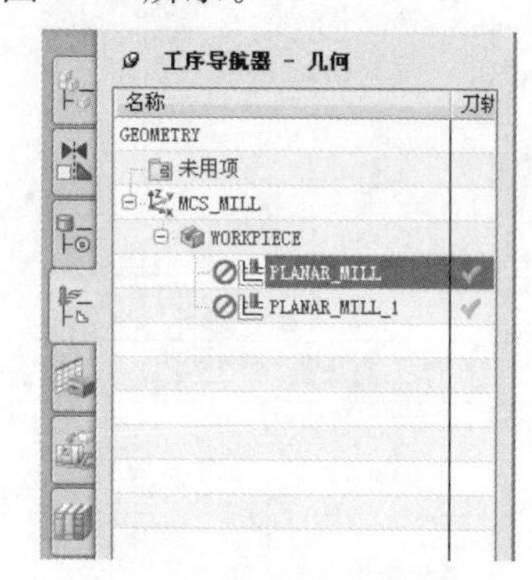

图 3-82 工序导航器-几何 1

(2)在如图 3-82 所示的“工序导航器-几何”中双击“PLANAR_MILL”,弹出“平面铣”对话框,如图 3-83 所示。打开“刀轨设置”选项组,如图 3-84 所示。

图 3-83 “平面铣”对话框

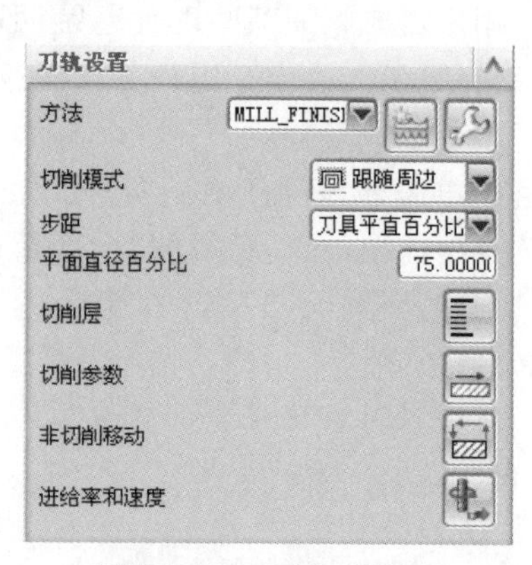

图 3-84 “刀轨设置”选项组

(3)“进刀”选项卡设置。单击“非切削移动”按钮即可进入“非切削移动”对话框，在“进刀”选项卡的“封闭区域”选项组设置“直径”为“60”，“斜坡角”为“3”；在“进刀”选项卡的“开放区域”选项组设置“进刀类型”为“圆弧”，如图 3-85 所示。

(4)“转移/快速”选项卡设置。在“转移/快速”选项卡的“区域之间”选项组设置“转移类型”为“前一平面”；在“区域内”选项组设置“转移类型”为“直接”，如图 3-86 所示，单击“确定”按钮，返回“平面铣”对话框。

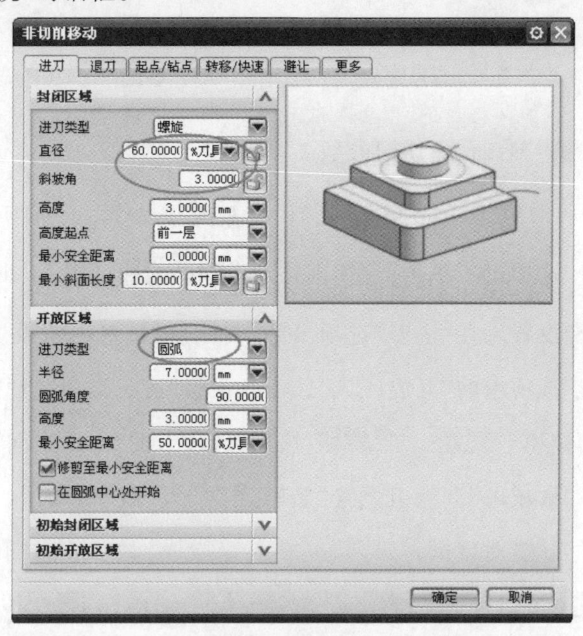

图 3-85 “进刀”选项卡设置

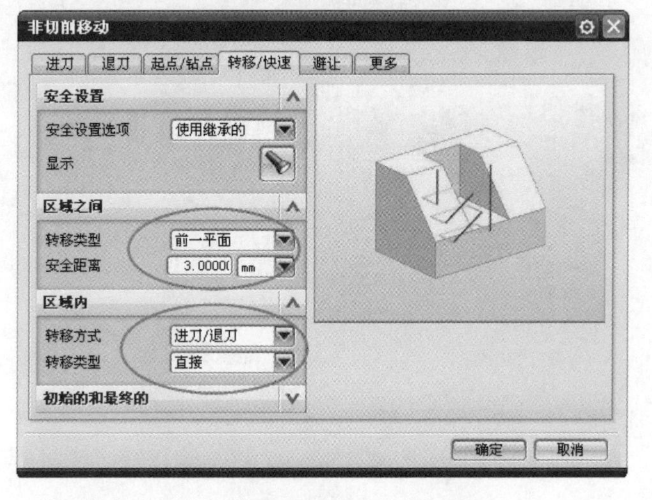

图 3-86 “转移/快速”选项卡设置 1

(5)生成刀位轨迹。单击“生成”按钮，系统计算出粗加工的刀位轨迹，如图 3-87 所示，单击“确定”按钮，在操作导航器的“几何视图”WORKPIECE 节点下产生 PLANAR_MILL 程序，如图 3-88 所示。

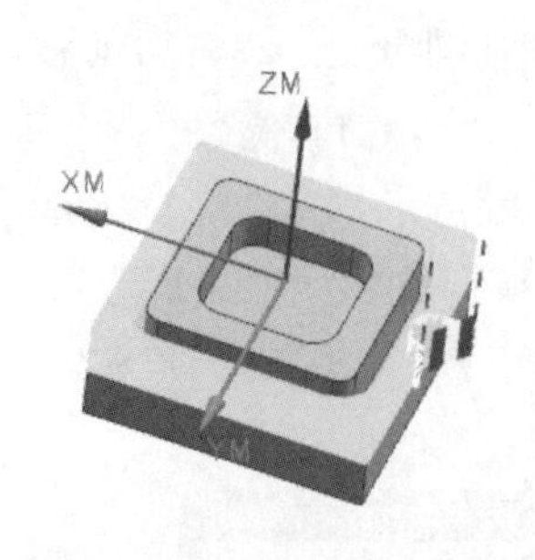

图 3-87 “平面铣”加工生成刀轨 1

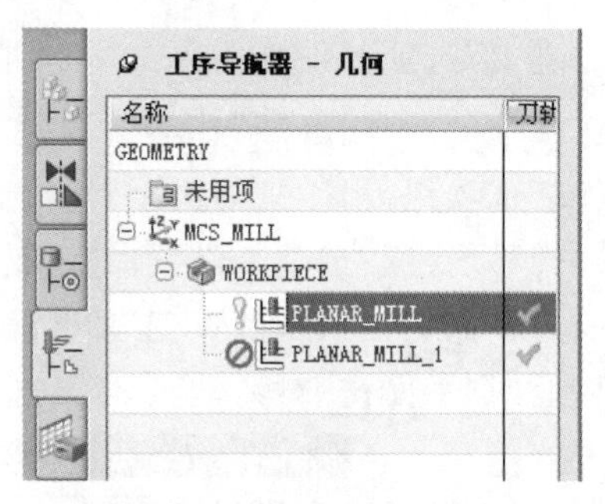

图 3-88 工序导航器-几何 2

3 设置 PLANAR_MILL 非切削参数 2

(1)在如图 3-88 所示的“工序导航器-几何”中双击“PLANAR_MILL”,弹出“平面铣”对话框,打开“刀轨设置”选项组。单击“非切削移动”按钮即可进入“非切削移动”对话框。

(2)“进刀”选项卡设置。在“进刀”选项卡的“封闭区域”选项组设置“直径”为“60”,“斜坡角”为“3”;在“进刀”选项卡的“开放区域”选项组设置“进刀类型”为“圆弧”。

(3)“转移/快速”选项卡设置。在“转移/快速”选项卡的“区域之间”选项组设置“转移类型”为“前一平面”;在“区域内”选项组设置“转移类型”为“前一平面”,如图 3-89 所示,单击“确定”按钮,返回“平面铣”对话框。

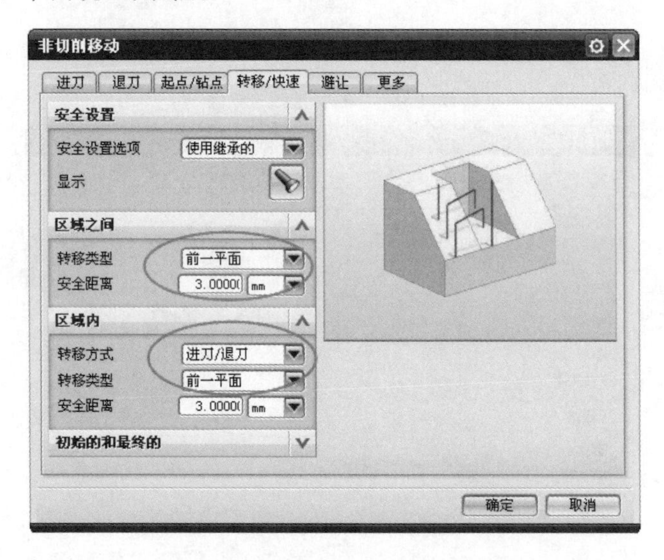

图 3-89 “转移/快速”选项卡设置 2

(4)生成刀位轨迹。单击“生成”按钮,系统计算出粗加工的刀位轨迹,如图 3-90 所示,单击“确定”按钮,在操作导航器的“几何视图”WORKPIECE 节点下产生 PLANAR_MILL_1 程序,如图 3-91 所示。

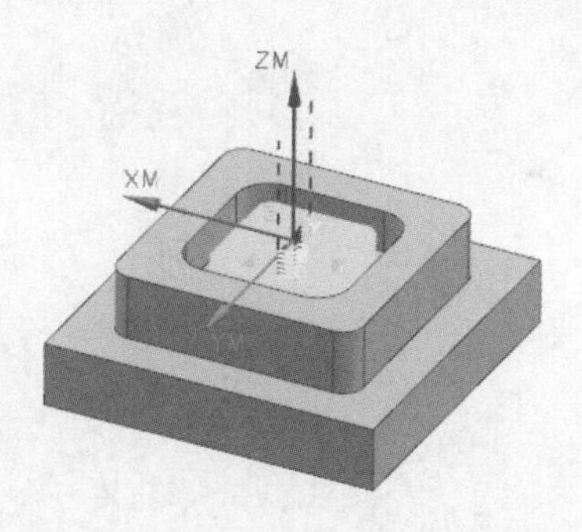

图 3-90 “平面铣”加工生成刀轨 2

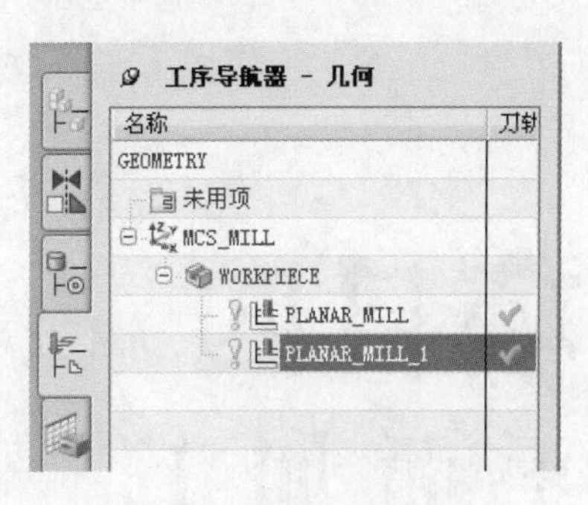

图 3-91 工序导航器-几何 3

规纳总结

本项目主要介绍了非切削移动，以及非切削移动参数的设置。重点介绍了“非切削移动”对话框对应参数的功能，包括进刀、退刀、传递/快速、起点/钻点、避让等选项卡。同时，还介绍了刀轨、边界两个非常重要的概念。认真理解和掌握本项目的各个知识点，对于后续项目的学习非常重要。

拓展练习

1. 请完成如图 3-92 所示零件的非切削参数设置。打开本教材素材资源包中的“3-2. prt”文件。

要求：(1)“进刀”选项卡：封闭区域的“直径”设置为“60”；“斜坡角”设置为“3”。“开放区域”的“进刀类型”选择为“圆弧”。

(2)“转移/快速”选项卡：区域之间的“转移类型”设置为“前一平面”；区域内的“转移类型”设置为“直接”。

2. 请完成如图 3-93 所示零件的非切削参数设置。打开本教材素材资源包中的“3-3. prt”文件。

要求：(1)“进刀”选项卡：封闭区域的“直径”设置为“60”；“斜坡角”设置为“3”。“开放区域”的“进刀类型”选择为“圆弧”。

(2)“转移/快速”选项卡：区域之间的“转移类型”设置为“前一平面”；区域内的“转移类型”设置为“直接”。

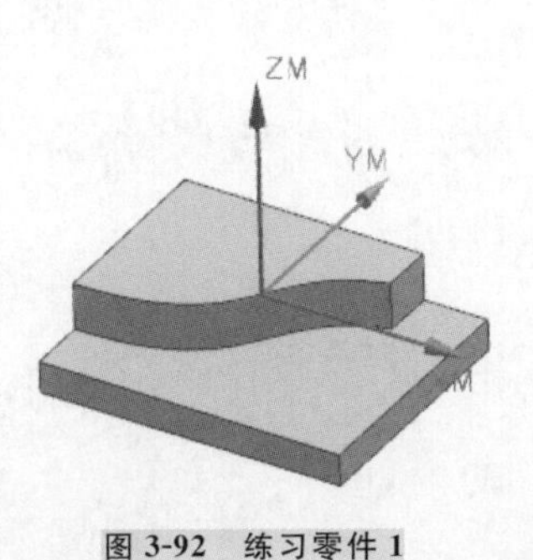

图 3-92 练习零件 1

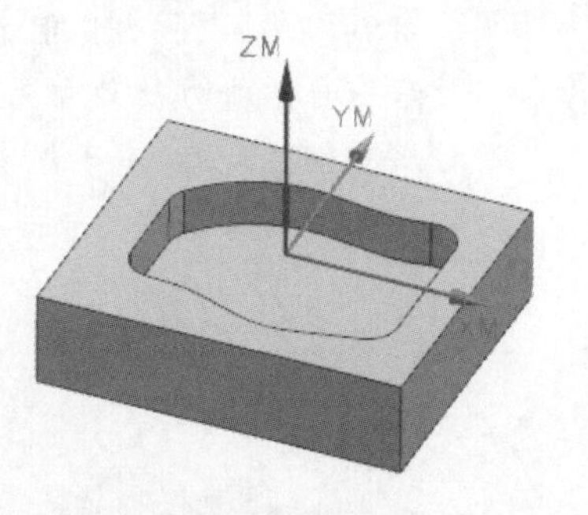

图 3-93 练习零件 2

项目四 平面加工

本项目主要在 UG NX 8.0 CAM 环境下完成如图 4-1 所示零件的数控编程，待加工的目标工件尺寸为 80 mm×80 mm×30 mm，要求用户自行设置毛坯几何体参数。学生通过本项目的学习，可深刻理解平面加工编程的常用命令，并掌握它们的使用方法和技巧，从而掌握一般零件的平面加工编程。

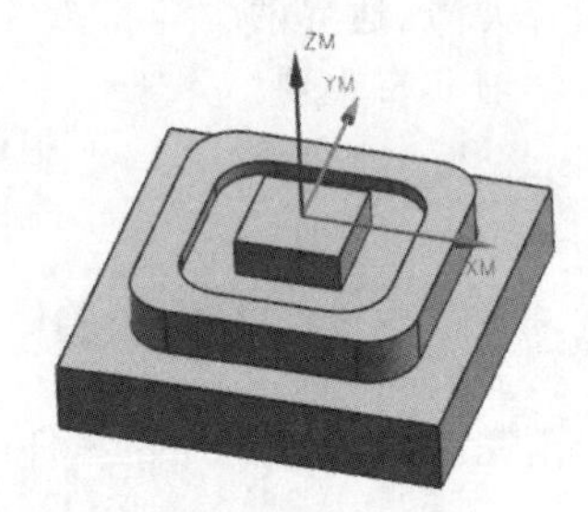

图 4-1 待加工零件

教学目标

【能力目标】

能够运用 UG 软件 CAM 模块中平面加工功能完成零件的平面编程加工。

【知识目标】

掌握 UG 软件 CAM 模块中的平面加工相关操作。

【素质目标】

1. 培养沟通、团队合作能力。
2. 培养自学能力及独立工作能力。
3. 培养细致观察、勤于思考、做事认真的良好作风。
4. 培养文献检索能力。

分析如图 4-1 所示零件可知，在进行零件的平面加工编程过程中，用户必须使用面铣削、平面铣削加工编程等命令。

通过完成本项目，重点培养学生使用 UG 软件平面加工编程功能完成零件平面类型的编程能力，让学生充分掌握平面加工编程功能与命令，同时培养学生思考、解决问题等能力。

工艺分析：从模型的外形来判断，整个模型没有任何曲面和斜面，确定使用 2.5 轴加工的方法，即平面加工。在刀具选择上，通过使用"测量工具"来测量模型，发现型腔部位最大圆角为 $R5$ mm，因此选用 $\phi8$ mm 的平铣刀。加工步骤如图 4-2 所示。

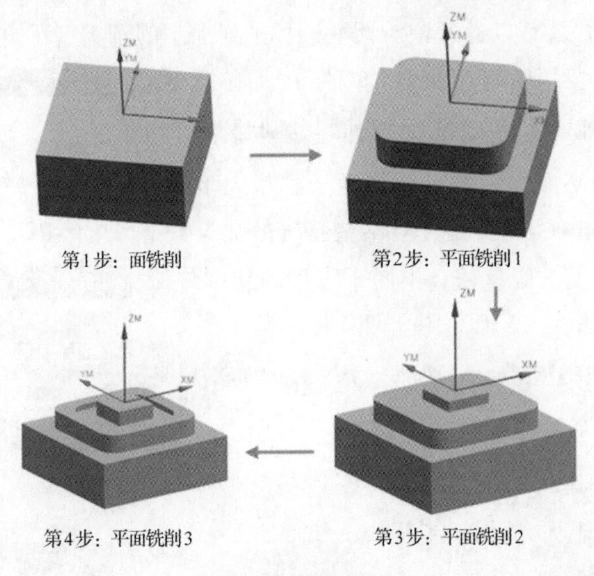

图 4-2　编程加工步骤

本项目涉及的知识包括 UG 软件的面铣削、平面铣削等功能，知识重点是面铣削、平面铣削的编程，知识难点是平面铣削编程。

一　平面加工概述

平面加工主要用于移除工件平面层中的材料。平面加工模板一共有 15 种类型，其中平面铣削加工和面铣削加工是最基本的操作，它们创建的刀轨都是基于平面曲线进行偏移获得的。因此，平面铣削加工和面铣削加工实际上都是基于曲线的二维刀轨。与其他加工软件如 MasterCAM、Cimatron 比较，UG NX 8.0 创建曲线刀轨功能更加强大，更加方便。这些类型的加工操作最常用于粗加工工件，也可用于壁面为直壁、岛屿的顶面和腔体的底面为平面零件的精加工。

平面铣削加工和面铣削加工是 UG NX 8.0 提供的 2.5 轴加工的操作，平面铣削加工通过定义的边界在 *XY* 平面上创建刀轨。面铣削加工是平面铣削加工的特例，它基于平面的边界，在选择了部件几何体的情况下，可以自动防止过切。平面铣削加工和面铣削加工有各自的特点和适用范围。

（一）平面加工操作子类型

如图 4-3 所示，在“插入”工具栏中单击按钮，系统将弹出“创建操作”对话框，在“类型”选项中选择“mill_planar”，系统将在“创建操作”对话框界面内激活平面加工的相关类型，如图 4-4 所示，用户就可以通过该对话框选择平面加工的子类型了。

有关平面加工模板的子类型共有 15 种，在所有操作子类型中，平面铣削是基础操作类型，它基本上能够满足大多数情况的平面加工要求。其他子类型大多由基础操作类型派生出来，主要是针对某些特殊的加工情况预先指定或屏蔽了一些参数。不同子类型的切削方法和加工区域判断各不相同，下面简要介绍各种类型的含义。

图 4-3 “插入”工具栏

图 4-4 “创建操作”对话框 1

（1）面铣削：该类型表示用平面边界来定义切削区域的表面、底面，适用于半精加工和精加工。

（2）表面铣削：这是 UG CAM 基本的切削操作，该类型用于切削实体的表面，适用于半精加工和精加工。

（3）手工面铣削：该类型是面铣削的特殊情况，其“切削模式”默认设置为“手动”，适用于半精加工和精加工。

（4）平面铣削：这是 UG CAM 基本的切削操作，该类型用平面边界定义切削区域，切削到底平面，适用于粗加工和精加工。

（5）平面轮廓铣削：这是默认情况下“切削模式”设置为“轮廓”的平面铣削，常用于铣削外轮廓和修边操作，适合于对侧壁轮廓的精加工。

（6）平面轮廓粗加工：这是默认情况下“切削模式”设置为“跟随部件”的平面铣削，适用于粗加工。

（7）往复粗加工：这是默认情况下“切削模式”设置为“往复”的平面铣削，适用于粗加工。

(8)单向粗加工 :这是默认情况下“切削模式”设置为“单向”的平面铣削,适用于粗加工。

(9)清理拐角 :这是默认情况下“切削模式”设置为“跟随部件”的平面铣削,适用于来自前一操作的 IPW,常用于清理拐角。

(10)精铣侧壁 :这是默认情况下“切削模式”设置为“轮廓”的平面铣削,适用于对侧壁精加工,系统会自动在底平面设定余量。

(11)精铣底面 :这是默认情况下“切削模式”设置为“轮廓”的平面铣削,适用于对底面精加工,系统会自动在侧壁设定余量。

(12)螺纹铣削 :这是铣削螺纹的操作,适用于在底孔上铣螺纹。

(13)文本铣削 :这是用于文字的雕刻加工操作,适用于在平面上雕刻文字。

(14)机床控制 :这是添加相关后处理的操作。

(15)自定义方式 :这是通过自定义参数建立操作。

选择平面加工子类型的主要目的在于将其部分参数默认设为该加工方法最合适的参数,而该部分参数在创建操作时还可以在操作对话框中进行修改。在实际加工中,最常用到的平面加工子类型是平面铣削和面铣削两种操作类型。后面的内容我们将详细介绍这两种类型。

(二)平面铣削的特点

在加工环境对话框中,先在“CAM 会话配置”中选择一种 CAM 配置,然后在“要创建的 CAM 设置”中选择一个 CAM 设置,最后单击“确定”按钮。

平面铣削是一种 2.5 轴的加工方式。在加工过程中,产生在水平方向的 X、Y 两轴联动,而对 Z 轴方向只有在完成对上一层的切削层的加工后,刀具才下降到下一层切削层进行加工。平面铣削的加工对象是边界,平面铣削主要适用于对侧壁垂直而底面或顶面为平面的工件加工,例如型芯和型腔的基准面、台阶平面和底平面;同时也适用于挖槽和外轮廓加工等,如图 4-5 所示的工件。

图 4-5 平面加工零件

平面铣削的特点如下:

(1)X、Y 两轴联动,加工速度相对于其他加工类型都快,刀具轨迹是创建在与 XY 平面平行的零件平面切削层上;刀轴总是沿 Z 轴固定且垂直于 XY 平面;零件侧面平行于刀轴 Z 方向。

(2)刀具轨迹生成速度快,编辑方便,能很好地控制刀具在边界上的位置。

(3)常用刀具是平刀,既适用于粗加工,也适用于精加工。

(4)它采用边界定义刀具切削运动区域,刀具将会一直切削至用户指定的底面。

(5)它既可以用于挖槽加工,也可以用于外轮廓加工。

(三)面铣削的特点

面铣削加工可以看作平面铣削加工的特例,一般用来精加工。面铣削的平面或边界必须垂直于刀具轴,否则加工面上将不能生成刀具轨迹。面铣削适用于多个平面底面的精加工,也可以用于粗加工和侧壁的精加工。所加工的工件侧壁可以是不垂直的,例如复杂型芯和型腔上多个平面的精加工。

面铣削既然可以看作平面铣削的特例,那么两种类型必然有相同之处和不同之处,下面以分析两者关系的方式来介绍面铣削的特点。

1 相同点

(1)因为两者都是基于边界曲线来计算的,所以两种方式的生成速度都很快。

(2)调整灵活,可以方便地调整边界以及边界与刀具之间的位置关系。

(3)两者都属于平面二维刀轨。

2 不同点

(1)面铣削的切削深度是参照定义平面的相对深度,只要设定相对值即可;平面铣削是通过边界和底面的高度差来定义切削深度的。

(2)面铣削可以选择实体、片体或边界作为毛坯几何体和检查几何体;平面铣削只能选择边界作为毛坯几何体和检查几何体。

(3)面铣削不用定义底面,因为选择的平面就是底面;平面铣削必须定义底面。

(四)平面铣削的操作界面

在如图 4-4 所示的"创建操作"对话框中,在"操作子类型"选项组中选择"平面铣削"按钮,系统将弹出"平面铣"对话框,如图 4-6 所示。它由八个选项组构成,分别是"几何体"、"刀具"、"刀轴"、"刀轨设置"、"机床控制"、"程序"、"选项"和"操作",其他子类型具有相同或者相似的操作对话框。

(五)面铣削的操作界面

在如图 4-4 所示的"创建操作"对话框中,在"操作子类型"选项组中选择"面铣削"按钮,系统将弹出"平面铣"对话框,如图 4-7 所示。它由八个选项组构成,分别是"几何体"、"刀具"、"刀轴"、"刀轨设置"、"机床控制"、"程序"、"选项"和"操作"。

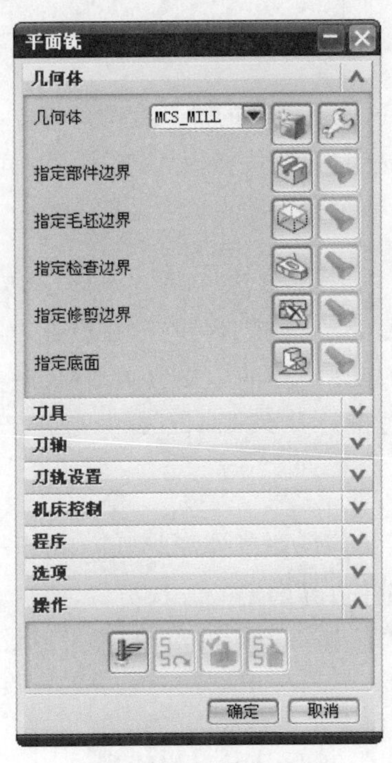

图 4-6 “平面铣”对话框 1

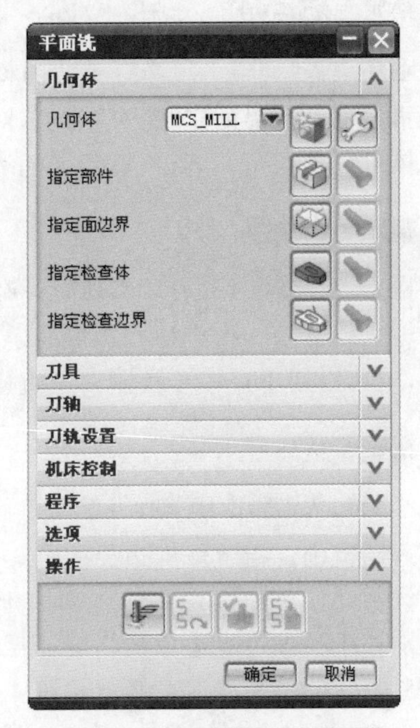

图 4-7 “平面铣”对话框(面铣销)

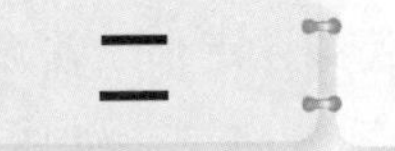

二 平面铣几何体

用户应用平面铣削操作进行编程时，其刀路是由边界几何体所限制的，几何体边界主要用于计算刀位轨迹，定义刀具运动的范围，它以底平面控制刀具切削的深度。

(一)几何体类型

在加工环境对话框中，先在“CAM 会话配置”中选择一种 CAM 配置，然后在“要创建的 CAM 设置”中选择一个 CAM 设置，最后单击“确定”按钮。

在“平面铣”对话框中有五种几何体边界，分别是“指定部件边界”、“指定毛坯边界”、“指定检查边界”、“指定修剪边界”和“指定底面”。用户可以通过按钮来显示或关闭边界。单击相应边界按钮，进入该类型边界的“编辑边界”对话框，就可以定义几何体边界。

1 指定部件边界

指定部件边界是必须定义的，主要用于定义加工完成后的工件形状。对于平面铣削，只能选择边界，可为开放边界，也可为封闭边界，有四种定义模式，分别是“面”、“曲线/边”、“边界”和“点”，这几种模式在项目三中已经有介绍，这里就不再赘述。

2 指定毛坯边界

指定毛坯边界用于定义将被切削材料的范围，控制刀轨的加工范围。指定毛坯边界的定义和指定部件边界的定义方法类似，对于平面铣削，只能选择边界，且必须是封闭边界。毛坯几何体可以不被定义，若没有定义毛坯几何体，系统会自动生成合适的毛坯。

3 指定检查边界

指定检查边界用于定义刀具需要避让的位置，例如压铁、虎钳等，在检查边界区域内是不产生刀具轨迹的。指定检查边界的定义和指定毛坯边界的定义方法类似，而且必须是封闭边界，也可以用于进一步控制刀位轨迹的加工范围。对于平面铣削，只能是边界。

4 指定修剪边界

指定修剪边界用于修剪刀位轨迹，去除修剪边界内侧或外侧的刀轨，可以进一步控制刀具的运动范围。指定修剪边界的定义和指定部件边界的定义方法类似，而且必须是封闭边界。修剪几何体和检查几何体都用于更好地控制加工刀轨的范围，都可以设定余量。它们的区别在于检查边界避免被切削，需要计算刀轨，且要考虑到检查边界的深度；而修剪边界只是对刀轨的单纯修剪。修剪几何体可以不被定义。

5 指定底面

指定底面用来定义最深的切削面，只用于平面铣削操作，且必须被定义，如果没有定义底面，平面铣削将无法计算切削深度。底面可以利用平面构造器设定加工深度，也可以直接选择被加工零件的曲面。当用户单击"指定底面"按钮后，系统将弹出如图 4-8 所示的"平面"对话框，它允许用户使用点、曲线、面和基准平面等几何对象定义底平面，也可以使用坐标平面 *XC-YC*、*YC-ZC*、*XC-ZC* 或者输入坐标值来定义底平面。

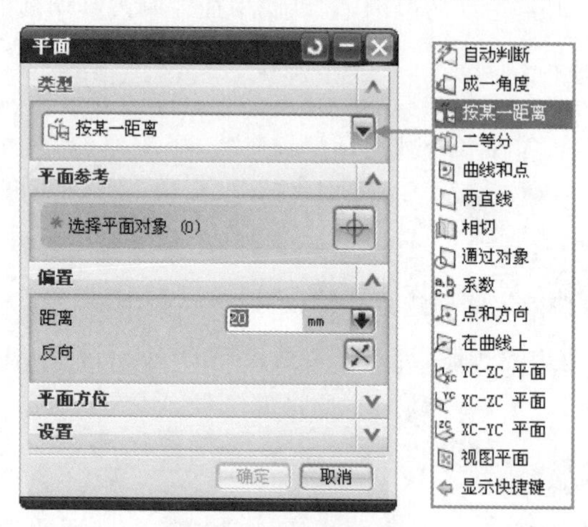

图 4-8 "平面"对话框 1

（二）创建几何体

掌握几何体边界的创建是应用 UG 软件进行编程的重要内容，平面铣削操作创建几何体的步骤如下：

(1)首先,用户在如图 4-6 所示的“平面铣”对话框中单击“几何体”选项的“新建”按钮,系统弹出“新几何体”对话框,如图 4-9 所示。

(2)在“类型”选项的下拉列表中选择“mill_planar”,在“几何体子类型”中单击“MILL_BND”按钮,在“位置”选项组的“Geometry”下拉列表中选择“GEOMETRY”,在“名称”文本框中输入新几何体名称“MCS”,单击“确定”按钮,此时系统弹出“MCS”对话框,如图 4-10 所示。在“MCS”对话框中列出了可以创建的几何体对象。

图 4-9 “新几何体”对话框 1

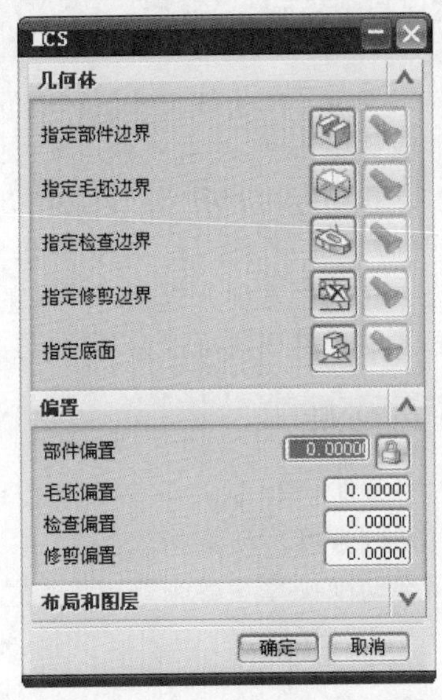

图 4-10 “MCS”对话框 1

(3)当用户创建好新的几何体后,若需要修改,可以单击“平面铣”对话框中的“编辑”按钮,系统会弹出“MCS”对话框,用户可以在该对话框中对之前设定的几何体边界进行修改。

(4)在“MCS”对话框中单击“确定”按钮,返回“平面铣”对话框,进行平面铣削加工其他参数的设置。

以上就是创建新几何体的方法。但是在实际应用中,用户不一定需要创建新的几何体,而只需要针对不同的几何体类型进行指定即可。指定几何体的方法是:用户在如图 4-6 所示的“平面铣”对话框中选择“几何体”选项组中,通过单击“指定部件边界”按钮、“指定毛坯边界”按钮、“指定检查边界”按钮、“指定修剪边界”按钮和“指定底面”按钮来直接指定相应的参数。

(三)边界几何体

在平面铣削操作中,通过不同的边界操作可以定义刀具切削运动的区域。切削加工区域可以通过单个边界或者多个边界的组合来定义。平面铣削中各种边界的定义包括部件边界、毛坯边界、检查边界和修剪边界,其选择方法都是一样的,这部分内容在项目三已经详细介绍,这里就不再赘述。

三 平面铣的主要参数设置

用户要领会平面铣加工编程，关键在于领会平面铣操作的主要参数设置，平面铣操作的主要参数包括切削模式、切削层、切削参数设置三部分内容。

（一）切削模式

切削模式确定了用于加工切削区域的刀轨模式，不同的切削模式可以生成不同的刀具路径。在平面铣操作中，共有八种切削方式控制加工切削区域的刀位轨迹形式。其中往复切削、单向切削、单向轮廓切削三种切削方式产生平行刀位轨迹；跟随周边切削、跟随部件切削和摆线切削产生同心的刀位轨迹；轮廓切削和标准驱动切削只沿着切削区域轮廓产生一条刀位轨迹。前六种切削方式用于区域的切削，后两种切削方式用于轮廓或者外形的切削。各种切削方式的具体用法可以参考项目二，这里不再赘述。

（二）切削层

在平面铣加工过程中，一般需要进行多层切削，为此系统提供了“切削层”选项，主要用来设置刀具切削深度。所谓切削深度，是指以岛屿顶面、底面、平面或者输入的值来定义，用来确定多深度切削操作中每个切削操作层的吃刀量。显然，只有当刀轴垂直于底面，或者工件边界平行于工件平面时，切削深度输入值才有效；否则，系统只是在底平面上创建加工刀轨。

“切削层”选项位于“平面铣”对话框的“刀轨设置”选项组中，如图 4-11 所示。用户单击“切削层”按钮，系统将弹出“切削层”对话框，如图 4-12 所示。

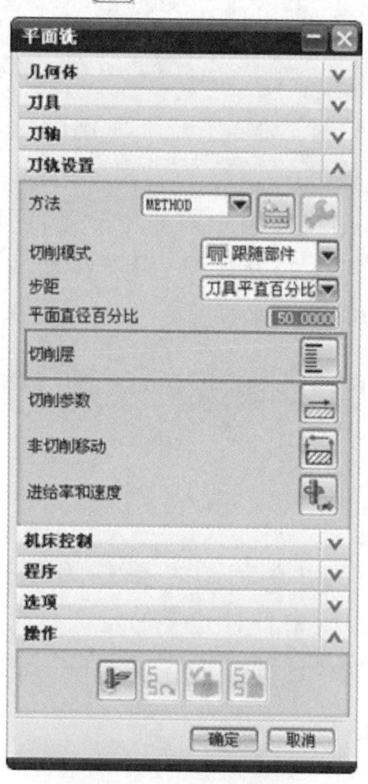

图 4-11 “切削层”选项

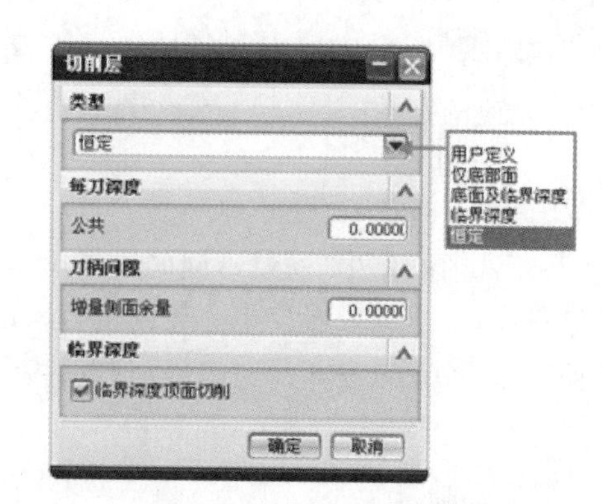

图 4-12 “切削层”对话框 1

1 类型

“类型”下拉列表用于定义切削深度的方式，选择不同的方式，需要输入的参数不同，但无论选择哪一种方式，在底面总可以产生一个切削层。

(1)用户定义

“用户定义”允许用户定义切削深度。选择该选项时，对话框下部所有参数选项全部被激活，可以在对应的文本框中输入数值，如图 4-13 所示。根据实际情况，可以分别设定“公共”、“最小值”、“离顶面的距离”和“离底面的距离”参数值。当然用户也可以仅设定“公共”参数值，并且必须至少设置此项。这是一种最常用的深度定义方法。

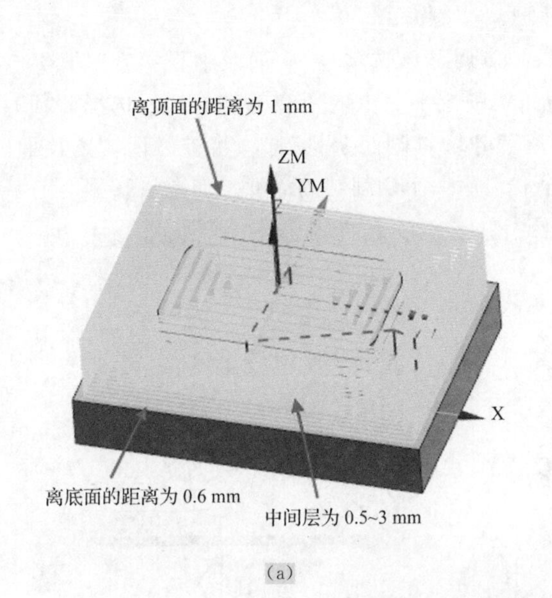

(a)

(b)

图 4-13 “用户定义”类型切削层

当各个参数都设定了数值时，系统在确定切削层深度时会首先确保第一个切削层的深度为“离顶面的距离”值、最后一个切削层的深度为“离底面的距离”值。在每一个部件边界平面之间进行均分，使得每一个切削层的实际深度不得大于所设定的“公共”值和小于所设定的“最小值”。如果无法均分，则增加切削层的次数，以确保实际的切削层深度处于指定的范围内。

(2)仅底部面

“仅底部面”在底面创建唯一的切削层，系统只产生一个在底面上的刀轨。选择该项时，对话框下面全部参数选项不被激活。如图 4-14 所示。

(3)底面及临界深度

“底面及临界深度”在底面和岛屿顶面创建切削层，岛屿顶面切削层不会超出创建的岛屿边界。选择该项时，对话框下部的所有参数均不被激活。如图 4-15 所示。

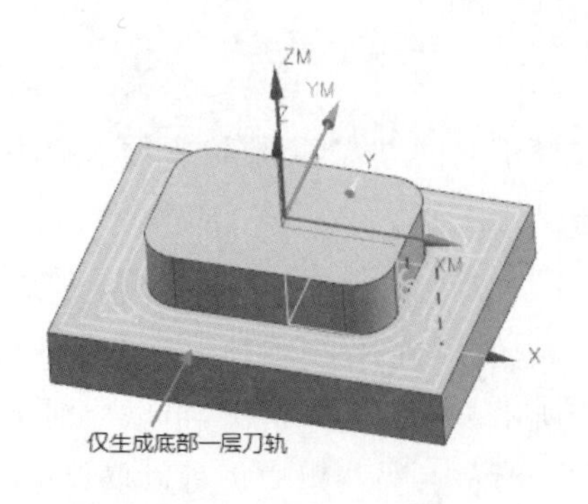

图 4-14 “仅底部面”类型切削层

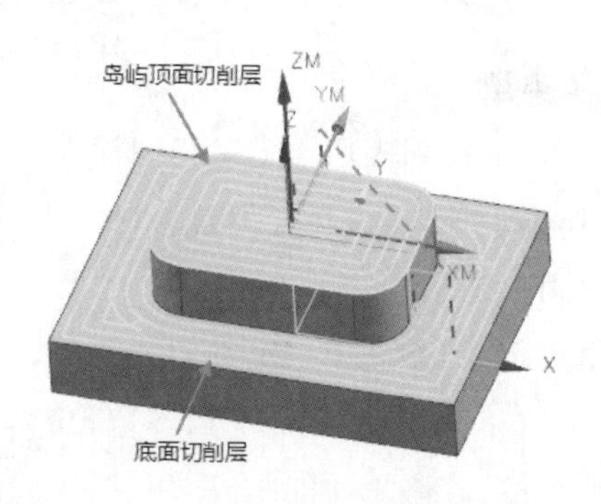

图 4-15 “底面及临界深度”类型切削层

(4)临界深度

“临界深度”在岛屿的顶面创建一个平面切削层,该选项与“底面及临界深度”的区别在于所生成的切削层的刀轨将完全切除岛屿顶面切削层平面上的所有毛坯材料。选择此项时,对话框下部的“离顶面的距离”、“离底面的距离”和“增量侧面余量”选项将被激活,“离顶面的距离”和“离底面的距离”分别用于定义第一个和最后一个切削层的深度。如图 4-16 所示。

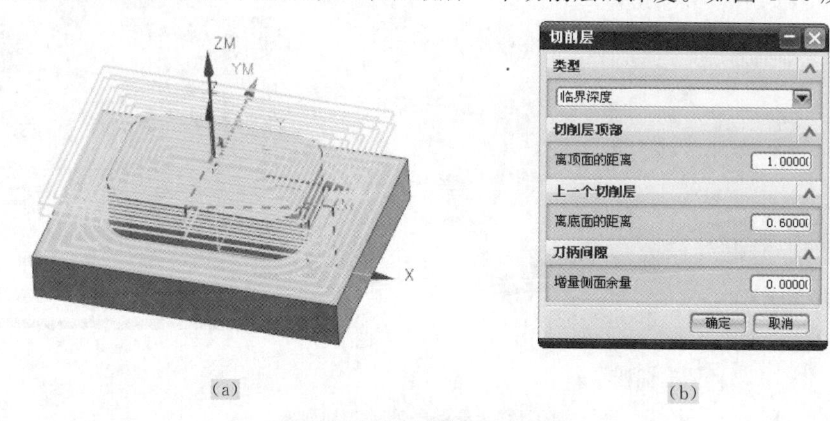

图 4-16 “临界深度”类型切削层

(5)恒定

“恒定”指定一个固定的深度值来产生多个切削层。用户设定“公共”值定义切削层的深度,系统将对整个切削深度进行均分,使每一个切削层的深度均等于设定的“公共”值。选择该选项时,对话框下面的“临界深度顶面切削”选项被激活。如图 4-17 所示。

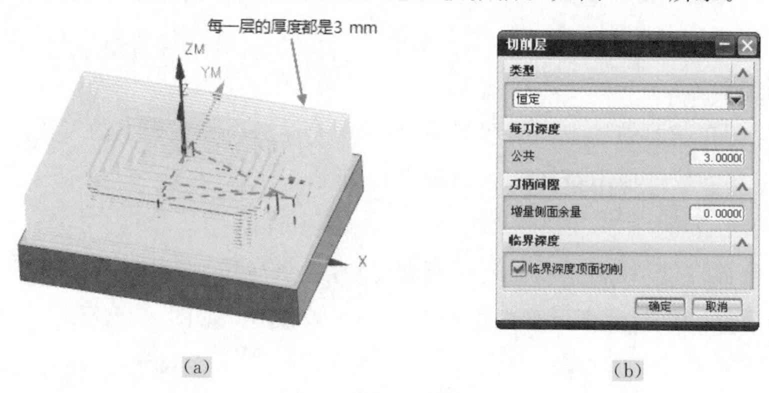

图 4-17 “恒定”类型切削层

② 其他参数

在“切削层”对话框中，选择“类型”不同的选项，一些附加参数将被激活，这些被激活的参数含义如下：

(1)公共

“公共”用于定义“离顶面的距离”和“离底面的距离”切削层之外最大可能的切削层深度。

(2)最小值

“最小值”用于定义“离顶面的距离”和“离底面的距离”切削层之外最小可能的切削层深度。

(3)离顶面的距离

“离顶面的距离”用来设定第一个切削层的深度，该深度从毛坯边界(或部件边界)平面开始测量。

(4)离底面的距离

“离底面的距离”用来设定在底面最后一个切削层的深度，该深度从底面平面开始测量。如果“离底面的距离”大于0，系统至少创建两个切削层，一个层在底平面之上的“离底面的距离”高度平面处，另一个在底平面上，也就是说系统生成了两层刀轨。

(5)临界深度顶面切削

“临界深度顶面切削”用来控制是否增加切削岛屿顶面的刀轨。由于切削层深度无法位于岛屿的顶面，所以在岛屿顶面会留下过多的残留材料，因此激活该选项是很有必要的。

(6)增量侧面余量

“增量侧面余量”用来在进行多切削层粗加工时为每一个切削层设定一个递增的侧面余量。该选项用于在进行多层平面铣操作时，为每一个后续切削层增加一个侧面余量值。增加侧面余量值可以保持刀具与侧面间的安全距离，改善刀具在深层切削时的侧面受力状态。

③ 刀轨设置

平面铣操作的刀轨参数设置一般是在“平面铣”对话框的“刀轨设置”选项组，如图4-18所示。当中大部分参数在前面项目中已经详细介绍，用户可以参考前面的内容。

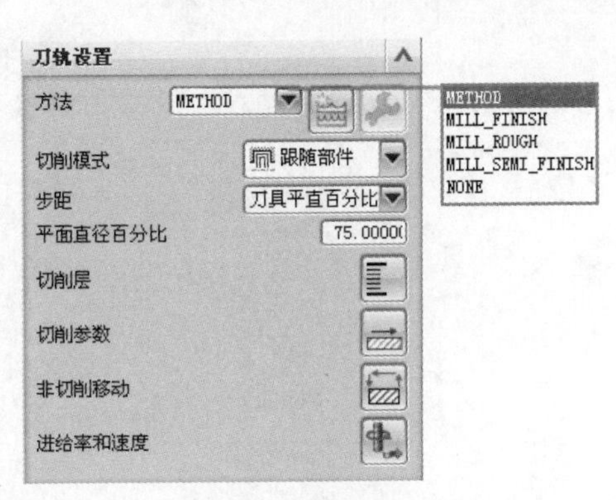

图4-18 “刀轨设置”选项组

“方法”选项用于允许用户选择加工方法，系统默认提供有五种加工方法，分别是“METHOD”、“MILL_FINISH”、“MILL_ROUGH”、“MILL_SEMI_FINISH”和“NONE”；若用户想新建方法，可以单击一旁的“新建”按钮，系统会弹出“新建方法”对话框，如图4-19所示；若要对加工方法进行编辑，在“方法”选项中选择待编辑方法，然后单击一旁的“编辑”按钮，系统会弹出“铣削方法”对话框，如图4-20所示。有关新建加工方法、编辑加工方法的参数设置请参考项目二。

图 4-19 “新建方法”对话框

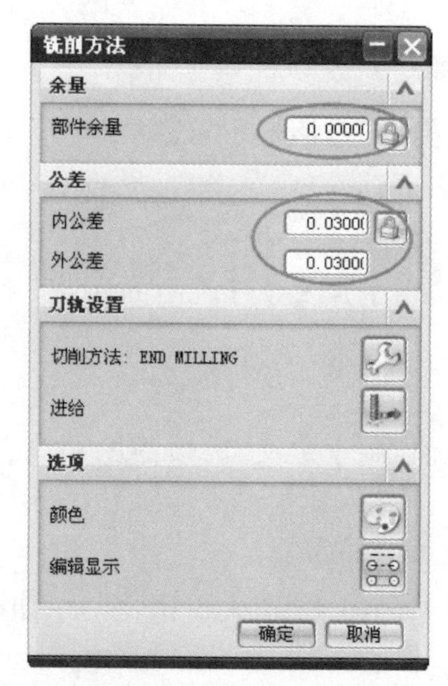

图 4-20 “铣削方法”对话框

(三)切削参数

当用户单击“切削参数”按钮时，系统将弹出“切削参数”对话框，该对话框包括六个选项卡。选择的切削模式不同，相应的切削参数也不相同，用户可以通过“切削参数”对话框设置刀轨中与切削移动有关的各种参数，包括切削顺序、切削方向、切削角度和余量等。当“切削模式”选择为“跟随部件”时，“策略”选项卡如图 4-21 所示，“余量”选项卡如图 4-22 所示，“拐角”选项卡如图 4-23 所示，“连接”选项卡如图 4-24 所示，“空间范围”选项卡如图 4-25 所示，“更多”选项卡如图 4-26 所示。“切削参数”对话框的各种选项卡中具体参数的用法在项目三中有非常详细的介绍。

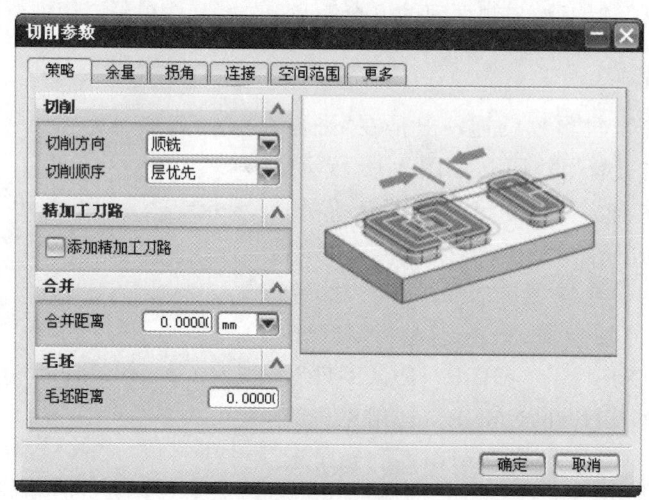

图 4-21 “策略”选项卡

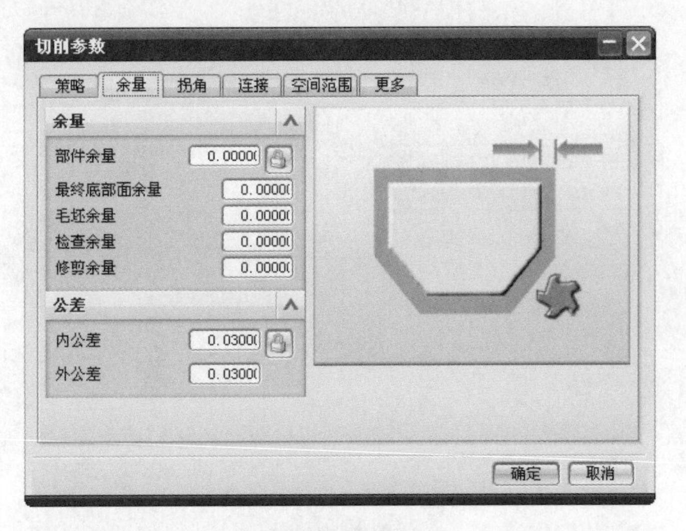

图 4-22 “余量”选项卡

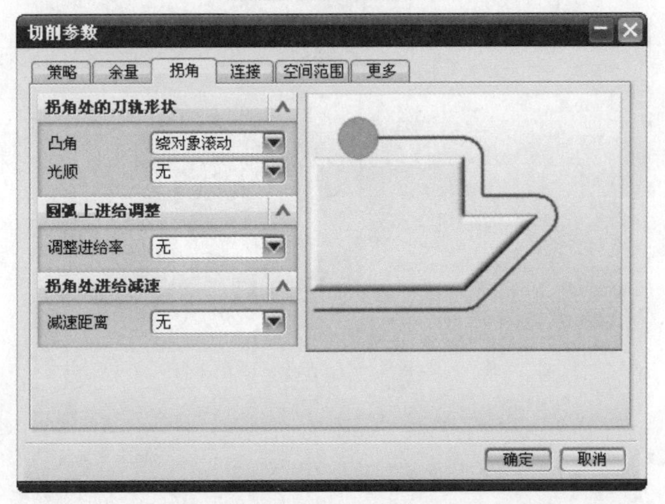

图 4-23 “拐角”选项卡

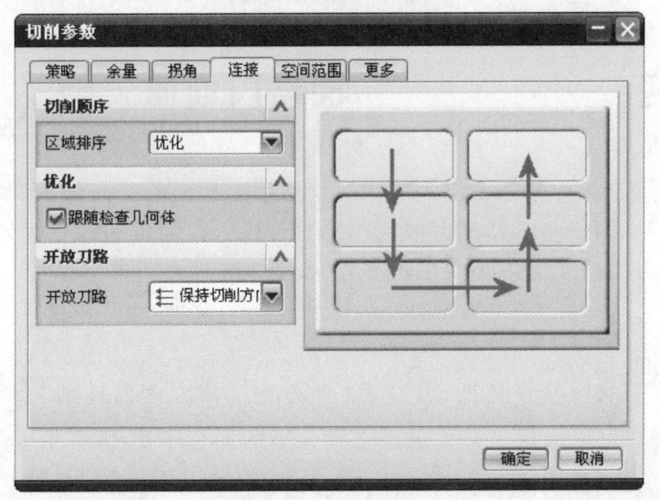

图 4-24 “连接”选项卡

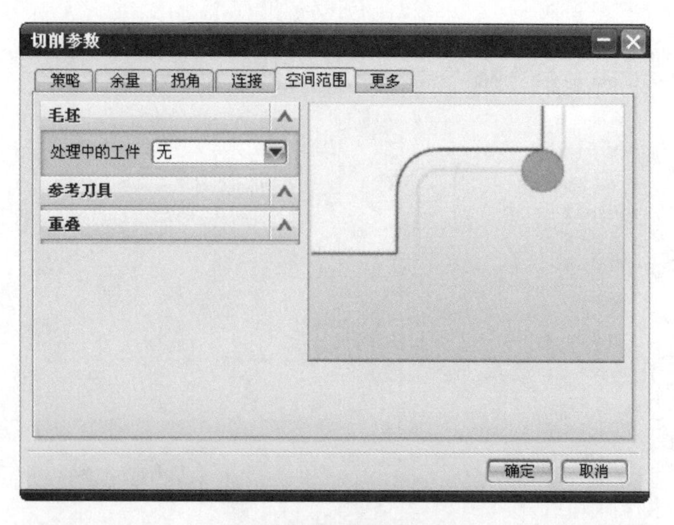

图 4-25 “空间范围”选项卡

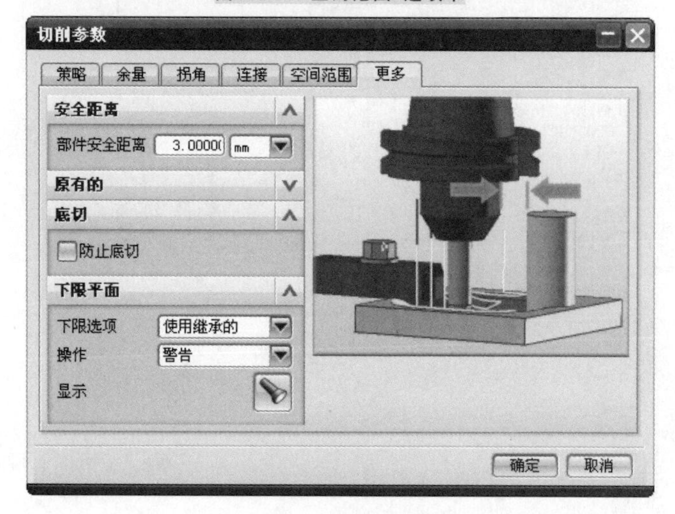

图 4-26 “更多”选项卡

四 面铣几何体

面铣在编程过程中，首先要指定几何体。这种加工类型的几何体一共有六种类型，分别为部件几何体、指定面几何体、切削区域、壁几何体、检查几何体和检查边界。选取不同的面铣削加工子类型，可用的几何体类型也不尽相同。

（一）几何体类型

面铣削加工有三种操作子类型，分别为“面铣削”、“表面铣削”和“手工面铣削”。在加工时，用户可以根据工艺要求来选择合理的加工子类型。当用户选择加工子类型为“面铣削”时，加工几何体显示为部件几何体、切削区域、壁几何体和检查几何体四种类型，如图 4-27 所示；当选择“表面铣削”类型时，加工几何体显示为部件几何体、指定面几何体、检查几何体和检查边界四种类型，如图 4-28 所示；当选择“手工面铣削” 时，加工几何体显示为部件几何体、切削区域、壁几何体和检查几何体四种类型，如图 4-29 所示。

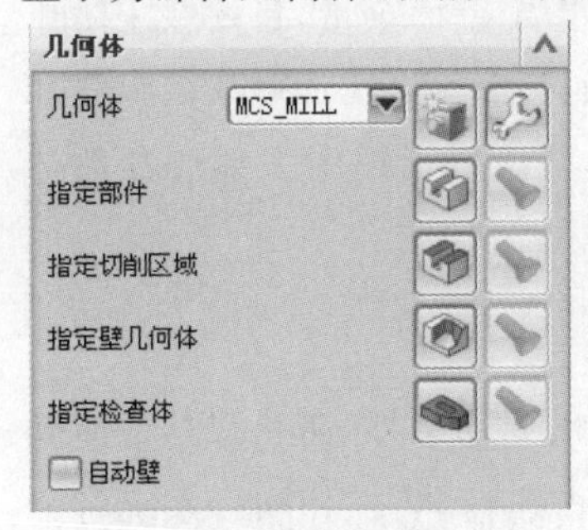

图 4-27 “面铣削”加工子类型几何体

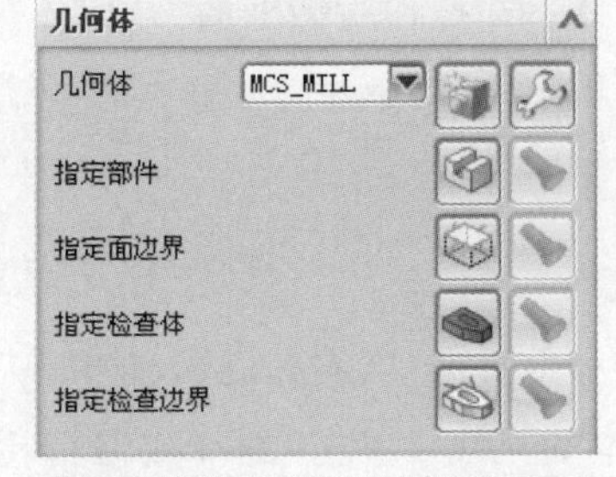

图 4-28 “表面铣削”加工子类型几何体

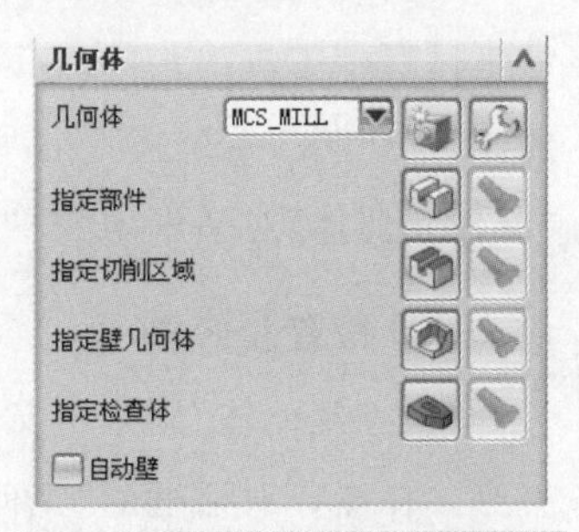

图 4-29 “手工面铣削”加工子类型几何体

1 部件几何体

“部件几何体”用于选择被加工的零件模型，也是铣削加工的最终产品。在操作对话框的“几何体”选项中，单击“选择或编辑部件几何体”按钮，系统将弹出“部件几何体”对话框，如图 4-30 所示。对话框内各个参数说明见表 4-1。

表 4-1 “部件几何体”对话框参数说明

选项	参数说明
名称	输入已经选择的几何体名称
操作模式	选择操作的模式，分别为“附加”和“编辑”
过滤方法	设置选择几何体的类型，分别为“体”、“更多”等
全选	选择过滤类型几何体的所有对象
移除	移除显示的几何体类型
全部重选	移除所有选择的几何体，用户可以进行重新选择

2 切削区域

“切削区域”用来定义工件几何体上加工的部分。在操作对话框的“几何体”选项中，单击“选择或编辑切削区域几何体”按钮，系统将弹出“切削区域”对话框，如图 4-31 所示。该对话框中大部分参数与“部件几何体”对话框中的参数相同。

图 4-30 “部件几何体”对话框

图 4-31 “切削区域”对话框

③ 壁几何体

“壁几何体”用来设置工件或切削区域的壁面位置，并为它指定壁面余量，目的在于防止加工过程中刀具损伤壁面几何体。在操作对话框的“几何体”选项中，单击“选择或编辑壁几何体”按钮，系统将弹出“壁几何体”对话框，如图 4-32 所示。该对话框中大部分参数与“部件几何体”对话框中的参数相同。

④ 检查几何体

“检查几何体”用来定义表示工装夹具（例如虎钳、垫块等）的封闭边界，防止刀具碰撞到夹具。在操作对话框的“几何体”选项中，单击“选择或编辑检查几何体”按钮，系统将弹出“检查几何体”对话框，如图 4-33 所示。该对话框中大部分参数与“部件几何体”对话框中的参数相同。

图 4-32 “壁几何体”对话框

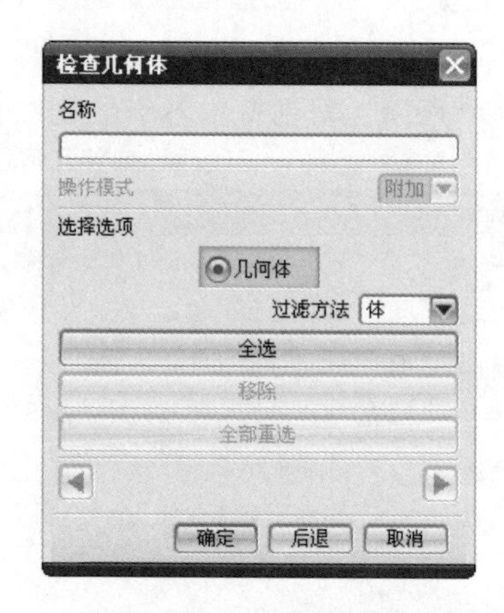

图 4-33 “检查几何体”对话框

（二）指定面几何体

“指定面几何体”用于指定面几何体上需要加工平面的位置，这种类型的几何体是当操作子类型为面铣削或手动面铣削时才被激活。在操作对话框的“几何体”选项中，单击“选择或编辑指定面几何体”按钮，系统将弹出“指定面几何体”对话框，如图 4-34 所示。

（三）检查边界

“检查边界”同“检查几何体”，都是用来定义表示工装夹具封闭边界的，因此，检查边界应与刀具边缘相切，边界的方向表示材料在其内还是在其外，检查边界的法向必须和刀轴平行。在操作对话框的“几何体”选项中，单击“选择或编辑检查边界”按钮，系统将弹出“检查边界”对话框，如图 4-35 所示。

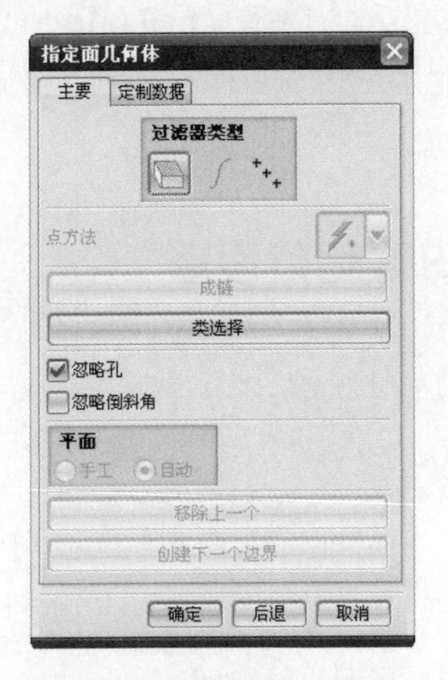

图 4-34 “指定面几何体”对话框

图 4-35 “检查边界”对话框

(四)几何体的创建

面铣削操作与平面铣削操作在创建几何体的步骤上基本相同,只是系统弹出的对话框有所差别,而且面铣削是不需要设置“指定底面”。为了避免用户将面铣削与平面铣削创建几何体发生混淆,现将面铣削操作创建几何体的步骤说明如下:

(1)首先,用户在如图 4-7 所示的“面铣削”对话框,单击“几何体”选项的“新建”按钮,系统弹出“新几何体”对话框,如图 4-36 所示。

(2)在“类型”选项的下拉列表中选择“mill_planar”,在“几何体子类型”中单击“MILL_AREA”按钮,在“位置”选项组的“Geometry”下拉列表中选择“GEOMETRY”,在“名称”文本框中输入新几何体名称,单击“确定”按钮,此时系统弹出“MCS”对话框,如图 4-37 所示。在“MCS”对话框中列出了可以创建的几何体对象。

图 4-36 “新几何体”对话框 2

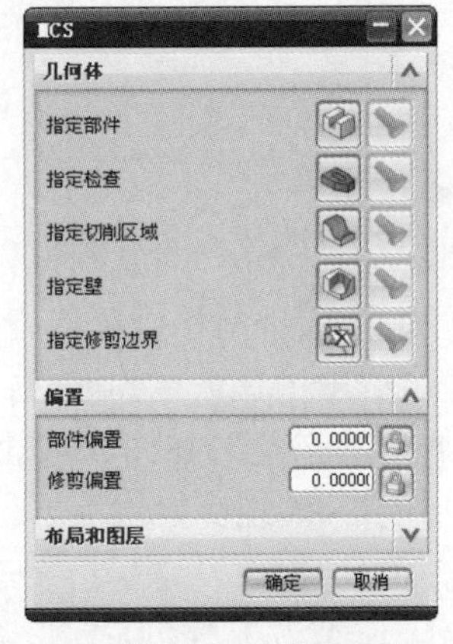

图 4-37 “MCS”对话框 2

(3)当用户创建好新的几何体后,若需要修改,可以单击“面铣削”对话框的“编辑”按钮,系统会弹出“MCS”对话框,用户可以在该对话框中对之前设定的几何体边界进行修改。

(4)在“MCS”对话框中单击“确定”按钮,返回“面铣削”对话框,进行面铣削加工其他参数的设置。

五 面铣的主要参数设置

面铣的主要参数设置包括切削模式的设置、切削层的定义以及刀轨的设置。

(一)切削模式

面铣削有多种切削模式,如图 4-38 所示,当中大部分的切削模式都已经在项目三做了详细介绍,下面对面铣削所特有的“混合”切削模式进行介绍。

用户在“面铣削”对话框的“刀轨设置”选项组“切削模式”下拉列表中,选择“混合”类型。在其他加工参数设置完毕后,在“操作”选项组中单击“生成”按钮,系统会弹出“区域切削模式”对话框,如图 4-39 所示。这种切削模式允许用户可以为每个切削区域指定切削模式。

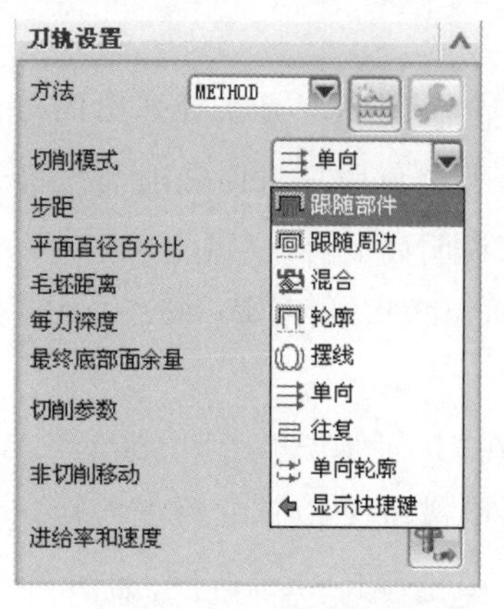

图 4-38 “面铣削”的切削模式

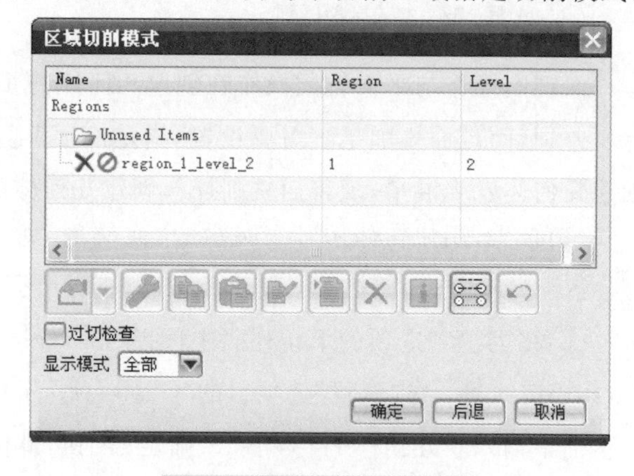

图 4-39 “区域切削模式”对话框

(二)分层切削

1 参数含义

在“切削层”的设置上,面铣削操作与平面铣削操作不同。面铣削操作没有平面铣削操作所特有的“切削层”,而是在“刀轨设置”选项组中多了三个参数,分别是“毛坯距离”、“每刀深度”和“最终底部面余量”,如图 4-40 所示。这三个参数的作用就是定义切削层,实现分层切削。

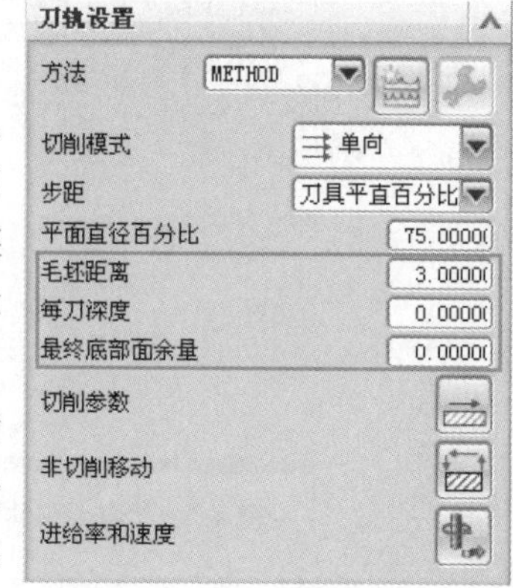

图 4-40 面铣削分层切削定义参数

(1)“毛坯距离”用来设定一层覆盖在切削区域表面的材料厚度,该距离值是沿刀轴方向、从切削区域平面开始测量的,它定义了当前刀具需要切削的最大可能的材料厚度。在实际加工中,如果在切削区域表面存在毛坯材料,当需要切除这层材料时，用户可以根据实际情况来定义“毛坯距离”。

(2)“每刀深度”用来设定每一个切削层的深度，在实际编写刀轨时，该参数值不应超过当前刀具可允许切削的最大切削深度。系统将使用此参数去均分由“毛坯距离”定义的切削量，以确定切削层的数量。若数值为0，则系统只会在切削区域平面产生一个切削层刀轨。

(3)“最终底部面余量”用来设定当完成加工后留在切削区域表面的残留材料厚度，它是沿刀轴方向、从切削区域平面开始测量的距离。如果当前刀轨是用于半精加工，用户就需要设定一个大于0的值，以留下合理的余量。

2 切削层计算

如何计算切削层的深度呢？例如在加工中，设定毛坯距离 $H=2$ mm，每刀深度 $a_p=0.5$ mm，最终底部面余量 $f=0.1$ mm，求实际切削层数 M 和每刀实际切削深度 X。

首先可求得实际切削厚度

$$h=2-0.1=1.9$$

则切削层数 $N=1.9\div0.5=3.8$，其中商的整数部分为3，小数部分为0.8，因为无法整除，所以系统将计算“商的整数部分+1”作为切削层数 M，即 $M=3+1=4$，所以每刀实际切削深度 $X=1.9\div4=0.475$。

两种情况计算如下：

第一种情况，如果实际切削厚度能够整除每刀深度 a_p，则

$$h=H-f, h\div a_p=N$$

结果为

$$M=N, X=a_p$$

第二种情况，如果实际切削厚度无法整除每刀深度 a_p，则

$$h=H-f, h\div a_p=N$$

结果为

$$M=N\text{ 整数部分}+1, X=h\div M$$

六 刀轨设置

面铣削的刀轨设置有很多参数与平面铣削参数基本相同。下面介绍面铣削操作特有的参数。

(一)毛坯延展

用户在“面铣削”对话框的“刀轨设置”选项组中单击“切削参数”按钮，弹出“切削参数”对话框。在该对话框的“策略”选项卡的“毛坯”选项组有“毛坯延展”参数，该参数用于控制刀具前沿切出平面边界的距离。如图4-41所示。

(二)防止底切

在“策略”选项卡的“底切”选项组中选择“防止底切”复选框，该选项用于控制切削过程

中加工底部时，防止顶部切削过的位置发生过切，系统会自动进行过切检查，如图 4-42 所示。

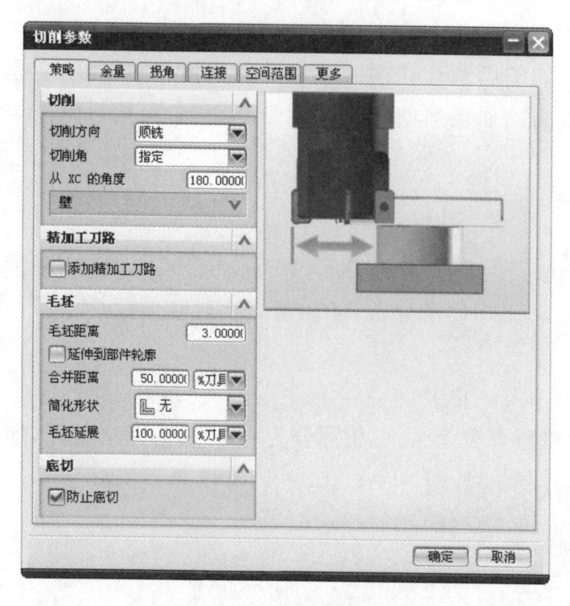

图 4-41 “毛坯延展”参数设置

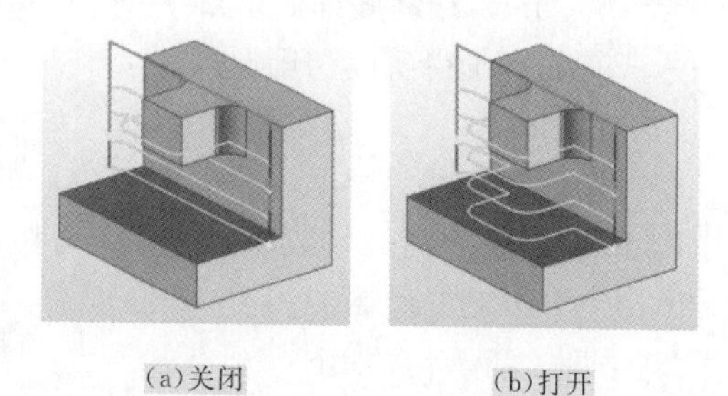

(a)关闭　　(b)打开

图 4-42 “防止底切”参数设置

(三)壁余量

在面铣削操作中，余量的设置基本与其他铣操作相同，但是面铣削有“壁余量”和“最终底部面余量”两个参数，如图 4-43 所示。“壁余量”用于定义被加工零件侧壁的余量；“最终底部面余量”用于定义被加工零件的底部面余量。

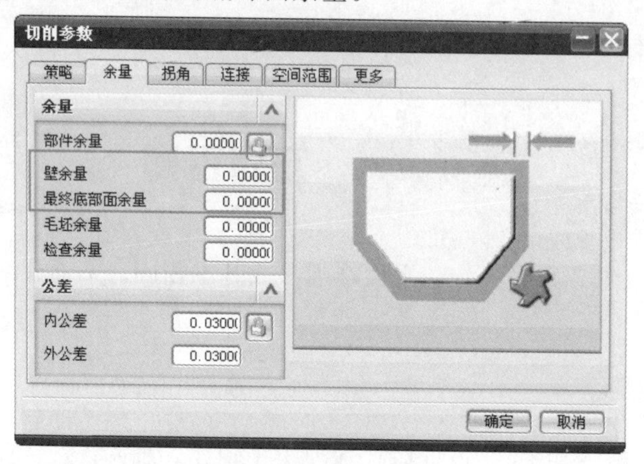

图 4-43 “余量”参数设置

项目实施

零件平面加工编程步骤如下：

① 设置初始化加工环境

(1)打开模型文件

启动 UG NX 8.0,单击“标准”工具栏上的“打开”按钮,弹出“打开”对话框,如图 4-44 所示,选择本教材素材资源包中的“4-1.prt”文件,单击“OK”按钮。

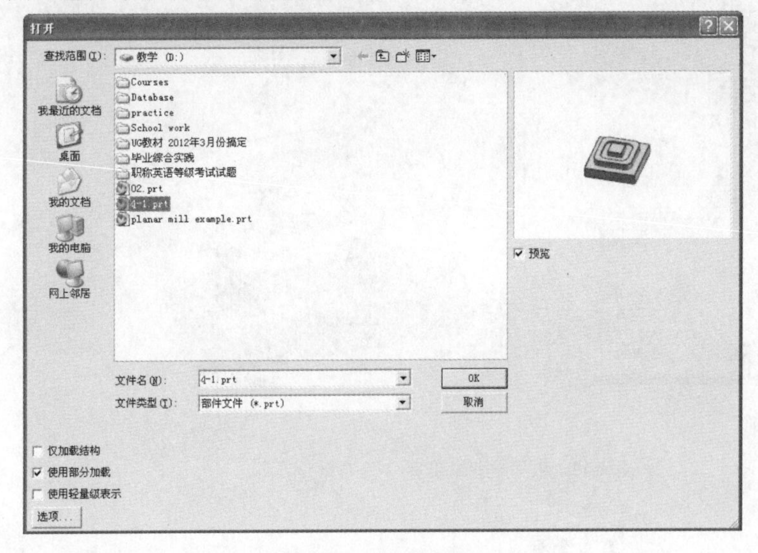

图 4-44 “打开”对话框

(2)进入加工模块

①初始化加工环境。单击“开始”按钮 开始 下拉列表中的“加工”命令,弹出“加工环境”对话框,如图 4-45 所示。由于该工件只需要用到二维加工,所以在设置“要创建的 CAM 设置”下拉列表框中选择“mill_planar”作为操作模板,单击“确定”按钮,进入加工环境。

②设定操作导航器。单击界面左侧资源条中的“操作导航器”按钮,打开操作导航器,在操作导航器中单击鼠标右键,在弹出的快捷菜单中单击“几何视图”命令,则操作导航器如图 4-46 所示。

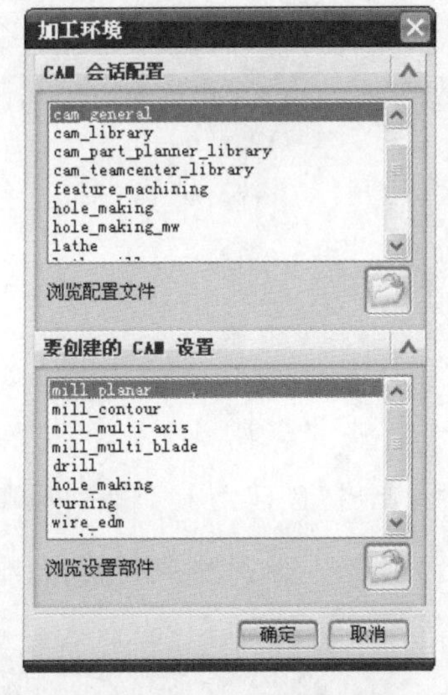

图 4-45 “加工环境”对话框

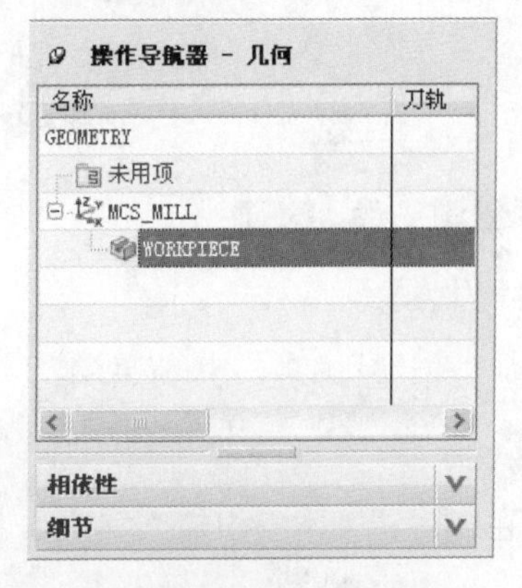

图 4-46 操作导航器几何视图

③设定坐标系和安全高度。在操作导航器中，双击坐标系 MCS_MILL，弹出“Mill Orient”对话框，如图 4-47 所示，单击模型的上表面；选择“安全设置选项”中的“平面”，单击模型的上表面，如图 4-48 所示，在“距离”文本框中输入“50”，即安全高度为 Z50，单击“确定”按钮。

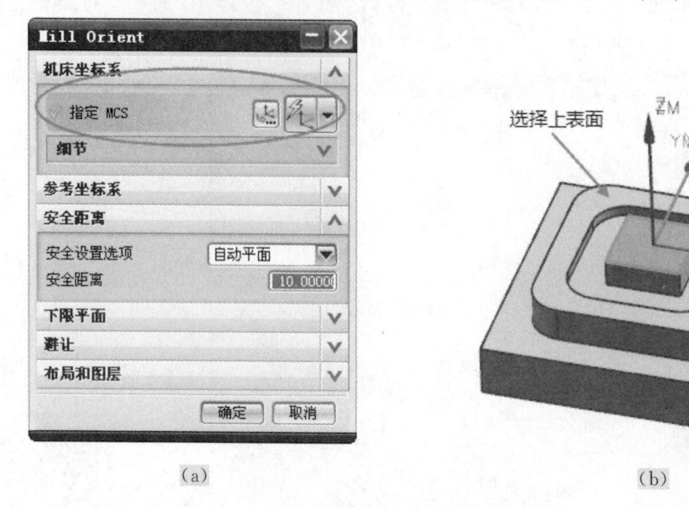

(a)　　　　(b)

图 4-47　机床坐标系设置

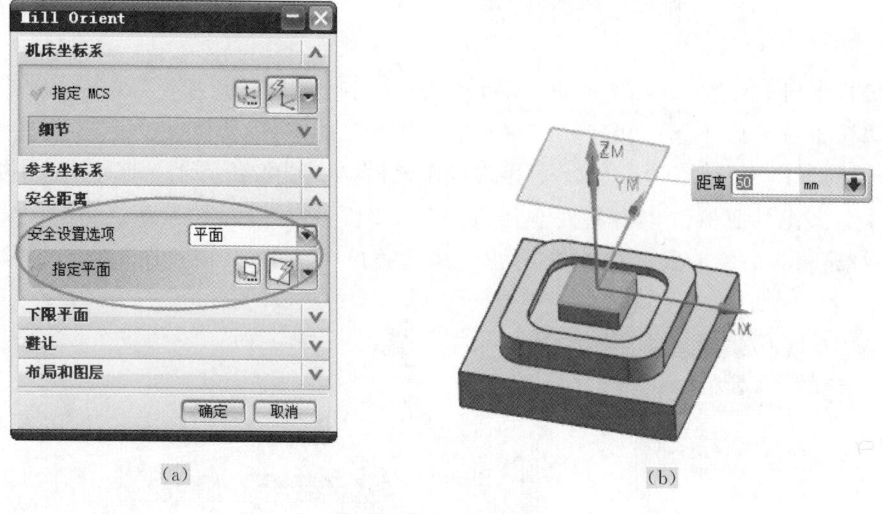

(a)　　　　(b)

图 4-48　安全高度设置

2 面铣削工件上表面

(1)创建刀具

单击“加工创建”工具栏中的“创建刀具”按钮，弹出“创建刀具”对话框，默认的子类型为铣刀，在“名称”文本框中输入“D8”，如图 4-49 所示。单击“应用”按钮，弹出刀具参数对话框，在“直径”文本框中输入“8”，如图 4-50 所示。这样就创建了一把直径为 8 mm 的平铣刀。

图 4-49 "创建刀具"对话框

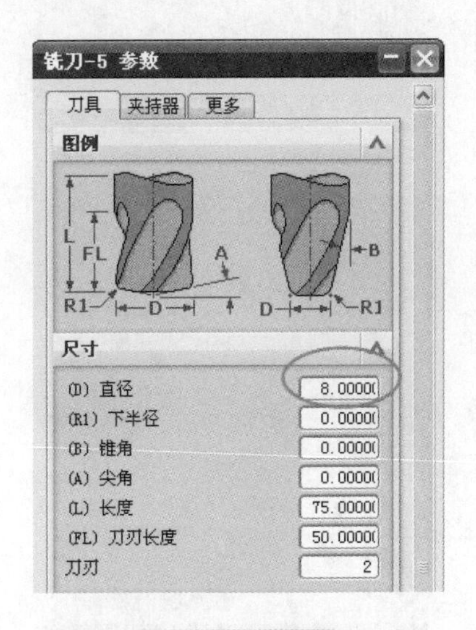

图 4-50 刀具参数

(2)创建方法

单击"加工创建"工具栏中的"创建方法"按钮，弹出"创建方法"对话框，在"名称"文本框中输入"MILL_0"，如图 4-51 所示。单击"应用"按钮，弹出"铣削方法"对话框，在"部件余量"文本框中输入"0"，在"内公差"文本框输入"0.015"，如图 4-52 所示。这样就创建了一个余量为 0 的方法。

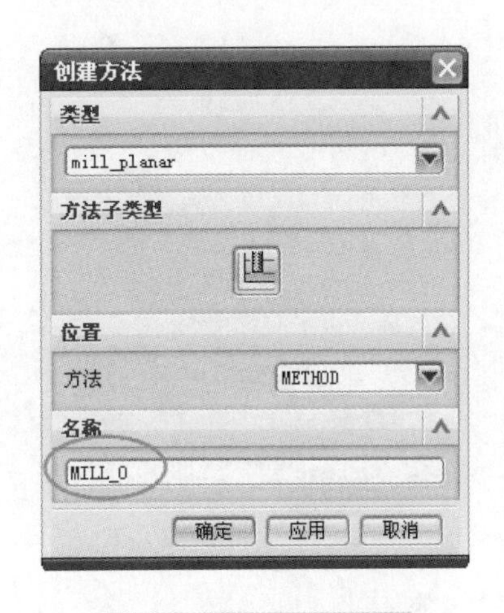

图 4-51 "创建方法"对话框

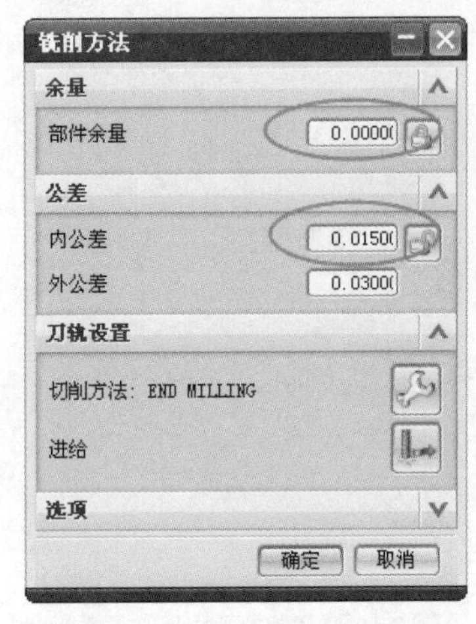

图 4-52 "铣削方法"对话框

(3)创建几何体与毛坯几何体

在操作导航器中单击 MCS_MILL 前的"+"，展开坐标系父节点，双击其下的"WORKPIECE"，弹出"铣削几何体"对话框，如图 4-53 所示。创建工件几何体，单击按钮，在绘图区选择模型为工件几何体部件后，单击"确定"按钮，完成工件几何体的设置，如图 4-54 所示。创建毛坯几何体，单击按钮，弹出"毛坯几何体"对话框，在如图 4-55 所示的"毛坯几何体”对话框中选择“自动块”,创建得到的毛坯几何体在图形区域如图 4-56 所示,单击“确定”按钮。

图 4-53 “铣削几何体”对话框

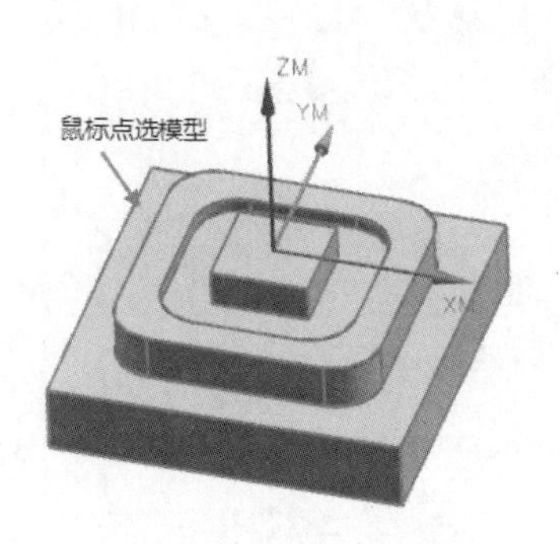

图 4-54 工件几何体

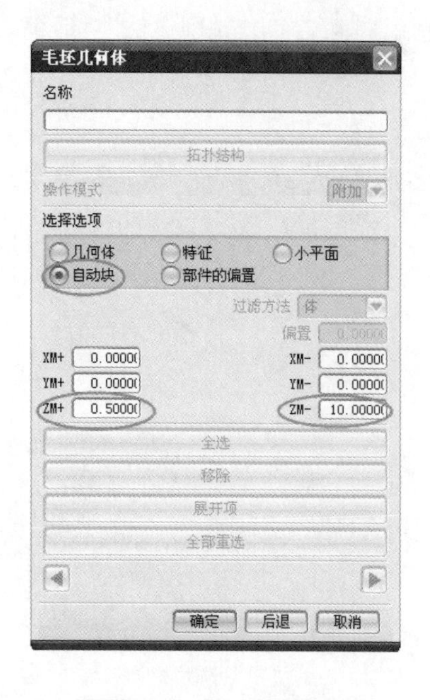

图 4-55 “毛坯几何体”对话框

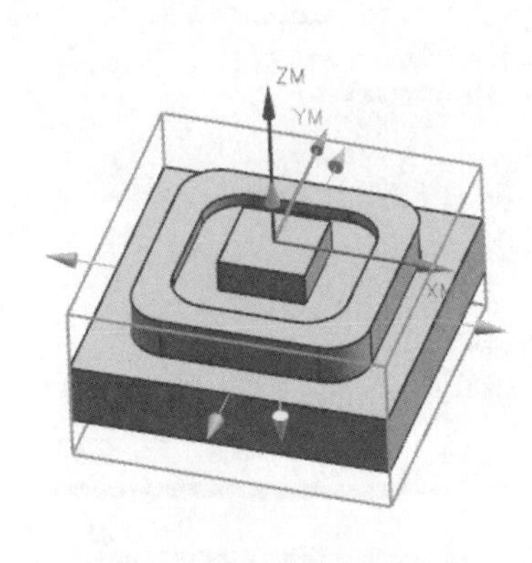

图 4-56 毛坯几何体

(4)创建面铣削

①进入面铣削界面。单击“加工创建”工具栏中的“创建操作”按钮,弹出“创建操作”对话框,如图 4-57 所示。单击“面铣削”按钮,设置“几何体”为“WORKPIECE”,“刀具”为“D8”,“方法”为“MILL_0”,单击“确定”按钮,弹出“平面铣”对话框,如图 4-58 所示。

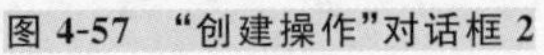
图 4-57 “创建操作”对话框 2

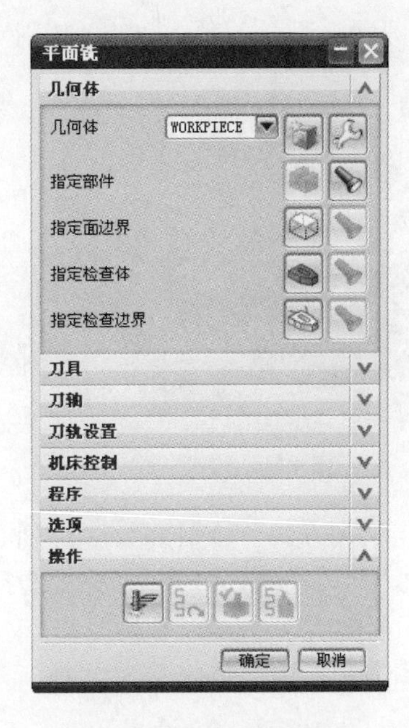

图 4-58 “平面铣”对话框 2

②指定面边界几何体。在如图 4-58 所示“平面铣”对话框中单击按钮，弹出“指定面几何体”对话框，如图 4-59 所示；在“过滤器类型”选项组选择，“平面”类型选择“手工”，系统自动弹出“平面”对话框，在“距离”文本框中输入“0”，如图 4-60 所示；然后单击如图 4-61 所示模型的上表面，单击“确定”按钮，退出“平面”对话框，返回“指定面几何体”对话框。在“指定面几何体”对话框中，单击“成链”按钮，选择如图 4-62 所示的边，系统自动将模型的轮廓连接起来，获得如图 4-63 所示的边界，单击“确定”按钮，退出“指定面几何体”对话框，返回“平面铣”对话框。

图 4-59 “指定面几何体”对话框

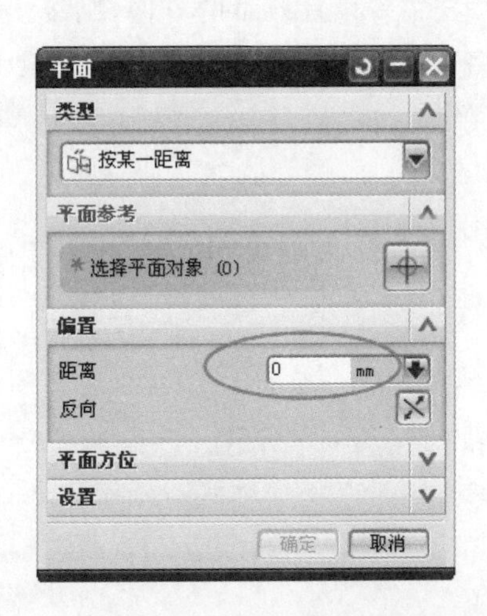

图 4-60 “平面”对话框 2

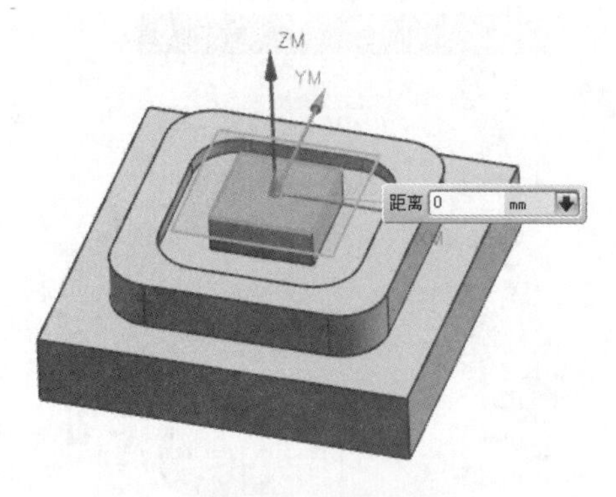

图 4-61 指定平面

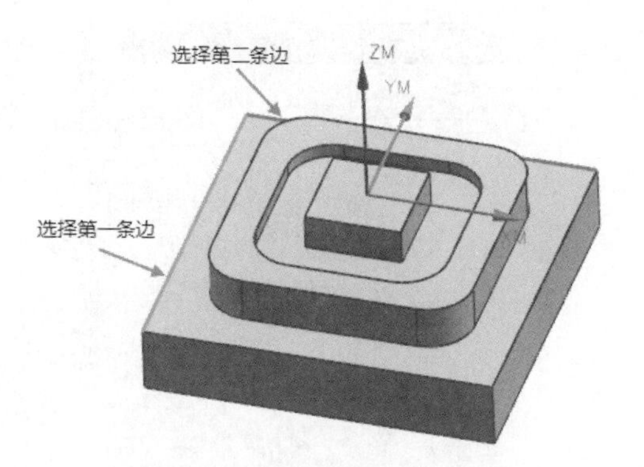

图 4-62 “成链”选择面的边缘

③设定切削方式及分层参数。在“平面铣”对话框中设置“刀轨设置”选项组，如图 4-64 所示。选择“切削模式”为“ 往复”，选择“步距”为“刀具平直百分比”，在“平面直径百分比”文本框中输入“75”，在“毛坯距离”文本框中输入“0.5”，在“每刀深度”文本框中输入“0.5”，单击“确定”按钮。

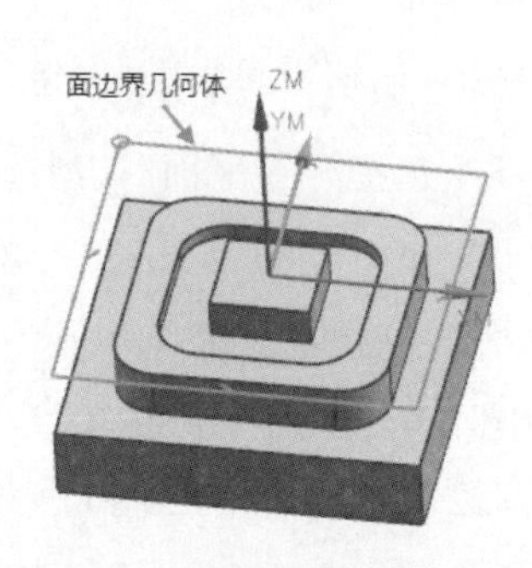

图 4-63 指定的面边界几何体

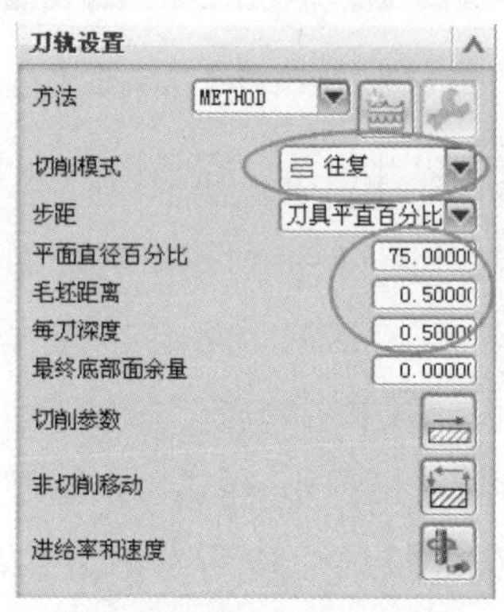

图 4-64 刀轨设置 1

④非切削参数与切削参数设置。非切削参数与切削参数不需要设置，保持系统默认状态。如果用户需要设置刀路的方向，则单击“切削参数”按钮即可弹出“切削参数”对话框，将“策略”选项卡中“从 XC 的角度”修改为“90”，如图 4-65 所示。

图 4-65 “从 XC 的角度”设置

⑤设定进给率和刀具转速。单击如图 4-64 所示的“进给率和速度”按钮，弹出“进给

率和速度”对话框，如图 4-66 所示。将“主轴速度”设置为“1800”，“剪切”设置为“800”，单击“确定”按钮。

⑥生成刀位轨迹。单击“生成”按钮，系统计算出粗加工的刀位轨迹，如图 4-67 所示，单击“确定”按钮，在操作导航器几何视图的“WORKPIECE”节点下产生 FACE_MILLING 程序。

图 4-66 “进给率和速度”对话框

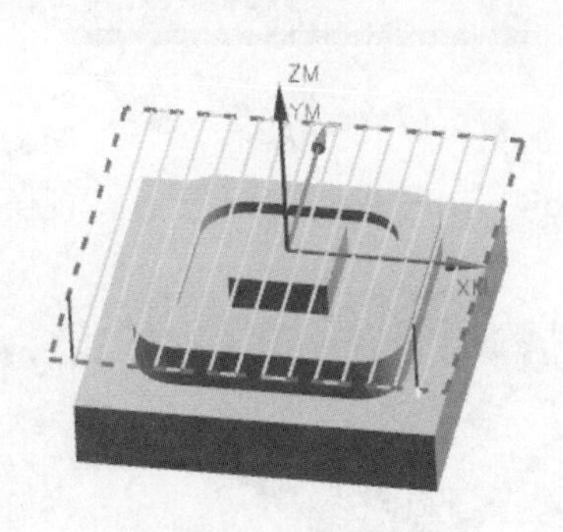

图 4-67 加工生成刀轨 1

3 平面铣削 1

(1)进入平面铣界面。单击“加工创建”工具栏中的“创建操作”按钮，弹出“创建操作”对话框，如图 4-57 所示。选择“平面铣”，设置“几何体”为“WORKPIECE”，“刀具”为“D8”，“方法”为“MILL_0”，单击“确定”按钮，弹出“平面铣”对话框，如图 4-6 所示。

(2)设定部件边界。在如图 4-6 所示的“平面铣”对话框中单击按钮，弹出“边界几何体”对话框，如图 4-68 所示；“模式”选择“曲线/边”，弹出“创建边界”对话框，如图 4-69 所示，“平面”选择“用户定义”，选择模型上表面，如图 4-70 所示。“材料侧”选择“外部”，“刀具位置”选择“对中”，单击选择如图 4-71 所示的轮廓线，然后单击“创建下一个边界”按钮，完成第一个边界的定义，并允许用户定义第二个边界；将“材料侧”选择为“内部”，“刀具位置”选择为“相切”，然后单击选择如图 4-72 所示的轮廓线，单击两次“确定”按钮，最后创建的两个边界如图 4-73 所示。

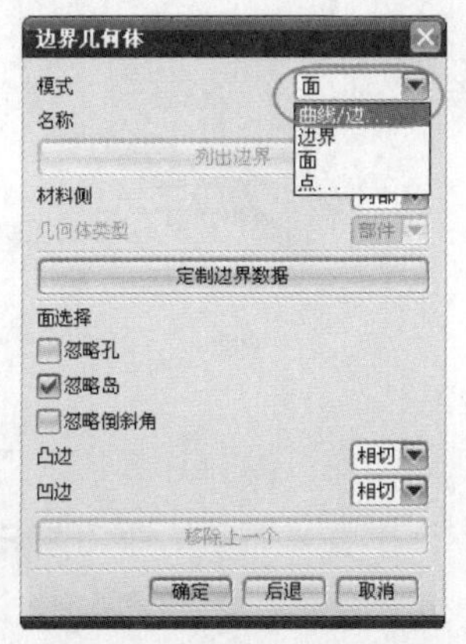

图 4-68 “边界几何体”对话框

图 4-69 “创建边界”对话框

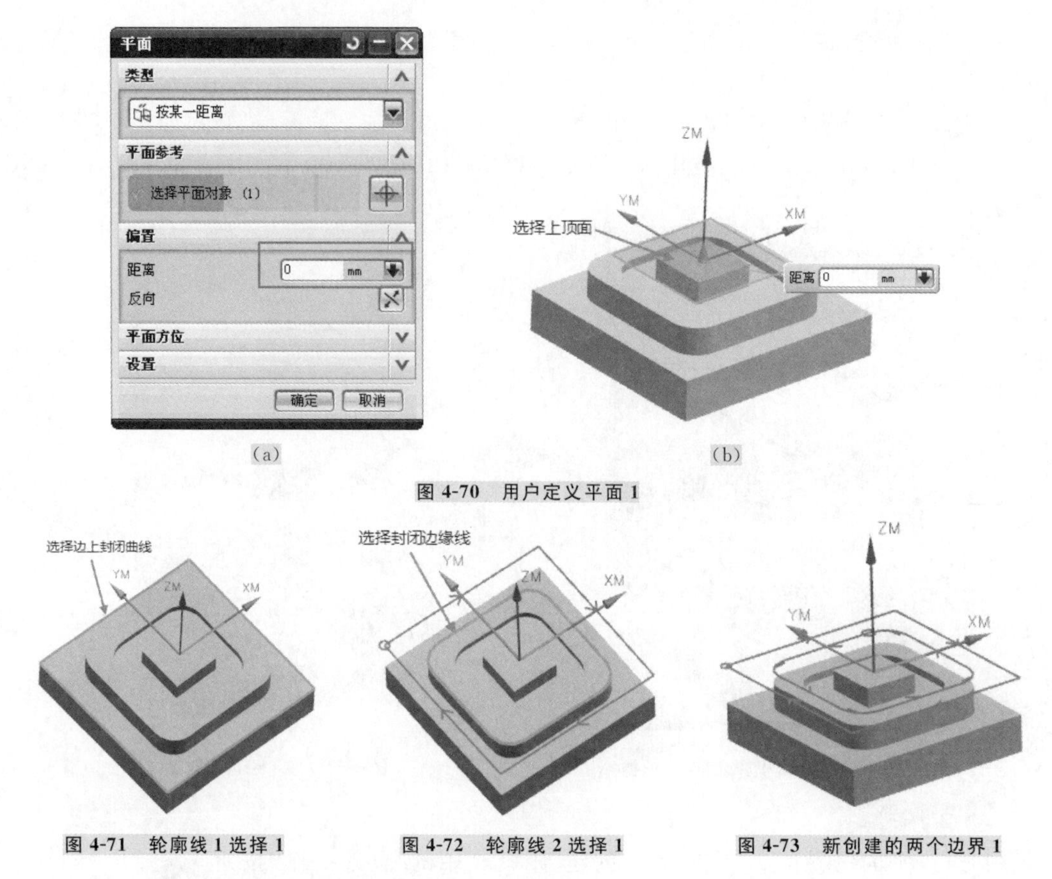

(a) (b)

图 4-70 用户定义平面 1

图 4-71 轮廓线 1 选择 1　图 4-72 轮廓线 2 选择 1　图 4-73 新创建的两个边界 1

(3)设定底面。在“平面铣”对话框中单击按钮,选择如图 4-74 所示的平面作为底面,设置“距离”为“0”。

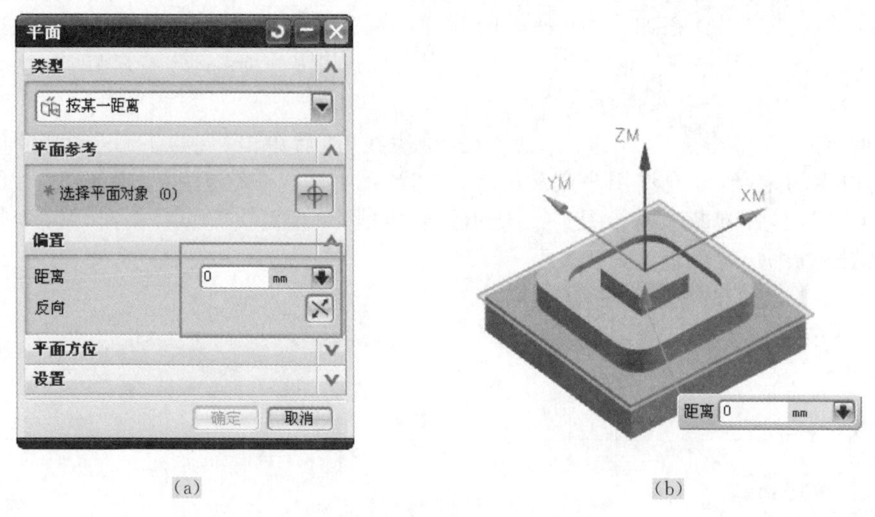

(a) (b)

图 4-74 底面的指定 1

(4)设定切削方式。在“平面铣”对话框中设置“刀轨设置”选项组,如图 4-75 所示。选择“步距”为“刀具平直百分比”,在“平面直径百分比”文本框中输入“75”。单击按钮,弹出“切削层”对话框,如图 4-76 所示。“类型”选择“恒定”,“公共”设置为“1”,单击“确定”按钮。

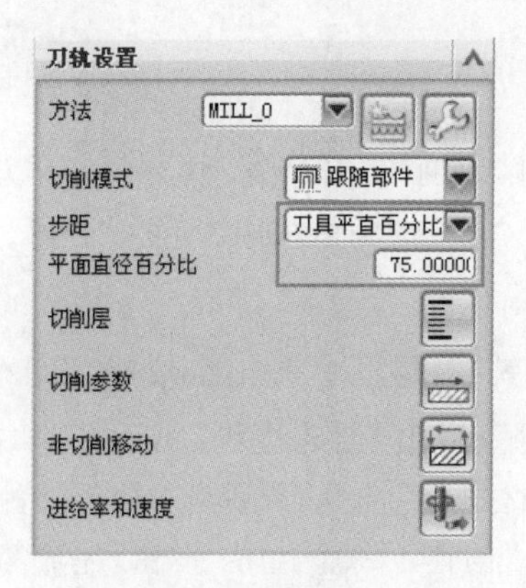

图 4-75　刀轨设置 2

图 4-76　“切削层”对话框 2

(5)设定切削参数。单击如图 4-75 所示的“切削参数”按钮，弹出“切削参数”对话框，如图 4-77 所示。选择“策略”选项卡，勾选“添加精加工刀路”复选框，“刀路数”设置为“1”，单击“确定”按钮。

(6)设定非切削移动参数。单击如图 4-75 所示的“非切削移动”按钮，弹出“非切削移动”对话框，如图 4-78 所示。选择“进刀”选项卡，在“封闭区域”选项组的“进刀类型”中选择“螺旋线”，“倾斜角度”设置为“3”，“最小斜面长度”设置为“40”“%刀具直径”；在“开放区域”选项组的“进刀类型”中选择“圆弧”；单击“确定”按钮。

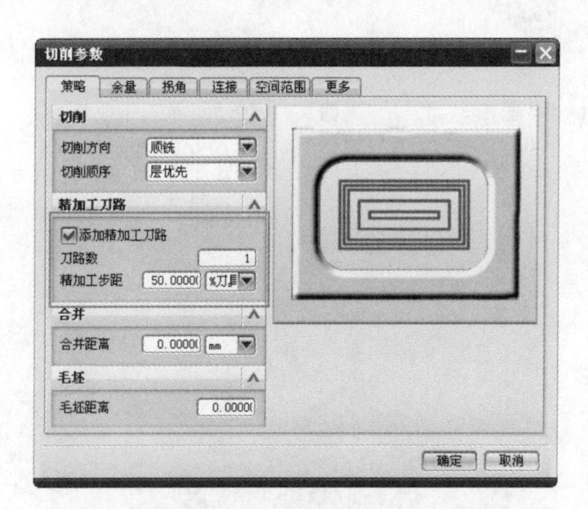

图 4-77　设置“精加工刀路”

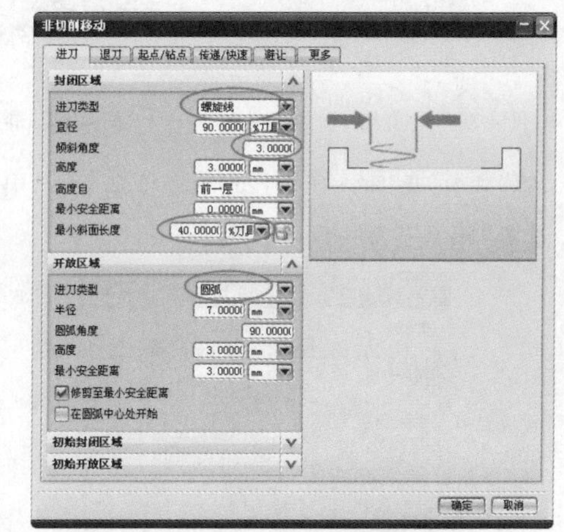

图 4-78　进刀设置

(7)设定进给率和刀具转速。单击如图 4-75 所示的“进给率和速度”按钮，弹出“进给率和速度”对话框，如图 4-66 所示。“主轴速度”设置为“1800”，“剪切”设置为“800”，单击“确定”按钮。

(8)生成刀位轨迹。单击“生成”按钮，系统计算出粗加工的刀位轨迹，如图 4-79 所示，单击“确定”按钮，在操作导航器几何视图中的“WORKPIECE”节点下产生一个 PLANAR_MILL 程序。

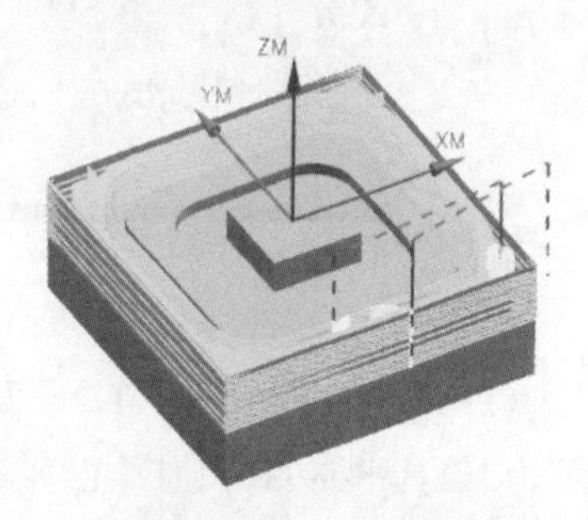

图 4-79　加工生成刀轨 2

④ 平面铣削 2

（1）进入平面铣界面。单击“加工创建”工具栏中的“创建操作”按钮，弹出“创建操作”对话框，如图 4-57 所示，选择“平面铣”，设置“几何体”为“WORKPIECE”，“刀具”为“D8”，“方法”为“MILL_0”，单击“确定”按钮，弹出“平面铣”对话框，如图 4-6 所示。

（2）设定部件边界。在如图 4-6 所示的“平面铣”对话框中单击按钮，弹出“边界几何体”对话框，如图 4-68 所示；“模式”选择“曲线/边”，弹出“创建边界”对话框，如图 4-69 所示，“平面”选择“用户定义”，选择模型上表面。“材料侧”选择“外部”，“刀具位置”选择“对中”，单击选择如图 4-80 所示的轮廓线，然后单击“创建下一个边界”按钮，完成第一个边界的定义，并允许用户定义第二个边界；将“材料侧”选择为“内部”，“刀具位置”选择为“相切”，然后单击选择如图 4-81 所示的轮廓线，单击两次“确定”按钮，最后创建的两个边界如图 4-82 所示。

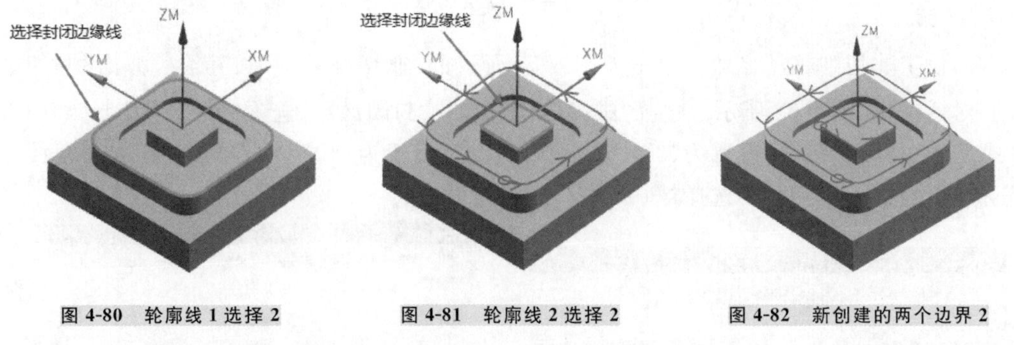

图 4-80　轮廓线 1 选择 2　　图 4-81　轮廓线 2 选择 2　　图 4-82　新创建的两个边界 2

（3）设定底面。在“平面铣”对话框中单击按钮，选择如图 4-83 所示的平面作为底面，设置“距离”为“0”。

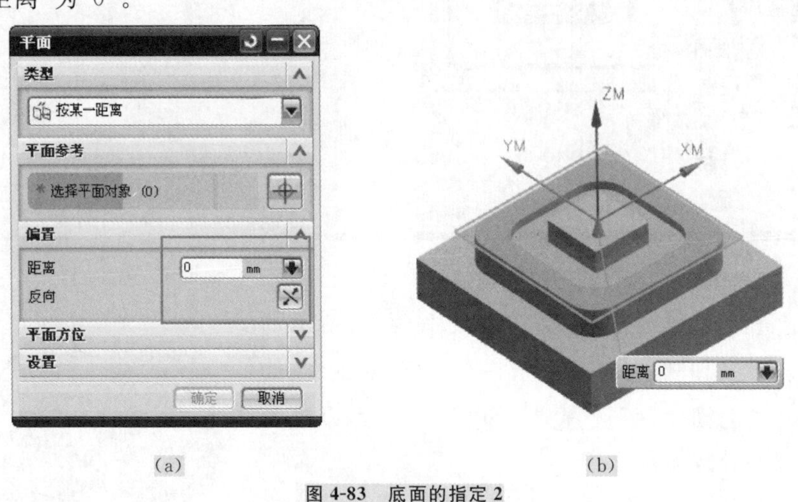

(a)　　(b)

图 4-83　底面的指定 2

（4）设定切削方式。在“平面铣”对话框中设置“刀轨设置”，如图 4-75 所示。选择“步距”为“刀具平直百分比”，在“平面直径百分比”文本框中输入“75”。单击按钮，弹出“切削层”对话框，如图 4-76 所示。“类型”选择“恒定”，“公共”设置为“1”，单击“确定”按钮。

（5）设定切削参数。保留默认设置即可。

(6)设定非切削移动参数。单击如图 4-75 所示的“非切削移动”按钮，弹出“非切削移动”对话框，如图 4-78 所示。选择“进刀”选项卡，在“封闭区域”选项组的“进刀类型”中选择“螺旋线”，“倾斜角度”设置为“3”，“最小斜面长度”设置为“40”“%刀具直径”；在“开放区域”选项组的“进刀类型”中选择“圆弧”；单击“确定”按钮。

(7)设定进给率和刀具转速。单击如图 4-75 所示的“进给率和速度”按钮，弹出“进给率和速度”对话框，如图 4-66 所示。“主轴速度”设置为“1800”，“剪切”设置为“800”，单击“确定”按钮。

(8)生成刀位轨迹。单击“生成”按钮，系统计算出粗加工的刀位轨迹，如图 4-84 所示，单击“确定”按钮，在操作导航器几何视图中的“WORKPIECE”节点下产生 PLANAR_MILL_1 程序。

图 4-84　加工生成刀轨 3

5 平面铣削 3

(1)进入平面铣界面。单击“加工创建”工具栏中的“创建操作”按钮，弹出“创建操作”对话框，如图 4-57 所示。选择“平面铣”，设置“几何体”为“WORKPIECE”，“刀具”为“D8”，“方法”为“MILL_0”，单击“确定”按钮，弹出“平面铣”对话框，如图 4-6 所示。

(2)设定部件边界。在如图 4-6 所示的“平面铣”对话框中单击按钮，弹出“边界几何体”对话框，如图 4-68 所示；“模式”选择“曲线/边”，弹出“创建边界”对话框，如图 4-69 所示，“平面”选择“用户定义”，选择模型上表面，如图 4-85 所示。“材料侧”选择“外部”，“刀具位置”选择“对中”，单击选择如图 4-86 所示的轮廓线，然后单击“创建下一个边界”按钮，完成第一个边界的定义，并允许用户定义第二个边界；将“材料侧”选择为“内部”，“刀具位置”选择为“相切”，然后单击选择如图 4-87 所示的轮廓线，单击两次“确定”按钮，最后创建的两个边界如图 4-88 所示。

(a)

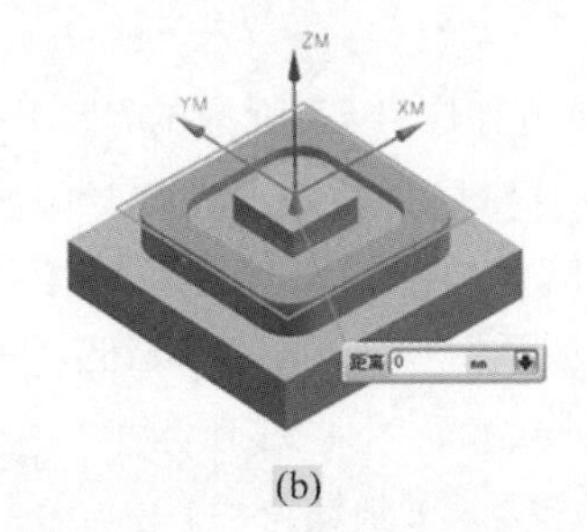

(b)

图 4-85　用户定义平面 2

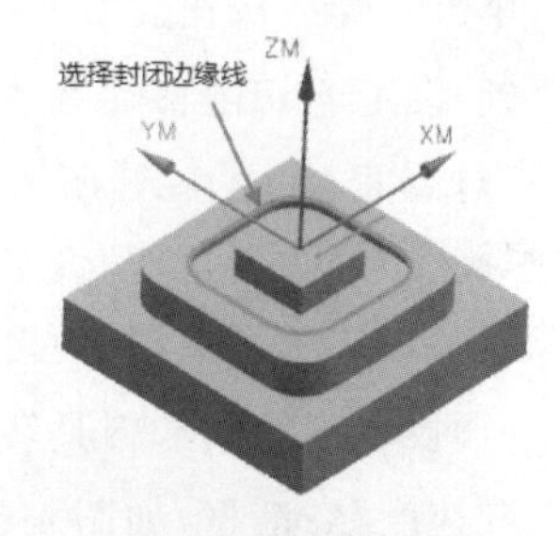

图 4-86　轮廓线 1 选择 3

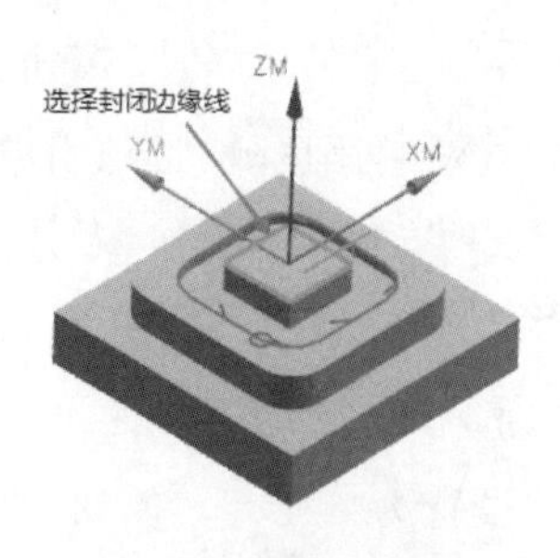

图 4-87　轮廓线 2 选择 3

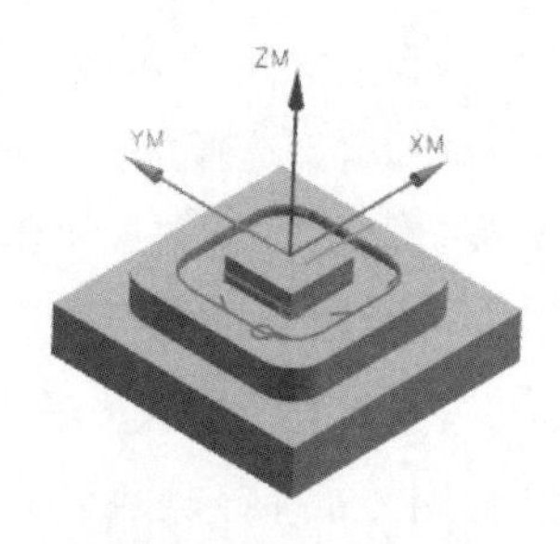

图 4-88　新创建的两个边界 3

(3)设定底面。在“平面铣”对话框中单击按钮，选择如图 4-89 所示的平面作为底面，设置“距离”为“0”。

(a)

(b)

图 4-89　底面的指定 3

(4)设定切削方式。在“平面铣”对话框中设置“刀轨设置”选项组，如图 4-75 所示。选择“步距”为“刀具平直百分比”，在“平面直径百分比”文本框中输入“75”。单击按钮，弹出“切削层”对话框，如图 4-76 所示。“类型”选择“恒定”，“公共”设置为“1”，单击“确定”按钮。

(5)设定切削参数。单击如图 4-75 所示的“切削参数”按钮，弹出“切削参数”对话框，如图 4-77 所示。选择“策略”选项卡，勾选“添加精加工刀路”复选框，“刀路数”设置为“1”，单击“确定”按钮。

(6)设定非切削移动参数。单击如图 4-75 所示的“非切削移动”按钮，弹出“非切削移动”对话框，如图 4-78 所示。选择“进刀”选项卡，在“封闭区域”选项组的“进刀类型”中选择“螺旋线”，“倾斜角度”设置为“3”，“最小斜面长度”设置为“40”“%刀具直径”；在“开放区域”选项组的“进刀类型”中选择“圆弧”；单击“确定”按钮。

(7)设定进给率和刀具转速。单击如图 4-75 所示的“进给率和速度”按钮，弹出“进给率和速度”对话框，如图 4-66 所示。“主轴速度”设置为“1800”，“剪切”设置为“800”，单击“确定”按钮。

(8)生成刀位轨迹。单击“生成”按钮，系统计算出粗加工的刀位轨迹，如图 4-90 所示，单击“确定”按钮，在操作导航器几何视图中的“WORKPIECE”节点下产生一个 PLANAR_MILL_2 程序。

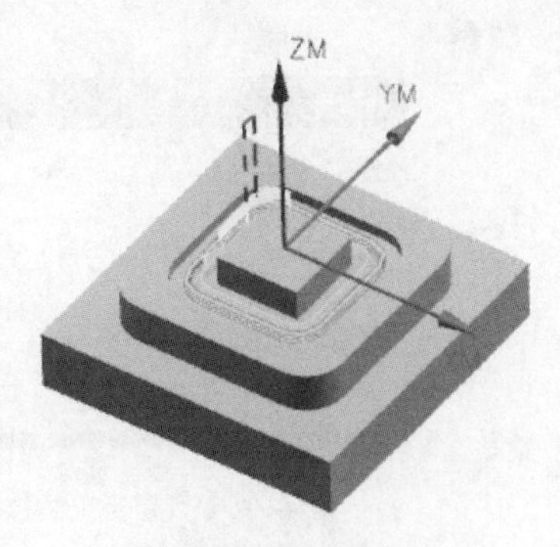

图 4-90　加工生成刀轨 4

6 加工模拟

刀轨实体加工模拟步骤如下：在操作导航器几何视图中的“WORKPIECE”节点上单击鼠标右键，如图 4-91 所示，在弹出的快捷菜单中选择“刀轨＞＞确认”命令，回放所有该节点下的刀轨。接着弹出“刀轨可视化”对话框，如图 4-92 所示。单击“检查选项”按钮即可弹出“过切检查”对话框，勾选“过切检查”复选框，如图 4-93 所示。单击“确定”按钮，返回“刀轨可视化”对话框，选择“2D 动态”选项卡，单击下面的“播放”按钮，系统开始计算，并在实体毛坯上模拟加工的全过程。如图 4-94 所示为模拟中的工件。

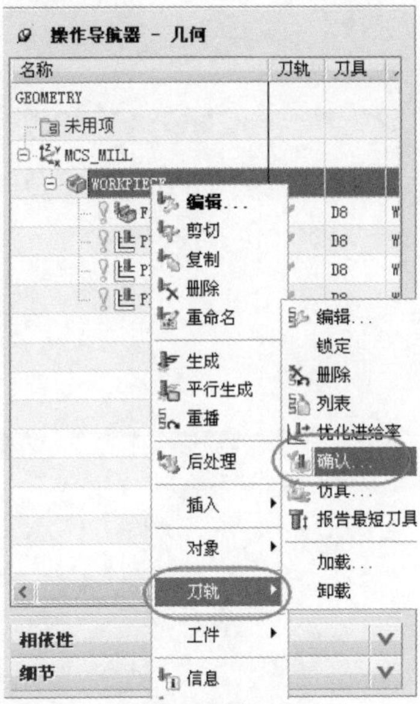

图 4-91　刀轨确认

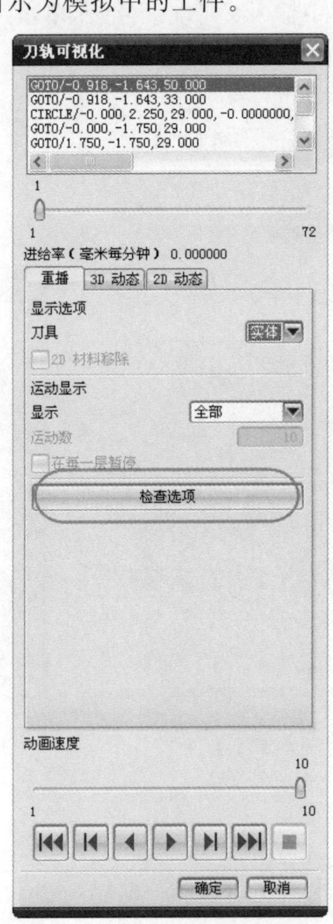

图 4-92　“刀轨可视化”对话框

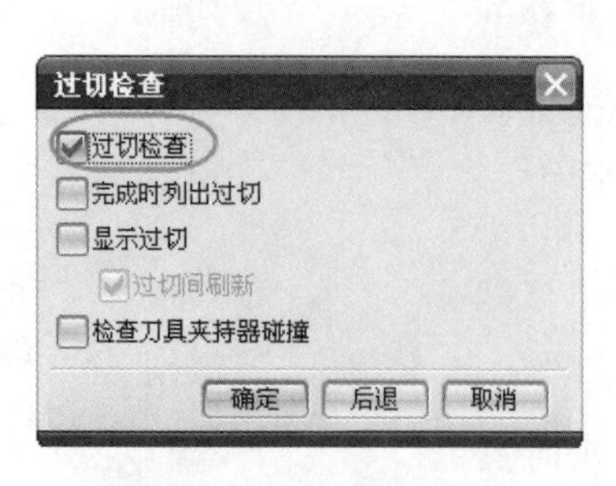

图 4-93 “过切检查”对话框

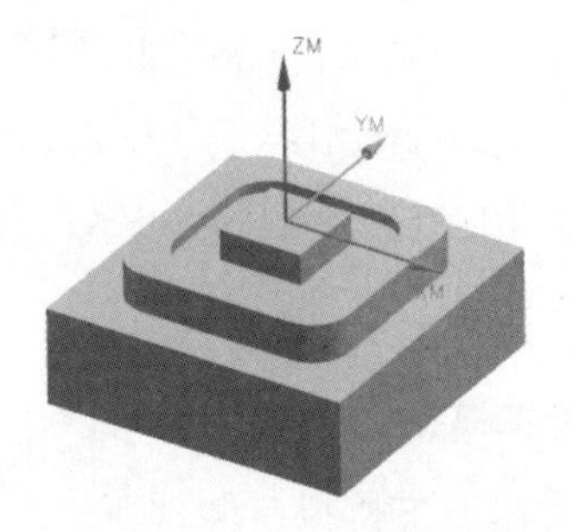

图 4-94 刀轨实体加工模拟

7 后处理

在操作导航器几何视图中的“WORKPIECE”节点上单击鼠标右键，在弹出的快捷菜单中选择“刀轨≫后处理”命令；或者在操作导航器几何视图中选择所有程序，然后单击“加工操作”工具栏中的“后处理”按钮，系统将弹出“后处理”对话框，如图 4-95 所示。在“文件名”文本框中输入文件名及路径，单击“应用”按钮，系统开始对选择的操作进行后处理，产生文本文件 4-1. NC，内容如图 4-96 所示。该 NC 文件用于控制数控机床运动，最终加工出工件。

图 4-95 “后处理”对话框

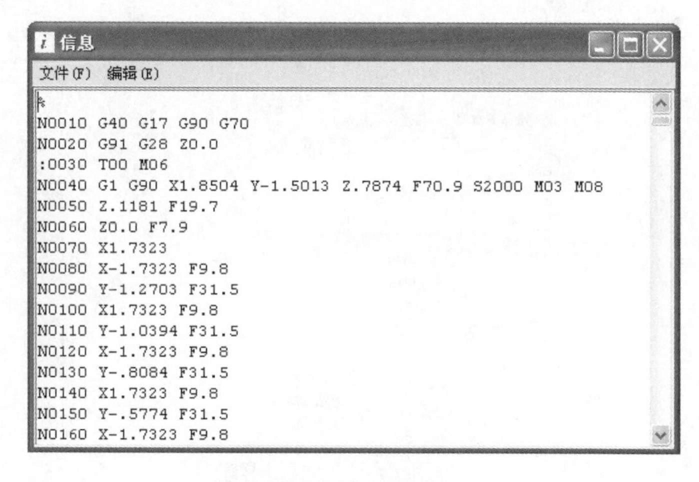

图 4-96 后处理获得的 NC 文件

本项目学习了平面加工操作的各种子类型，重点讲述平面铣削和面铣削加工类型的几何体类型与创建方法、切削参数与非切削移动参数的设置等内容。

用户通过本项目的学习，已经能够很好地掌握前面介绍的内容，将编程的经验总结如下：

本项目介绍的操作步骤中，方法不是唯一的，也可以采用其他方法。例如，在三个平面铣削操作中，本项目选用了三个新建“平面铣”。实际上，在编程过程中为了提高编程速度，用户往往复制之前的“平面铣”，然后只需要修改相应的参数即可，这样可以减少很多重复性的工作。

创建平面铣操作时，有时会忘记定义底面，或者是底面定义错误。在平面铣中，底面必须定义，否则无法生成刀轨，希望用户在操作时注意底面的指定。

边界的刀具位置有两种类型：“相切”和“对中”。如果类型选择不对，很容易造成过切。对开放边界一般选择“对中”，对封闭边界一般选择“相切”。

关于编程技巧与方法，用户可以在实际操作过程中，慢慢体会并总结。

拓展练习

打开本教材素材资源包中的“4-2. prt”文件，应用平面铣削加工方法完成如图 4-97 所示零件的加工。

图 4-97 零件

项目五
点位加工

本项目主要在 UG NX 8.0 CAM 环境下完成如图 5-1 所示零件钻孔加工，零件材料为 50 钢，零件上有 10 个通孔、2 个沉头孔、4 个螺纹孔需要钻加工。学生通过本项目学习，可深刻理解钻孔的基本工具、命令的含义，并掌握它们的使用方法和技巧，从而掌握一般零件的点位加工编程。

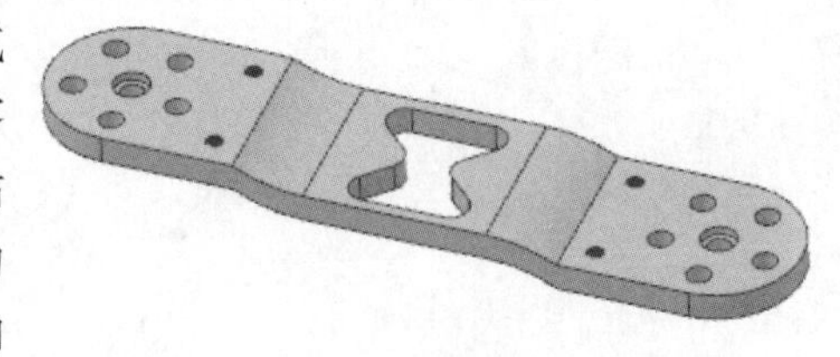

图 5-1 零件模型

教学目标

【能力目标】

能够运用 UG 软件 CAM 模块中的钻削加工功能完成零件的钻孔编程加工。

【知识目标】

掌握 UG 软件 CAM 模块中的钻削加工相关操作。

【素质目标】

1. 培养沟通、团队合作能力。
2. 培养自学能力及独立工作能力。
3. 培养细致观察、勤于思考、做事认真的良好作风。
4. 培养文献检索能力。

分析如图 5-1 所示零件可知，在进行零件的点位加工过程中，用户必须使用中心钻、麻花钻、扩孔钻、沉头孔钻、攻螺纹等命令。

本项目通过完成零件的点位加工任务，培养学生使用 UG 的点位加工工具完成中等复杂程度零件钻孔编程加工的能力，让学生充分掌握中心钻、麻花钻、扩孔钻、沉头孔钻、攻螺纹等点位加工功能，同时培养学生思考、解决问题等能力。

工艺分析：从零件待加工的部位来看，首先应对全部孔位用中心钻打点，然后通过啄钻钻通全部的通孔并利用沉头孔钻加工两个沉头孔，接着通过啄钻加工螺纹孔的内孔，最后再通过螺纹孔钻削模式攻丝。

本项目涉及的知识包括 UG NX 8.0 点位加工操作，即钻削加工，包括钻孔、镗孔、扩孔、沉头孔和铰孔等内容，知识重点是钻孔。

一　点位加工概述

（一）点位加工操作子类型

一般钻加工的完整工序按先后顺序分为锪孔、钻中心孔、钻孔、铰孔或镗孔、攻丝。然而，UG NX 8.0 点位加工的一般操作过程却是：刀具先快速进给到点位上方的最小安全距离位置，然后以切削速度进给切入工件，完成一个孔的加工。对于加工一次切削无法完成的深孔，需要采用断屑式加工，即刀具先从孔中临时提刀排屑，再重新切入待加工区域，继续进行正常的切削，反复多次，直到达到要求的切削深度为止。这时，刀具才快速返回到安全平面。当 UG NX 8.0 完成了一个孔的加工后，刀具会快速移动到下一个待加工孔的位置，等待下一个孔的切削。为了能够让用户更好地理解点位加工的各种类型，下面对点位加工操作中的几种常见类型进行解释。

1 锪孔

当钻孔的表面不平时才使用锪孔，即在钻孔位置铣出一个平面，以便在钻中心孔时钻头不会偏移。

2 钻中心孔

使用专门的中心钻头在要钻孔的表面上钻一个小孔，起引导作用以便于在钻孔开始时钻头准确而顺利地向下进给。

3 钻孔

实际钻孔是通过钻头的循环运动进行加工的,其循环过程为:刀具快速移动定位在被选择的加工点位上,然后以切削进给速度切入工件并到达指定的切削深度,接着以退刀速度退回刀具,完成一个加工循环。如此重复加工,每次切削到不同的指定深度,加工到最终的切削深度为止。

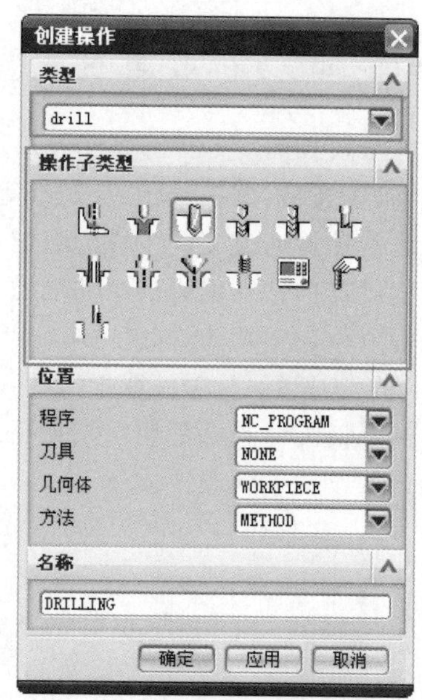

图 5-2 "创建操作"对话框 1

4 铰孔或镗孔

当钻孔的精度达不到要求时,可以使用铰刀或镗刀进行铰孔或镗孔。例如,一般模芯上的镶件孔需要铰孔,模架上的导柱导套孔需要镗孔。

5 攻丝

钻完孔后如有螺纹要求,可以使用丝攻加工内螺纹。

在 UG CAM 主界面的"插入"工具栏中单击"创建操作"按钮,弹出如图 5-2 所示的"创建操作"对话框。UG 系统为上述五类加工种类提供了 13 种子类型,不同的子类型定义不同的点位加工,各类子类型功能说明见表 5-1。

表 5-1 点位加工操作子类型

子操作按钮	子操作名称	功能说明
	孔口平面	用于在斜面上钻出平位,带有停留的钻孔循环
	中心孔	主要用来钻定位孔,带有停留的钻孔循环
	普通孔	用于在平面上钻深度较浅的普通孔,一般情况下利用该加工类型即可满足点位加工的要求
	啄钻	采用间断进给的方式钻孔,每次啄钻后退出孔,以清除孔屑
	断屑钻	每次啄钻后稍稍退出以断屑,但不退到该加工孔的安全点以上。适于加工韧性材料
	镗孔	利用镗刀将孔镗大
	铰孔	利用铰刀将孔铰大,铰孔的精度高于钻孔
	平底沉头孔	用于将沉头孔加工成平底
	倒角沉头孔	用于钻锥形沉头孔
	攻螺纹	在平面上对存在的底孔攻螺纹
	切削控制	机床切削控制
	用户自定义	用户自定义钻孔类型
	螺纹铣	在平面上对存在的底孔铣螺纹

（二）点位加工的特点

点位加工主要特点如下：

(1)用 UG 的点位加工创建几何体操作简单。它不需要指定部件几何体和毛坯几何体，只需要指定要进行点位加工的点位置、加工表面和底面。

(2)当被加工工件中出现多个相同直径的孔时，可以指定不同的循环方式和循环参数组来进行加工，而不需要分别指定每个孔的参数进行加工。当孔直径相同，而加工深度和进给速度不同时，也可以通过设置循环参数组，一次性完成这些孔的加工，无须分多次进行孔的加工。这样不仅节省时间，提高效率，而且由于使用同一把刀加工，提高了孔之间的相对位置精度。

基于以上点位加工的特点，主要适用场合如下：

(1)点位加工一般可以用来创建钻孔、扩孔、铰孔、镗孔、锪孔、攻螺纹、铣螺纹、电焊和铆接等。其中孔类型可以是通孔、盲孔、中心孔和各类沉头孔等。例如型芯和型腔的镶针孔、顶针孔、螺丝孔、运水孔等。

(2)常用于需加工的孔数量多、相互位置复杂，并且难以进行人工计算的加工场合。

（三）点位加工的刀具类型

点位加工的类型不同，可选用的刀具也不同。在 UG CAM 的主界面“插入”工具栏中单击“创建刀具”按钮，弹出“创建刀具”对话框，在“类型”下拉列表中选择“drill”选项，如图 5-3 所示，在“刀具子类型”选项组中列出了可以创建的刀具。表 5-2 是各种刀具的简单说明。

表 5-2　各类点位加工刀具及其功能说明

刀具按钮	刀具名称	功能说明
	键槽刀	用于铣削键槽
	中心钻头	用于中心孔加工
	普通麻花钻头	用于普通孔加工
	镗孔刀	用于镗孔加工
	铰孔刀	用于铰孔加工
	沉头孔刀	用于沉头孔加工
	倒角沉头孔刀	用于倒角沉头孔加工
	丝锥刀	用于攻丝加工
	螺纹铣刀	用于螺纹加工

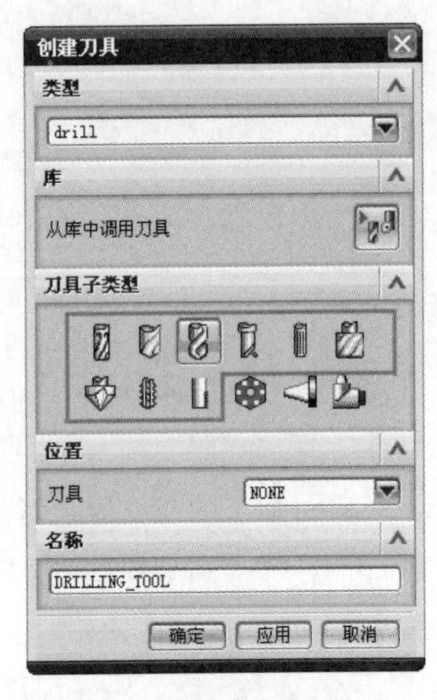

图 5-3　“创建刀具”对话框 1

(四)点位加工的操作界面

尽管点位加工有 13 种子类型,但是各种子类型具有相同或相似的操作对话框。如图 5-4 所示为"普通孔"子类型的"钻"对话框,其选项组分别是:"几何体"、"刀具"、"刀轴"、"循环类型"、"深度偏置"、"刀轨设置"、"机床控制"、"程序"、"选项"和"操作"。

(a)

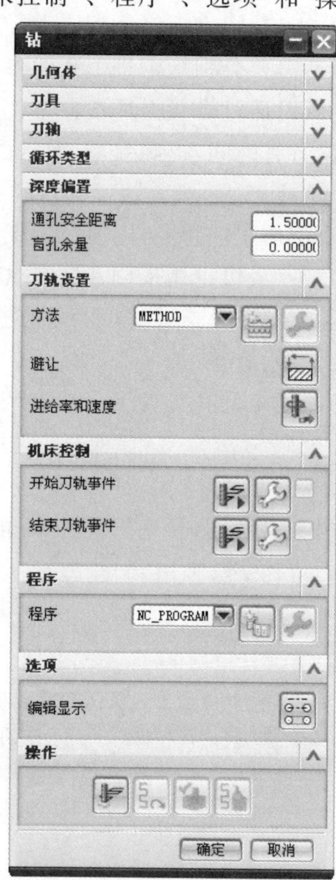

(b)

图 5-4 "钻"对话框

二 点位加工几何体

点位加工的几何体包括加工孔位置、工件顶面和工件底面。在"加工环境"对话框中选择"drill",如图 5-5 所示,单击"确定"按钮。单击工具栏中的"创建操作"按钮,弹出"创建操作"对话框,单击"钻孔"按钮,再单击"确定"按钮,弹出"钻"对话框,如图 5-4 所示。

在"钻"对话框的"几何体"选项组中,用"指定孔"右侧的"选择和编辑孔几何体"按钮来定义孔的位置;用"指定顶面"右侧的"选择和编辑部件表面几何体"按钮来定义孔的顶面;用"指定底面"右侧的"选择和编辑底面几何体"按钮来定义孔的加工底面。

图 5-5 “加工环境”对话框

(一)定义加工孔的位置

在“加工环境”对话框中,先在“CAM 会话配置”中选择一种 CAM 配置,然后在“要创建的 CAM 设置”中选择一个 CAM 设置,最后单击“确定”按钮。在“钻”对话框“几何体”选项组中,单击“指定孔”右侧的“选择和编辑孔几何体”按钮,系统弹出“点到点几何体”对话框,如图 5-6 所示。用户可以在该对话框中选择和编辑加工位置,优化刀具轨迹。

1 选择

在图 5-6 中单击“选择”按钮,弹出如图 5-7 所示的选择孔的加工位置对话框。在该对话框中,用户可以通过选择一般点、圆、圆弧、表面、实心体以及片体上的孔来指定孔的加工位置。选择孔的加工位置对话框中各个参数的含义见表 5-3。

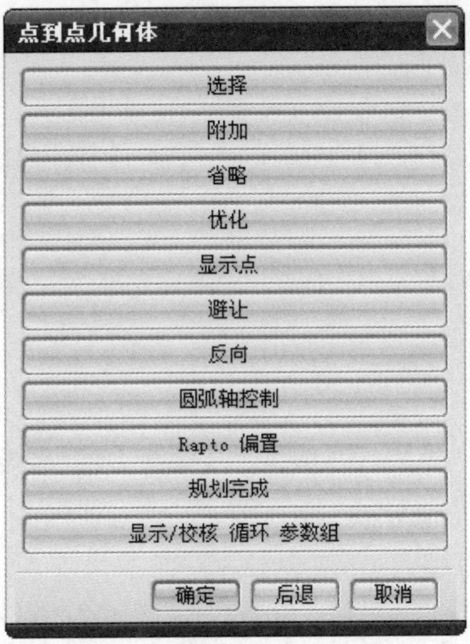

图 5-6 “点到点几何体”对话框

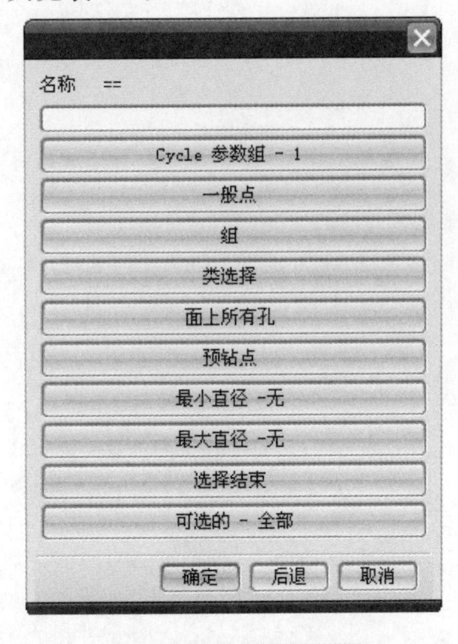

图 5-7 选择孔的加工位置

表 5-3 孔的加工位置选择参数说明

选项	功能说明
名称	用来指定加工位置。指定加工位置有两种方法：(1)在“名称”文本框中输入孔加工位置的名称，即输入一般点、圆、圆弧、表面、实心体或片体上的孔的名称；(2)直接在主模型中，单击选择一般点、圆、圆弧、表面、实心体和片体上的孔
Cycle 参数组-1	用户可以通过单击该选项，建立先前定义的循环参数组与所定义的下一个点或下一组点之间的联系。单击“Cycle 参数组-1”按钮，系统弹出如图 5-8 所示的循环参数组对话框。在循环参数组对话框中，系统可以将用户所选择的循环参数组与随后选择的点联系在一起。在循环参数组对话框中，最多可以设置 5 个循环参数组，通过单击“参数组 1”“参数组 2”等按钮，系统返回如图 5-7 所示的对话框中，用户可以在其中设置循环参数组，即可指定一组循环参数。当用户不指定循环参数组时，系统默认“参数组 1”为指定加工位置的循环参数组。因此，如果用户希望所指定的加工位置利用“参数组 1”，则可以不指定循环参数组，系统会自动建立“参数组”和加工位置之间的关系
一般点	用户通过该选项可以选择“一般点”来指定加工位置。单击“一般点”按钮，系统将弹出点对话框，用户可以通过定义点来指定加工位置。指定一个点后，系统默认指定点为加工孔的中心，指定点可以是实心体表面上的点，也可以是片体上的点，还可以是单独的点。当用户在选择指定“一般点”后，所指定的点将以“＊”标记在主模型上，并在“＊”旁边选择顺序，标注出孔号
组	用户通过该选项选择一系列点和圆弧来指定加工位置。单击“组”按钮，系统弹出组对话框，在此对话框中，用户定义由点和圆弧构成的组来指定加工位置，还可以直接在“名称”文本框中输入组名称，系统将根据该组的点和圆弧的位置自动确定加工位置
类选择	通过该选项可以选择一类几何对象，如点、圆弧等来指定加工位置。单击“类选择”按钮，弹出类选择对话框，用户再选取一种类选择方法，指定一类几何对象即可指定加工位置
面上所有孔	通过该选项可以选择工件表面进而指定工件表面所有孔均为加工位置。单击“面上所有孔”按钮，系统将弹出面上所有孔对话框，如图 5-9 所示。该对话框中参数含义如下： 名称：指定工件表面。 最小直径-无：指定限制在面上的孔的范围的最小直径。如果用户希望当该工件表面上的孔的直径大于一定某一直径时孔才会被选择，则可以单击“最小直径-无”按钮。 最大直径-无：指定限制在面上的孔的范围的最大直径。如果用户希望当该工件表面上的孔的直径小于一定某一直径时孔才会被选择，则可以单击“最大直径-无”按钮
预钻点	通过该选项可以指定平面铣或型腔铣中的预钻点作为加工位置。如果该主模型没有指定预钻点，则系统会弹出错误信息对话框
最小直径-无	与“面上所有孔”中讲到的内容一样
最大直径-无	与“面上所有孔”中讲到的内容一样
选择结束	通过该选项可以指定结束加工位置的选择，单击“选择结束”按钮，将返回“点到点几何体”对话框
可选的-全部	通过该选项可以指定所选取的几何对象的类型。当选择“组”或“类选择”方式来指定加工位置时，该选项可控制所选几何对象的类型。当单击“可选的-全部”按钮，弹出如图 5-10 所示的可选的几何对象对话框。可选的几何对象类型包括点、圆弧和孔等。该对话框中各参数解释如下： 仅点：系统仅允许用户选择点。 仅圆弧：系统仅允许用户选择圆弧。 仅孔：系统仅允许用户选择孔。 点和圆弧：系统允许用户选择点和圆弧。 全部：系统允许用户选择所有几何对象

图 5-8　循环参数组对话框

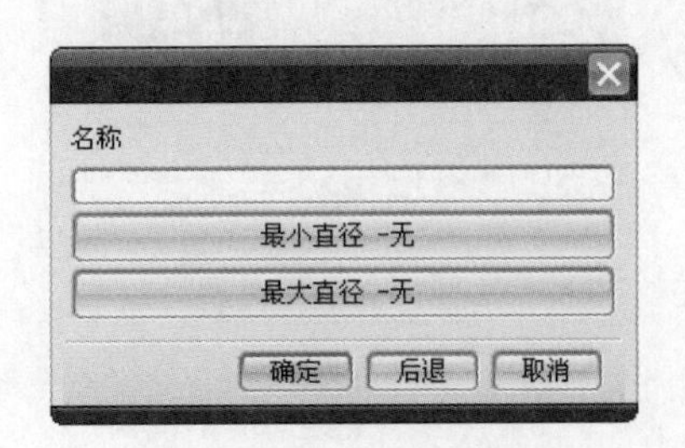

图 5-9　面上所有孔对话框

② 附加

在“点到点几何体”对话框中单击“附加”按钮，系统会弹出如图 5-7 所示的对话框，用于指定孔加工位置。用户可以选择新的加工位置，这些新选择的加工位置，将添加到上一次选择的加工位置中。如果没有指定任何加工位置，单击“附加”按钮，系统会弹出错误信息对话框。

③ 省略

在“点到点几何体”对话框中单击“省略”按钮，系统会弹出无参数对话框，用于让用户在主模型中选择需要省略的加工位置。

④ 优化

在“点到点几何体”对话框中，用户必须首先需要选择预加工点位，选择完成后，单击“优化”按钮，系统会弹出如图 5-11 所示的优化对话框。在优化对话框中通过选择“最短刀轨”、“Horizontal Bands”（水平路径）、“Vertical Bands”（垂直路径）来优化刀路轨迹，也可通过选择“Repaint Points”（重新绘制加工位置）来显示优化后的加工位置。

图 5-10　可选的几何对象

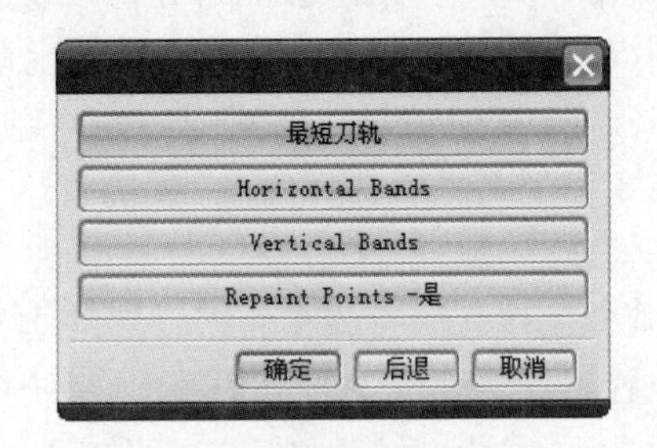

图 5-11　优化对话框

(1)最短刀轨：通过选择和编辑最短路径可以缩短无用的走刀路径，优化刀轨，从而节省加工时间，提高效率，但是却要占用计算机大量的运算时间。尤其在需要加工大量的孔时，应该优先选择这种优化方法。在优化对话框中单击“最短刀轨”按钮，系统弹出如图 5-12 所示的编辑最短路径对话框，用户可以通过该对话框指定优化路径的基点、起点和终点以及开始刀轴和最终刀轴。优化比较对话框如图 5-13 所示。编辑最短路径对话框参数功能说明见表 5-4。

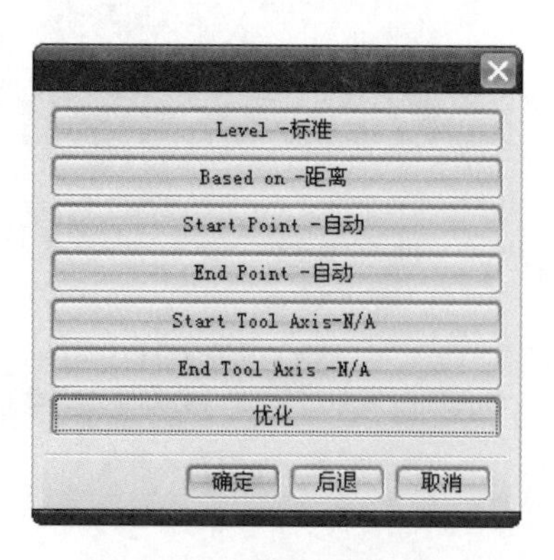

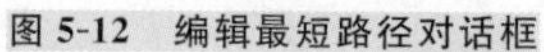
图 5-12　编辑最短路径对话框

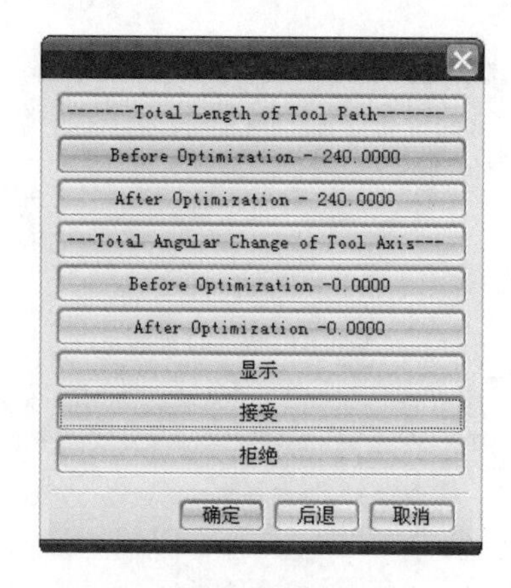

图 5-13　优化比较对话框

表 5-4　编辑最短路径对话框参数功能说明

选项	功能说明
Level-标准	该选项用来指定按照最短路径优化时的优化方式。优化方式有"标准"和"高级"两种，通过单击"Level"按钮可以在"标准"和"高级"之间切换。当选择标准优化方式时，系统从指定的优化起点开始，寻找离指定点最近的一个点，当刀具运动到该点时，则再寻找离指定点最近的下一个点。以此类推，完成所有的加工切削。当选择"高级"优化方式时，系统生成的刀具轨迹的总长要比选择"标准"方式时生成的刀具轨迹要短一些
Based on-距离	用来指定按照最短路径优化时的原则。当进行固定轴点位加工时，最优化的原则是距离，使得距离最短
Start Point-自动	用来指定按照最短路径优化时的起始点
End Point-自动	用来指定按照最短路径优化时的终点
Start Tool Axis-N/A	该选项用来设置开始刀轴，指定起始点的刀轴方向
End Tool Axis-N/A	该选项用来设置最终刀轴，指定终点的刀轴方向
优化	该选项用于让系统结束按照最短路径优化时的参数设置。单击"优化"按钮，系统将弹出如图 5-13 所示的优化比较对话框，通过优化比较设置，用户可以得到基于最短路径原则获得的刀具轨迹

(2)Horizontal Bands(水平路径)：在优化对话框中单击"Horizontal Bands"按钮，系统弹出如图 5-14 所示的水平路径对话框。用户可以指定优化路径的顺序为"升序"或"降序"。在水平路径对话框中单击"升序"或"降序"按钮，系统都会弹出"水平带 1"对话框，如图 5-15 所示。在主模型上先后选择两点，系统将生成相对于 *XC* 轴的"水平带-1"。用户可以继续用同样的操作步骤选择水平带。如果在图 5-6"选择"选项中，一开始没有选择某孔作为加工位置，则即使该孔的位置在后来设置的水平带中，系统也不会对其排序。如果所选择的孔的加工位置不在后来设置的水平带中，系统同样不会对其排序，即默认忽略其加工位置，除非用户选择添加这个孔，否则系统不会生成该孔的刀轨。

图 5-14　水平路径对话框

图 5-15　"水平带 1"对话框

(3)Vertical Bands(垂直路径)：用于指定垂直带状区域来优化点位的加工位置。其优化方法和水平路径优化相似。区别在于该选项所定义的直线与 XC 轴垂直，而水平路径优化时定义的直线是与 XC 轴平行。

(4)Repaint Points(重新绘制加工位置)：用于指定系统是否重新绘制加工位置，即是否将优化后的加工位置显示在主模型上。

5 显示点

"显示点"用于将选择的点位置显示在主模型上。

6 避让

单击"避让"按钮，系统弹出一个无参数对话框，如图 5-16 所示。可以在主模型中选择两点，作为起点和终点。当选择完毕后，系统会自动弹出如图 5-17 所示的退刀安全距离对话框，用于定义起点和终点的退刀距离。

(1)安全平面：用来设置以安全平面高度为起点和终点的退刀距离。只有在前面定义了安全平面后，此参数才有用。

(2)距离：用来设置起点和终点的退刀距离。

图 5-16 无参数对话框

图 5-17 退刀安全距离对话框

7 反向

"反向"用于将定义的加工位置顺序反向。

8 圆弧轴控制

"圆弧轴控制"可以设定圆弧或片体上孔的轴线方向。该选项适用于控制圆弧或片体的轴线方向，若主模型没有圆弧或片体，系统弹出"没有圆弧及孔被选择"的警告对话框。用户在"点到点几何体"对话框中单击"圆弧轴控制"按钮，系统将弹出如图 5-18 所示的轴线控制方向对话框。

(1)显示：用于单个或全部方式显示圆弧轴和孔轴。

(2)反向：可以按照单个或全部方式翻转圆弧轴和孔轴。

9 RAPTO 偏置

"RAPTO 偏置"用于指定刀具快速运动时的偏置距离，如图 5-19 所示。若没有选择点位加工位置，系统将会弹出警告消息框"没有选定偏置点"。

10 规划完成

"规划完成"用来结束加工定义的位置。单击该选项将返回"点位加工"对话框。

11 显示/校核 循环 参数组

"显示/校核 循环 参数组"的作用是显示、校核和循环参数组。

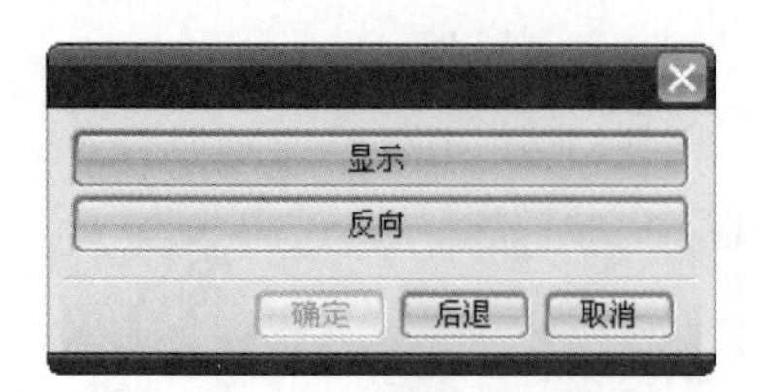

图 5-18 轴线控制方向对话框

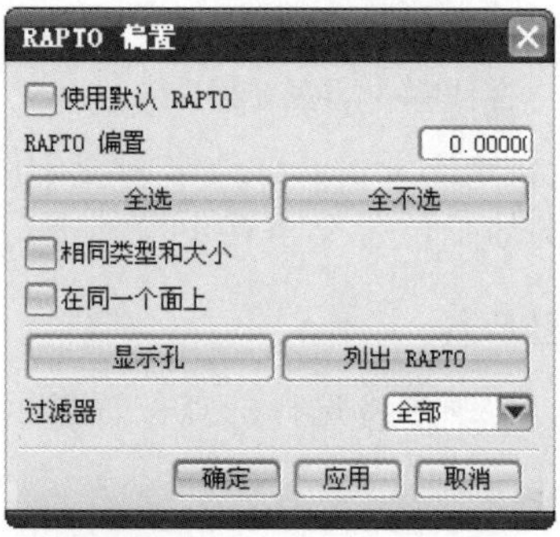

图 5-19 “RAPTO 偏置”对话框

(二)定义工件表面

在“钻”对话框“几何体”选项组中，单击“指定顶面”右侧的“选择和编辑部件表面几何体”按钮，系统将会弹出如图 5-20 所示的“顶面”对话框。

图 5-20 “顶面”对话框

在如图 5-20 所示的“顶面选项”选项中用户可以通过系统提供的四个选项选择零件表面，分别是：面、平面、ZC 常数和无。

(1)面：单击选择需要的平面作为孔加工的表面。

(2)平面：系统将自动弹出“平面构造器”对话框，用户可以在其中定义平面作为孔加工的表面。

(3)ZC 常数：用户通过输入 *ZC* 坐标值，定义孔加工表面位置。

(4)无：取消已经定义的工件表面。

(三)定义工件底面

在“加工环境”对话框中，先在“CAM 会话配置”中选择一种 CAM 配置，然后在“要创建的 CAM 设置”中选择一个 CAM 设置，最后单击“确定”按钮。在“钻”对话框“几何体”选项组中，单击“指定底面”右侧的“选择和编辑底面几何体”按钮，系统将会弹出如图 5-21 所示的“底面”对话框。“底面”对话框中的参数与图 5-20 所示的“顶面”对话框中参数相同，在此不做赘述。

图 5-21 “底面”对话框

三 点位加工循环类型

在“钻”对话框中单击“循环”右侧的▼按钮，弹出扩展选项。UG NX 8.0 提供了 14 种循环类型，如图 5-22 所示，分别为“无循环”、“啄钻”、“断屑”、“标准文本”、“标准钻”、“标准钻，埋头孔”、“标准钻，深度”、“标准钻，断屑”、“标准攻丝”、“标准镗”、“标准镗，快退”、“标准镗，横向偏置后快退”、“标准背镗”和“标准镗，手工退刀”。用户可以根据不同类型的孔，选择不同的循环，并设置相应的循环参数组，以满足实际加工的要求。

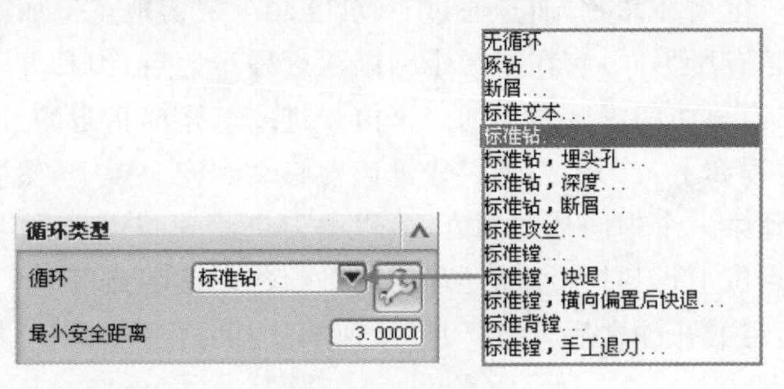

图 5-22　循环类型

(一)无循环类型

“无循环”属于无循环类型，它生成刀轨时不使用循环语句。“无循环”取消任何被激活的循环，就是不产生 Cycle 命令，它不需要设置循环参数组和定义其参数，只要选择要加工孔的点位，再指定工件表面和底面后，系统直接生成刀轨。此种钻操作简单方便，适用于用户加工的孔比较少或者加工要求相同的孔。

“无循环”的运动过程如下：以进给速度移动刀具到第一个点位上方的安全点，沿着刀轴方向以切削进给速度切削到工件底面，再以退刀速度退回到该点位的安全点上，以快进速度移动刀具到下一个点位的安全点上，若没有选择底面时，刀具以切削进给速度移动到下一个点位的安全点上。

(二)GOTO 循环类型

GOTO 循环类型就是在生成刀路时，使用 GOTO 命令来完成点位加工的，它包含“啄钻”和“断屑”两种方式。

1 啄钻

“啄钻”不会产生循环命令，而是通过 GOTO 命令来实现点位加工。“啄钻”方式是首先钻削到一个中间深度，然后退刀至安全点，方便排屑以及冷却液进入加工的孔内，然后再次进刀，钻削到下一个中间深度后，再次退刀。如此反复，完成一个孔的钻削后，再将刀具移动到下一个空的安全点处，准备下一个孔加工，由此可知，“啄钻”方式适于加工深孔。

选择“啄钻”选项后，系统弹出如图 5-23 所示的对话框，用户可以在“距离”文本框中输入数值，这个“距离”值是定义刀具与上一次已钻孔深度的间隙。单击“确定”按钮，系统弹出如图 5-24 所示的“指定参数组”对话框，用户设置完成后单击“确定”按钮退出“指定参数组”

对话框，返回“钻”对话框，这样，“啄钻”方式就设置完成了。

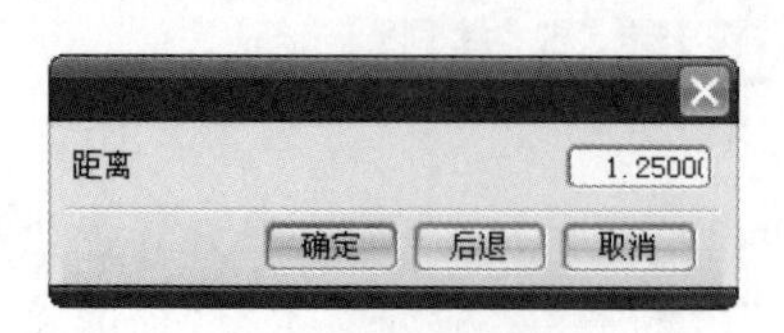

图 5-23 距离对话框

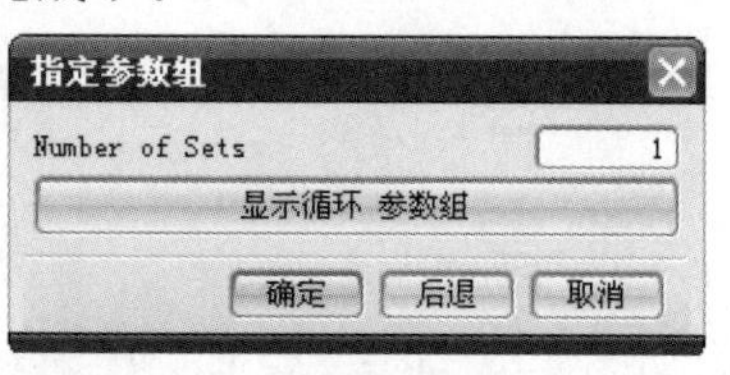

图 5-24 “指定参数组”对话框

2 断屑

“断屑”也不会产生循环命令，而是通过 GOTO 命令来实现点位加工。“断屑”方式的刀具运动过程与“啄钻”有所不同，它在每一个钻削深度增量之后，刀具并不退回到孔外的安全点上，而是退回到在当前切削深度之上的一个由步进安全距离指定的点位（这样可以将切削拉断）。刀具运动过程如下：首先，刀具以快进速度移动到安全点上，然后沿刀轴方向以循环切削进给速率钻削到第一个中间切削深度；再以退刀进给速率退回到当前切削深度之上的由安全距离确定的点位上；刀具继续以循环切削进给速率钻削到下一个中间增量深度；如此反复，直到钻削到指定的孔深之后，以退刀进给速率从孔深位置退回刀具到安全点。这种方式适于给韧性材料钻孔。

选择“断屑”选项后，系统同样会弹出如图 5-23、图 5-24 所示的对话框，它们的操作与“啄钻”一样，这里就不再赘述。

（三）CYCLE 循环类型

所有的 CYCLE 循环类型都会产生一个标准循环。

1 标准文本

“标准文本”用于指定系统在每个加工位置上产生一个根据 APT 命令所定义的循环。用户选择“标准文本”方式后，系统弹出如图 5-25 所示的要求用户输入循环文本的对话框。输入循环文本（输入的循环文本必须是 APT 自动编程语言的关键字或符合其规则的数字，中间需要用逗号隔开）后，单击“确定”按钮，将弹出“指定参数组”对话框，在此对话框中，指定循环参数组的数目，如图 5-24 所示，然后单击“确定”按钮。系统弹出“Cycle 参数”对话框，可以在该对话框中设置各项循环参数，如图 5-26 所示，单击“确定”按钮，直至返回“钻”对话框。“标准文本”方式设置完成。

图 5-25 输入循环文本对话框

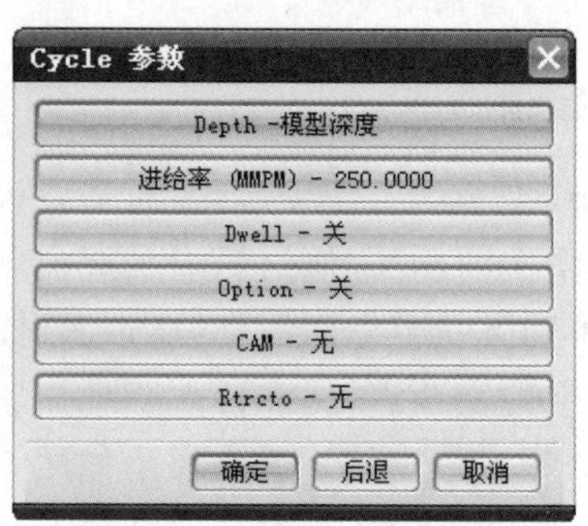

图 5-26 “Cycle 参数”对话框 1

2 标准钻

“标准钻”用于指定系统在每个加工位置上产生一个标准钻循环，其加工特点是刀具以切削速度切入材料，直至到达指定的孔深后才抬刀。这种循环方式适用于深孔加工，或者在韧性材料上加工有一定深度的孔。

“标准钻”的刀具运动过程如下：刀具以快进速度移动到点位上方的安全点上，刀具以循环进给速度钻削到要求的孔深，刀具以退刀进给速度退回到安全点，刀具以快进速度移动到下一个加工点位上的安全点，开始下一个点位的循环。

选择“标准钻”方式后，系统同样会弹出如图 5-24、图 5-26 所示的对话框，它们的操作与“标准文本”一样，这里就不再赘述。

3 标准钻，埋头孔

“标准钻，埋头孔”用于指定系统在每个加工位置上产生一个标准沉头孔钻循环，将产生与“标准钻”循环类型相似的刀轨，但是不同的是根据沉头孔直径和刀尖角度来计算钻孔深度。

选择“标准钻，埋头孔”方式后，操作同“标准文本”。

4 标准钻，深度

“标准钻，深度”用于指定系统在每个加工位置上产生一个标准深孔钻循环。该方式与“啄钻”循环类型的刀轨相似，啄钻和标准深度钻的不同之处是，啄钻不依赖于机床控制器的固定循环子程序，而标准深度钻依赖于机床的控制器，产生的刀具运动可能有很小的不同。当用户使用“标准钻，深度”循环类型进行点位加工后，在输出的刀具轨迹列表框中可以观察到此循环命令是以“CYCLE/DRILL，DEEP”开头，以“CYCLE/OFF”结尾的。

选择“标准钻，深度”方式后，操作同“啄钻”。

5 标准钻，断屑

“标准钻，断屑”用于指定系统在每个加工位置上产生一个标准断屑钻循环。该方式与“断屑”循环类型的刀轨相似，断屑钻不依赖于机床控制器的固定循环子程序，而标准断屑钻依赖于机床控制器，产生的刀具运动可能有很小的不同。当用户使用“标准钻，断屑”方式进行点位加工后，在输出的刀具轨迹列表框中可以观察到此循环命令是以“CYCLE/DRILL，BRKCHP”开头，以“CYCLE/OFF”结尾的。

选择“标准钻，深度”方式后，操作同“断屑”。

6 标准攻丝

“标准攻丝”用于指定系统在每个加工位置上产生一个标准攻丝循环。当用户使用“标准攻丝”循环类型进行点位加工后，在输出的刀具轨迹列表框中可以观察到此循环命令是以“CYCLE/TAP”开头，以“CYCLE/OFF”结尾的。

“标准攻丝”的刀具运动过程如下：刀具以切削进给速率进给到最终的切削深度，主轴反转并以切削进给速率退回到操作安全点，刀具以快进速度移动到下一个加工点位上的安全点，开始下一个点位的循环。

选择“标准攻丝”方式后，操作同“标准钻”。

7 标准镗

“标准镗”用于指定系统在每个加工位置上产生一个标准镗循环。当用户使用“标准镗”循环类型进行点位加工后，在输出的刀具轨迹列表框中可以观察到此循环命令是以“CYCLE/BORE,RAPTO”开头，以“CYCLE/OFF”结尾的。

“标准镗”的刀具运动过程如下：刀具以切削进给速率进给到孔的最终切削深度之后以切削进给速率退回到孔外，刀具以快进速度移动到下一个加工点位上的安全点，开始下一个点位的循环。

选择“标准镗”方式后，操作同“标准钻”。

8 标准镗，快退

“标准镗，快退”用于指定系统在每个加工位置上产生一个“标准镗，快退”循环。当用户使用“标准镗，快退”循环类型进行点位加工后，在输出的刀具轨迹列表框中可以观察到此循环命令是以“CYCLE/BORE,DRAG”开头，以“CYCLE/OFF”结尾的。

选择“标准镗，快退”方式后，操作同“标准钻”。

9 标准镗，横向偏置后快退

“标准镗，横向偏置后快退”用于指定系统在每个加工位置上产生一个“标准镗，横向偏置后快退”循环。用户选择“标准镗，横向偏置后快退”循环类型，系统将会弹出如图 5-27 所示的“Cycle/Bore，Nodrag”对话框。若单击“指定”按钮，则可以指定方位角，方位角是指主轴停止时的方位角。若单击“无”按钮，则表示不指定方位角。其后的操作同“标准钻”。

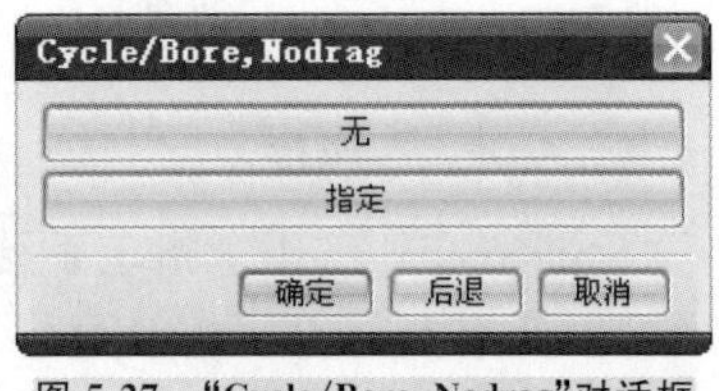

图 5-27 “Cycle/Bore，Nodrag”对话框

“标准镗，横向偏置后快退”与“标准镗”的区别是：选择“标准镗，横向偏置后快退”，刀具退刀前，主轴先停止在指定的方位上，等刀具横向偏置一段距离后再退刀，这样可以有效地防止刀具划伤工件表面。这种循环方式多应用于精加工镗孔。

10 标准背镗

“标准背镗”用于指定系统在每个加工位置上产生一个“标准背镗”循环。“标准背镗”循环的操作与“标准镗，横向偏置后快退”一样。“标准背镗”与“标准镗”的区别是：选择“标准背镗”，刀具退刀后，主轴先停止在指定的方位上，等刀具横向偏置一段距离后再进刀钻削孔。使用“标准背镗”进行点位加工后，在输出的刀具轨迹列表框中可以观察到此循环命令是以“CYCLE/BORE,BACK,25.0000”开头，以“CYCLE/OFF”结尾的，其中“25.0000”表示用户输入的方位角。

11 标准镗，手工退刀

“标准镗，手工退刀”用于指定系统在每个加工位置上产生一个“标准镗，手工退刀”循环。“标准镗，手工退刀”与“标准镗”操作步骤几乎相同，唯一不同的是“标准镗，手工退刀”的退刀是由操作人员手动控制的。使用“标准镗，手工退刀”进行点位加工后，在输出的刀具轨迹列表框中可以观察到此循环命令是以“CYCLE/BORE,MANUAL”开头，以“CYCLE/OFF”结尾的。

四 循环参数组设置

(一)概述

对不同类型的孔,可以使用不同类型的加工循环方式来加工出满足要求的孔。对于相同类型的孔,当加工要求不同(如进给速度不同或加工深度不同)时,可以通过指定不同的循环参数组进行加工。

在应用循环类型时,无论是选用 GOTO 循环还是选用 CYCLE 循环,系统都会弹出如图 5-24 所示的“指定参数组”对话框。用户可以设定 1～5 个参数组,每个参数组具有相同类型的循环参数,包括进给速度、切削深度和步距等,但各个循环组之间对应的参数值可以不同。设定多个参数组,可以方便使用不同参数加工不同位置的孔。尽管这样的设置非常灵活,但是用户要切记:当指定了超过两个循环参数组后,在指定点位时,需要指定使用哪一组循环参数,否则系统将默认使用第一组循环参数加工所有点位。

用户在指定循环参数组时的一般流程如下:

(1)指定循环参数组的数量。

(2)设置第一个循环参数组的循环参数,并指定该循环参数组对应的待加工孔的位置。

(3)设置第二个循环参数组的循环参数,并指定其对应的加工孔的位置。

如此反复,直至完成所有的孔操作。

(二)循环参数组的设置

在 UG NX 8.0 的点位加工操作中,除了选择“无循环”方式,其他任何一种循环方式,系统都会弹出如图 5-24 所示的“指定参数组”对话框,用于设置循环参数组的个数。单击“确定”按钮后,系统弹出“Cycle 参数”对话框。指定不同的循环方式,系统将弹出不同的循环参数设置对话框,例如“啄钻”循环方式,在设置好“距离”和“指定参数组”对话框后,系统弹出“Cycle 参数”对话框,如图 5-28 所示,在弹出的对话框中可以设置“Depth”(深度)、“进给率”、“Dwell”(暂停时间)、“Increment”(深度增量)四个循环参数。如果用户选择“标准钻,断屑”循环方式,在设置好“距离”和“指定参数组”对话框后,系统弹出“Cycle 参数”对话框,如图 5-29 所示,“Depth”(深度)、“进给率”、“Dwell”(暂停时间)、“Option”(选项)、“CAM”(计算机辅助加工)、“Rtrcto”(退刀距离)和“Step 值”(步长值)七个循环参数。

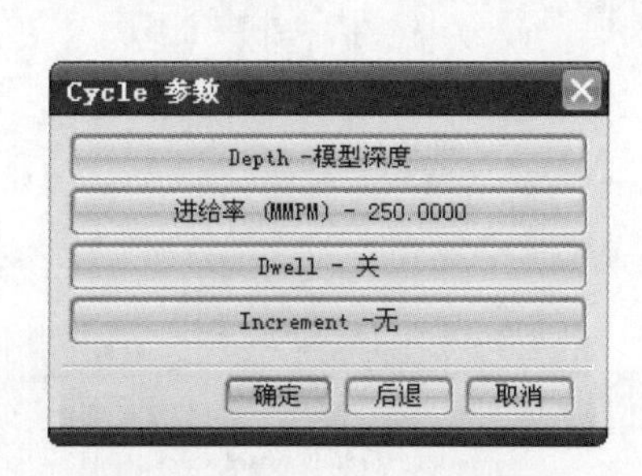

图 5-28 “Cycle 参数”对话框 2

图 5-29 “Cycle 参数”对话框 3

① Depth(模型深度)

在如图 5-28 所示的“Cycle 参数”对话框中单击“Depth”按钮，系统弹出如图 5-30 所示的“Cycle 深度”对话框。对话框各个参数功能见表 5-5。

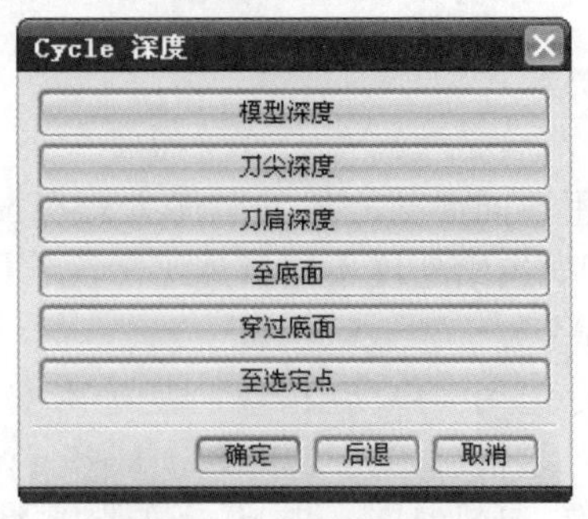

图 5-30 “Cycle 深度”对话框

表 5-5 “Cycle 深度”对话框各个参数及其说明

选项	功能说明
模型深度	如果在“Cycle 深度”对话框中单击“模型深度”按钮，系统将自动计算实体中每个孔的深度。选择“模型深度”将激活“允许大号刀具”选项，该选项允许用户为主模型的孔指定一个大号刀具。它可以帮助用户完成某些特殊操作，如攻丝等。对于非实体孔，即点、圆弧或片体上的孔等，“模型深度”将被计算为零。如图 5-31 所示
刀尖深度	系统将以主模型上的孔的表面沿刀轴到刀尖的距离作为钻削深度。如图 5-31 所示
刀肩深度	系统将以主模型上的孔的表面沿刀轴到刀肩的距离作为钻削深度。如图 5-31 所示
至底面	系统将以沿刀轴计算的刀尖接触到底面所需的深度为钻削深度。如图 5-31 所示
穿过底面	系统将沿刀轴计算出刀肩接触到底面所需的深度，并将其作为钻削深度，如果需要让刀肩越过底面，可以在定义“底面”时指定一个“安全距离”。如图 5-31 所示
至选定点	系统将沿刀轴计算出从主模型的孔表面到钻孔点的 *ZC* 坐标的值，并把它作为钻削深度。如图 5-31 所示

② 进给率

在如图 5-28 所示的“Cycle 参数”对话框中单击“进给率”按钮，系统弹出如图 5-32 所示的“Cycle 进给率”对话框。在“MMPM”(毫米每分钟)文本框中输入数值(默认值为“250”)，即可指定点位加工的进给速度。“切换单位至 MMPR” 则可以将单位切换成“毫米每转”，如果在建立主模型时以英寸为基本单位，则单击该按钮，进给率的单位会在“英寸每转”和“英寸每分钟”之间切换。

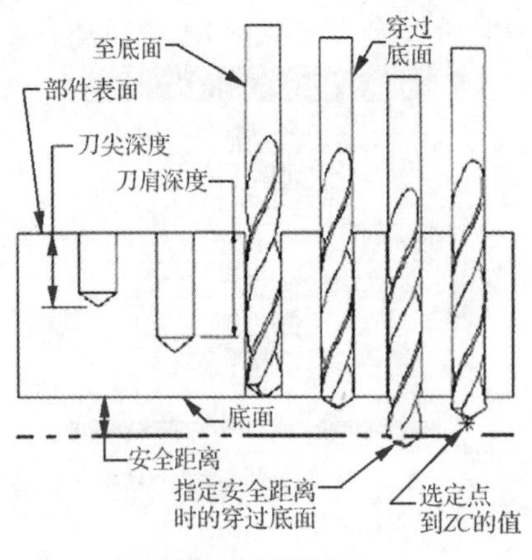

图 5-31 切削深度

图 5-32 “Cycle 进给率”对话框

3 Dwell(暂停时间)

在如图 5-28 所示的“Cycle 参数”对话框中单击“Dwell”按钮,系统弹出“Cycle Dwell”对话框。其中各个参数含义见表 5-6。

表 5-6　“Cycle Dwell”对话框各个参数及其功能说明

选项	功能说明
关	使刀具到达指定的钻削深度后不发生停留和延迟
开	使刀具到达指定的钻削深度后原地停留并延迟指定时间
秒	用户输入刀具在点位加工时停留时间数值,停留时间以秒为单位
转	用户输入刀具在点位加工时停留时间数值,停留时间以主轴转速为单位

4 Option(选项)

系统默认为“开”。如果系统正处于“Option-开”状态,则系统将在 CYCLE 语句中包含关键词“Option”,“Option”的功能取决于后处理器。

5 CAM(计算机辅助加工)

在如图 5-29 所示的“Cycle 参数”对话框中单击“CAM”按钮,系统弹出如图 5-33 所示的指定 CAM 值对话框,用于没有可编程 Z 轴的数控机床。指定 CAM 值后,系统将驱动刀具到 CAM 的停止位置,以便控制刀具深度。在“CAM”文本框中输入数值即可帮助系统指定 CAM 值。

图 5-33　指定 CAM 值对话框

6 Rtrcto(退刀距离)

在如图 5-29 所示的“Cycle 参数”对话框中单击“Rtrcto”按钮,系统弹出如图 5-34 所示的指定距离对话框,用来指定刀具的退刀距离。它有三种选项:“距离”用于设置退刀距离;“自动”表示系统将自动指定一个安全距离作为退刀距离;“设置为空”表示系统不指定退刀距离。

7 Increment(深度增量)

这是“啄钻”和“断屑”两种循环方式的特殊选项。在如图 5-28 所示的“Cycle 参数”对话框中单击“Increment”按钮,系统弹出如图 5-35 所示的“增量”对话框,用来指定两次中间深度之间的增量距离。它有三种选项:“空”表示不指定深度增量,系统将刀具一次送到指定的钻削深度,中间不设置任何中间点;“恒定”表示在点位加工中,系统会以不变的“深度增量”一直加工到指定的钻削深度;“可变的”可以为不同的深度增量设置不同的重复次数,在其下一步对话框中的“增量”文本框中输入数值,指定一个深度增量,在“重复”文本框中输入数值,设置深度增量的重复次数。

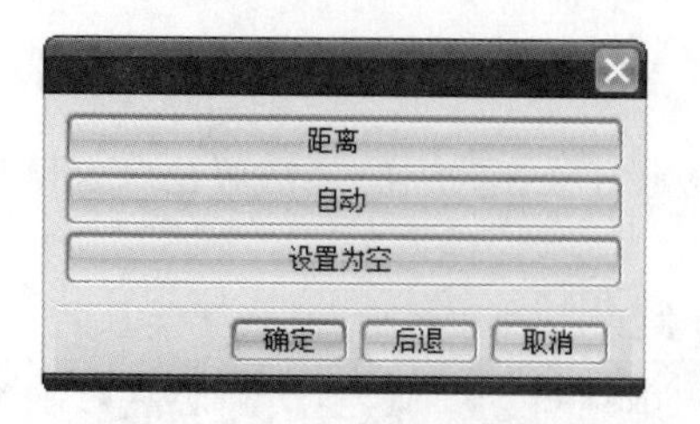

图 5-34　指定距离对话框

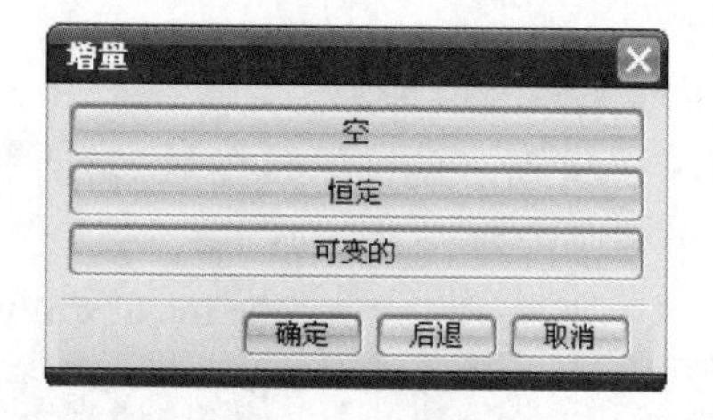

图 5-35　“增量”对话框

8 Step 值(步长值)

“标准钻,深度”和“标准钻,断屑”两种循环方式有“Step 值”。“Step 值”是指在点位钻孔操作中,每个钻入增量的距离,包括深度逐渐增加的钻孔操作,其刀具运动方式如图 5-36 所示。“Step 值”的数量和钻孔信息取决于机床和后处理器,对应于“啄钻”和“断屑”循环方式的“深度增量”。在如图 5-28 所示的“Cycle 参数”对话框中单击“Step 值”按钮,系统弹出如图 5-37 所示的步长设置对话框。在该对话框中,用户可以在“Step＃1”、“Step＃2”等文本框中根据实际需要指定步长值。系统将在 CYCLE 语句中包含“STEP,S1,S2,. . . ,Sn”参数字符串。其中“S1,S2,. . . ,Sn”分别是第 1 个到第 n 个非零的步长值。系统会在遇到第 1 个零步长值时终止字符串,如果第 1 个步长值为零,系统则不会在 CYCLE 语句中包含 STEP 字符串。

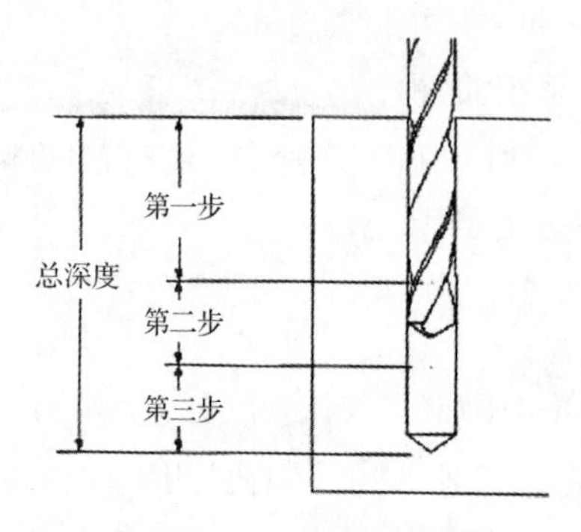

图 5-36　刀具运动

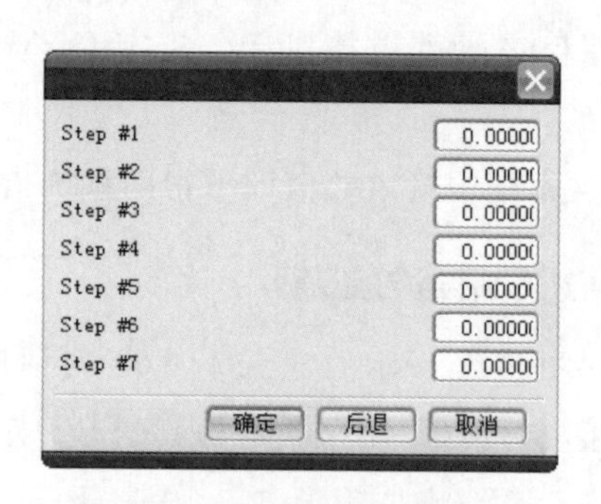

图 5-37　步长设置对话框

9 入口直径

当用户选择“标准钻,埋头孔”循环方式,在“Cycle 参数”对话框中单击“入口直径”按钮,系统会弹出如图 5-38 所示的对话框。“入口直径”表示加工沉头孔前现有孔的直径,该参数可以让后处理器计算出一个快速定位点。该点通常应该在孔内,且位于待加工孔的表面以下。

图 5-38　入口直径对话框

10 Csink 直径(沉头孔直径)

当用户选择“标准钻,埋头孔”循环方式,在“Cycle 参数”对话框中单击“Csink 直径”按钮,系统会弹出如图 5-39 所示的对话框。“Csink 直径”表示沉头孔的直径。埋头孔直径的工作方式如图 5-40 所示。

图 5-39 Csink 直径对话框

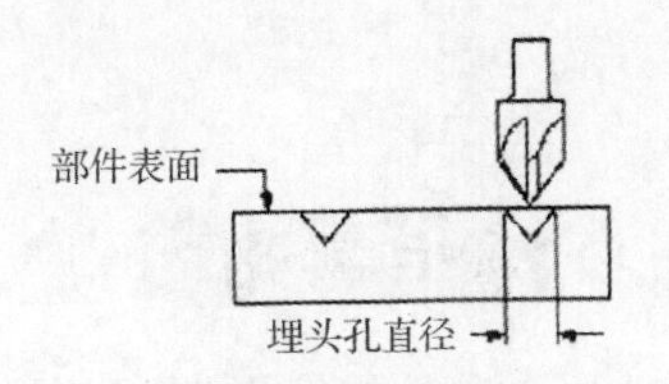

图 5-40 埋头孔直径

11 多次设置循环参数

在点位加工中，用户设定了多少个循环参数组，系统就会弹出多少次“Cycle 参数”对话框要求用户定义。用户可以设置不同循环参数组，也可以通过单击“复制上一组参数”按钮，设置一个与上一组完全一样的循环参数组。

（三）一般参数的设置

1 最小安全距离

“最小安全距离”是指系统指定刀具沿刀轴方向从工件表面向上偏置的最小距离。让刀具从工件表面向上偏置一段距离，可以有效地防止在点位加工中刀具和工件表面发生碰撞。用户通过单击“钻”对话框的“循环类型”扩展选项，展开“最小安全距离”参数，如图 5-41 所示。

图 5-41 “最小安全距离”设置

2 深度偏置

用户通过单击“钻”对话框的“深度偏置”扩展选项，展开“通孔安全距离”和“盲孔余量”参数，如图 5-42 所示。“通孔安全距离”主要用于在加工通孔时保证打通被加工的孔，即指定刀具穿过通孔底面的距离。“盲孔余量”指定的是盲孔时刀具到孔底面的距离，其保证在加工盲孔时，不会产生过切，一般应用于钻孔的精加工。通孔与盲孔距离的设置如图 5-43 所示。

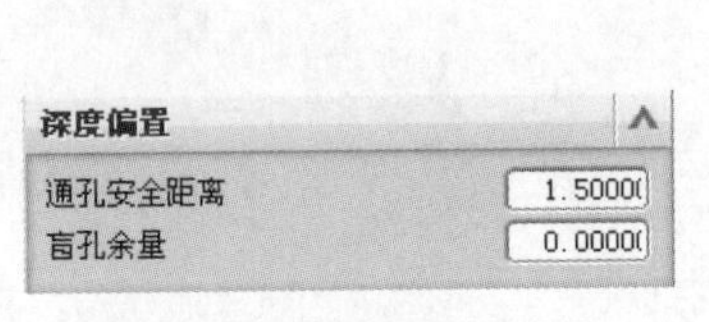

图 5-42 “深度偏置”选项组

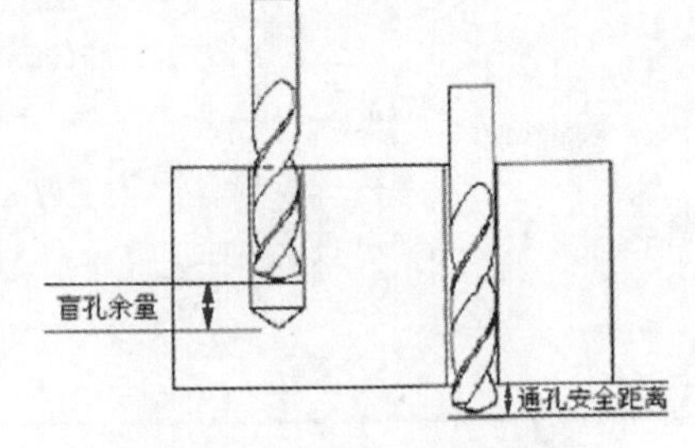

图 5-43 通孔与盲孔距离的设置

3 进给率

在“刀轨设置”选项组中的“进给率”选项与平面铣操作相应选项的设置方法类似。

如图 5-44 所示零件的编程步骤如下：

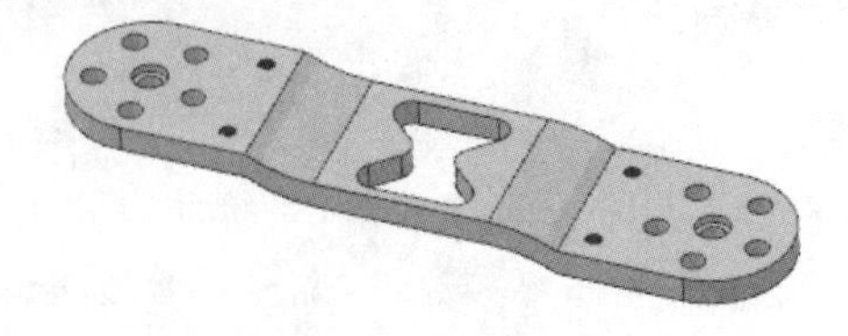

图 5-44　零件

1 设置初始化加工环境

(1)打开模型文件

调入工件。启动 UG NX 8.0，单击“标准”工具栏上的“打开”按钮，打开“打开”对话框，如图 5-45 所示，选择本教材素材资源包中的“5-1.prt”文件，单击“OK”按钮。

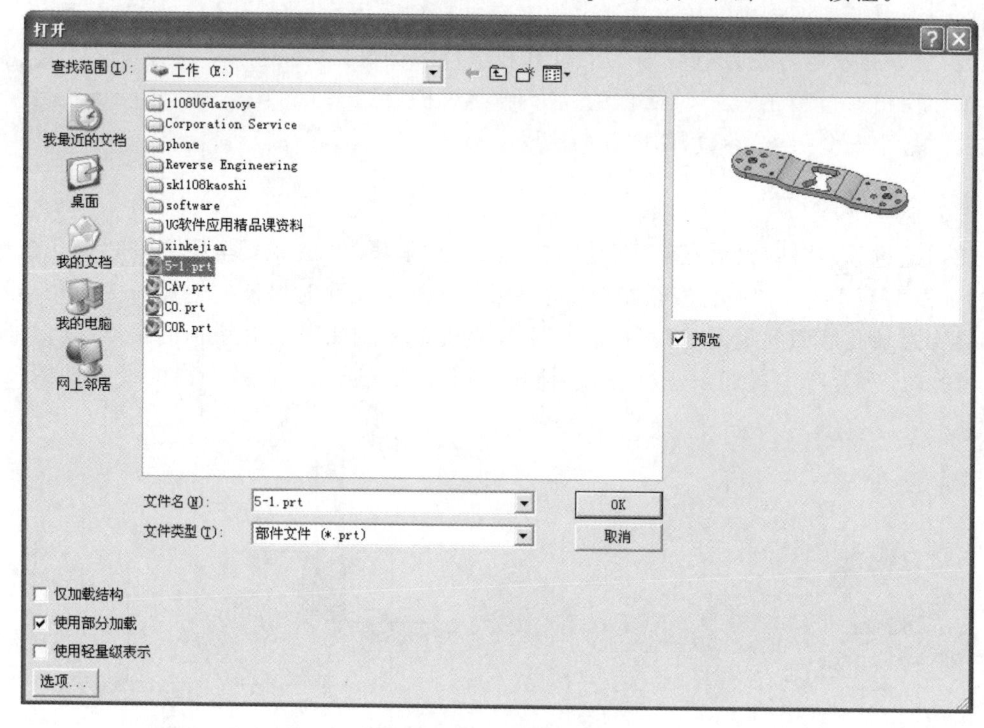

图 5-45　打开零件

(2)进入加工模块

①初始化加工环境。单击“起始”按钮 开始 下拉列表中的“加工”命令，系统弹出“加工环境”对话框，如图 5-5 所示。由于该工件只需要用到二维加工，所以在“要创建的 CAM 设置”列表框中选择“drill”作为操作模板，单击“确定”按钮，进入加工环境。

②设定操作导航器。单击界面左侧资源条中的“操作导航器”按钮，打开操作导航器，在操作导航器中单击鼠标右键，在弹出的快捷菜单中选择“几何视图”命令。操作导航器几何视图如图 5-46 所示。

③设定坐标系和安全高度。在操作导航器中，双击坐标系MCS_MILL，弹出“Mill Orient”对话框，如图 5-47 所示，接受默认的 MCS 加工坐标系；选择“安全设置选项”中的“平面”，单击模型的上表面，如图 5-48 所示，在“距离”文本框中输入“30”，即安全高度为 $Z30$，单击“确定”按钮。

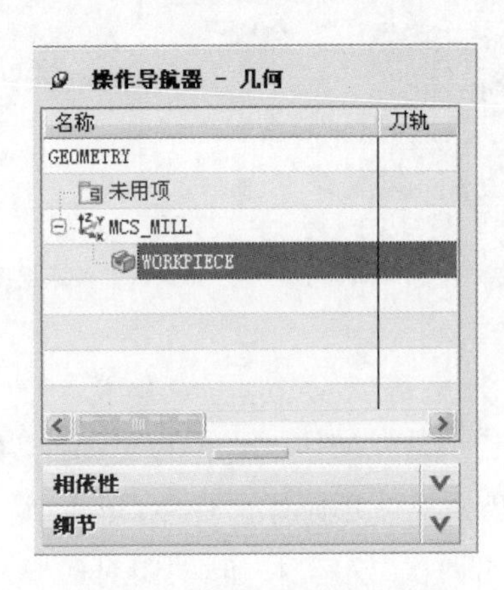

图 5-46 操作导航器几何视图

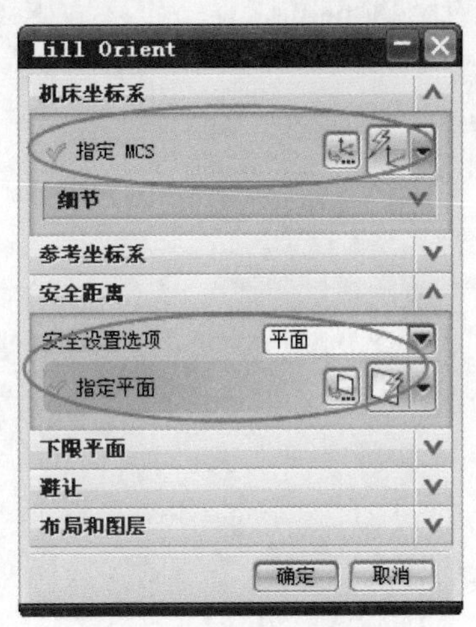

图 5-47 机床坐标系的设置

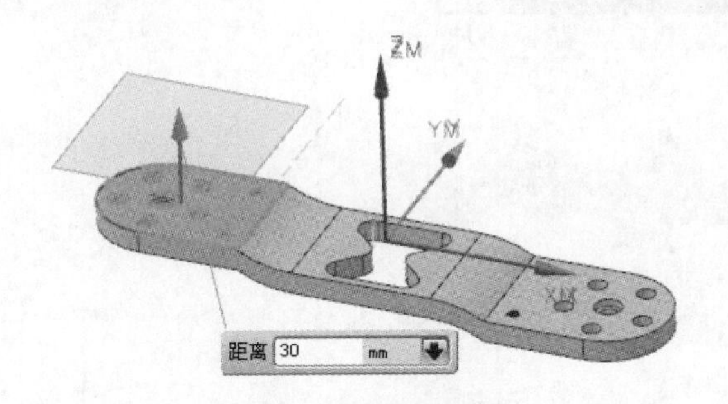

图 5-48 安全高度设置

(3)创建刀具

单击“加工创建”工具栏中的“创建刀具”按钮，弹出“创建刀具”对话框，默认的“子类型”为中心钻，在“名称”文本框中输入“Z3”，如图 5-49 所示。单击“应用”按钮，弹出刀具参数对话框，在“直径”文本框中输入“3”，如图 5-50 所示。这样就创建了一把 $\phi3$ mm 的中心钻。使用同样的方法，创建两把普通钻，其中一把是 $\phi5$ mm、名称为 MZ5 的麻花钻；另一把是 $\phi8$ mm、名称为 MZ8 的麻花钻。创建一把沉头孔钻，$\phi12$ mm、名称为 CZ12。最后创建一把螺丝攻，外径为 $\phi6$ mm、名称为 SZ6。最后操作导航器的机床视图如图 5-51 所示。

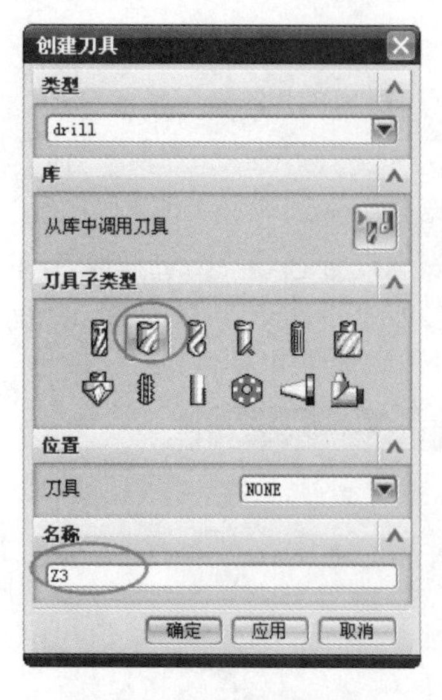

图 5-49 “创建刀具”对话框 2

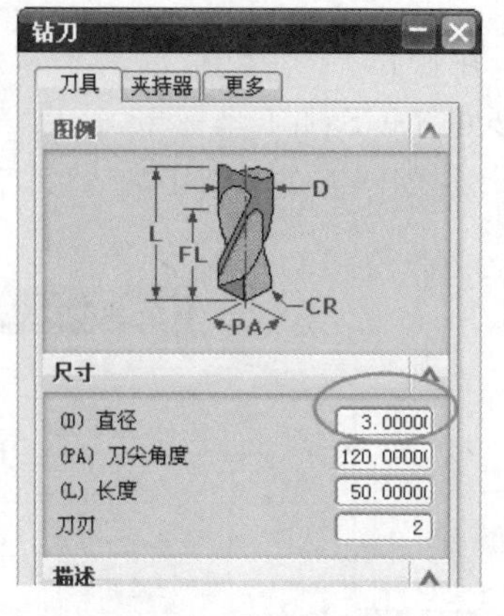

图 5-50 刀具参数

操作导航器 - 机床

名称	刀轨	刀具	描述
GENERIC_MACHINE			通用机床
未用项			drill
Z3			Drilling Tool
MZ5			Drilling Tool
MZ8			Drilling Tool
CZ12			Milling To...
SZ6			Drilling Tool

图 5-51 机床视图

(4)创建几何体

在操作导航器中单击 MCS_MILL 前的“+”，展开坐标系父节点，双击其下的“WORKPIECE”，弹出“工件”对话框，如图 5-52 所示。创建工件几何体，单击“指定部件”右侧的“选择和编辑几何体”按钮，在绘图区选择整个模型为工件几何体部件后，单击“确定”按钮，完成工件几何体的设置，如图 5-53 所示。然后单击两次“确定”按钮，关闭对话框。

图 5-52 “工件”对话框

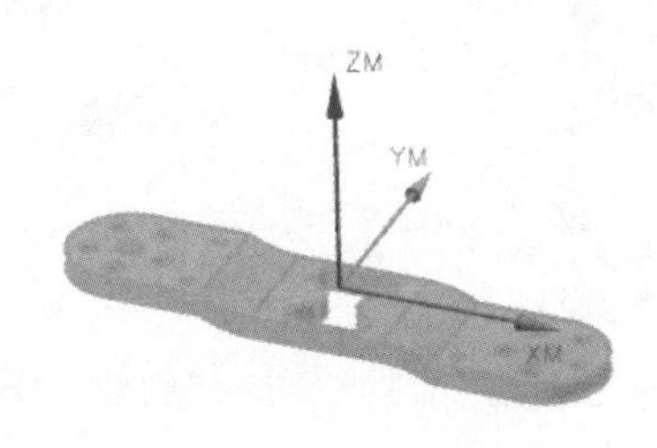

图 5-53 工件几何体的选择

2 钻中心孔

(1)创建点钻加工

①进入点钻加工界面。单击“加工创建”工具栏中的“创建操作”按钮，弹出“创建操作”对话框，如图 5-54 所示。“类型”选择“drill”，“操作子类型”选择“中心钻”，设置“几何体”为“WORKPIECE”，“刀具”为“Z3”，“方法”为“DRILL_METHOD”，单击“确定”按钮，弹出“点钻”对话框，如图 5-55 所示。

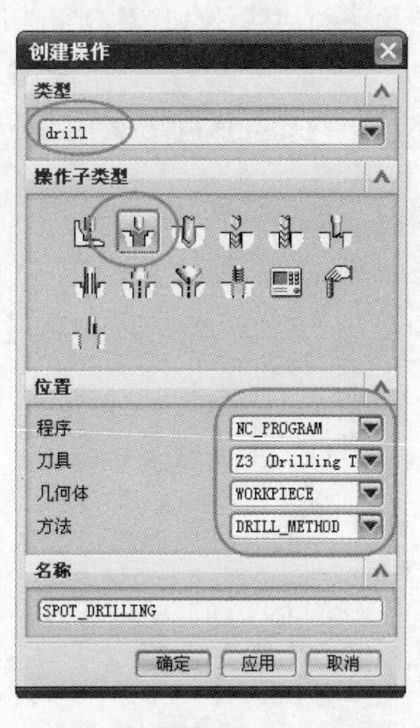

图 5-54 “创建操作”对话框 2

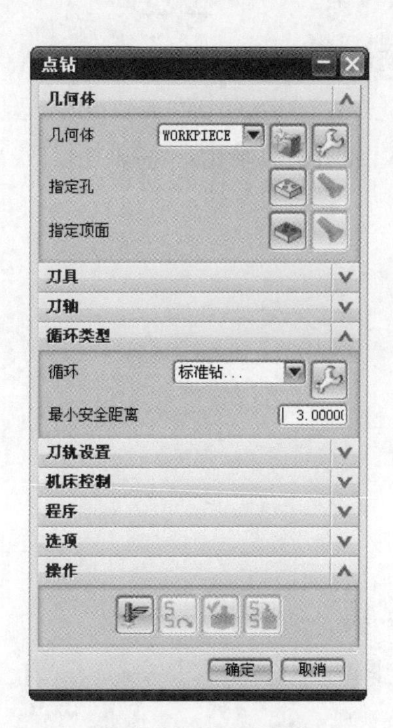

图 5-55 “点钻”对话框

②定义加工孔位置。在如图 5-55 所示的“点钻”对话框中，单击“指定孔”右侧的按钮，系统弹出“点到点几何体”对话框，如图 5-6 所示。在该对话框中单击“选择”按钮，弹出孔的加工位置对话框，如图 5-7 所示。单击“一般点”按钮，在绘图区的固定板模型上单击这 16 个圆孔的边缘，系统会自动捕捉圆孔的中心，选择完毕后单击“确定”按钮，各点显示如图 5-56 所示，且系统已经为这些点编号。再次单击“确定”按钮，返回“点钻”对话框。

(2)选择循环类型并设置加工深度

采用系统默认的循环类型“标准钻”，在“循环类型”选项组中单击“编辑”按钮，系统将自动弹出如图 5-24 所示的“指定参数组”对话框。单击“确定”按钮，弹出“Cycle 参数”对话框，如图 5-57 所示。单击“Depth”按钮，弹出“Cycle 深度”对话框，如图 5-30 所示。单击“刀尖深度”按钮，接着在“深度”文本框中输入“2”，如图 5-58 所示。单击两次“确定”按钮，返回“点钻”对话框。

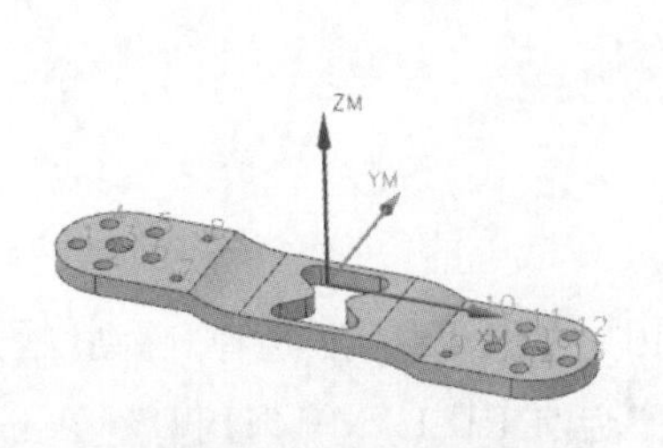

图 5-56 所选择的点 1

图 5-57 “Cycle 参数”对话框 4

(3)设定进给率和主轴转速

单击"点钻"对话框中的"刀轨设置"选项组的"进给率和速度"按钮，弹出"进给率和速度"对话框，如图 5-59 所示。"主轴速度"设置为"1800"，"剪切"设置为"50"，单击"确定"按钮。

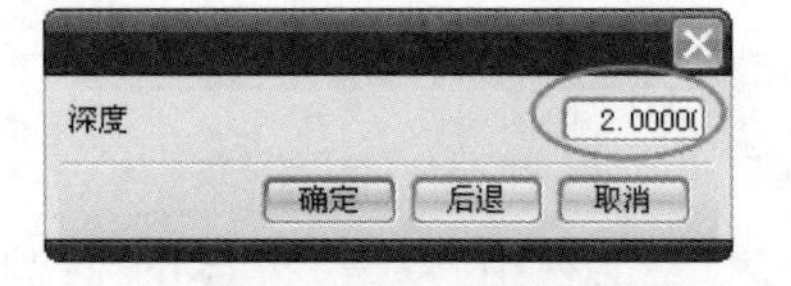

图 5-58　刀尖深度设置

图 5-59　"进给率和速度"对话框 1

(4)生成刀位轨迹

单击"生成"按钮，系统计算出点钻加工的刀位轨迹，如图 5-60 所示。单击"确定"按钮，在操作导航器几何视图中的"WORKPIECE"节点下生成 SPOT_DRILLING 程序。

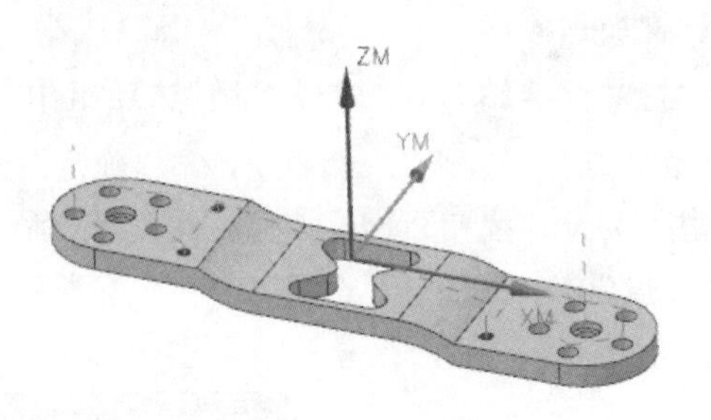

图 5-60　"点钻"加工生成的刀轨

3 钻通孔和沉头孔加工

(1)创建啄钻通孔加工

①进入啄钻加工操作界面。单击"加工创建"工具栏中的"创建操作"按钮，弹出"创建操作"对话框，如图 5-61 所示。"类型"选择"drill"，"操作子类型"选择"啄钻"，设置"几何体"为"WORKPIECE"，"刀具"为"MZ8"，"方法"为"DRILL_METHOD"，单击"确定"按钮，弹出"啄钻"对话框，如图 5-62 所示。

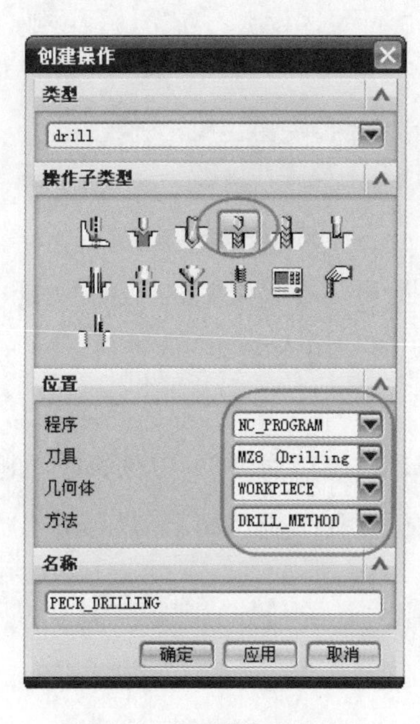

图 5-61 “创建操作”对话框 3

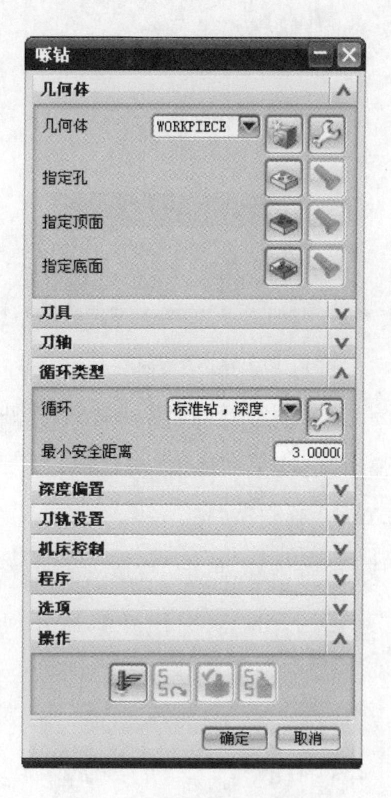

图 5-62 “啄钻”对话框

②定义加工孔位置。在如图 5-62 所示的“啄钻”对话框中，单击“指定孔”右侧的按钮，系统弹出“点到点几何体”对话框。在该对话框中单击“选择”按钮，弹出孔的加工位置对话框。单击“一般点”按钮，在绘图区的固定板模型上单击除 4 个螺纹孔之外的 12 个圆孔边缘，系统会自动捕捉圆孔的中心，选择完毕后单击“确定”按钮，各点显示如图 5-63 所示。再次单击“确定”按钮，返回“啄钻”对话框。

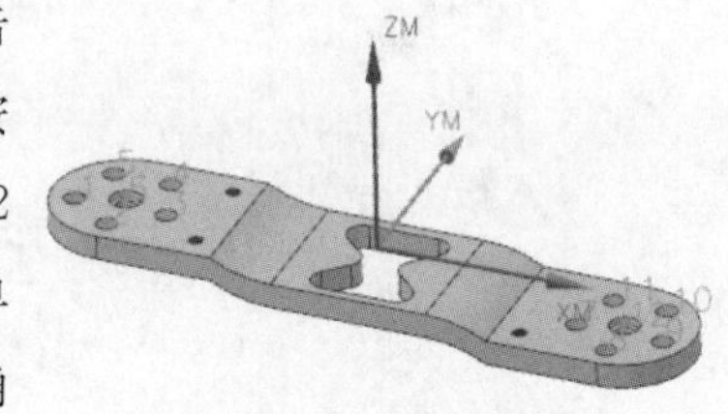

图 5-63 所选择的点 2

③选择循环类型并设置加工深度、循环增量。首先，利用 UG 主界面的工具测量固定板的厚度为 9 mm，所以钻头的刀肩钻 10 mm 就可以钻通。采用系统默认的循环类型“标准钻，深度”，在“循环类型”选项组中单击“编辑”按钮，系统将自动弹出“指定参数组”对话框。单击“确定”按钮，弹出“Cycle 参数”对话框。单击 Depth (Shouldr) - 0.0000 按钮，系统弹出“Cycle 深度”对话框。单击 刀肩深度 按钮，接着在“深度”文本框中输入“10”，如图 5-64 所示。单击“确定”按钮，返回“Cycle 参数”对话框。单击 Step 值 - 未定义 按钮，弹出增量对话框，在对话框中设置增量全部为“2”，如图 5-65 所示。然后单击两次“确定”按钮，返回“啄钻”对话框。

图 5-64　刀肩深度

图 5-65　增量对话框

④设定进给率和主轴转速。单击“啄钻”对话框中“刀轨设置”选项组的“进给率和速度”按钮，弹出“进给率和速度”对话框，如图 5-66 所示。“主轴速度”设置为“350”，“剪切”设置为“50”，单击“确定”按钮。

⑤生成刀位轨迹。单击“生成”按钮，系统计算出啄钻加工的刀位轨迹，如图 5-67 所示。单击“确定”按钮，在操作导航器几何视图中的“WORKPIECE”节点下生成 PECK_DRILLING 程序。

图 5-66　“进给率和速度”对话框 2

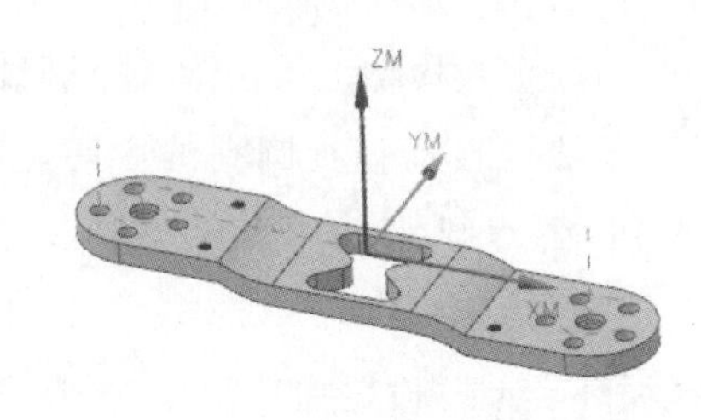

图 5-67　“啄钻”加工生成的刀轨

(2)创建沉头孔钻加工

①进入沉头孔钻加工操作界面。单击“加工创建”工具栏中的“创建操作”按钮，弹出“创建操作”对话框，如图 5-68 所示。“类型”选择“drill”，“操作子类型”选择“沉头孔钻”，设置“几何体”为“WORKPIECE”，“刀具”为“CZ12”，“方法”为“DRILL_METHOD”，单击“确定”按钮，弹出“沉头孔加工”对话框，如图 5-69 所示。

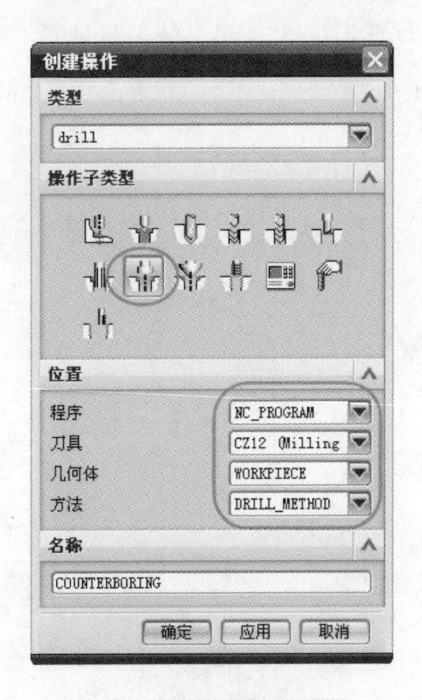

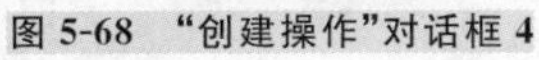
图 5-68 “创建操作”对话框 4

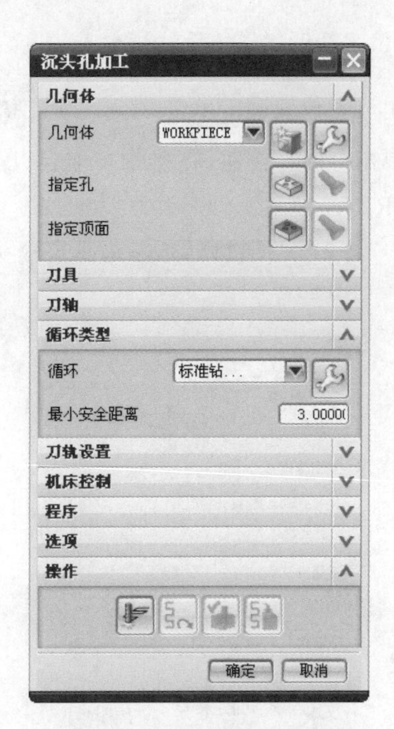

图 5-69 “沉头孔加工”对话框

②定义加工孔位置。在如图 5-69 所示的“沉头孔加工”对话框中，单击“指定孔”右侧的按钮，系统弹出“点到点几何体”对话框。在该对话框中单击“选择”按钮，弹出孔的加工位置对话框。单击“一般点”按钮，在绘图区的固定板模型上单击沉头孔的上边缘，系统会自动捕捉圆孔的中心，选择完毕后单击“确定”按钮，各点显示如图 5-70 所示。再次单击“确定”按钮，返回“沉头孔加工”对话框。

③选择循环类型并设置加工深度。采用系统默认的循环类型“标准钻”，在“循环类型”选项组中单击“编辑”按钮，系统将自动弹出“指定参数组”对话框。单击“确定”按钮，弹出“Cycle 参数”对话框。单击 Depth (Shouldr) - 0.0000 按钮，系统弹出“Cycle 深度”对话框。单击 刀尖深度 按钮，接着在“深度”文本框中输入“3”，如图 5-71 所示。单击两次“确定”按钮，返回“沉头孔加工”对话框。

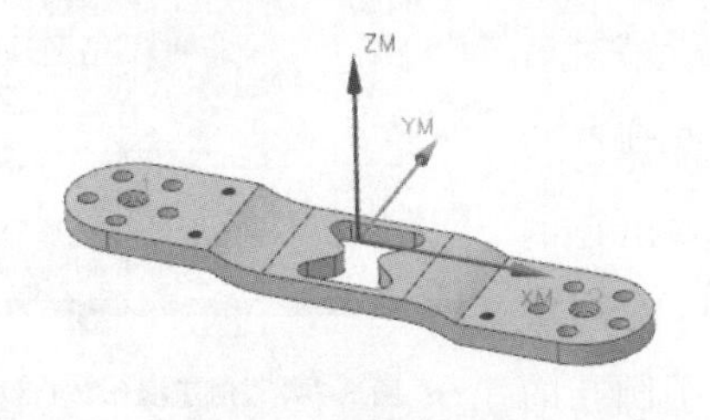

图 5-70 所选择的点 3

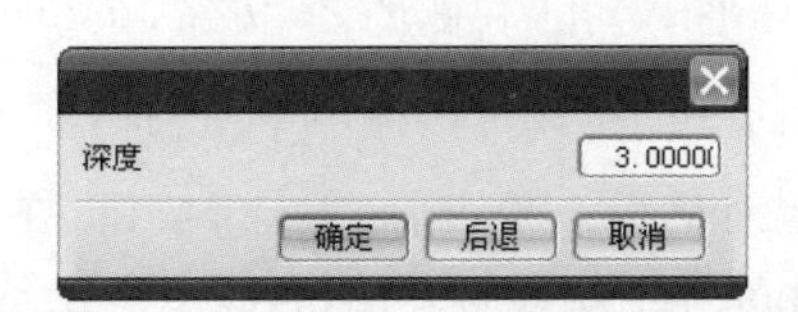

图 5-71 刀尖深度

④设定进给率和主轴转速。单击“沉头孔加工”对话框中“刀轨设置”选项组的“进给率和速度”按钮，弹出“进给率和速度”对话框，如图 5-72 所示。“主轴速度”设置为“600”，

“剪切”设置为“50”，单击“确定”按钮。

⑤生成刀位轨迹。单击“生成”按钮，系统计算出沉头孔加工的刀位轨迹，如图5-73所示。单击“确定”按钮，在操作导航器几何视图中的“WORKPIECE”节点下生成COUNTERBORING程序。

图5-72 “进给率和速度”对话框3

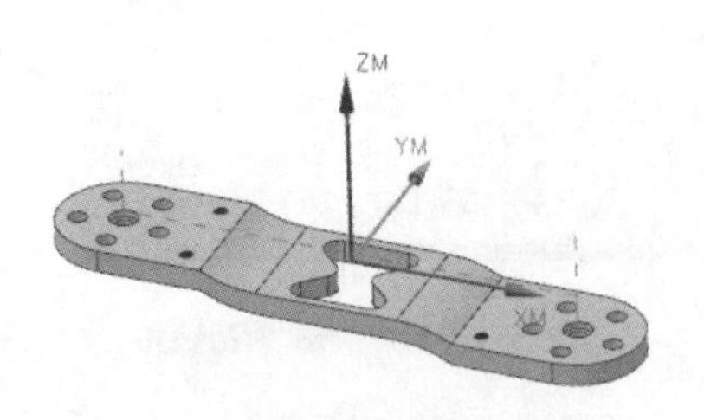

图5-73 “沉头孔”加工生成的刀轨

4 螺纹孔加工

(1)创建啄钻加工螺纹孔

①进入啄钻加工操作界面。单击“加工创建”工具栏中的“创建操作”按钮，弹出“创建操作”对话框，如图5-74所示。“类型”选择“drill”，“操作子类型”选择“啄钻”，设置“几何体”为“WORKPIECE”，“刀具”为“MZ5”，“方法”为“DRILL_METHOD”，单击“确定”按钮，弹出“啄钻”对话框，如图5-62所示。

②定义加工孔位置。在如图5-62所示的“啄钻”对话框中，单击“指定孔”右侧的按钮，系统弹出“点到点几何体”对话框。在该对话框中单击“选择”按钮，弹出孔的加工位置对话框。单击“一般点”按钮，在绘图区的固定板模型上单击4个螺纹孔的边缘，系统会自动捕捉圆孔的中心，选择完毕后单击“确定”按钮，各点显示如图5-75所示。再次单击“确定”按钮，返回“啄钻”对话框。

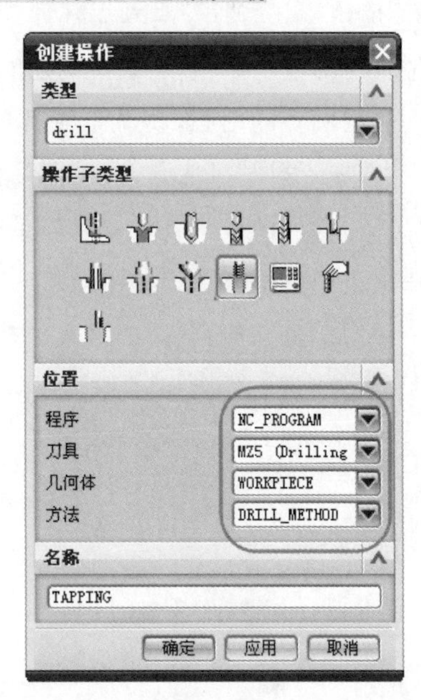

图5-74 “创建操作”对话框5

③选择循环类型并设置加工深度、循环增量。采用系统默认的循环类型“标准钻”，在

“循环类型”选项组中单击“编辑”按钮，系统将自动弹出“指定参数组”对话框。单击“确定”按钮，弹出“Cycle 参数”设置对话框。单击 Depth (Shouldr) - 0.0000 按钮，系统弹出“Cycle 深度”对话框。单击 刀肩深度 按钮，接着在“深度”文本框中输入“10”，如图 5-64 所示。单击“确定”按钮，返回“Cycle 参数”对话框。单击 Step 值 - 未定义 按钮，弹出增量对话框，在对话框中设置增量全部为“2”，如图 5-65 所示。然后单击两次“确定”按钮，返回“啄钻”对话框。

④设定进给率和主轴转速。单击“啄钻”对话框中“刀轨设置”选项组的“进给率和速度”按钮，弹出“进给率和速度”对话框，如图 5-76 所示。“主轴速度”设置为“1500”，“剪切”设置为“50”，单击“确定”按钮。

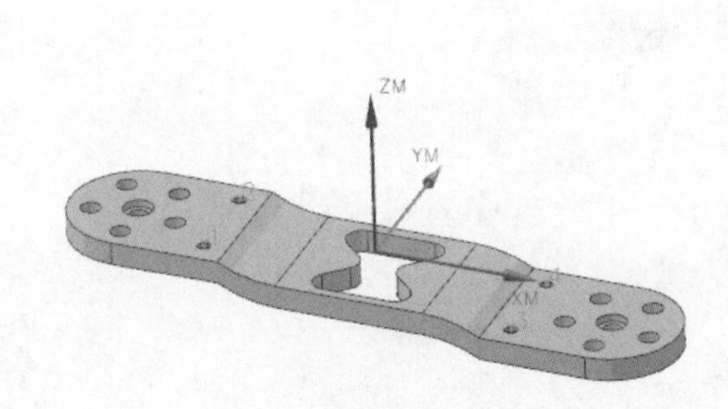

图 5-75 所选择的点 4

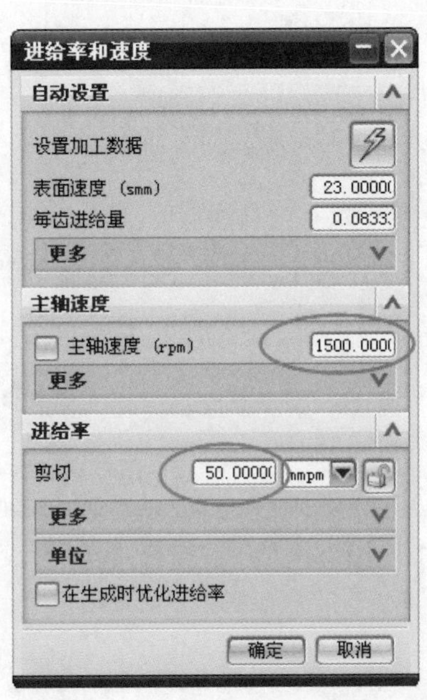

图 5-76 “进给率和速度”对话框 4

⑤生成刀位轨迹。单击“生成”按钮，系统计算出啄钻加工螺纹孔的刀位轨迹，如图 5-77 所示。单击“确定”按钮，在操作导航器几何视图的“WORKPIECE”节点下生成 PECK_DRILLING_1 程序。

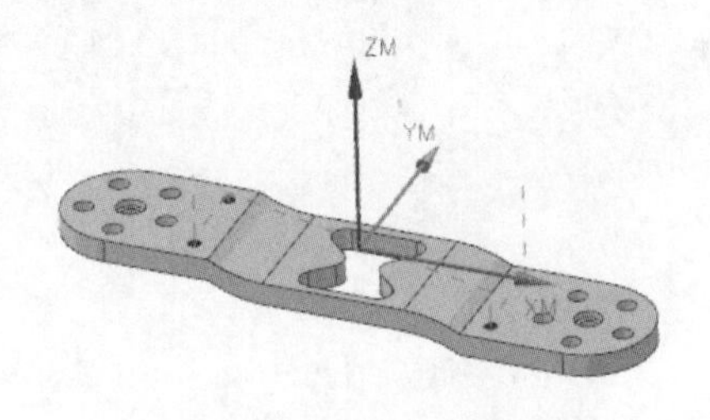

图 5-77 啄钻加工螺纹孔生成的刀轨

(2)创建攻螺纹加工

①进入加工操作界面。单击“加工创建”工具栏中的“创建操作”按钮，弹出“创建操作”对话框。如图 5-81 所示。“类型”选择“drill”，“操作子类型”选择“攻螺纹”，设置“几何体”为“WORKPIECE”，“刀具”为“SZ6”，“方法”为“DRILL_METHOD”，单击“确定”按钮，弹出“攻丝”对话框。

②定义加工孔位置。在“攻丝”对话框中，单击“指定孔”右侧的按钮，系统弹出“点到点几何体”对话框。在该对话框中单击“选择”按钮，弹出孔的加工位置对话框。单击“一般点”按钮，在绘图区的固定板模型上单击 4 个螺纹孔的边缘，系统会自动捕捉圆孔的中心，选择完毕后单击“确定”按钮，各点显示如图 5-78 所示。再次单击“确定”按钮，返回“攻丝”对话框。

③选择循环类型并设置加工深度、循环增量。采用系统默认的循环类型“标准钻”，在“循环类型”选项组中单击“编辑”按钮，系统将自动弹出“指定参数组”对话框。单击“确定”按钮，弹出“Cycle 参数”对话框。单击 Depth (Shouldr) - 0.0000 按钮，系统弹出“Cycle 深度”对话框。单击 刀肩深度 按钮，接着在“深度”文本框中输入“10”，如图 5-64 所示。单击“确定”按钮，然后单击两次“确定”按钮，返回“攻丝”对话框。

④设定进给率和主轴转速。单击“攻丝”对话框中“刀轨设置”选项组的“进给率和速度”按钮，弹出“进给率和速度”对话框，如图 5-79 所示。“主轴速度”设置为“25”，“剪切”设置为“25”，单击“确定”按钮。

⑤生成刀位轨迹。单击“生成”按钮，系统计算出攻丝加工的刀位轨迹，如图 5-80 所示。单击“确定”按钮，在操作导航器几何视图的“WORKPIECE”节点下生成 TAPPING 程序。

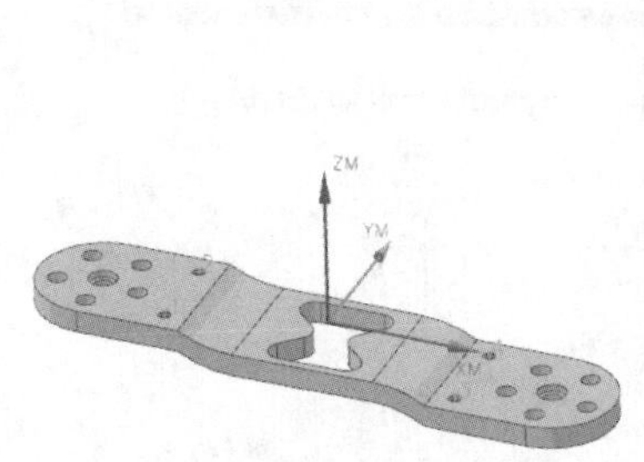

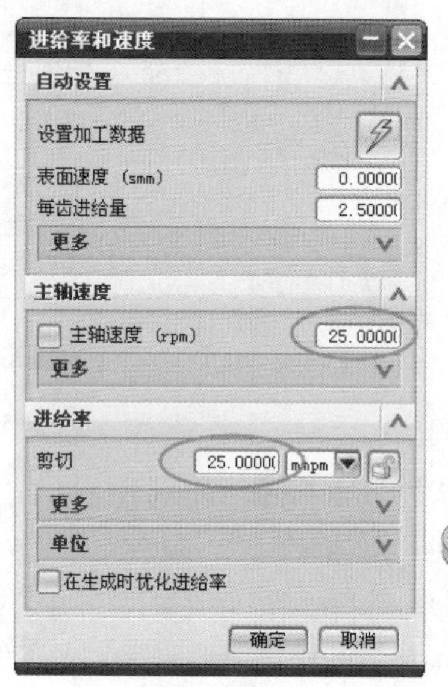

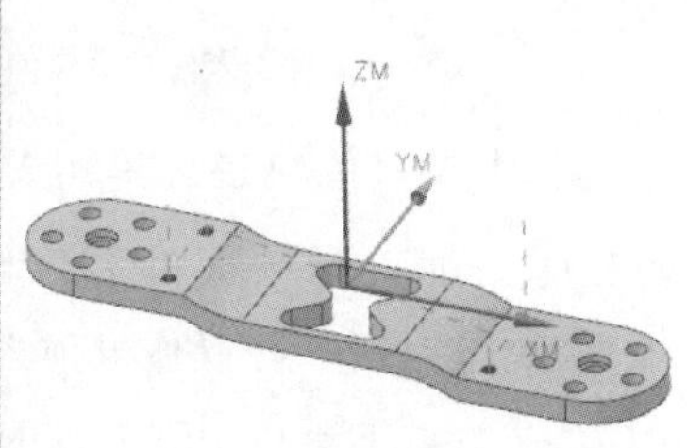

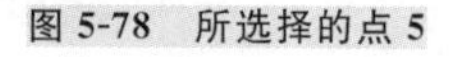
图 5-78 所选择的点 5

图 5-79 “进给率和速度”对话框 5

图 5-80 攻丝加工生成的刀轨

5 加工模拟

刀轨实体加工模拟。在操作导航器几何视图的“WORKPIECE”节点上单击鼠标右键，在弹出的快捷菜单中选择“刀轨＞＞确认”命令（图 5-81），则回放所有该节点下的刀轨，接着弹出“刀轨可视化”对话框，如图 5-82 所示。单击“检查选项”按钮，弹出“过切检查”对话框，勾选“过切检查”复选框，如图 5-83 所示。单击“确定”按钮，返回“刀轨可视化”对话框。

选择“2D 动态”选项卡，单击“播放”按钮，系统开始计算，并在实体毛坯上模拟加工全过程。图 5-84 所示为模拟中的工件。

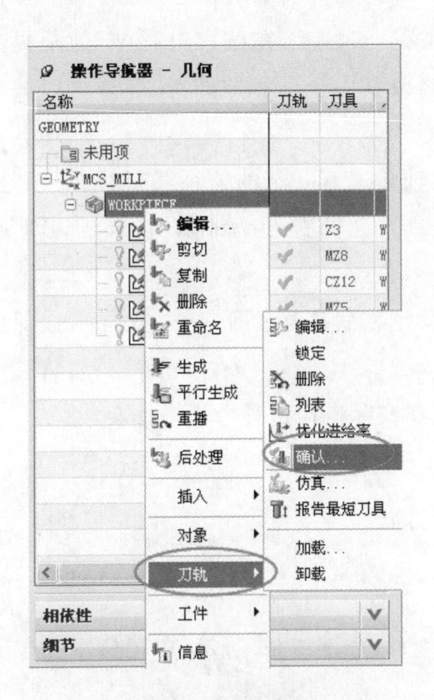

图 5-81　刀轨确认

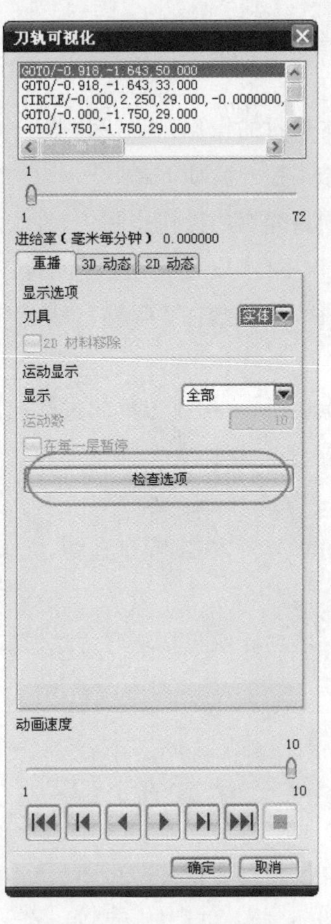

图 5-82　“刀轨可视化”对话框

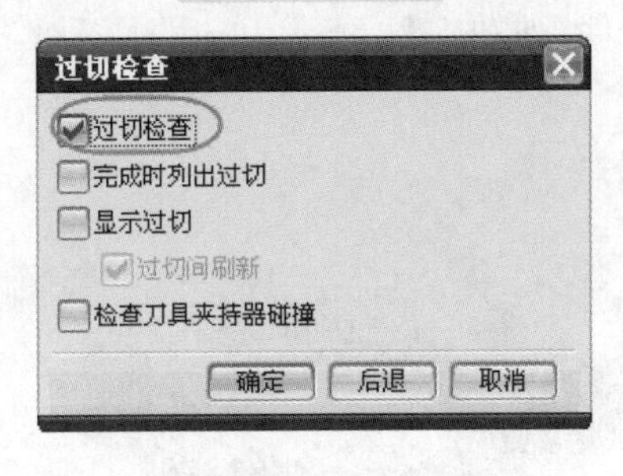

图 5-83　“过切检查”对话框

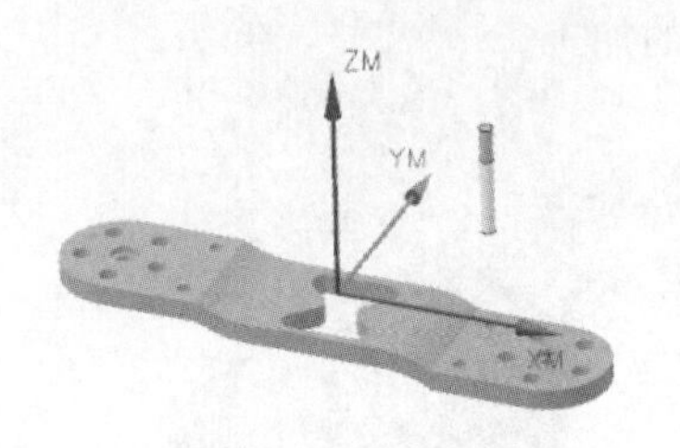

图 5-84　刀轨实体加工模拟

6 后处理

在操作导航器几何视图的“WORKPIECE”节点上单击鼠标右键，在弹出的快捷菜单中选择“刀轨>>后处理”命令；或者在操作导航器几何视图中选择所有程序，然后单击“加工操作”工具栏中的“后处理”按钮，系统将弹出“后处理”对话框。在“文件名”文本框中输入文件名及路径。单击“应用”按钮，系统开始对选择的操作进行后处理，生成文本文件 5-1. NC。

通过本项目的操作，相信用户对于中心孔、普通孔、沉头孔和螺纹孔的加工有了深刻的认识。总结工程经验如下：

在本项目介绍的操作步骤中，方法不是唯一的，也可以采用其他方法。例如，在两个“啄钻”加工操作中，本项目选用了两个新建“啄钻”。实际上，在编程过程中，为了提高编程速度，用户往往复制之前的“啄钻”，然后只需要修改其中个别参数即可，这样可以减少很多重复性的工作。

在攻螺纹时，攻螺纹刀具的进给速度和主轴转速有一定的关系，它们的关系是：剪切速度＝主轴转速×螺距。本项目中，ϕ20 mm 螺纹孔的螺距为 1.5 mm，所以剪切速度＝20×1.5＝30 mm/min。

关于仿真分析，在编程过程中，完成一个操作之后最好验证一下，这样可以保证程序的正确性。

关于一些钻孔编程技巧与方法，用户可以在实际操作过程中慢慢体会、总结。

1. 打开本教材素材资源包中的“5-2.prt”文件，如图 5-85 所示，应用钻削加工方法来完成该零件的加工。

2. 打开本教材素材资源包中的“5-3.prt”文件，如图 5-86 所示，应用钻削加工方法来完成该零件的加工。

图 5-85　练习零件 1

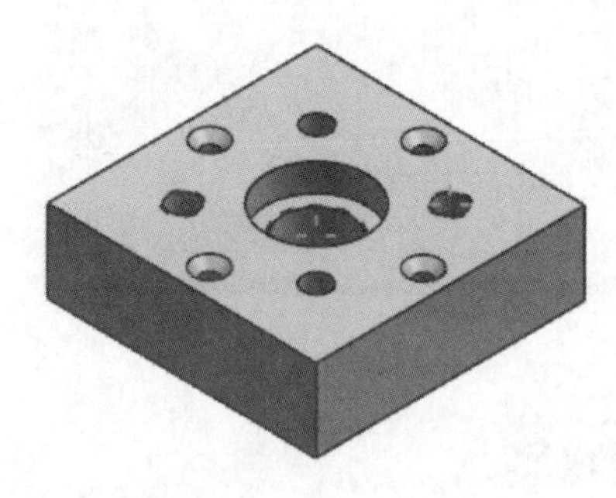

图 5-86　练习零件 2

项目六
穴型加工

本项目主要在 UG NX 8.0 编程环境下完成如图 6-1 所示凸模零件的编程加工，使用户掌握型腔铣、轮廓粗加工、剩余铣等编程加工的一般步骤、参数设置，对型腔铣加工创建有更深刻的理解，并进一步了解型腔铣在 UG NX 8.0 数控加工中的应用。

图 6-1　凸模零件

教学目标

【能力目标】

能够运用 UG 软件 CAM 模块中穴型加工功能完成零件三轴编程加工。

【知识目标】

掌握 UG 软件 CAM 模块中的穴型加工相关操作。

【素质目标】

1. 培养沟通、团队合作能力。
2. 培养自学能力及独立工作能力。
3. 培养细致观察、勤于思考、做事认真的良好作风。
4. 培养文献检索能力。

如图 6-1 所示的凸模零件的模具型芯尺寸较小，其中的分型面由平面和顶部曲面组成，在加工时需要去除大量的材料。因此，在粗加工时应采用型腔铣，以便大量去除材料，提高加工效率。该凸模的顶部由多个曲面组成，其加工的精度要求比较高，可以采用等高轮廓铣完成其精加工。运用型腔铣和等高轮廓铣就可以完成该零件的粗加工和半精加工。

加工工艺的规划包括了加工工艺路线的制定、选择和划分。根据该凸模零件的特征和 UG NX 8.0 的加工特点，整个零件的加工分成以下工序：

(1)粗加工凸模的四周部分。该模具的加工从毛坯到成品，需要去除大量的材料。首先运用型腔铣操作对凸模的四周进行粗加工。加工时采用跟随部件的切削方式，设置较大的切削量。根据零件的实际尺寸，选择圆角刀 TOOL1D16R2。

(2)半精加工凸模的四周部分。对粗加工工序后凸模的四周部分的残余材料进行清除。根据零件的实际尺寸和加工精度的要求，刀具选择圆角刀 TOOL2D8R2。

(3)精加工凸模的分型底面。创建型腔铣削操作，直接对凸模的分型底面进行加工。根据零件的尺寸，选择铣刀 TOOL2D8R2，以去除残余材料。

(4)精加工凸模顶部曲面和所有侧面。模具型腔的加工精度要求较高，使用等高轮廓铣对凸模顶部曲面和所有侧面进行精加工。根据零件的尺寸，选择铣刀 DOOLB3D6，以去除残余材料。

由凸模零件编程分析可知，在进行编程过程中，用户必须使用编程工具中的型腔铣削、轮廓粗加工、剩余铣等命令。本项目通过完成凸模零件编程任务，培养学生使用 UG 编程模块的工具完成曲面的型腔铣、轮廓粗加工、剩余铣等编程加工的能力，让学生充分掌握功能与命令，同时培养学生思考、解决问题等能力。

本项目涉及的知识包括 UG NX 8.0 软件三维轮廓编程工具，包括型腔铣、轮廓粗加工、剩余铣等内容，知识重点是型腔铣削、深度加工轮廓的掌握，知识难点是剩余铣和深度加工轮廓命令。下面将详细介绍型腔铣削的知识。

一　穴型加工概述

在穴型加工中，被切除的材料量由毛坯几何体和部件几何体共同确定。毛坯几何体使用曲线、曲面和实体定义毛坯体积 V_B，如图 6-2(a)所示。在实际应用中，大多使用实体或者由部件几何体产生自动块来定义毛坯几何体。而部件几何体也使用曲线、曲面和实体定义毛坯体积 V_P,如图 6-2(b)所示。那么系统将计算毛坯体积和部件体积的差,即 $V_B - V_P = V$,作为理论上需要切除的材料量 V,如图 6-2(c)所示。如果没有指定毛坯几何体,就由部件几何体定义待切削的材料量。

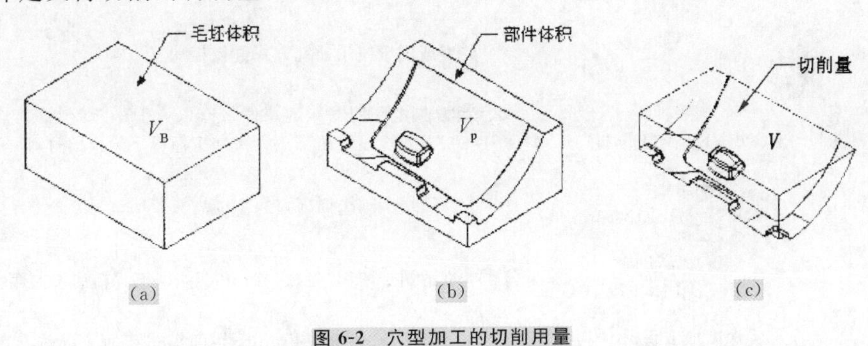

图 6-2 穴型加工的切削用量

(一)穴型加工的特点

在系统产生刀轨时,首先,系统用切削层平面分别与毛坯几何体和部件几何体相交,从而得到两个截面形状,它们分别等同于平面加工中的毛坯边界和部件边界。然后,系统会自动判断这两个截面形状的材料侧,从而确定刀具正确的切削范围。这个切削范围相当于用切削层平面直接与表示切削量的几何体相交而得到的截面形状。因此,与平面加工相似,穴型加工产生的刀轨也是以层状方式切除材料的,每一个切削层的刀轨都位于垂直于刀轴的平面内,从上到下,完成一个切削层后再进入下一个切削层切削,直至到达最大深度。因此穴型加工实质上就是 2.5 轴加工。

由于穴型加工能够切除平面层中的大量材料,并且在计算刀轨时会考虑侧面的形状,因此大多数情况下,穴型加工都是用来进行粗加工,但少数场合也可用于半精加工和精加工,这主要取决于工件模型的形状特点和加工工艺要求。

(二)穴型加工的子类型

根据穴型加工的用途不同(如是粗加工型腔还是精加工侧壁等),UG NX 8.0 提供了用于穴型加工的各种操作子类型,如图 6-3 所示。当使用 CAM 设置类型为"mill_contour"时,就可以创建穴型加工的各种子类型操作,以满足各种加工的需要。

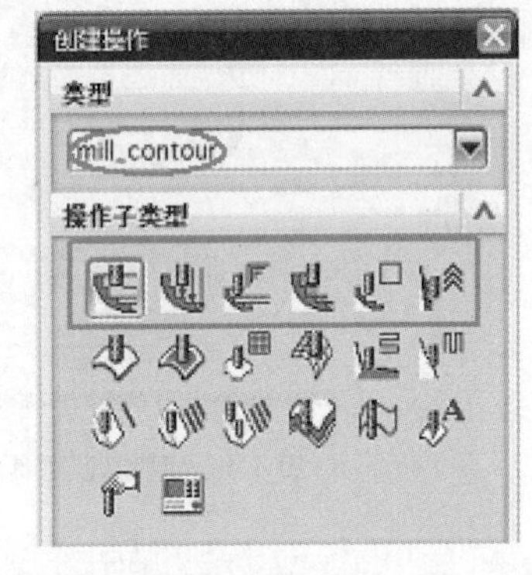

图 6-3 穴型加工操作子类型

表 6-1 是穴型加工的各种操作子类型说明,不同的子类型适用于不同场合的穴型加工。在穴型加工的所有操作子类型中,最常使用的子类型是"型腔铣"(CAVITY_MILL)和"深度加工轮廓"(ZLEVEL_PROFILE),前者主要应用于粗加工,而后者主要应用于半精加工和精加工。在实际应用中,可根据几何形状特点和加工要求选择最适合的子类型。

表 6-1　　穴型加工的操作子类型

按钮	名称	说明
	型腔铣 (CAVITY_MILL)	该子类型为穴型加工的基本操作,可以使用所有切削模式来切除由毛坯几何体、IPW 和部件几何体所构成的材料量,通常用于工件的粗加工
	插铣 (PLUNGE_MILLING)	该子类型适用于使用插铣方式进行粗加工
	轮廓粗加工 (CORNER_ROUGH)	该子类型适用于使用"跟随部件"(Follow_Part)切削模式清除以前刀具在拐角或过渡圆角部位无法加工而留下的残留材料
	剩余铣 (REST_MILLING)	该子类型适用于加工以前刀具切削后残留的材料
	深度加工轮廓 (ZLEVEL_PROFILE)	该子类型适用于使用"轮廓"(Profile)切削模式精加工工件的外形
	深度加工拐角 (ZLEVEL_CORNER)	该子类型适用于"轮廓"(Profile)切削模式精加工以前刀具在拐角或过渡圆角部位无法加工的区域

(三)穴型加工的操作界面

子类型的不同,穴型加工的操作界面也会有所不同。图 6-4 是"型腔铣"对话框,图 6-5 是"深度加工轮廓"对话框,它们均由八个部分构成,分别是"几何体"、"刀具"、"刀轴"、"刀轨设置"、"机床控制"、"程序"、"选项"和"操作",其他操作子类型的对话框结构相同,但参数选项会有所不同。

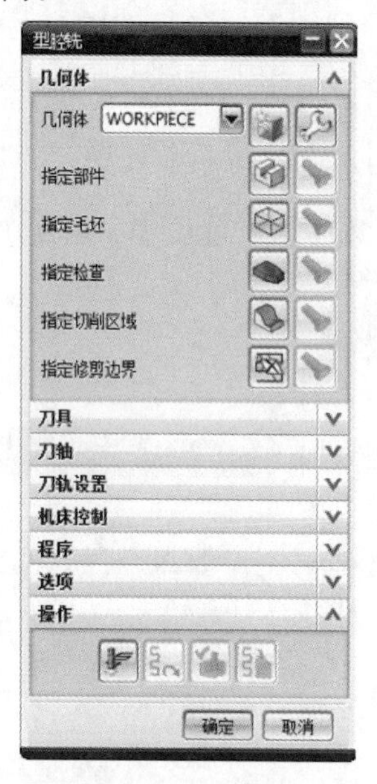

图 6-4　"型腔铣"对话框 1

图 6-5　"深度加工轮廓"对话框 1

(四)穴型加工的刀具

使用场合不同,穴型加工所使用的刀具也不同,如图 6-6 所示。当使用 CAM 设置类型为"mill_contour"时,UG NX 8.0 允许用户创建适用于各种穴型加工的刀具,表 6-2 是这些刀具的简单说明。

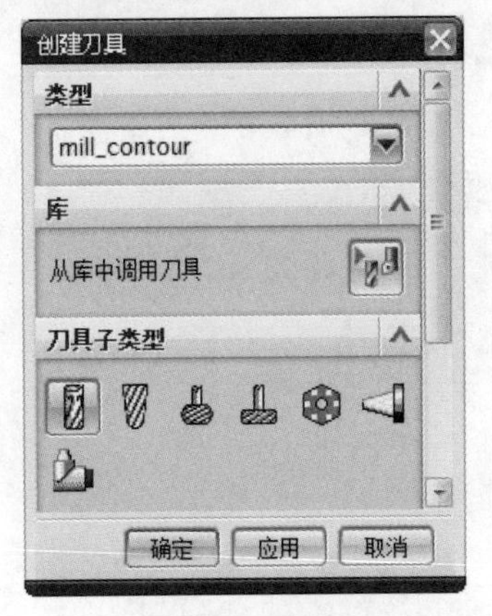

图 6-6　穴型加工的各类刀具

表 6-2　　部分穴型加工刀具及其说明

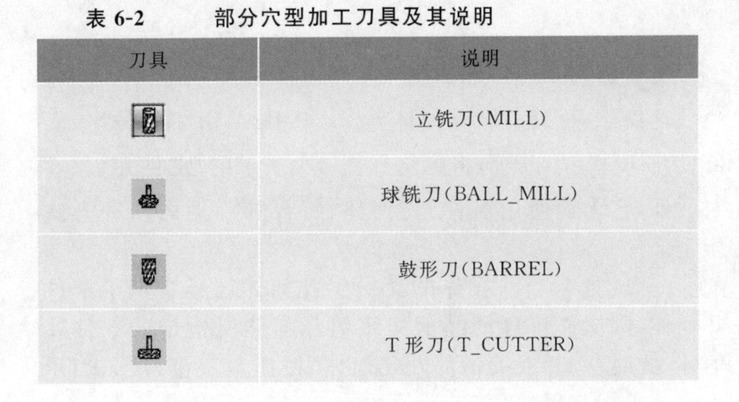

刀具	说明
	立铣刀(MILL)
	球铣刀(BALL_MILL)
	鼓形刀(BARREL)
	T 形刀(T_CUTTER)

二　穴型加工的几何体

穴型加工主要使用实体、曲面定义加工几何体。穴型加工的操作子类型不同，所使用的几何体类型也会有所不同。

(一)几何体的类型

如图 6-4、图 6-5 所示的“型腔铣”和“深度加工轮廓”子类型几何体选项组中，允许指定各种几何体，包括部件、毛坯、检查、切削区域和修剪边界，表 6-3 是这些几何体的简单说明。由于“深度加工轮廓”子类型属于精加工应用范畴，所以它不需要指定毛坯几何体。

表 6-3　　穴型加工的几何体类型

按钮	名称	说明
	部件	允许用户指定实体、片体、曲面、曲线和小平面化的体定义加工后工件的精确形状
	毛坯	允许用户指定实体、片体、曲面、曲线和小平面化的体定义毛坯形状
	检查	允许用户指定实体、片体、曲面、曲线和小平面化的体定义夹具或禁止刀具切削的区域
	切削区域	允许用户从部件几何体上指定面定义切削区域
	修剪边界	允许用户指定曲面、曲线和点创建边界定义限制刀具切削的范围

(二)几何体的指定

1 部件几何体的指定

在操作对话框的“几何体”选项组中，单击“选择或编辑部件几何体”按钮，将弹出如图 6-7 所示的“部件几何体”对话框，它允许使用名称、几何体、特征和小平面四种方式指定部件几何体。

注意：如果当前操作的父级组几何体已经指定了部件几何体，则操作将自动继承父级组几何体所指定的部件几何体，此时“选择或编辑部件几何体”按钮呈灰色显示，表示不允许再指定部件几何体。

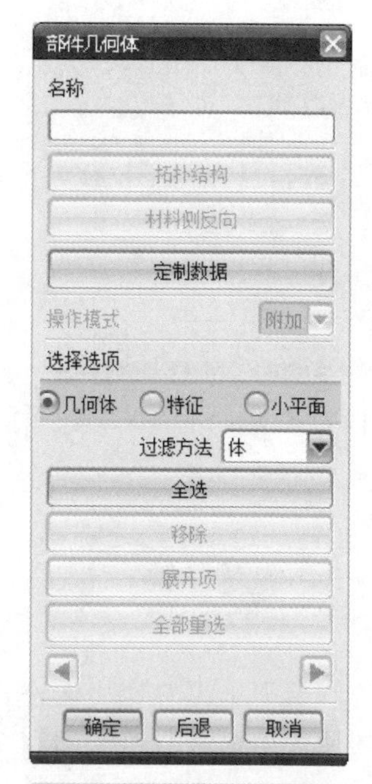

图 6-7 “部件几何体”对话框

(1)名称

在图 6-7 所示的“部件几何体”对话框的“名称”文本框中输入已经赋予的名称，单击“确定”按钮即可指定几何体。

(2)几何体

在图 6-7 所示的“部件几何体”对话框中，先将“选择选项”设置为“几何体”，然后可以直接选择目标实体、片体和曲线等对象作为部件几何体，也可以将“过滤方法”设置为“更多”，弹出“选择方法”对话框，使用类型、图层和颜色等方法选择目标几何对象。当完成选择目标实体后，单击“确定”按钮即可。

(3)特征

在图 6-7 所示的“部件几何体”对话框中，先将“选择选项”设置为“特征”，然后选择已经创建的曲面区域特征作为部件几何体。当完成选择目标实体后，单击“确定”按钮即可。

(4)小平面

在图 6-7 所示的“部件几何体”对话框中，先将“选择选项”设置为“小平面”，然后选择小平面化的几何体作为部件几何体。当完成选择目标实体后，单击“确定”按钮即可。

注意：在同一个操作中，系统不允许混合使用几何体、特征和小平面三种方式指定部件几何体，否则系统将弹出警告信息。

2 部件几何体的编辑

(1)增加几何体

如果需要添加新的部件几何体，则再次单击“选择或编辑部件几何体”按钮，弹出“部件几何体”对话框，先将“操作模式”设置为“附加”，再选择新的目标几何体，单击“确定”按钮即可。

(2)编辑几何体

如果已经指定了部件几何体，则在“部件几何体”对话框中，将“操作模式”设置为“编辑”，此时将会激活“移除”和“全部重选”两个按钮。

若选择“移除”，则从部件几何体中移去当前高亮显示的实体(单击◀或▶按钮可以搜索目标体)。若选择“全部重选”，则会移除所有已经指定的部件几何体，并允许指定新的实体定义部件几何体。

(3)毛坯几何体的指定

在操作对话框的“几何体”选项组中，单击“选择或编辑毛坯几何体”按钮，将弹出如图6-8所示的“毛坯几何体”对话框，它允许使用名称、几何体、特征和小平面四种方式指定毛坯几何体。

注意：如果当前操作的父级组几何体已经指定了毛坯几何体，则操作将自动继承父级组几何体所指定的毛坯几何体，此时“选择或编辑毛坯几何体”按钮呈灰色显示，表示不允许再指定毛坯几何体。

可以使用与指定部件几何体相同的操作方法，指定目标实体、曲面等对象作为毛坯几何体。同样，毛坯几何体的编辑方法也与部件几何体的相同。

3 检查几何体的指定

在操作对话框的“几何体”选项组中，单击“选择或编辑检查几何体”按钮，将弹出如图6-9所示的“检查几何体”对话框，它允许使用名称、几何体方式指定检查几何体。

图6-8 “毛坯几何体”对话框

图6-9 “检查几何体”对话框

注意：如果当前操作的父级组几何体已经指定了检查几何体，则操作将自动继承父级组几何体所指定的检查几何体，此时“选择或编辑检查几何体”按钮呈灰色显示，表示不允许再指定检查几何体。

与部件和毛坯几何体的指定不同，系统不允许使用特征和小平面的方式指定检查几何体，但可以使用与指定部件几何体相同的操作方法，指定目标实体、曲面等对象作为检查几何体。同样，检查几何体的编辑方法也与部件几何体的相同。

4 切削区域的指定

在操作对话框的“几何体”选项组中，单击“选择或编辑切削区域几何体”按钮，将弹出“切削区域”对话框，它允许使用名称、几何体和特征三种方式指定切削区域几何体。

注意：如果当前操作的父级组几何体已经指定了切削区域几何体，则操作将自动继承父级几何体组所指定的切削区域几何体，此时“选择或编辑切削区域几何体”按钮呈灰色显示，表示不允许再指定切削区域几何体。

在穴型加工中，系统允许指定面、片体和小平面化的体来定义切削区域，这与“面铣削”子类型的切削区域几何体的指定是完全相同的，详细操作方法可查看项目四。

5 修剪边界的指定

在操作对话框的“几何体”选项组中，单击“选择或编辑修剪边界几何体”按钮，将弹出如图 6-10 所示的“修剪边界”对话框，它允许使用面边界、曲线边界和点边界三种方式指定修剪边界几何体。

注意：如果当前操作的父级组几何体已经指定了修剪边界几何体，则操作将自动继承父级组几何体所指定的修剪边界几何体，此时“选择或编辑修剪边界几何体”按钮将呈灰色显示，表示不允许再指定修剪边界几何体。

在穴型加工中，系统允许指定面、曲线或边缘和点来定义修剪边界，这与“面铣削”子类型的面边界的指定是完全相同的，详细操作方法可查看项目四。

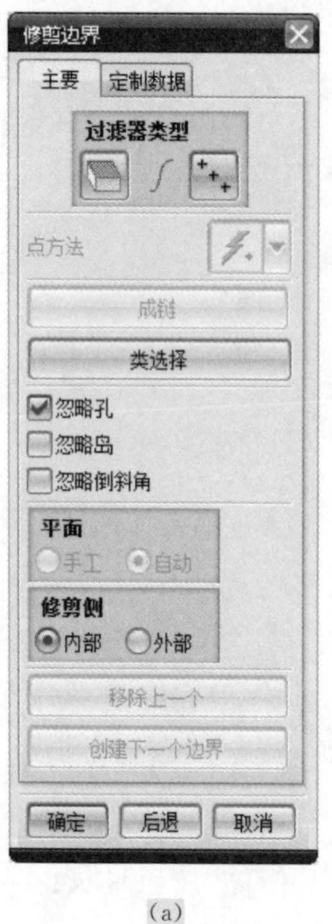

(a)

(b)

图 6-10 “修剪边界”对话框

虽然面边界和修剪边界具有相同的几何体类型和指定方式，但是它们的作用是不同的。面边界用于定义刀具的切削区域，而修剪边界则用于定义刀轨被修剪的区域。如图 6-11 所示，如果“修剪侧”设置为“内部”，则系统将修剪边界内部的刀轨；如果“修剪侧”设置为“外部”，则系统将修剪边界外部的刀轨。

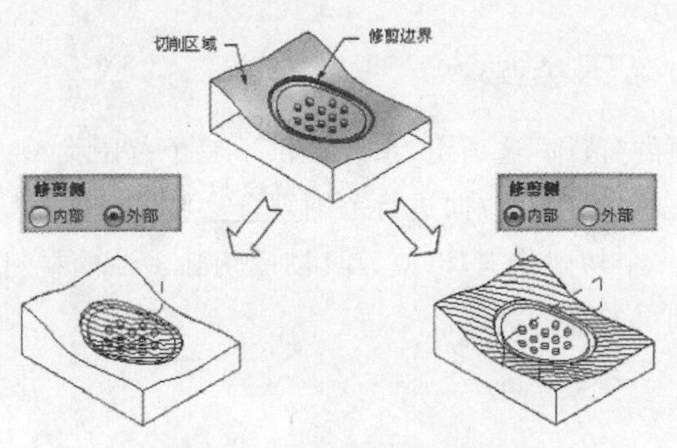

图 6-11 应用“修剪侧”设置刀轨

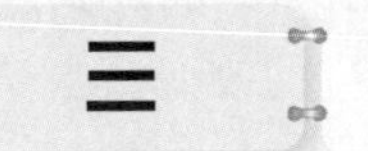

三 穴型加工的分层切削

(一)分层切削概述

当指定了部件或者毛坯几何体后,在“刀轨设置”选项组,单击“切削层”按钮,将弹出如图 6-12 所示的“切削层”对话框,它允许使用多种方法定义切削范围及切削层深度,以产生分层切削的刀轨。对于形状复杂的工件,应设定合理的切削范围及切削层深度,使得表面残留材料尽可能少而均匀,这有助于后续的精加工工序。

在默认情况下,一个穴型加工操作在深度方向的整个切削范围由部件几何体和毛坯几何体共同确定,切削范围的顶层为两者之中的最高者,而底层则是两者之中的最低者。根据需要,用户可以调整刀具实际切削的范围。

一个刀轨必须至少具有一个切削范围,而每一个切削范围可以均分成多个切削层,每个切削范围的切削层深度可以不同。如图 6-13 所示,系统使用上下相邻的两个大三角形表示一个切削范围,而在一个切削范围内的每一个切削层则用虚线小三角形表示。

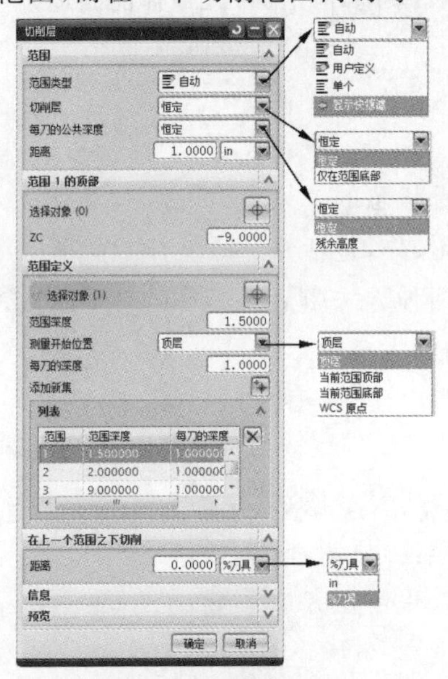

图 6-12 “切削层”对话框

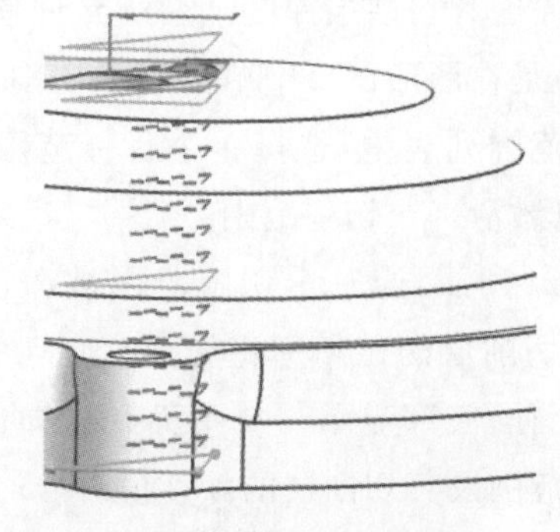

图 6-13 切削范围与切削层

(二)切削层的范围类型

在“切削层”对话框的“范围”选项组，系统提供了三个范围类型：“自动”、“用户定义”和“单个”，允许对整个切削量在深度方向进行范围划分。可以根据模型的几何特点，指定合适的切削范围类型，划分多个切削范围，以使刀具彻底切除多余的材料。默认情况下，系统使用“自动”类型定义切削层的范围深度。

1 自动

“自动”类型将自动侦测部件几何体中的水平面(法向与刀轴方向一致的平面)，并把上下相邻的两个平面之间定义为一个切削范围，然后在每个切削范围内均分为若干个切削层。切削范围与模型相关联，当水平面高度位置改变时，可自动做相应的改变。当模型中水平面增加或减少时，切削范围也会自动增加或减少。

注意：一旦增加、删除或编辑了切削范围，则将从“自动”类型自动切换到“用户定义”类型。

2 用户定义

“用户定义”类型允许人为地指定几何对象(包括点或平面)或设定坐标值来定义切削范围，并且在每个切削范围内均分为若干个切削层。切削范围与选择的几何对象相关联，当点和平面的位置改变后，切削范围也会随着变化，但当模型增加或减少水平面时，切削范围不会自动增加或减少。

3 单个

“单个”类型仅由部件几何体和毛坯几何体两者之间的最高和最低位置定义一个切削范围，并且在该切削范围内均分为若干个切削层。如果毛坯和部件几何体的高度发生了变化，则切削范围也会随着变化。

(三)切削范围的定义

在默认情况下，第一个切削范围是处于激活状态的。只有当切削范围处于激活状态时，才可以对它进行操作，包括修改它的范围深度和切削层深度。系统允许使用两种方法激活切削范围：一是在图形窗口中单击表示切削范围的大三角形；二是在切削范围列表中，选择一个目标范围。使用任意一种方法，都可以激活一个切削范围。

如图 6-14 所示，当一个切削范围被激活后，则表示该切削范围及其切削层的三角形将会呈高亮(系统颜色)显示，同时在切削范围的底部显示一个平面和方向箭头，并且在旁边显示该切削范围及其切削层的深度值。

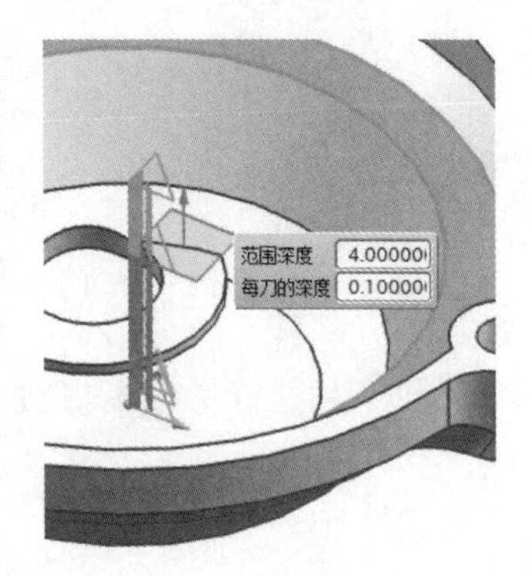

图 6-14　已激活切削范围显示

1 切削范围的编辑

(1)编辑第一个切削范围的顶部位置

如果需要指定第一个切削范围的顶部位置，可以在图形窗口中单击表示该切削范围的顶部三角形，或者在“切削层”对话框中的“范围1的顶部”选项组单击“选择对象”选项，此时在第一个切削范围的顶部会显示一个平面和一个简易的参数输入对话框，输入 *ZC* 参数值可以修改第一个切削范围的顶部位置。

(2)编辑切削范围的底部位置

如果需要编辑某个切削范围的底部位置，也就是切削范围的深度。首先，从图形窗口中选择表示切削范围底部位置的三角形，或者如图6-15所示，从范围列表中选择目标切削范围，这样就激活了该切削范围，然后有多种方法可以设定切削范围的深度：一是在简易参数输入对话框中，输入“范围深度”参数值；二是单击选择表示切削范围底部的平面箭头并进行拖动；三是在模型中选择几何对象(包括点和平面)；四是在“切削层”对话框的“范围定义”选项组，输入“范围深度”参数值。当选择曲面定义切削范围深度时，系统将捕获该曲面的最高点位置。

图 6-15 在“切削层”对话框列表中选择切削范围

2 切削范围的增加

如果需要增加一个切削范围，首先需要指定一个参考的切削范围，因为系统是在参考切削范围的下部增加一个新的切削范围。然后在“切削层”对话框的“范围定义”选项组，单击“添加新集”按钮，此时在“列表”中就会列出一个新的切削范围。最后确认该切削范围已经被选中，输入“范围深度”参数值或者从模型中选择几何对象定义切削范围的深度。

3 切削范围的移除

在实际应用中，有时需要移除某个切削范围，此时在“列表”中，选择要被移除的切削范围，或者直接在图形窗口中选择表示切削范围的底部三角形，然后单击“移除”按钮即可。如果移除了当前切削范围，则系统将下面一个切削范围的顶部位置向上移动到上面一个切削范围的底部位置。

4 切削范围的测量

“测量开始位置”提供了四种测量切削范围深度的方式，它们是“顶层”、“当前范围顶部”、“当前范围底部”和“WCS原点”，可以指定任意一种测量方式，以便从不同的参考平面查看切削范围深度。

测量方式定义了测量切削范围深度的原点位置(参考平面)，也就是说切削范围深度是从该参考平面开始测量的。刀轴的正方向为测量反向，刀轴的反方向为测量正向。

(1)顶层

当使用“顶层”测量方式时，系统以第一个切削层的顶部为测量切削范围深度的参考平面。此时第一个切削范围顶部的深度为0，而在参考平面以下的深度为正值。

(2)当前范围顶部

当使用“当前范围顶部”测量方式时,系统以当前激活的切削范围的顶部为测量切削范围深度的参考平面。此时当前切削范围顶部(参考平面)的深度为0,而在当前切削范围顶部以下的深度为正值、在顶部以上的深度为负值。

(3)当前范围底部

当使用“当前范围底部”测量方式时,系统以当前激活的切削范围的底部为测量切削范围深度的参考平面。此时当前切削范围底部(参考平面)的深度为0,而在当前切削范围底部以下的深度为正值、在底部以上的深度为负值。

(4)WCS原点

当使用“WCS原点”测量方式时,系统以工作坐标系(WCS)原点为测量切削范围深度的参考平面。此时在工作坐标系(WCS)原点以下的深度为正值、在工作坐标系(WCS)原点以上的深度为负值。

(四)切削层的设定

由于一个切削范围往往具有较大厚度的材料,所以需要进一步将其细分为若干个切削层,以便在加工工艺许可的前提下,最大限度地切除毛坯材料。切削层的设定,在一定程度上将会影响残留在部件几何体侧壁上的材料厚度。

1 切削层的方式

在穴型加工的操作中,系统提供了三种方式定义切削层,它们是“恒定”、“仅在范围底部”和“最优化”,用户可以根据实际需要,使用合适的方式,产生不同效果的切削层。

(1)恒定

“恒定”方式使系统在同一个切削范围内产生相等的切削层深度,但也允许在不同切削范围设定不同的切削深度。在默认情况下,系统使用“恒定”方式定义切削层,并且每个切削范围的切削层深度也相同。

(2)仅在范围底部

“仅在范围底部”方式使系统仅在每一个切削范围的底部产生一层切削层刀轨,它不需要设定切削层的深度。应用此选项,可以快速生成一个仅加工模型中水平表面的刀轨,系统将不会考虑曲面部分。

(3)最优化

“最优化”方式使系统自动调整每刀深度以确保均匀的残留材料,但最大的切削深度不会超过设定的“每刀的公共深度”或“每刀的深度”。在从陡峭区域过渡到平坦区域的位置,系统将会增加切削层的次数,使残余材料均匀。

注意:仅当使用“深度加工轮廓”子类型时,才能使用“最优化”方式产生刀轨。

2 切削层的深度

在默认情况下,所有切削范围的切削层深度是相同的,但也允许设定不同的切削层深度,以满足加工工艺的要求。可以设定“每刀的公共深度”来定义所有切削范围的切削层深度,而“每刀的深度”则用来设定其中一个切削范围的切削层深度。

系统提供两种方式定义每刀的公共深度,其中,“恒定”方式允许直接输入一个距离值定义相等的切削层深度，而“残余高度”方式则允许设定残余材料的高度值，系统将自动计算各个切削层的实际切削层深度。

如果要设定所有切削范围的切削层深度，则在“范围”选项组中，先指定“每刀的公共深度”的方式，然后设定“距离”或者“残余高度”值，最后单击“确定”按钮。如果要修改某个切削范围的切削层深度，则先激活该切削范围后，再在“范围定义”选项组中设定“每刀的深度”值，再单击“确定”按钮。

在计算切削层的次数时，系统首先使用每刀的公共深度值或每刀的深度值去均分每一个切削范围深度，以计算每个切削范围的切削层数。如果能被整除，则实际切削层深度就等于每刀的公共深度值或每刀的深度值，否则系统将增加一个切削层，并使用总切削层数去均分切削范围，以计算出实际的切削层深度。因此实际的切削层深度总是小于或等于每刀的公共深度值或每刀的深度值。

3 临界深度顶面切削

“临界深度顶面切削”使系统在那些与切削层不在同一高度的水平表面增加一层切削水平表面的刀轨。当应用“单个”类型定义一个切削范围时，由于无法确保切削层刚好位于模型中水平面的高度位置，所以会在这些平面上留下过多的残留材料，因此，打开“临界深度顶面切削”选项的检查符，计算刀轨是非常必要的。

注意：仅当应用“单个”类型的切削范围时，“临界深度顶面切削”选项才被激活。

（五）切削层的显示和查询

分别使用大、小三角形临时显示切削范围和切削层，当图形窗口刷新后，切削层的显示会消失。但系统也允许重新显示切削层，方便查看它们的设定情况，并且也允许查看切削范围和切削层的文本信息。

在“切削层”对话框的“信息”选项组，单击“信息”按钮[i]，系统会弹出如图 6-16 所示的“信息”窗口，它列出了切削范围和切削层的数量、切削范围的类型以及与各个切削范围有关的所有信息。

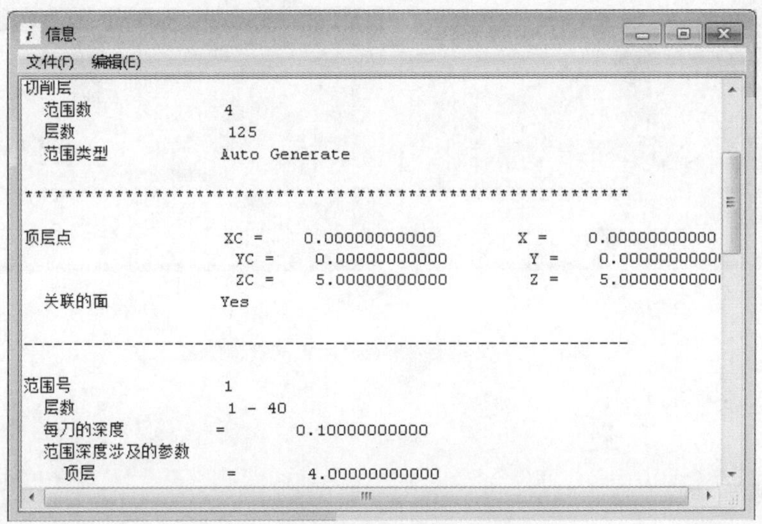

图 6-16 查看切削范围和切削层的信息

在“切削层”对话框的“预览”选项组，单击“显示”按钮，系统将在图形窗口中工作坐标系的位置高亮显示所有切削范围和切削层，当前激活的切削范围和切削层将用系统颜色(红色)显示。其中切削范围用大三角形表示，切削层用小三角形表示。

如果切削范围的三角形使用虚线显示，则表示该切削范围的深度与几何对象(点或平面)不关联。

四 穴型加工的切削参数

UG NX 8.0 的穴型加工提供了丰富的切削参数，可以满足各种加工工艺的需要。在各种操作子类型对话框的“刀轨设置”选项组中，单击“切削参数”按钮，将弹出“切削参数”对话框，它允许设定刀轨中与切削移动有关的各种参数，包括切削顺序、余量等。一些通用切削参数已经在项目四中进行了详细介绍，故本节将仅介绍几个专用于穴型加工的参数。

(一)余量

在穴型加工中，系统允许分别设定模型中侧壁和底面的余量。在定义切削范围进行分层切削时，如果使用部件几何体中的水平面来定义一个切削范围的深度，则设定不同的侧壁和底面的余量，具有很大的灵活性。

如图 6-17(a)所示，如果打开“使用‘底面和侧壁余量一致’”选项的检查符，则一个切削范围的底面和侧壁的余量相同；而关闭该选项的检查符后，就可以分别设定不同的余量，如图 6-17(b)所示。

注意：(1)在穴型加工中，侧壁余量不是沿侧面的法向测量的，而是沿水平方向测量的，但底面的余量是沿底面的法向(刀轴方向)测量的，如图 6-17 所示。

(2)在穴型加工中，当设定侧壁和底面的余量值为负值时，余量的绝对值不能大于刀具圆角半径。

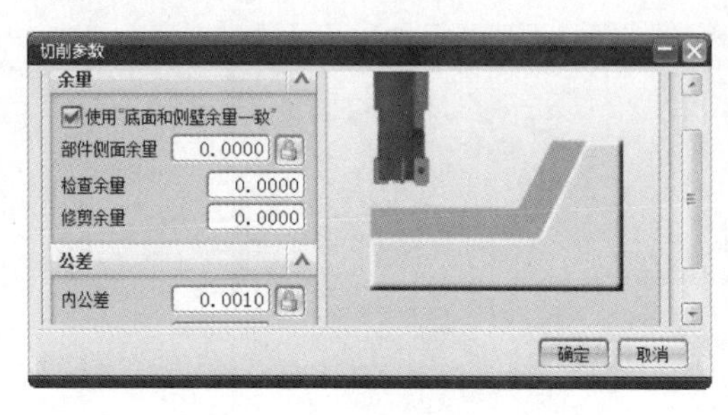

(a)打开

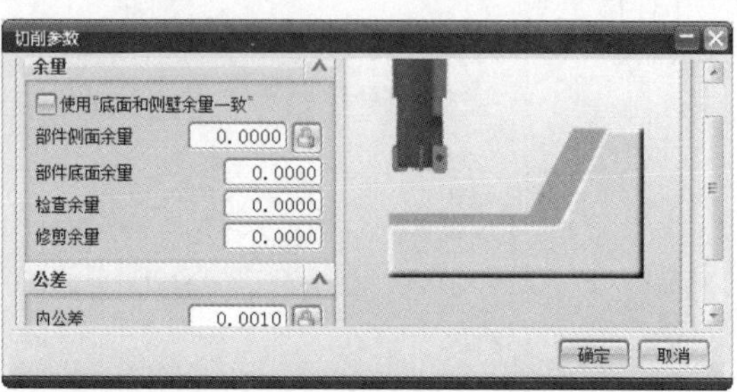

(b)关闭

图 6-17 “使用‘底面和侧壁余量一致’”的设置

(二)毛坯

① 修剪

在加工一个型芯部件而没有指定毛坯几何体时，由于系统无法确定切削量，所以会弹出警告信息。在一些场合，无须指定毛坯几何体，系统也能产生正确的刀轨。在“空间范围”选项卡的“毛坯”选项组，“修剪方式”可以使系统在没有明确指定毛坯几何体时，识别出型芯的“毛坯几何体”。

如果将“修剪方式”设置为“轮廓线”，同时打开“容错加工”选项的检查符，那么系统将使用部件几何体的轮廓线作为修剪形状。这些形状将沿刀轴投影到各个切削层上，在生成刀轨的过程中，作为“修剪边界”以定义刀具可加工区域，从而生成每一个切削层的刀轨。

2 处理中的工件

在“空间范围”选项卡的“毛坯”选项组，“处理中的工件”提供了三个选项：“无”、“使用3D”和“使用基于层的”，允许指定使用哪一种处理中的工件。使用处理中的工件作为毛坯几何体，系统将会根据实际工件的当前状态对区域进行加工，可避免在已切削的区域中进行空切而浪费时间。

当选择“无”时，系统将直接使用由几何体组定义的毛坯几何体计算刀轨。当选择“使用3D”时，系统将使用在同一个几何体组下执行先前操作后残留的3D形状材料(IPW)作为毛坯几何体计算刀轨。当选择“使用基于层的”时，系统将使用在同一个几何体组下执行先前操作后残留的基于层状材料(IPW)作为毛坯几何体计算刀轨。

如果选择“使用3D”，如图6-18所示，此时对话框中的几何体组中会出现“指定前一个IPW”选项，允许显示先前操作在加工后残留的工艺过程毛坯形状。在“操作”选项组也会出现“显示所得的IPW”按钮，用来显示执行当前刀轨后的工艺过程毛坯形状。

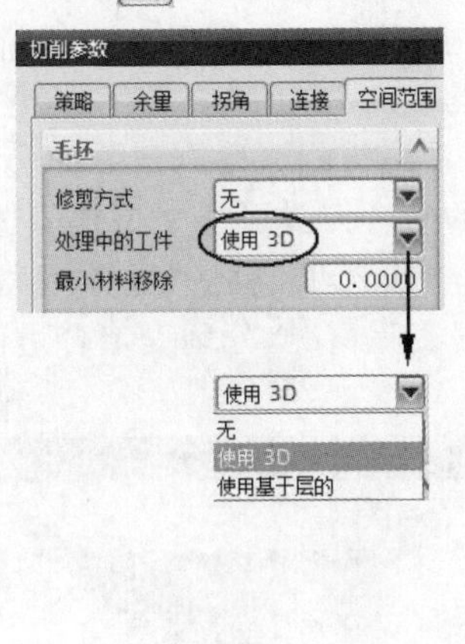

(a)

(b)

图6-18 型腔铣参数设置

如果在先前使用其他类型的操作移除毛坯上的材料，则应选择“使用**3D**”。如果只考虑在同一几何体组中从先前的型腔铣和深度铣操作中移除的材料和共享同一个毛坯，则可选择“使用基于层的”。由于是基于层的残留材料，所以与“使用**3D**”相比，选择“使用基于层的”时，系统在刀轨计算时将产生更整洁的刀轨。

如果设定合适的“最小材料移除”值，当实际**IPW**材料厚度小于设定值时，系统将不会产生切削该部分材料的刀轨。

(三)小面积避让

在“空间范围”选项卡的“小面积避让”选项组,“小封闭区域”提供了两种方法:“切削”和“忽略”,如图 **6-19**(**a**)所示,允许指定当遇到面积尺寸较小的内凹形状时的处理。

使用“切削”方法处理时,如果遇到面积尺寸较小的内凹形状,刀具能够进入切削,则按正常情况产生刀轨,如图 **6-19**(**b**)所示。使用“忽略”方法处理时,首先设定合适的“面积大小”值,如果实际内凹形状的区域面积小于设定值,则系统在计算刀轨时将不会产生该区域的切削刀轨,如图 **6-19**(**c**)所示。

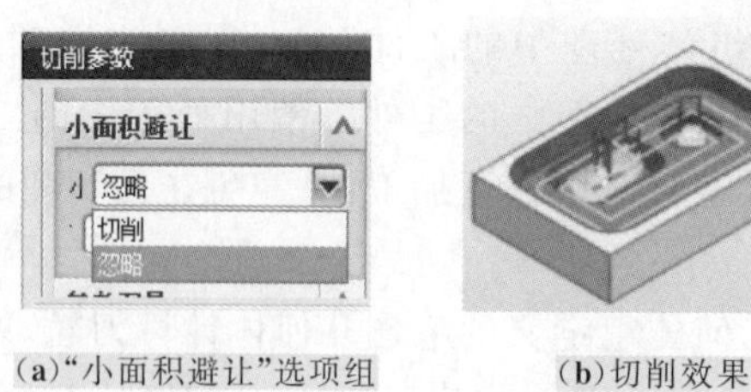

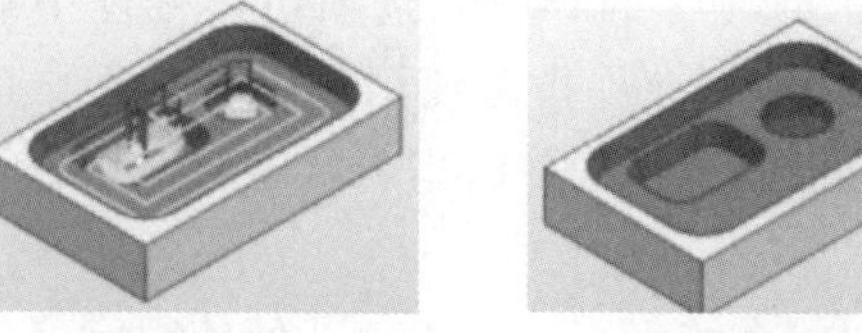

(a)“小面积避让”选项组　(b)切削效果　(c)忽略效果

图 6-19　“小面积避让”设定与效果

(四)参考刀具

在“空间范围”选项卡的“参考刀具”选项组,系统允许指定一个刀具作为参考刀具,以计算在拐角处无法加工的残留材料,并使用较小尺寸的刀具,仅产生切削该残留材料的刀轨。参考刀具的直径值应大于当前操作刀具的直径。

如果参考刀具的半径与部件拐角的半径之差很小,则所要去除材料的厚度可能会因过小而无法检测。此时可以尝试指定一个更小的加工公差,或选择一个更大的参考刀具,以获得更佳的效果。如果使用较小的加工公差,则系统将能够检测到更少量的残留材料,但这可能需要更长的处理时间。因此选择较大尺寸的参考刀具可能是更佳的选择。

当指定了参考刀具后,系统将会激活几个参数选项,包括“重叠距离”、“最小材料移除”和“陡峭空间范围”,如图 6-20 所示。可以根据实际情况,分别设定合适的参数,以产生理想的刀轨。

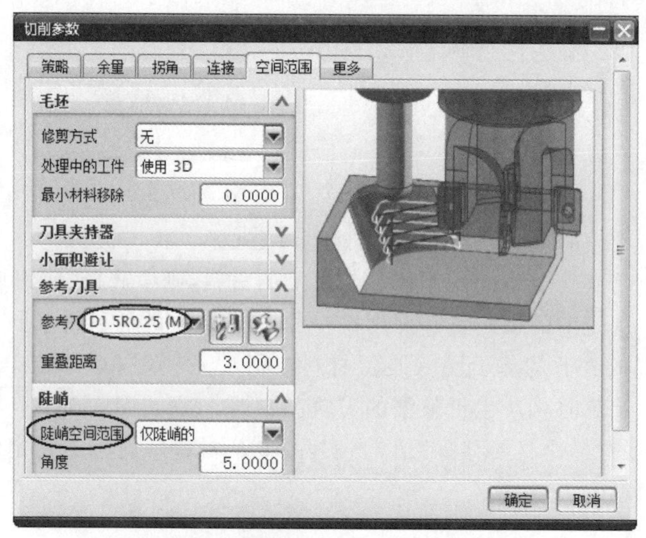

图 6-20　指定“参考刀具”与“陡峭空间范围”

设定“重叠距离”值的目的是扩大未切削区域，以更彻底地切除残留材料，这与平面加工中对未切削区域处理时重叠距离的作用是相同的。而设定“最小材料移除”值的目的是忽略残留材料厚度小于设定值的区域，以抑制不必要的刀轨。

当应用参考刀具切除残留材料时，如果没有使用陡峭度控制，则系统会产生切削拐角和底部圆角的刀轨。但当应用陡峭度控制并设定合理的“角度”值后，系统仅产生切削拐角残留材料的刀轨。

(五)容错加工

在“更多”选项卡的“原有的”选项组，“容错加工”能够使系统找到正确的可加工区域而且刀具不会干涉部件几何体。应用容错加工时材料侧是基于刀轴的，曲面的刀具定位被识别为相切位置，因而，容错加工是一种可靠算法，尤其适用于复杂的几何模型。在默认情况下，“容错加工”选项的检查符是打开的。

对于出现反拔模现象的模型面，“容错加工”将视之为平行于刀轴的竖直侧壁面。

(六)层之间

1 层到层

在“连接”选项卡的“层之间”选项组，“层到层”提供了四种方式：“使用传递方法”、“直接对部件进刀”、“沿部件斜进刀”和“沿部件交叉斜进刀”，允许指定刀具从一个切削层到下一个切削层的移动，如图 6-21 所示。

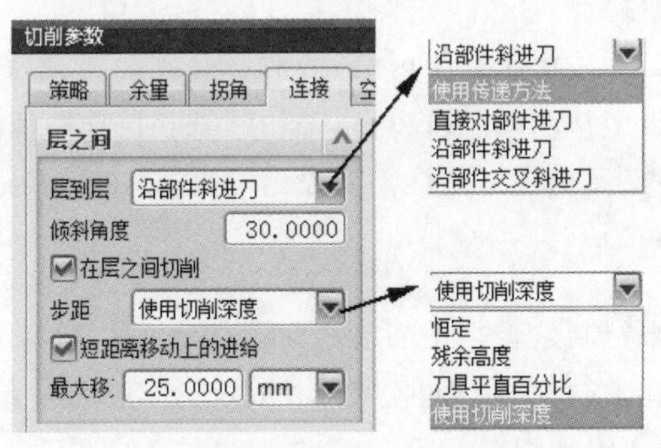

图 6-21 “层之间”参数选择

(1)使用传递方法

“使用传递方法”使刀具按非切削移动参数中区域之间所定义的传递类型移动，刀具在完成每一个切削层的切削后，都做退刀运动脱离部件几何体，并抬刀到指定的高度，然后横向运动到下一个切削层的起始切削位置的上方，再做进刀运动并开始切削，如图 6-22(a)所示。

(2)直接对部件进刀

“直接对部件进刀”使刀具在完成一个切削层的切削后，直接在工件表面移动到下一个切削层的起始点位置，近似于刀具的步进移动，如图 6-22(b)所示。

(3)沿部件斜进刀

“沿部件斜进刀”使刀具在完成一个切削层的切削后，在接触部件几何体表面的情况下，按指定的角度倾斜移动到下一个切削层的起始点位置，除了第一和最后一个切削层的刀路外，由于倾斜角度的原因，其他切削层的刀路起始切削点和结束切削点不共点，形成不封闭的切削层刀路，如图 6-22(c)所示。

“沿部件斜进刀”仅适用于封闭区域，而对于开放区域，刀具将按非切削移动参数中区域之间所定义的传递类型移动，并且仅可以采用顺铣和逆铣的切削方向，而不能采用混合切削方向。应用“沿部件斜进刀”时，需要设定“倾斜角度”值定义倾斜进刀的角度。

(4)沿部件交叉斜进刀

“沿部件交叉斜进刀”使刀具在完成一个切削层的切削后，在接触部件几何体表面的情况下，按指定的角度倾斜移动到下一个切削层的起始点位置，各个切削层的刀路起始切削点和结束切削点共点，形成封闭的切削层刀路，但由于倾斜角度的原因，使得上、下相邻两个切削层刀路的起始切削点会错开一定距离，如图 6-22(d)所示。

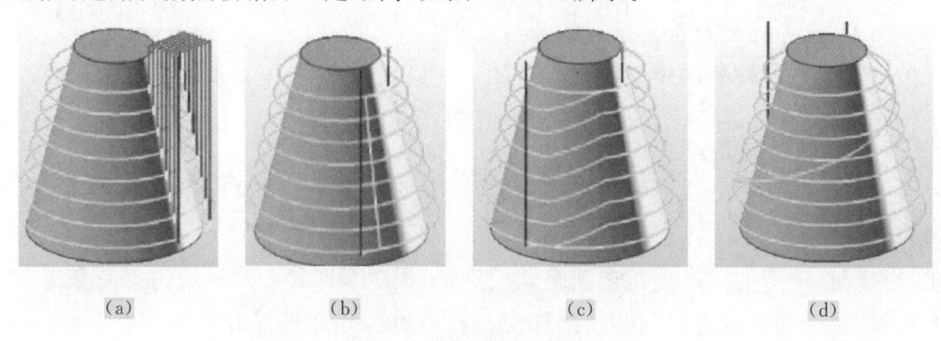

图 6-22　层与层之间移动方式

“沿部件交叉斜进刀”仅适用于封闭区域，而对于开放区域，刀具将按非切削移动参数中区域之间所定义的传递类型移动，并且仅可以采用顺铣和逆铣的切削方向，但不能采用混合切削方向。应用“沿部件交叉斜进刀”时，需要设定“倾斜角度”值定义倾斜进刀的角度。

2 在层之间切削

“在层之间切削”用来控制是否在切削层之间附加额外的切削刀路，以确保不会在平坦区域留下过多的残留材料，它提供了四种方式：“恒定”、“残余高度”、“刀具平直百分比”和“使用切削深度”，允许确定附加刀路的步进距离，如图 6-21 所示。

虽然切削层的深度是相等的，但由于部件几何体表面的倾斜度不同，所以在平坦区域的刀轨间隔会显得“较疏”，这会在该区域留下较多的材料。当打开“在层之间切削”选项的检查符，并指定合适的“步距”方法后，系统会在平坦区域附加额外的切削刀轨。

当打开“在层之间切削”选项的检查符后，也会激活“短距离移动上的进给”选项，它用来控制当完成层的切削后刀具进入层之间切削的移动方式。如果关闭“短距离移动上的进给”选项的检查符，则刀具将使用非切削移动参数中区域之间所定义的传递类型移动。如果打开“短距离移动上的进给”选项的检查符，并且当切削层的退刀点与附加刀轨的切削起始点之间的距离不超过设定的“最大移刀距离”时，刀具沿工件表面按进给移动。

（七）陡峭加工

“深度加工轮廓”对话框的“刀轨设置”选项组如图 6-23 所示，有以下适用于陡峭加工的参数：

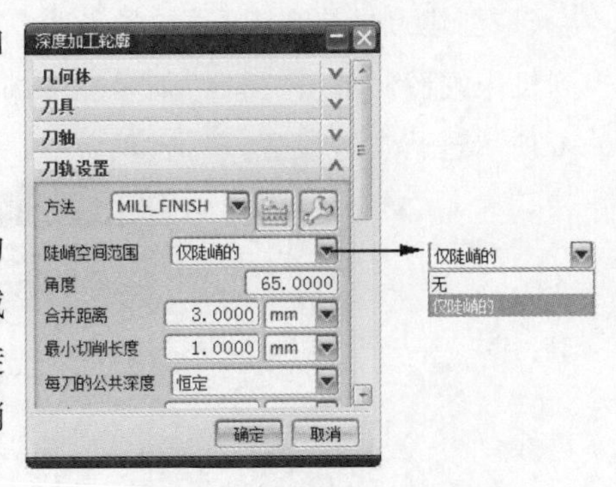

图 6-23　用于陡峭加工的参数

1 陡峭空间范围

切削区域中任意一点的曲面法向与刀轴方向的夹角，俗称为陡峭度。陡峭度大于指定角度的区域称为陡峭区域，而另一部分区域则为平坦区域。“陡峭空间范围”用来控制是否根据部件几何体的陡峭度来限制切削区域。

如果“陡峭空间范围”设置为“无”，则刀具将切削整个可切削区域，包括部件几何体中的陡峭和平坦区域。如果“陡峭空间范围”设置为“仅陡峭的”，系统将仅产生陡峭度大于设定值的陡峭区域的切削刀轨，而忽略平坦区域。

2 合并距离

“合并距离”允许设定同一高度切削层中相邻两段刀路之间沿曲面计算的距离，如果实际距离小于设定值，则系统将相邻两段刀路合并为一条刀路，从而减少不必要的刀具退刀运动。在某些场合，例如当应用“仅陡峭的”实现分区域切削时，在接近临界陡峭度的位置，会引起同一切削层的刀路断开，设定合适的距离值以连接刀路，可减少不必要的刀具退刀运动。

3 最小切削长度

“最小切削长度”用来设定一个合适的长度值以移除不必要的刀路，当实际的刀路长度小于设定的值时，则系统将不会输出这些刀路。在某些场合，例如当应用“仅陡峭的”实现分区域切削时，在接近临界陡峭度的位置，可能会产生长度很短的刀路，如果这些刀路对加工质量影响不大，可设定合适的长度以移除这些不必要的刀路。

如图 6-24 所示，凸模零件编程操作步骤如下：

图 6-24　零件模型

1 打开模型文件进入加工环境

（1）打开模型文件。启动 UG NX 8.0，打开 MILL/example/6-6.prt 文件。

（2）进入加工模块。选择“开始>>加工”，或使用快捷键 Ctrl+Alt+M，进入加工模块。系统弹出“加工环境”对话框，如图 6-25 所示进行参数设置，单击“确定”按钮，完成加工的初始化。

2 创建父节点组

(1)创建刀具节点组。在“导航器”工具栏中单击“机床视图”按钮，将操作导航器切换到机床视图。单击“插入”工具栏中的“创建刀具”按钮，弹出“创建刀具”对话框，如图6-26所示进行参数设置，单击“确定”按钮。

穴型加工

图 6-25 “加工环境”对话框

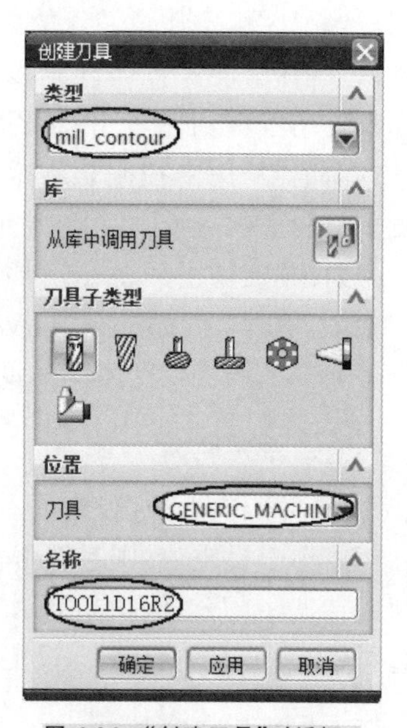

图 6-26 “创建刀具”对话框 1

(2)在弹出的“铣刀-5参数”对话框中设置刀具参数，如图6-27所示，单击“确定”按钮。

(3)创建第二把刀具。参照步骤(1)、(2)，刀具名为“TOOL2D8R2”，刀具参数如图6-28所示。

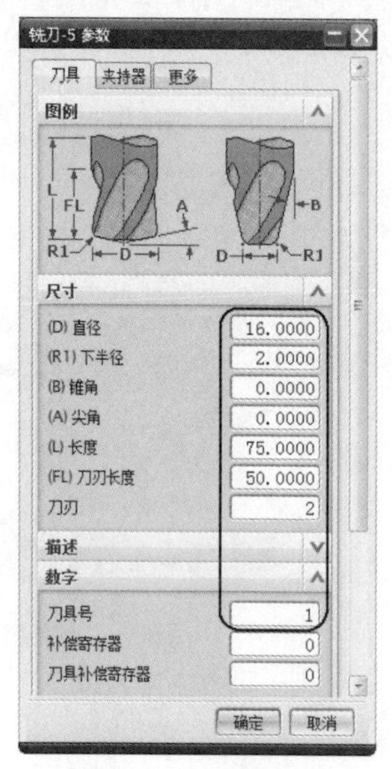

图 6-27 第一把刀具参数

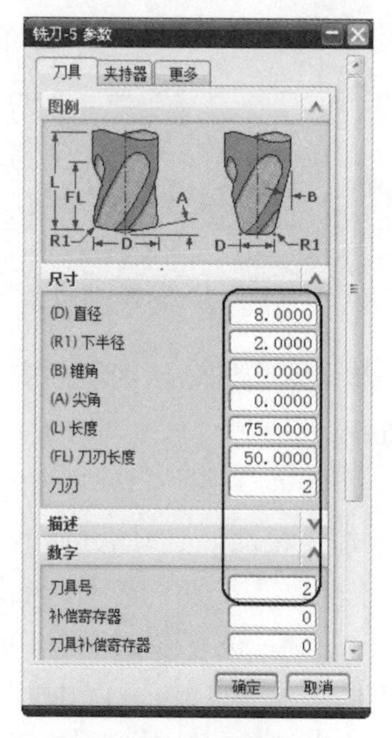

图 6-28 第二把刀具参数

(4)创建第三把刀具。刀具名为“DOOLB3D6”。单击“插入”工具栏中的“创建刀具”按钮，弹出“创建刀具”对话框，在“刀具子类型”选项组中单击“球头铣刀”按钮，并如图 6-29 所示设置参数，单击“确定”按钮。

(5)在弹出的“铣刀-球头铣”对话框中设置刀具参数，如图 6-30 所示。单击“确定”按钮，完成刀具的创建。

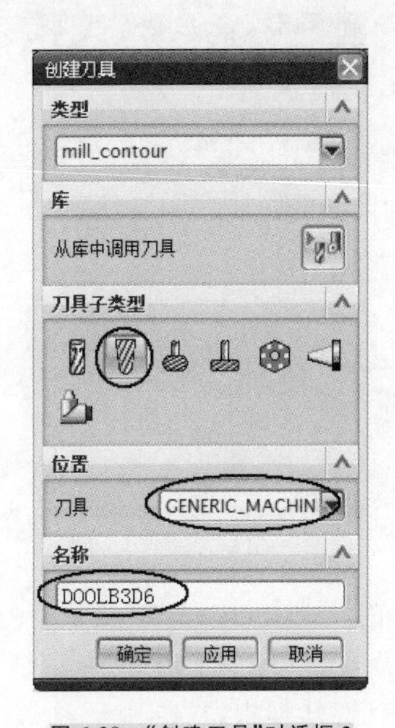

图 6-29 “创建刀具”对话框 2

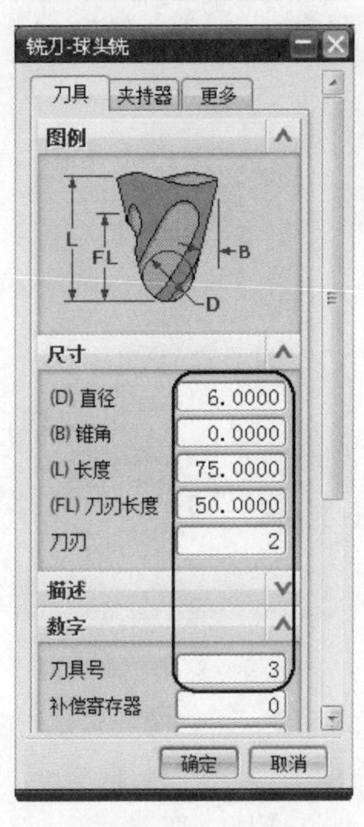

图 6-30 第三把刀具参数

(6)设置加工坐标系。在“导航器”工具栏中单击“几何视图”按钮，将操作导航器切换到几何视图，如图 6-31 所示。双击 MCS_MILL，系统弹出“Mill Orient”对话框，如图 6-32 所示设置参数。

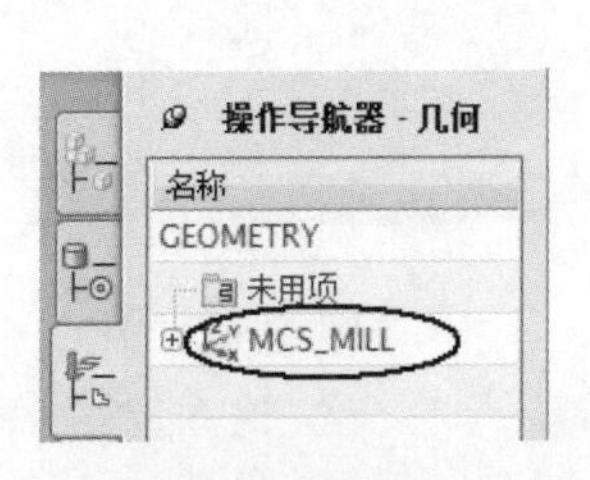

图 6-31 几何视图

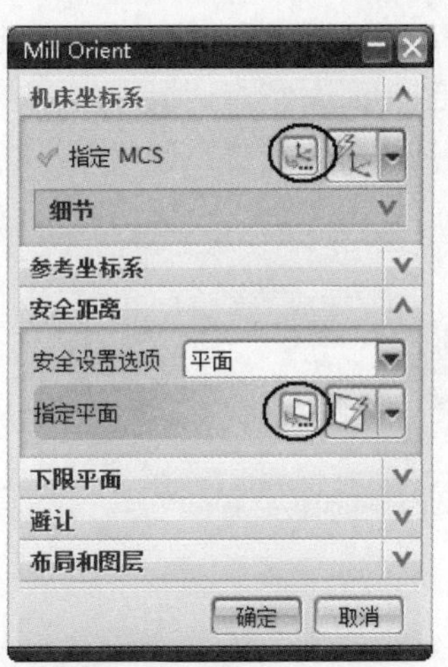

图 6-32 “Mill Orient”对话框

(7)单击“Mill Orient”对话框中的“CSYS”按钮，系统将弹出“CSYS”对话框，在“类型”下拉列表中选择“偏置 CSYS”选项，设置如图 6-33 所示的参数。

(8)单击“确定”按钮，完成加工坐标系的设置。

(9)设置安全平面。单击“Mill Orient”对话框中的按钮，系统弹出如图 6-34 所示的“平面”对话框。选取如图 6-35 所示的工件表面，并按图 6-34 所示设置参数。

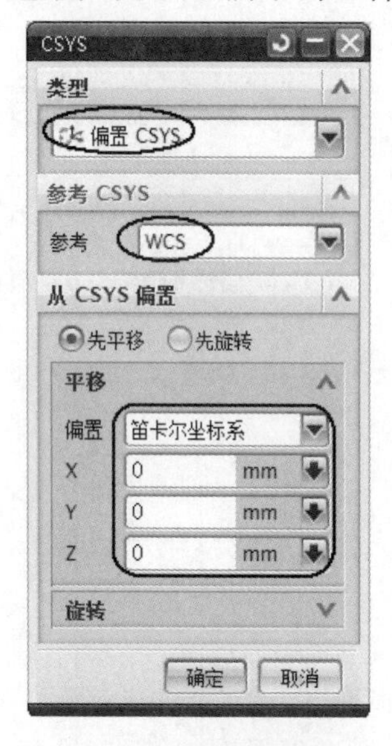

图 6-33 “CSYS”对话框

图 6-34 “平面”对话框

(10)单击“平面”对话框中的“确定”按钮，再单击“Mill Orient”对话框中的“确定”按钮，完成安全平面设置。

(11)创建工件几何体。在“操作导航器-几何”对话框中，双击 WORKPIECE，弹出系统“铣削几何体”对话框，单击其中的“指定部件”按钮，弹出“部件几何体”对话框。单击“全选”按钮，单击“确定”按钮，完成工件几何体的创建。

(12)创建毛坯几何体。在“铣削几何体”对话框中，单击“指定毛坯”按钮，系统弹出“毛坯几何体”对话框，选择“自动块”单选按钮。

(13)单击“毛坯几何体”对话框中的“确定”按钮，再次单击“铣削几何体”对话框中的“确定”按钮，完成毛坯几何体创建。创建的毛坯几何体如图 6-36 所示。

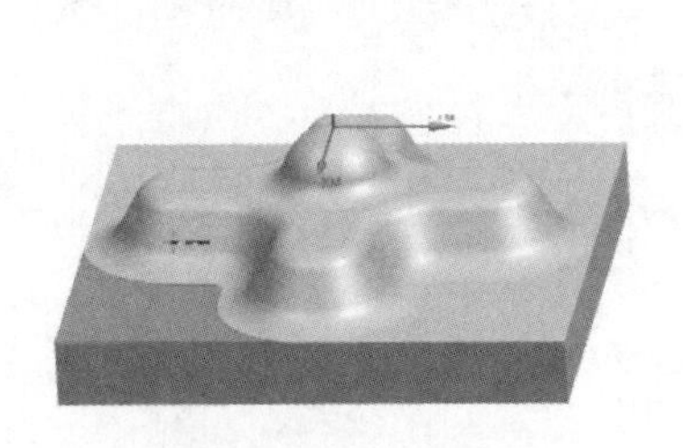
图 6-35 选择参考平面

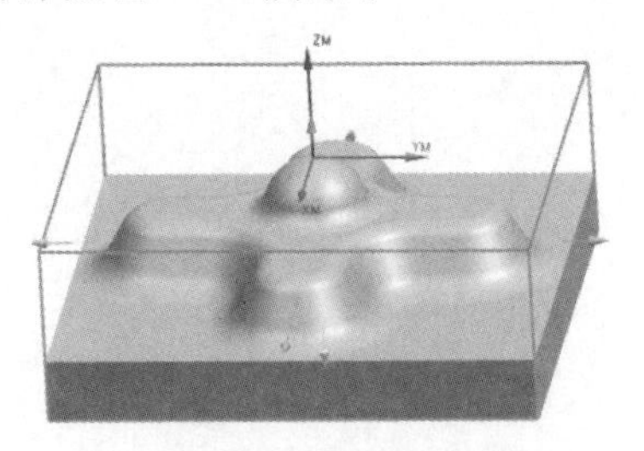
图 6-36 毛坯几何体

(14)设置粗加工方法。在“导航器”工具栏中单击“加工方法视图”按钮，将操作导航器切换到加工方法视图，如图 6-37 所示。双击 MILL_ROUGH 节点，系统弹出“铣削方法”对话框，如图 6-38 所示设置参数。单击“进给”按钮，在弹出的“进给”对话框中设置如

图 6-39 所示参数。

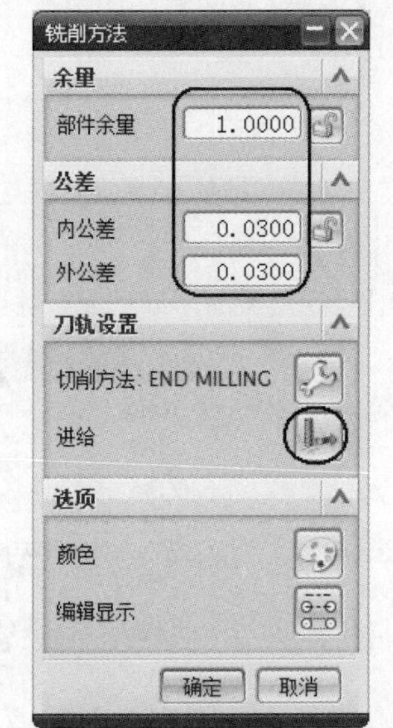

图 6-37 加工方法视图　　**图 6-38 “铣削方法”对话框 1**　　**图 6-39 “进给”对话框 1**

(15)单击“进给”对话框中的“确定”按钮，再单击“铣削方法”对话框中的“确定”按钮，完成粗加工方法创建。

(16)创建半精加工方法。在“操作导航器-加工方法”对话框中，双击 MILL_SEMI_FINISH 节点，系统弹出“铣削方法”对话框，如图 6-40 所示设置参数。单击“进给”按钮，在弹出的“进给”对话框中设置如图 6-41 所示参数。

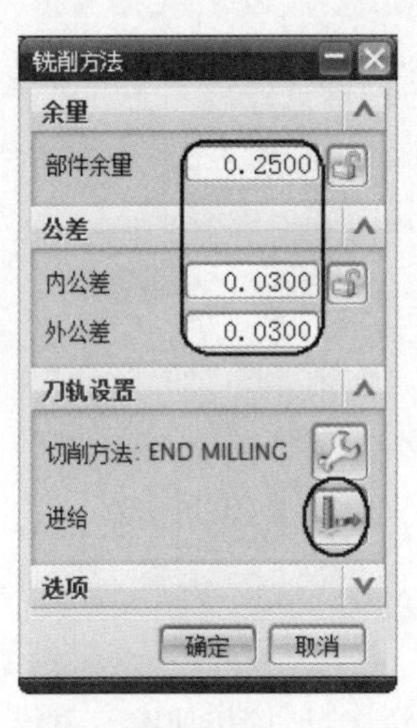

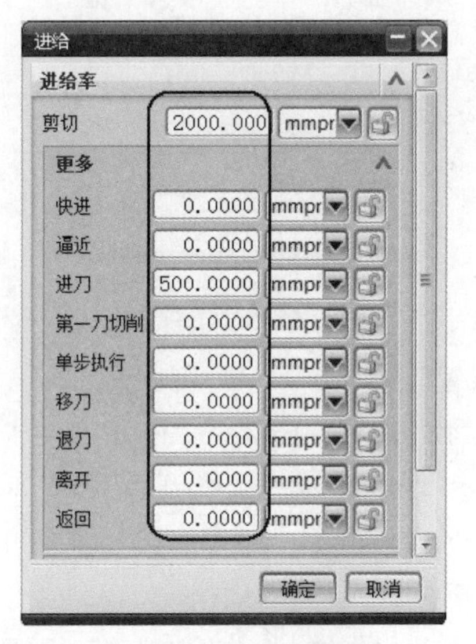

图 6-40 “铣削方法”对话框 2　　**图 6-41 “进给”对话框 2**

(17)单击“进给”对话框中的“确定”按钮，再单击“铣削方法”对话框中的“确定”按钮，完成半精加工方法创建。

(18)创建精加工方法。在“操作导航器-加工方法”对话框中，双击 MILL_FINISH 节点，系统弹出“铣削方法”对话框。精加工方法中各参数设置与“创建半精加工方法”相同，只需将“部件余量”设为“0”，“内公差”设为“0.01”，“外公差”设为“0.01”，“剪切”设为“3000”，“进刀”设为“800”。

3 创建粗铣操作

(1)创建粗加工方法节点组。在“插入”工具栏中单击“创建操作”按钮，系统弹出“创建操作”对话框，如图 6-42 所示设置参数。

(2)单击“确定”按钮，系统弹出如图 6-43 所示“型腔铣”对话框，设置其中的参数。

图 6-42 “创建操作”对话框 1

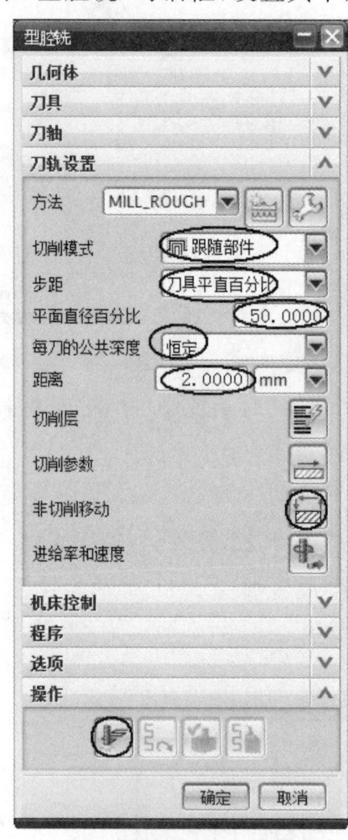

图 6-43 “型腔铣”对话框 2

(3)设置非切削参数。在“型腔铣”对话框中单击“非切削移动”按钮，弹出“非切削移动”对话框，如图 6-44 所示。在“进刀”选项卡中的“倾斜角度”文本框中输入“10”；其余的非切削参数采用系统的默认设置，单击“确定”按钮，完成非切削参数的设置。

(4)生成刀具轨迹。在“型腔铣”对话框中单击“生成刀轨”按钮，系统生成的刀具轨迹如图 6-45 所示。

(5)粗加工操作仿真。在“型腔铣”对话框中单击“确认刀轨”按钮，系统弹出“刀轨可视化”对话框，选择“2D 动态”选项卡，单击“播放”按钮▶，系统进入加工仿真环境，仿真结果如图 6-46 所示。

(6)单击“刀轨可视化”对话框中的“确定”按钮，再单击“型腔铣”对话框中的“确定”按

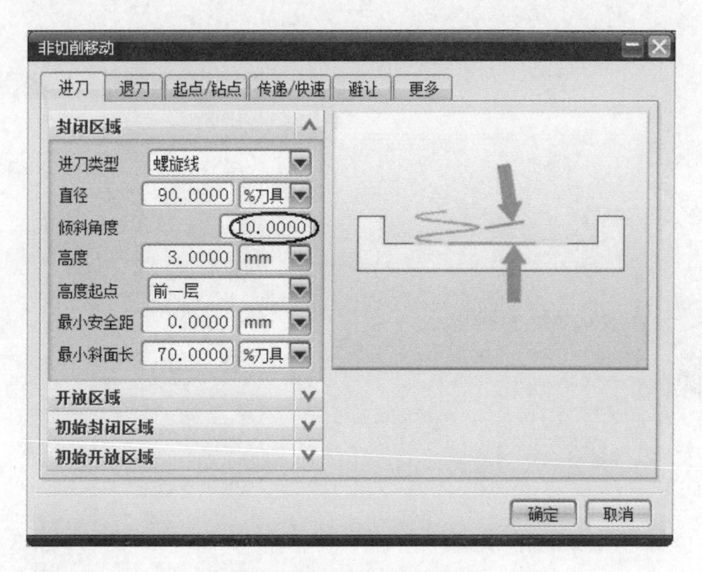

图 6-44 "非切削移动"对话框

钮,完成粗铣操作的创建。

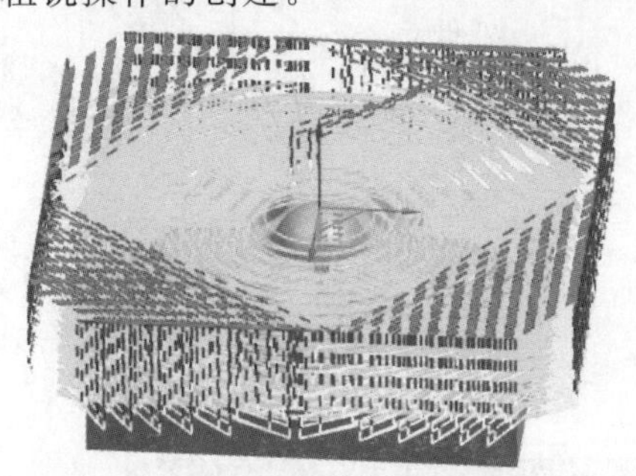

图 6-45 一次粗加工刀具轨迹

图 6-46 一次粗加工仿真结果

4 创建二次粗铣操作

(1)复制"ROUGH_MILL"节点。在"导航器"工具栏中单击"程序顺序视图"按钮,将操作导航器切换到程序顺序视图,如图 6-47 所示。选择"ROUGH_MILL"节点,单击鼠标右键,在弹出的快捷菜单中选择"复制"命令。选择 PROGRAM 节点,单击鼠标右键,在弹出的快捷菜单中选择"内部粘贴"命令。重新命名复制的节点,选择复制节点,单击鼠标右键,在弹出的快捷菜单中选择"重命名"命令,输入名称"SEMI_FINISH_MILL",创建完成的节点如图 6-48 所示。

(2)修改节点参数。在操作导航器程序顺序视图中,双击"SEMI_FINISH_MILL"节点,系统弹出"型腔铣"对话框,修改其中参数设置如图 6-49 所示。

(3)在"型腔铣"对话框中单击"切削参数"按钮,弹出"切削参数"对话框,在"空间范围"选项卡的"处理中的工件"下拉列表中选择"使用 3D"选项,如图 6-50 所示。其余的切削参数采用系统的默认设置。

(4)单击"切削参数"对话框中的"确定"按钮,完成切削参数的设置。

(5)生成刀具轨迹。在"型腔铣"对话框中单击"生成刀轨"按钮,系统生成的刀具轨迹如图 6-51 所示。

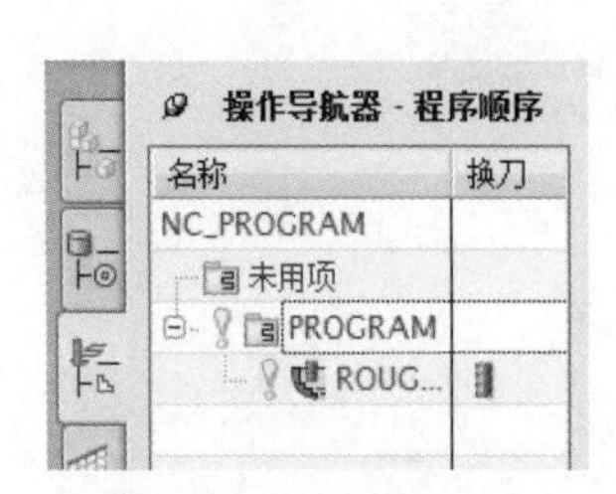

图 6-47　复制前操作导航器

图 6-48　复制后操作导航器

图 6-49　“型腔铣”对话框 3

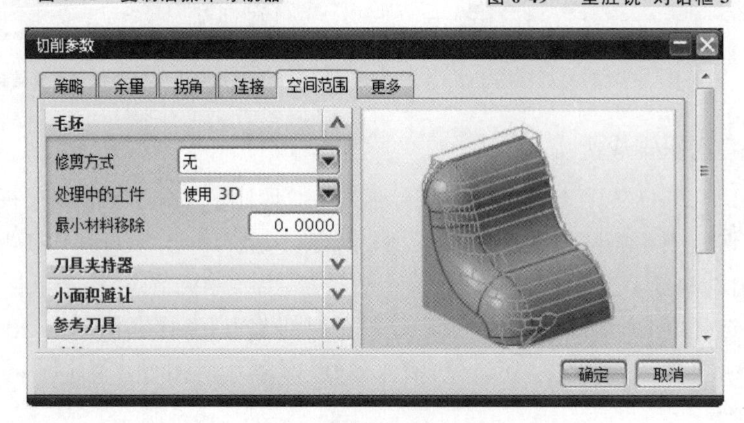

图 6-50　“切削参数”对话框

(6)二次粗加工操作仿真。在“型腔铣”对话框中单击“确认刀轨”按钮，系统弹出“刀轨可视化”对话框，选择“2D 动态”选项卡，单击“播放”按钮，系统进入加工仿真环境，仿真结果如图 6-52 所示。

(7)单击“刀轨可视化”对话框中的“确定”按钮，再单击“型腔铣”对话框中的“确定”按钮，完成二次粗铣操作的创建。

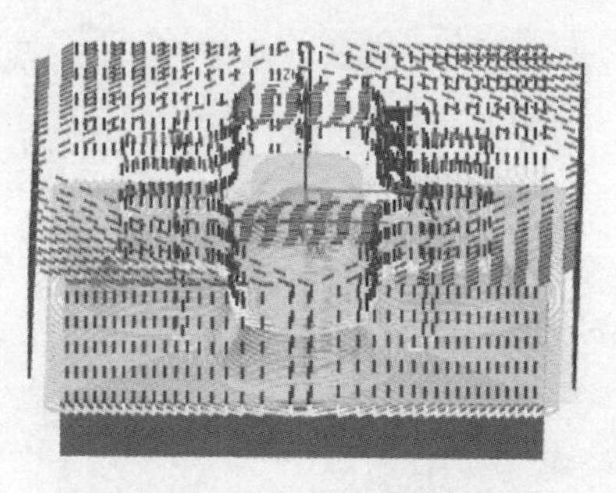
图 6-51　二次粗加工刀具轨迹

图 6-52　二次粗加工仿真结果

5 精加工底平面

(1)复制“SEMI_FINISH_MILL”节点。在“导航器”工具栏中单击“程序顺序视图”按钮，将操作导航器切换到程序顺序视图，如图 6-53 所示。选择“SEMI_FINISH_MILL”节点，单击鼠标右键，在弹出的快捷菜单中选择“复制”命令。选择 PROGRAM 节点，单击鼠标右键，在弹出的快捷菜单中选择“内部粘贴”命令。重新命名复制的节点，选择复制节点，单击鼠标右键，在弹出的快捷菜单中选择“重命名”命令，输入名称“FINISH_MILL”，创建完成的节点如图 6-54 所示。

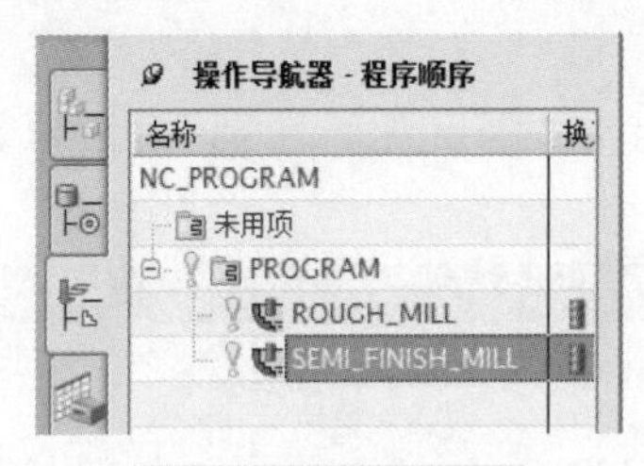

图 6-53　选取求差对象

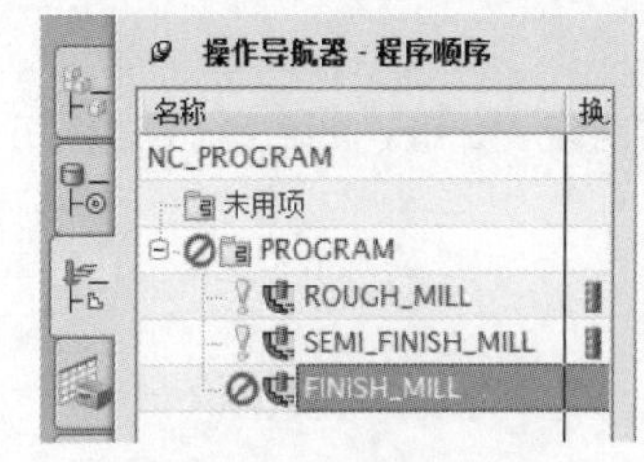

图 6-54　复制重命名节点

(2)使用原有节点参数。在操作导航器程序顺序视图中，双击“FINISH_MILL”节点，系统弹出“型腔铣”对话框，保持其参数不变，如图 6-49 所示。

(3)设置切削层参数。在“型腔铣”对话框中单击“切削层”按钮，弹出“切削层”对话框，在“范围”选项组“切削层”下拉列表中选择“仅在范围底部”选项，如图 6-55 所示。其余的切削参数采用系统的默认设置。

(4)单击“切削层”对话框中的“确定”按钮，完成切削层的设置。

(5)生成刀具轨迹。在“型腔铣”对话框中单击“生成刀轨”按钮，系统生成的刀具轨迹如图 6-56 所示。

图 6-55　设置切削层参数

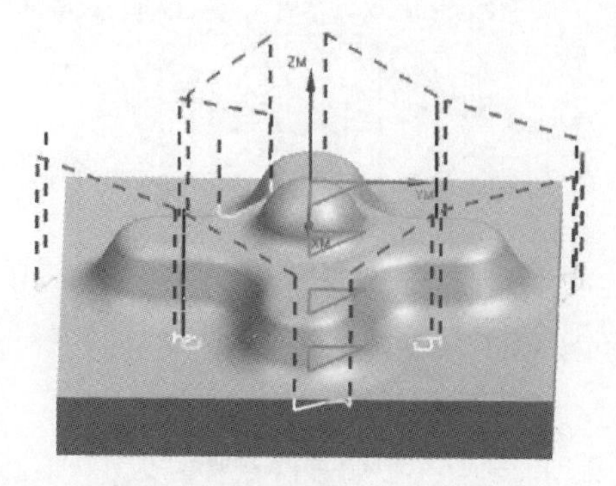

图 6-56　底平面精加工刀具轨迹

(6)底平面加工操作仿真。在“型腔铣”对话框中单击“确认刀轨”按钮，系统弹出“刀轨可视化”对话框，选择“2D 动态”选项卡，单击“播放”按钮，系统进入加工仿真环境，仿真结果如图 6-57 所示。

图 6-57　底平面精加工仿真结果

(7)单击“刀轨可视化”对话框中的“确定”按钮，再单击“型腔铣”对话框中的“确定”按钮，完成底平面加工操作的创建。

6 精加工顶部侧面

(1)创建顶部精加工操作。在“插入”工具栏，单击“创建操作”按钮，系统弹出“创建操作”对话框，如图 6-58 所示设置参数。

(2)单击“确定”按钮，系统弹出如图 6-59 所示的“深度加工轮廓”对话框，设置其中的参数。

图 6-58　“创建操作”对话框 2

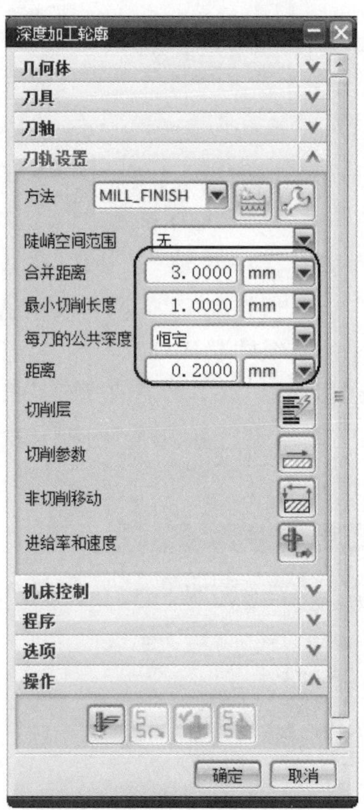

图 6-59　“深度加工轮廓”对话框 2

(3)生成刀具轨迹。在“深度加工轮廓”对话框中单击“生成刀轨”按钮，系统生成的刀具轨迹如图 6-60 所示。

(4)加工操作仿真。在“深度加工轮廓”对话框中单击“确认刀轨”按钮，系统弹出“刀轨可视化”对话框，选择“2D 动态”选项卡，单击“播放”按钮▶，系统进入加工仿真环境，仿真结果如图 6-61 所示。

(5)单击“刀轨可视化”对话框中的“确定”按钮，再单击“深度加工轮廓”对话框中的“确定”按钮，完成顶部及侧面精加工操作的创建。

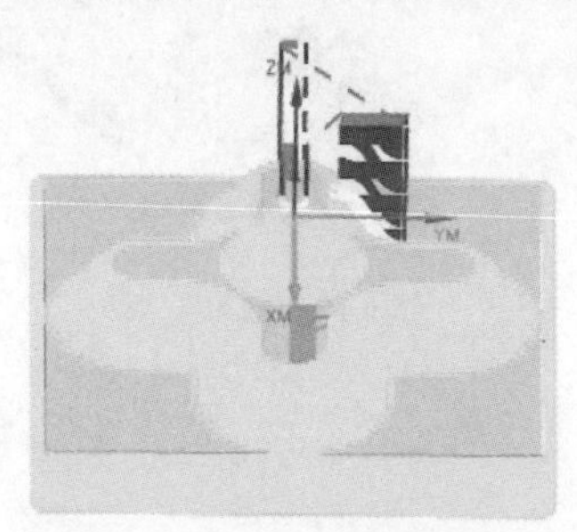

图 6-60　顶部精加工刀具轨迹

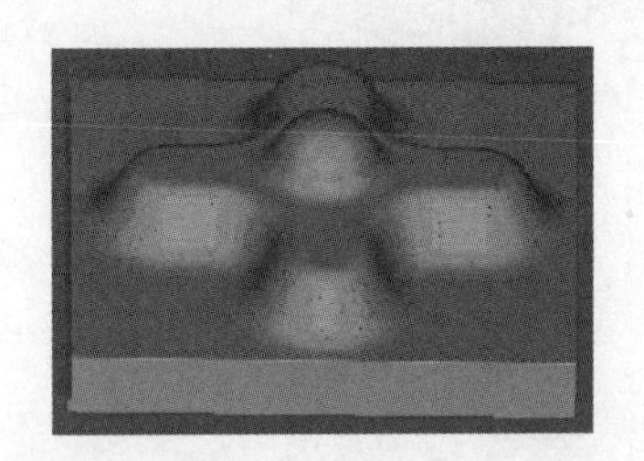

图 6-61　顶部精加工仿真结果

7 保存文件

在“文件”下拉菜单中选择“保存”命令，或在“标准”工具栏中单击“保存”按钮，保存已完成的加工文件。

本项目主要介绍 UG NX 8.0 穴型加工的数控编程，其中以“型腔铣”(CAVITY_MILL)和“深度加工轮廓”(ZLEVEL_PROFILE)这两种最常应用的子类型为重点，内容包括穴型加工中几何体的指定、分层切削和切削参数的设定。在阐述穴型加工的原理与特点的同时，又通过实际案例，使学习通俗易懂。用户通过这些内容的学习，对穴型加工的操作子类型及其适用场合应有一个比较全面的了解，并能应用穴型加工的各种操作子类型编写曲面类工件的加工刀轨，这为后面学习复杂曲面的加工打下了基础。

本项目通过完成凸模零件加工的任务，培养学生使用 UG 的穴型加工编程功能完成零部件中曲面编程加工的能力，让学生充分掌握曲面编程加工的相关功能与命令，同时培养学生的信息获取、团队协作和思考、解决问题等能力。

1. 打开本教材素材资源包中的“6-2. prt”文件，如图 6-62 所示，应用穴型加工方法来完

成该零件的加工。

2. 打开本教材素材资源包中的“6-3. prt”文件，如图 6-63 所示，应用穴型加工方法来完成该零件的加工。

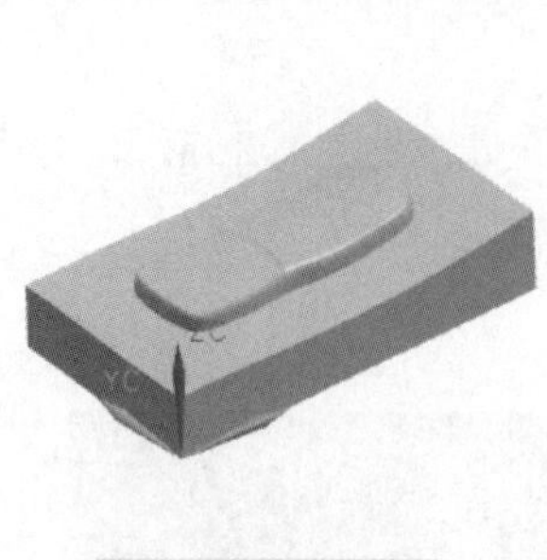

图 6-62　练习零件 1

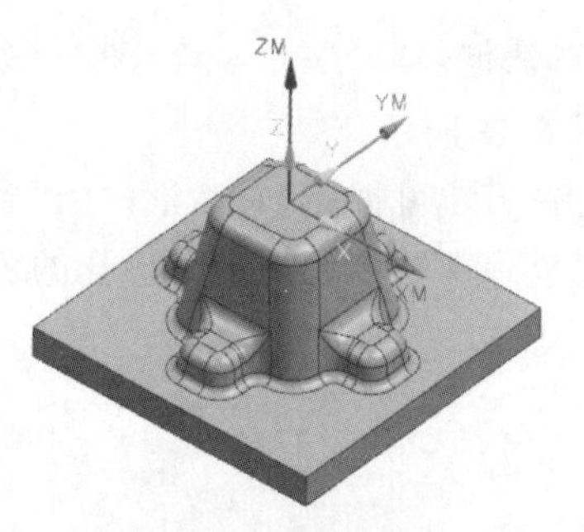

图 6-63　练习零件 2

项目七
综合应用实例——凹模加工

本项目主要在 UG NX 8.0 编程加工环境下完成如图 7-1 所示凹模零件的编程加工，让用户灵活运用前面学习的编程加工知识，同时进一步熟悉使用 UG NX 8.0 的加工模块完成复杂凹模类零件的加工。

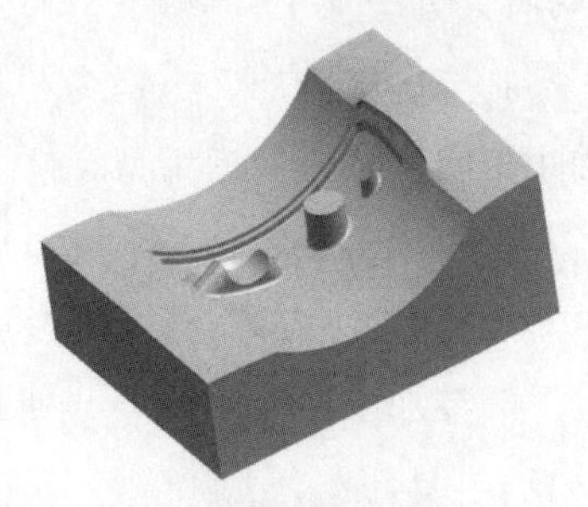

图 7-1　凹模零件模型

教学目标

【能力目标】

能够运用 UG 软件 CAM 模块中各种加工功能完成零件编程加工。

【知识目标】

灵活掌握 UG 软件 CAM 模块中的各种加工相关操作。

【素质目标】

1. 培养沟通、团队合作能力。
2. 培养自学能力及独立工作能力。
3. 培养观察细致、勤于思考、做事认真的良好作风。
4. 培养文献检索能力。

如图 7-1 所示的凹模零件的总体尺寸较小。其型腔由一个大区域和一个凹槽区域组成，另外在型腔的底部还有三个凸台。模具型腔的底部内边有圆角，在精加工时要进行圆角处材料的清除。

根据该模具零件的特征和 UG NX 8.0 的加工特点，整个零件的加工分成以下工序：

1. 粗加工大型腔区域。该模具的加工从毛坯到成品，需要去除大量的材料。首先运用型腔铣对模具的型腔进行粗加工。

2. 二次粗铣加工大型腔区域。由于在粗加工后将留有较大的加工余量，因此要对零件的大型腔区域运用型腔铣进行半精加工，去除部分残余材料。

3. 粗加工小型腔区域。由于零件的型腔总体上可以分为大小两个型腔，为提高加工效率，将其分开加工。

4. 二次粗铣加工小型腔区域。由于在粗加工后将留有较大的加工余量，因此要对零件的小型腔区域再次运用型腔铣进行半精加工。

5. 精加工型腔底部凸台和小区域侧壁。模具型腔的加工精度要求较高，使用等高轮廓铣对凹模型腔底部凸台和小区域侧壁进行精加工。

6. 精加工大型腔侧壁。使用等高轮廓铣对凹模大型腔侧壁进行精加工，以去除残余材料。

7. 精加工型腔曲面。创建区域铣削驱动方法的固定轮廓铣加工操作对型腔的曲面区域进行精加工。

8. 精加工型腔底部凸台顶面。创建区域铣削驱动方法的固定轮廓铣加工操作对型腔底部凸台顶面进行精加工。

9. 清理型腔底部残余材料。型芯的凹槽底部外边有圆角，在半精加工后将会有残余的材料，使用清根驱动方法的固定轮廓铣加工操作对其进行清理，以去除残余材料。

本项目通过完成凹模零件的编程任务，培养学生能够使用 UG 软件编程模块的相关工具完成一般零部件的编程能力，同时培养学生的信息搜集、思考及解决问题等能力。

本项目涉及的知识包括前述 UG NX 8.0 CAM 模块，以及 UG NX 8.0 CAM 公用切削参数设置、CAM 非切削参数设置、典型面和点位加工与机械仿真和后处理等基本操作。知识重点是能完成大、小型腔面与侧壁的粗、精加工操作，知识难点是加工工艺过程。下面将详细介绍利用 UG NX 8.0 CAM 加工凹模零件的过程。

1 打开模型文件进入加工环境

(1)打开模型文件。启动 UG NX 8.0,打开本教材素材资源包中的“7-1.prt”文件。

凹模加工

(2)进入加工模块。选择“开始＞＞加工”命令,或使用快捷键 Ctrl＋Alt＋M,进入加工模块。系统弹出“加工环境”对话框,如图 7-2 所示。进行如图所示参数设置,单击“确定”按钮,完成加工的初始化。

2 创建父节点组

(1)创建刀具节点组。在“导航器”工具栏中,单击“机床视图”按钮,将操作导航器切换到机床视图。单击“插入”工具栏中的“创建刀具”按钮,弹出“创建刀具”对话框,如图 7-3 所示。进行如图所示参数设置,单击“确定”按钮。

图 7-2 “加工环境”对话框

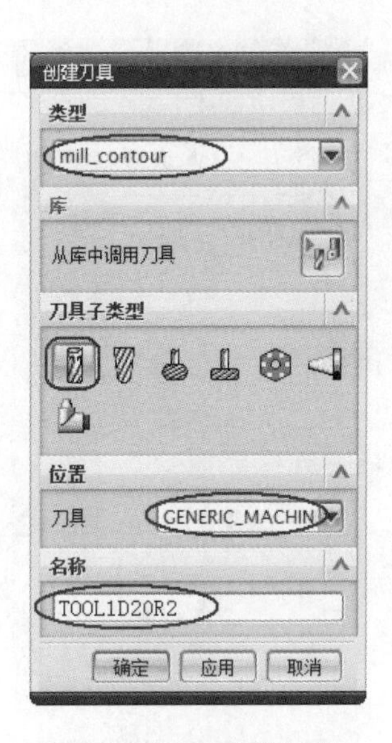

图 7-3 “创建刀具”对话框

(2)在弹出的“铣刀-5 参数”对话框中设置刀具参数,如图 7-4 所示,单击“确定”按钮,完成刀具创建。

(3)创建第二把刀具。参照步骤(1)、(2),刀具名为 TOOL2D12R1,刀具参数如图 7-5 所示。

图 7-4　第一把刀具参数

图 7-5　第二把刀具参数

(4)创建第三把刀具。参照步骤(1)、(2),刀具名为 TOOL3D4R1,刀具参数如图 7-6 所示。

(5)创建第四把刀具。参照步骤(1)、(2),刀具名为 TOOL4D3R1,刀具参数如图 7-7 所示。

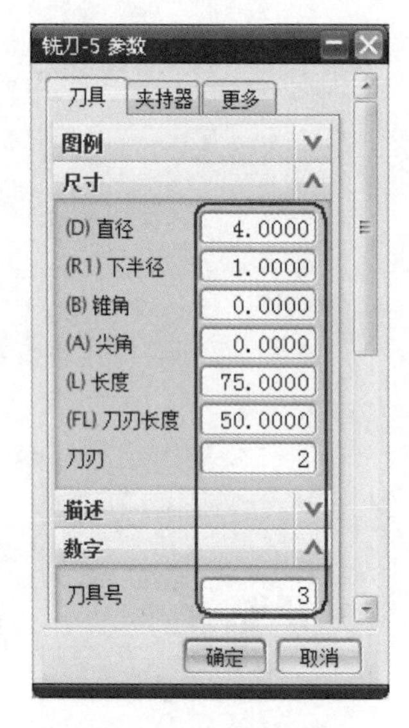

图 7-6　第三把刀具参数

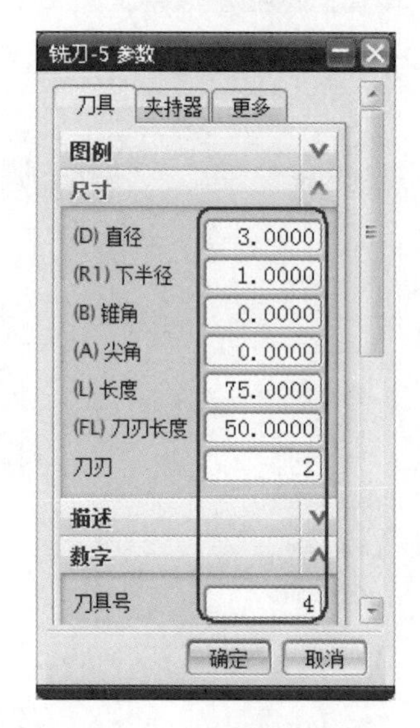

图 7-7　第四把刀具参数

(6)创建第五把刀具。参照步骤(1)、(2),刀具名为 TOOL5D6R0,刀具参数如图 7-8 所示。

(7)创建第六把刀具。参照步骤(1)、(2),刀具名为 TOOL6D4R0,刀具参数如图 7-9 所示。

图 7-8　第五把刀具参数

图 7-9　第六把刀具参数

(8)创建第七把刀具。刀具名为 TOOLB7D8。单击“插入”工具栏中的“创建刀具”按钮，弹出“创建刀具”对话框，在“刀具子类型”面板中，单击“球头铣刀”按钮，并进行如图 7-10 所示参数设置，单击“确定”按钮。

(9)在弹出的“铣刀-球头铣”对话框中设置刀具参数，如图 7-11 所示。单击“确定”按钮，完成刀具的创建。

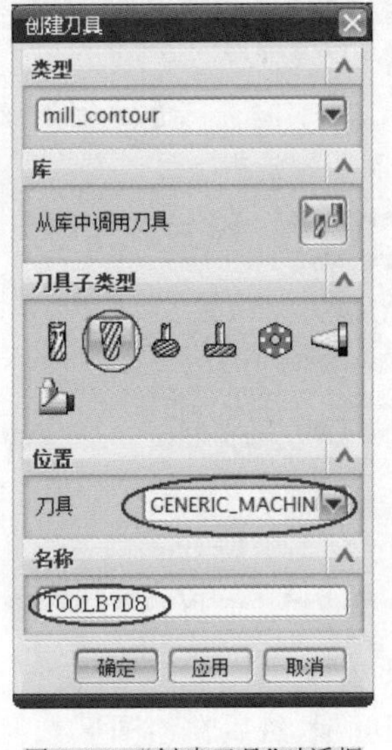

图 7-10　“创建刀具”对话框

图 7-11　第七把刀具参数

(10)创建第八把刀具。参照步骤(8)、(9)，刀具名为 TOOLB8D6，刀具参数如图 7-12 所示。

(11)创建第九把刀具。参照步骤(1)、(2)，刀具名为 TOOL9D2R1，刀具参数如图 7-13 所示。

图 7-12　第八把刀具参数

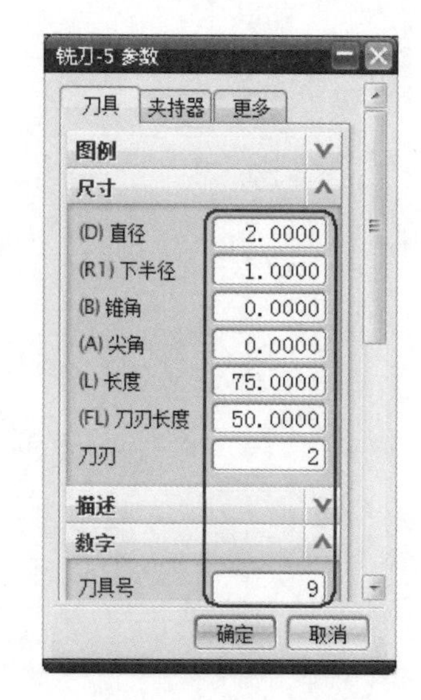

图 7-13　第九把刀具参数

③ 创建几何体组

(1)设置加工坐标系。在“导航器”工具栏中，单击“几何视图”按钮，将操作导航器切换到几何视图，如图 7-14 所示。双击 MCS_MILL，弹出“Mill Orient”对话框，如图 7-15 所示。设置如图所示的参数。

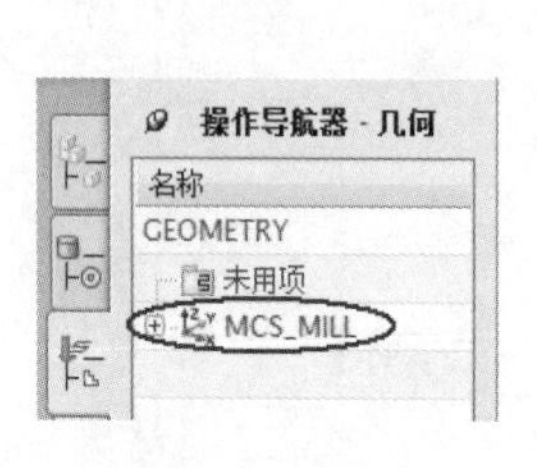

图 7-14　几何视图

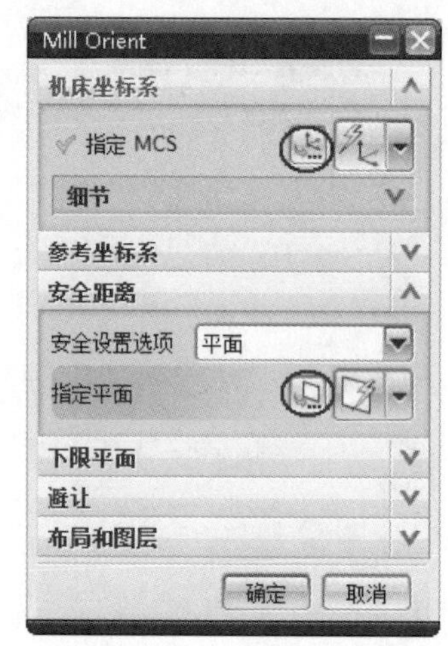

图 7-15　“Mill Orient”对话框

(2)单击“Mill Orient”对话框中的“CSYS”按钮，然后在绘图区选择如图 7-16 所示的点。

(3)单击“确定”按钮，完成加工坐标系的设置。

(4)设置安全平面。单击“Mill Orient”对话框中按钮，选择如图 7-17 所示的工件表面，并按图中所示设置参数为 50。

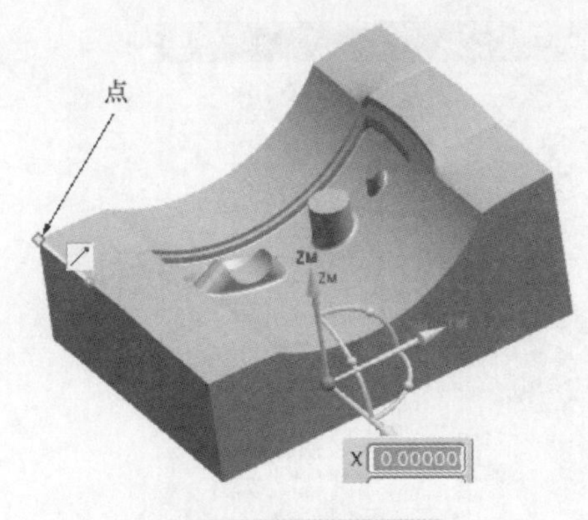

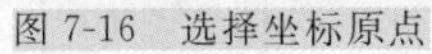

图 7-16　选择坐标原点

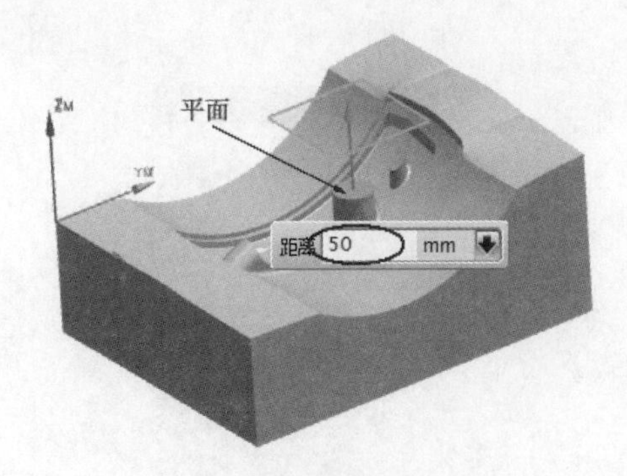

图 7-17　设置安全平面

(5)单击“平面”对话框中“确定”按钮，再单击“Mill Orient”对话框中“确定”按钮。完成安全平面设置。

(6)创建工件几何体。在“操作导航器-几何”对话框中，双击 WORKPIECE ，弹出“铣削几何体”对话框，单击“指定部件”按钮，弹出“部件几何体”对话框。单击“全选”按钮，单击“确定”按钮，完成工件几何体的创建。

(7)创建毛坯几何体。在“铣削几何体”对话框中，单击“指定毛坯”按钮，弹出“毛坯几何体”对话框，选择“自动块”单选按钮。

(8)单击“毛坯几何体”对话框中“确定”按钮，再次单击“铣削几何体”对话框中“确定”按钮，完成毛坯几何体创建。创建的毛坯几何体如图 7-18 所示。

4 设置加工方法

(1)设置粗加工方法

①在“导航器”工具栏中，单击“加工方法视图”按钮，将操作导航器切换到加工方法视图，如图 7-19 所示。双击 MILL_SEMI_FINISH 节点，弹出“铣削方法”对话框，如图 7-20 所示，设置如图所示参数。单击“进给”按钮，弹出“进给”对话框，设置如图 7-21 所示参数。

②单击“进给”对话框中“确定”按钮，再单击“铣削方法”对话框中“确定”按钮，完成粗加工方法创建。

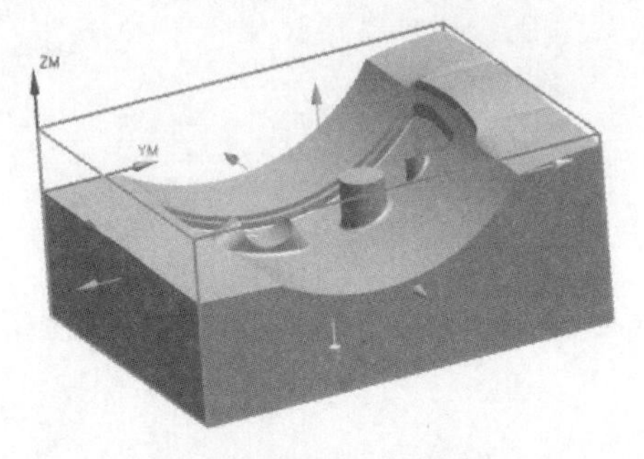

图 7-18　毛坯几何体

图 7-19　加工方法视图

图 7-20 “铣削方法”对话框 1

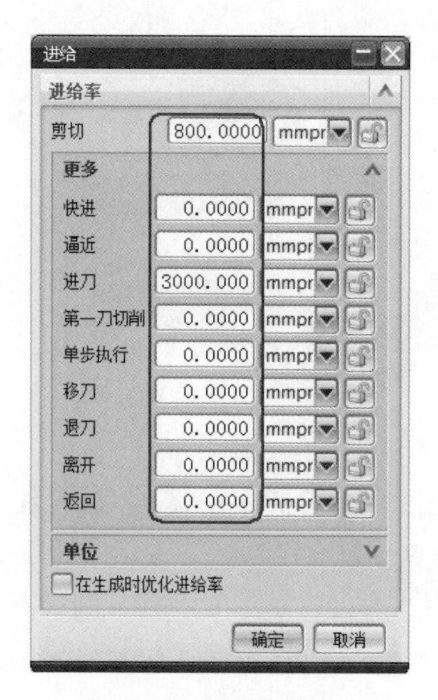

图 7-21 “进给”对话框 1

(2)创建半精加工方法

①在“操作导航器-加工方法”对话框中，双击 MILL_SEMI_FINISH 节点，弹出“铣削方法”对话框，如图 7-22 所示，设置如图所示参数。单击“进给”按钮，弹出“进给”对话框，设置如图 7-23 所示参数。

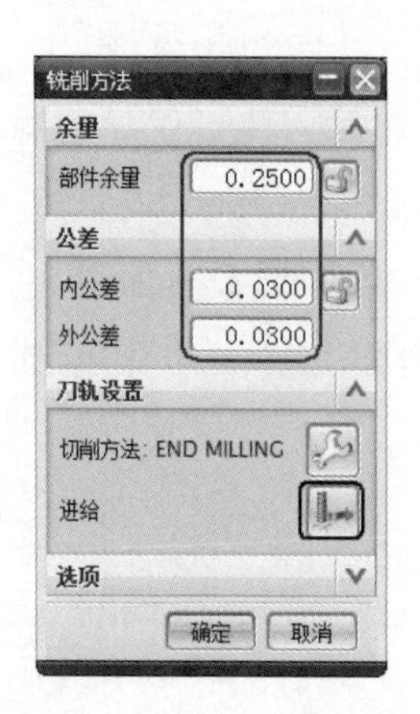

图 7-22 “铣削方法”对话框 2

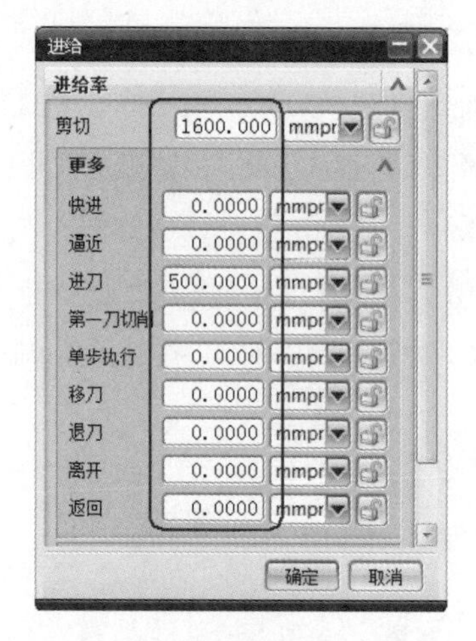

图 7-23 “进给”对话框 2

②单击“进给”对话框中“确定”按钮，再单击“铣削方法”对话框中“确定”按钮，完成半精加工方法创建。

(3)创建精加工方法

在“操作导航器-加工方法”对话框中，双击 MILL_SEMI_FINISH 节点，弹出“铣削方法”对话框。精加工方法中各参数设置与“创建半精加工方法”相同，只需将部件余量设为 0，内公差设为 0.01，外公差设为 0.01，剪切速度设为 2400，进刀速度设为 800 即可。

5 创建大型腔区域粗铣操作

(1)创建粗加工操作。在"插入"工具栏中单击"创建操作"按钮，弹出"创建操作"对话框，如图 7-24 所示，设置如图所示参数。

(2)单击"确定"按钮，弹出如图 7-25 所示"型腔铣"对话框。设置如图所示参数。

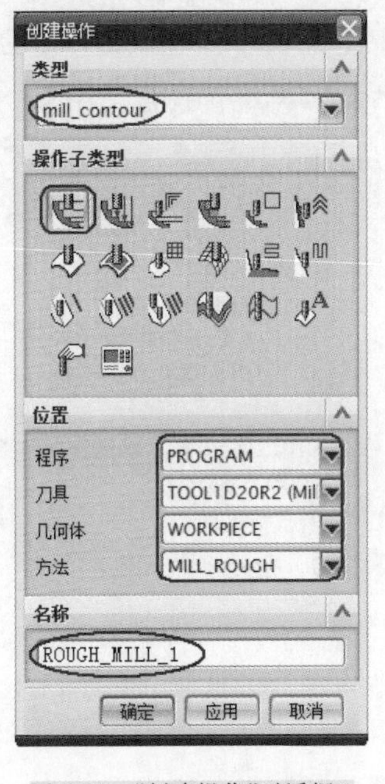

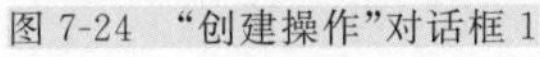
图 7-24 "创建操作"对话框 1

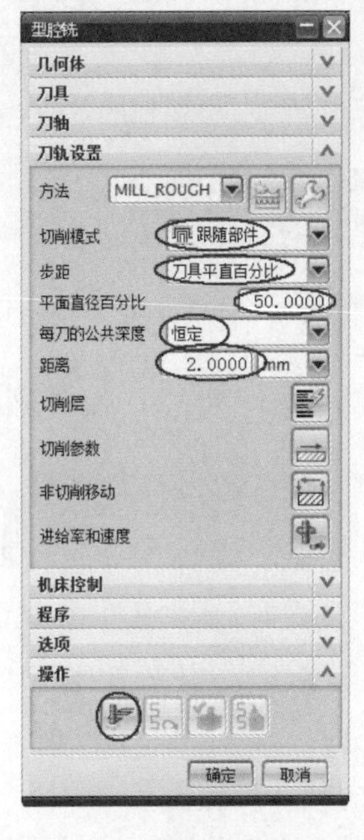

图 7-25 "型腔铣"对话框 1

(3)生成刀具轨迹。在"型腔铣"对话框中单击"生成刀轨"按钮，系统生成的刀具轨迹如图 7-26 所示。

(4)粗加工操作仿真。在"型腔铣"对话框中单击"确认刀轨"按钮，弹出"刀轨可视化"对话框，选择"2D 动态"选项卡，单击"播放"按钮，系统进入加工仿真环境，仿真结果如图 7-27 所示。

图 7-26 大型腔区域一粗刀具轨迹

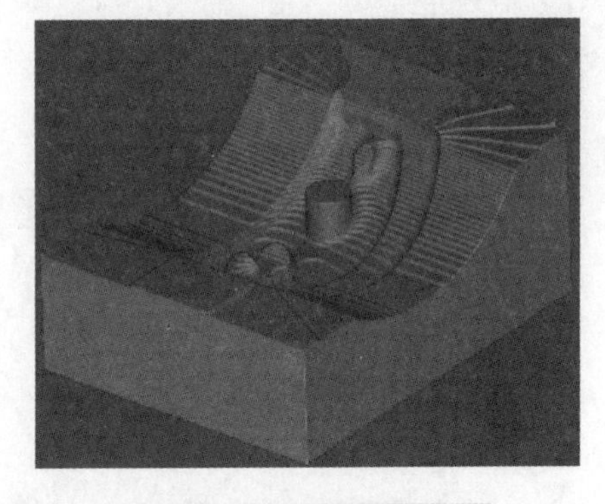

图 7-27 大型腔区域一粗仿真

(5)单击"刀轨可视化"对话框中"确定"按钮，再单击"型腔铣"对话框中"确定"按钮，完成粗铣操作的创建。

6 创建大型腔区域二次粗铣操作

(1)复制 ROUGH_MILL_1 节点。在"导航器"工具栏中,单击"程序顺序视图"按钮,将操作导航器切换到程序顺序视图,如图 7-28 所示。选择 ROUGH_MILL_1 节点,右击鼠标,在弹出的快捷菜单中选择"复制"命令。选择 PROGRAM 节点,右击鼠标,在弹出的快捷菜单中选择"内部粘贴"命令。选择复制节点,右击鼠标,在弹出的快捷菜单中选择"重命名"命令,输入名称 SEMI_FINISH_MILL_1,创建完成的节点如图 7-29 所示。

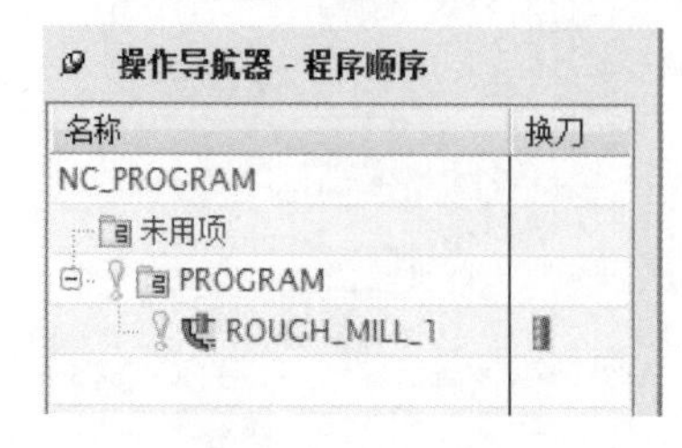

图 7-28 复制前操作导航器 1

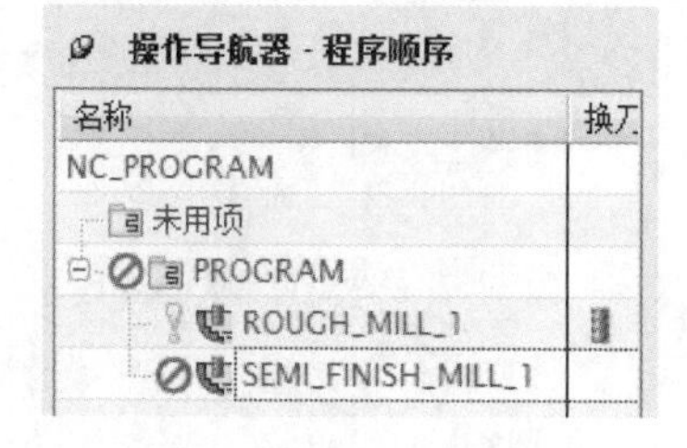

图 7-29 复制后操作导航器 1

(2)修改节点参数。在操作导航器程序顺序视图中,双击 SEMI_FINISH_MILL_1 节点,弹出"型腔铣"对话框,修改其中参数设置如图 7-30 所示。

(3)在"型腔铣"对话框中单击"切削参数"按钮,弹出"切削参数"对话框,在"空间范围"选项卡中的"处理中的工件"下拉列表中选择"使用 3D"选项,如图 7-31 所示。其余的切削参数采用系统的默认设置。

(4)单击"切削参数"对话框中"确定"按钮,完成切削参数的设置。

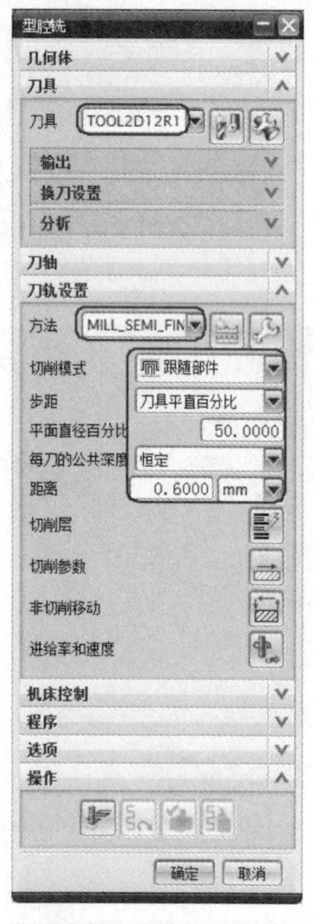

图 7-30 "型腔铣"对话框 2

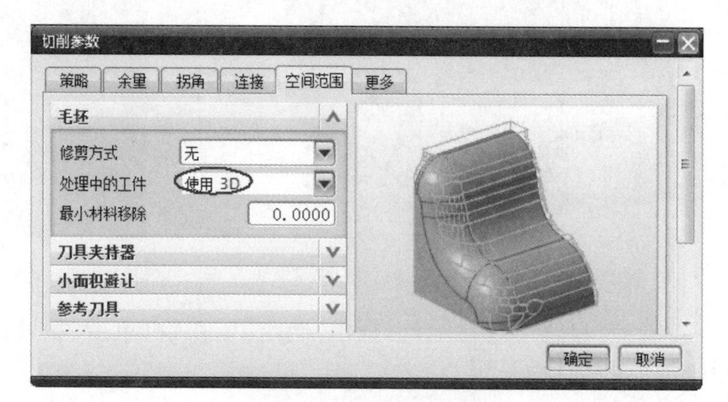

图 7-31 "切削参数"对话框 1

(5)生成刀具轨迹。在“型腔铣”对话框中单击“生成刀轨”按钮，系统生成的刀具轨迹如图 7-32 所示。

(6)二次粗加工操作仿真。在“型腔铣”对话框中单击“确认刀轨”按钮，弹出“刀轨可视化”对话框，选择“2D 动态”选项卡，单击“播放”按钮，系统进入加工仿真环境。仿真结果如图 7-33 所示。

图 7-32 大型腔区域二粗刀具轨迹

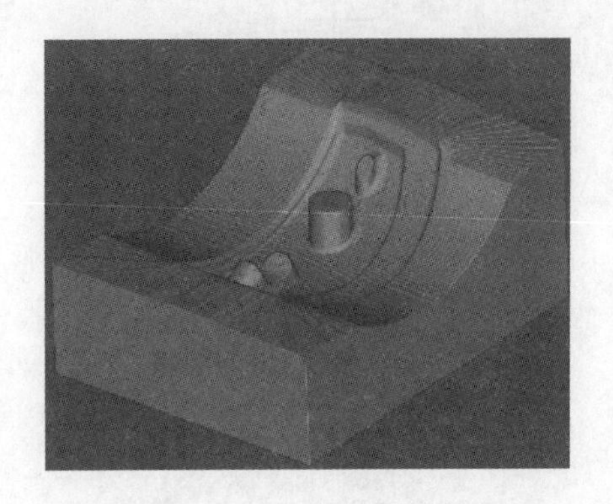

图 7-33 大型腔区域二粗仿真

(7)单击“刀轨可视化”对话框中“确定”按钮，再单击“型腔铣”对话框中“确定”按钮，完成二次粗铣操作的创建。

7 创建小型腔区域粗铣操作

(1)复制 ROUGH_MILL_1 节点。在“导航器”工具栏中，单击“程序顺序视图”按钮，将操作导航器切换到程序顺序视图，如图 7-34 所示。选择 ROUGH_MILL_1 节点，右击鼠标，在弹出的快捷菜单中选择“复制”命令。选择 PROGRAM 节点，右击鼠标，在弹出的快捷菜单中选择“内部粘贴”命令。选择复制节点，右击鼠标，在弹出的快捷菜单中选择“重命名”命令，输入名称 ROUGH_MILL_2，创建完成的节点如图 7-35 所示。

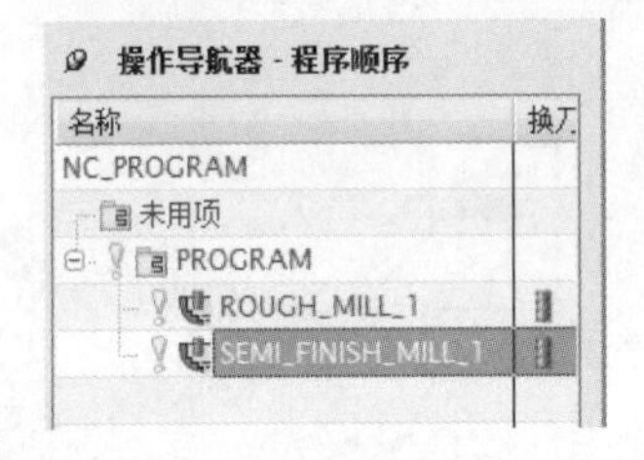

图 7-34 复制前操作导航器 2

图 7-35 复制后操作导航器 2

(2)修改节点参数。在操作导航器程序顺序视图中，双击 ROUGH_MILL_2 节点，弹出“型腔铣”对话框，修改其中参数设置如图 7-36 所示。

(3)设置切削区域。在“型腔铣”对话框中，单击“指定切削区域”按钮，弹出“切削区域”对话框，然后在绘图区中选择如图 7-37 所示的区域，单击“确定”按钮。

图 7-36 “型腔铣”对话框 3

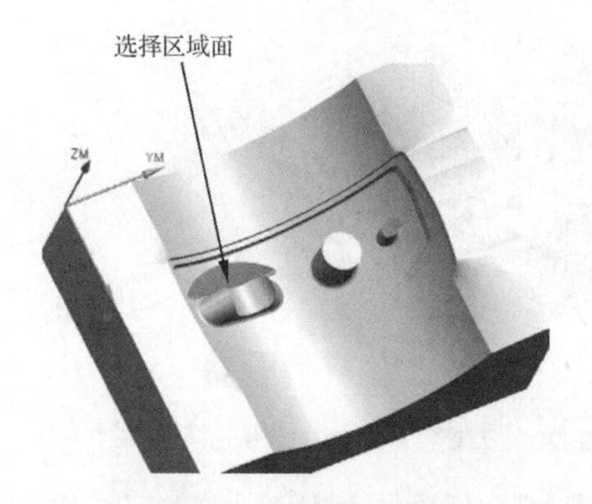

图 7-37 选择切削区域 1

(4)在“型腔铣”对话框中单击“切削参数”按钮，弹出“切削参数”对话框，在“空间范围”选项卡中的“处理中的工件”下拉列表中选择“使用 3D”选项，如图 7-31 所示。其余的切削参数采用系统的默认设置。

(5)设置非切削参数。在“型腔铣”对话框中单击“非切削移动”按钮，弹出“非切削移动”对话框，如图 7-38 所示。在“传递/快速”选项卡中的“安全设置选项”下拉列表中选择“平面”选项，单击“指定平面”按钮，然后在绘图区中选择如图 7-39 所示的平面，并在“平面构造器”对话框中的“偏置”文本框中输入值－10。

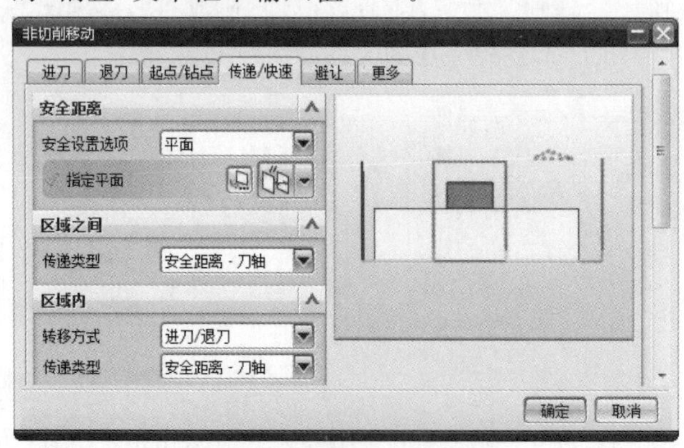

图 7-38 “非切削移动”对话框

(6)单击“非切削移动”对话框中的“确定”按钮。

(7)生成刀具轨迹。在“型腔铣”对话框中单击“生成刀轨”按钮，系统生成的刀具轨迹如图 7-40 所示。

(8)单击“型腔铣”对话框中“确定”按钮,完成小型腔区域粗加工铣削操作的创建。

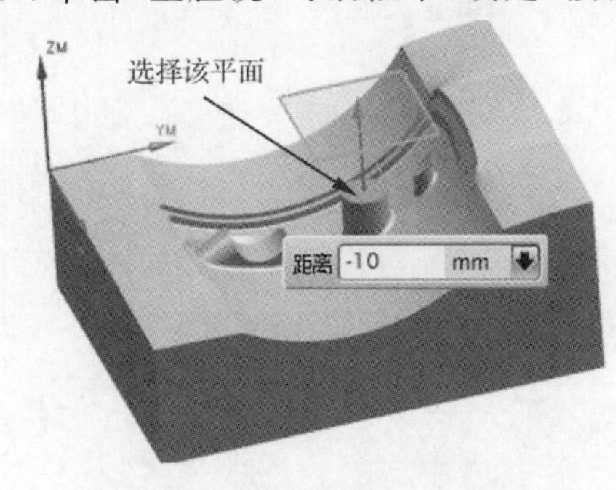

图 7-39 选择安全参考面

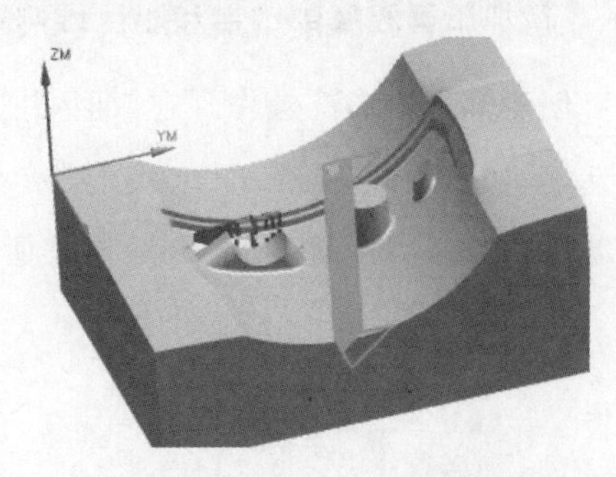

图 7-40 小型腔区域一粗刀具轨迹

8 小型腔区域二次粗加工

(1)复制 ROUGH_MILL_2 节点。在“导航器”工具栏中,单击“程序顺序视图”按钮,将操作导航器切换到程序顺序视图。选择 ROUGH_MILL_2 节点,右击鼠标,在弹出的快捷菜单中选择“复制”命令。选择 PROGRAM 节点,右击鼠标,在弹出的快捷菜单中选择“内部粘贴”命令。选择复制节点,右击鼠标,在弹出的快捷菜单中选择“重命名”命令,输入名称 SEMI_FINISH_MILL_2。

(2)修改节点参数。在操作导航器程序顺序视图中,双击 SEMI_FINISH_MILL_2 节点,弹出“型腔铣”对话框,修改其中参数设置如图 7-41 所示。

(3)生成刀具轨迹。在“型腔铣”对话框中单击“生成刀轨”按钮,系统生成的刀具轨迹,如图 7-42 所示。

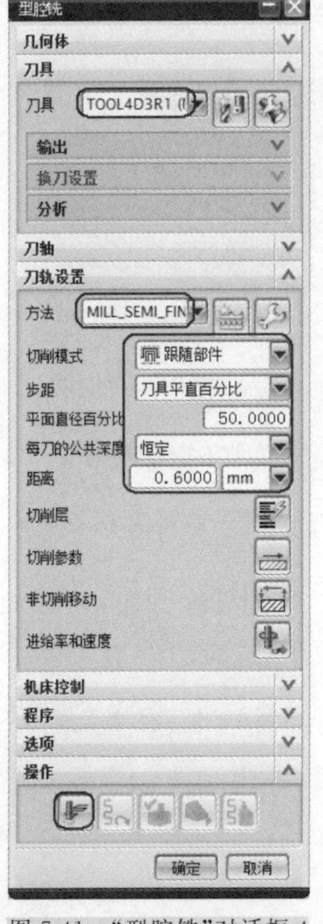

图 7-41 “型腔铣”对话框 4

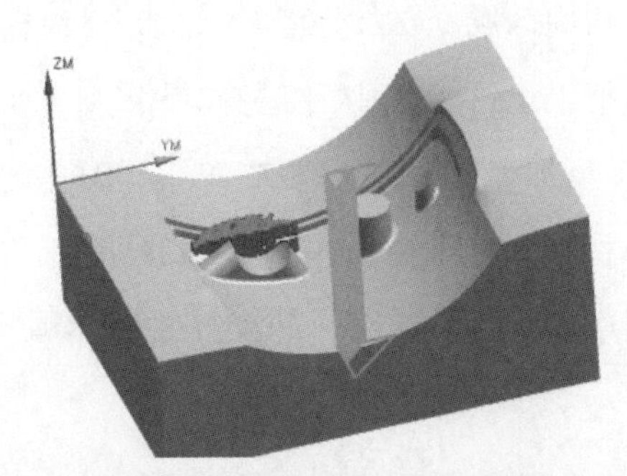

图 7-42 小型腔区域二粗刀具轨迹

(4)单击“型腔铣”对话框中“确定”按钮,完成小型腔区域粗加工铣削操作的创建。

9 精加工型腔底部凸台和小区域侧壁

(1)创建等高轮廓铣操作。在“插入”工具栏中单击“创建操作”按钮,弹出“创建操作”对话框,如图 7-43 所示,设置如图所示参数。

(2)单击“确定”按钮,弹出如图 7-44 所示“深度加工轮廓”对话框。设置如图所示参数。

图 7-43 “创建操作”对话框 2

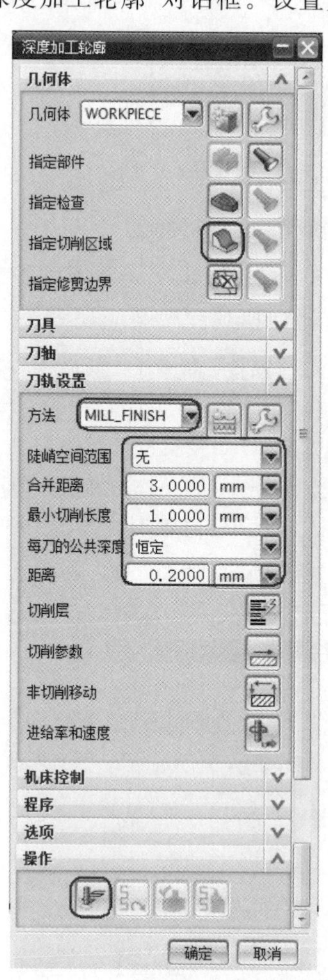

图 7-44 “深度加工轮廓”对话框

(3)指定切削区域。在“深度加工轮廓”对话框中单击“指定切削区域”按钮,弹出“切削区域”对话框,然后在绘图区中选择如图 7-45 所示的区域,单击“确定”按钮。

(4)在“深度加工轮廓”对话框中单击“切削参数”按钮,弹出“切削参数”对话框。在“切削参数”对话框的“连接”选项卡中选择“在层之间切削”复选框;在“步距”下拉列表中选择“使用切削深度”选项,如图 7-46 所示。其余的切削参数采用系统的默认设置。

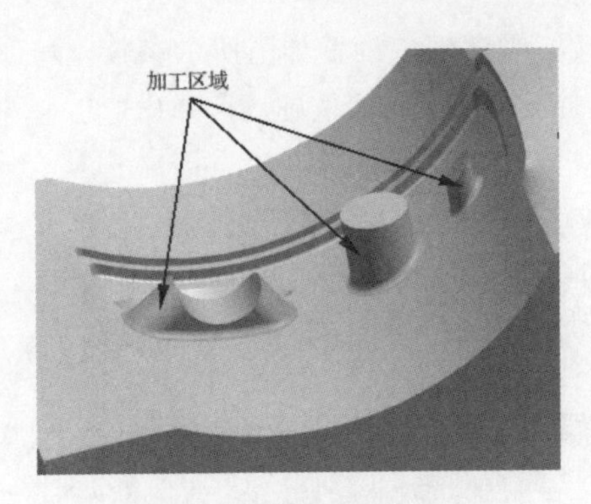

图 7-45 选择切削区域 2

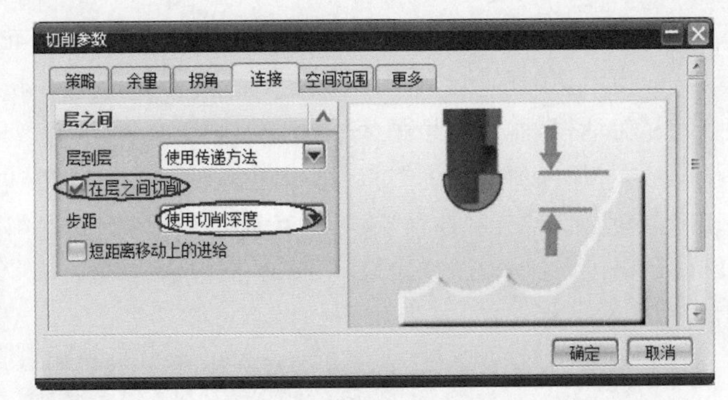

图 7-46 “切削参数”对话框 2

(5)单击“切削参数”对话框中“确定”按钮,完成切削参数的设置。

(6)设置非切削参数。在“深度加工轮廓”对话框中单击“非切削移动”按钮,弹出“非切削移动”对话框,如图 7-38 所示。在“传递/快速”选项卡中的“安全设置选项”下拉列表中选择“平面”选项,单击“指定平面”按钮,然后在绘图区选择如图 7-39 所示的平面,并在“平面构造器”对话框中的“偏置”文本框中输入值 25。

(7)生成刀具轨迹。在“深度加工轮廓”对话框中单击“生成刀轨”按钮,系统生成的刀具轨迹如图 7-47 所示。

(8)单击“深度加工轮廓”对话框中“确定”按钮,完成型腔底部凸台和小区域侧壁精加工操作的创建。

10 精加工大型腔侧壁

(1)创建等高轮廓铣操作。在“插入”工具栏中单击“创建操作”按钮,弹出“创建操作”对话框,如图 7-48 所示,设置如图所示参数。

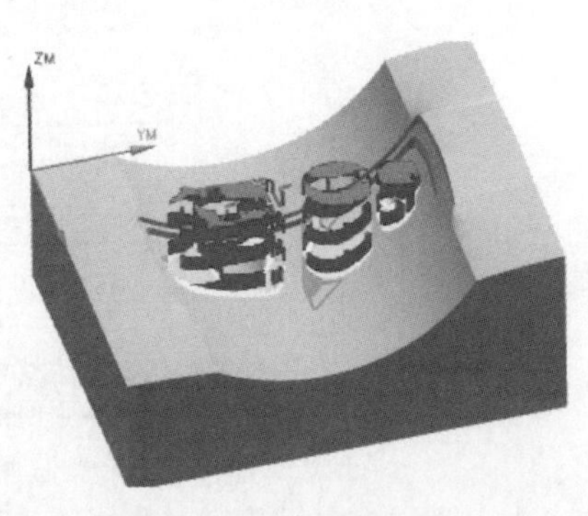

图 7-47 生成的刀具轨迹 1

图 7-48 “创建操作”对话框 3

(2)单击“确定”按钮，弹出如图 7-44 所示“深度加工轮廓”对话框。设置如图所示参数。

(3)指定切削区域。在“深度加工轮廓”对话框中单击“指定切削区域”按钮，弹出“切削区域”对话框，然后在绘图区中选择如图 7-49 所示的区域，单击“确定”按钮。

(4)在“深度加工轮廓”对话框中单击“切削参数”按钮，弹出“切削参数”对话框。在“切削参数”对话框的“连接”选项卡中选择“在层之间切削”复选框；在“步距”下拉列表中选择“残余高度”选项；在“残余高度”文本框中输入值 0.01，如图 7-50 所示。其余的切削参数采用系统的默认设置。

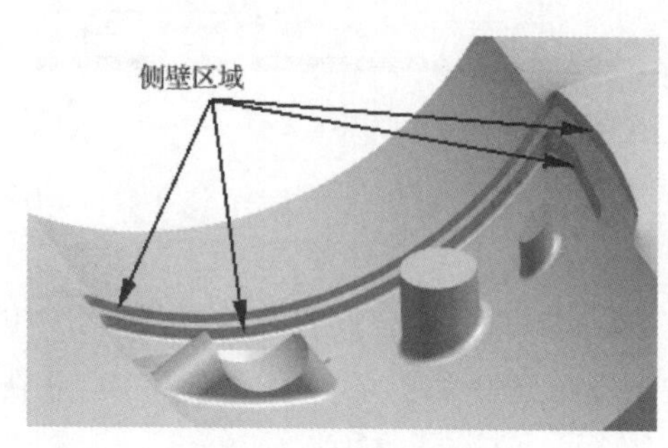

图 7-49 选择切削区域 3

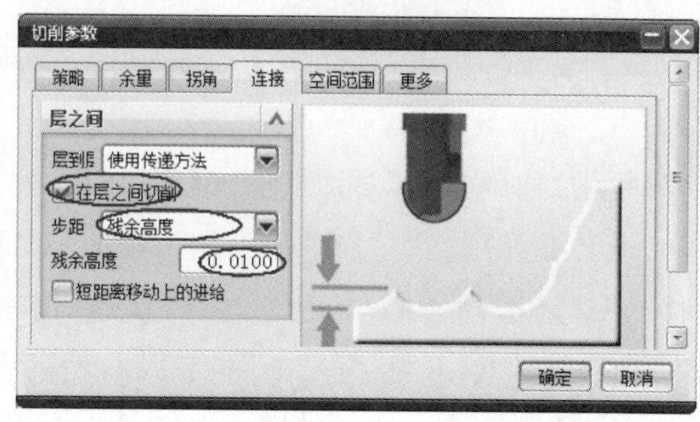

图 7-50 “切削参数”对话框 3

(5)生成刀具轨迹。在“深度加工轮廓”对话框中单击“生成刀轨”按钮，系统生成的刀具轨迹如图 7-51 所示。

(6)单击“深度加工轮廓”对话框中“确定”按钮，完成大型腔侧壁精加工操作的创建。

11 精加工大型腔曲面

(1)创建区域铣削驱动方法的固定轮廓铣操作。在“插入”工具栏中单击“创建操作”按钮，弹出“创建操作”对话框，如图 7-52 所示，设置如图所示参数。单击“确定”按钮，弹出“固定轮廓铣”对话框。

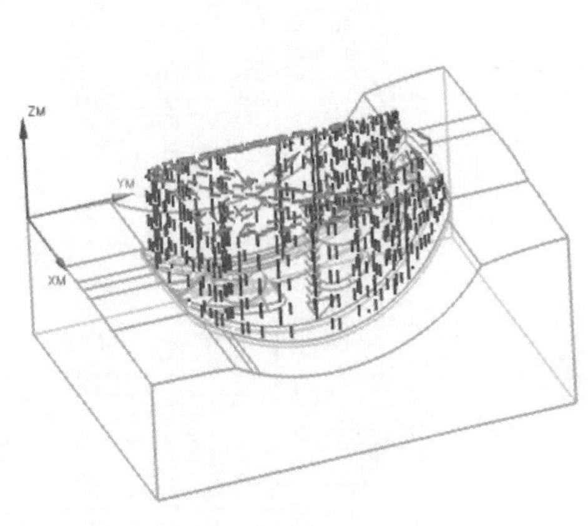

图 7-51 生成的刀具轨迹 2

图 7-52 “创建操作”对话框 4

(2)指定驱动方法。在“固定轮廓铣”对话框驱动方法选项组的“方法”下拉列表中选择

"区域铣削"选项,弹出"区域铣削驱动方法"对话框,单击"确定"按钮。

(3)选择切削区域。在"固定轮廓铣"对话框中单击"指定切削区域"按钮,弹出"切削区域"对话框。在绘图区选择如图 7-53 所示的曲面,单击"确定"按钮,完成切削区域的选择。

(4)设置驱动参数。在"固定轮廓铣"对话框的"驱动方法"选项组中单击"编辑"按钮,弹出"区域铣削驱动方法"对话框,设置如图 7-54 所示的参数,其他参数采用系统的默认设置。单击"确定"按钮,完成指定驱动参数的设置。

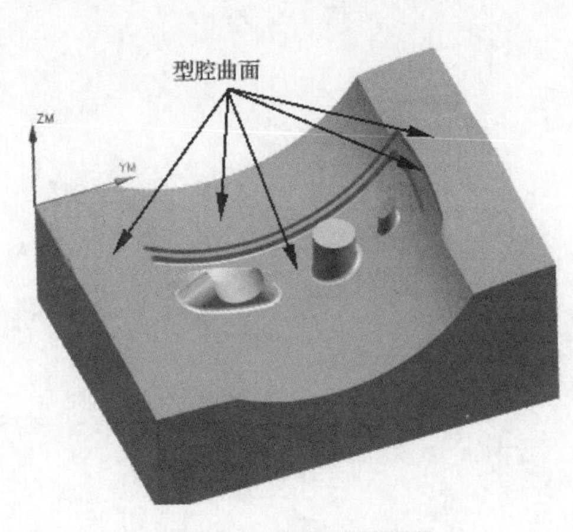

图 7-53 选择切削区域 4

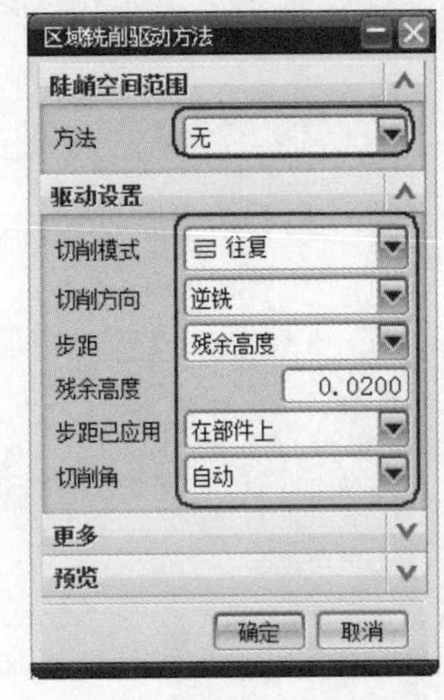

图 7-54 "区域铣削驱动方法"对话框 1

(5)生成刀具轨迹。在"固定轮廓铣"对话框中单击"生成刀轨"按钮,系统生成的刀具轨迹如图 7-55 所示。

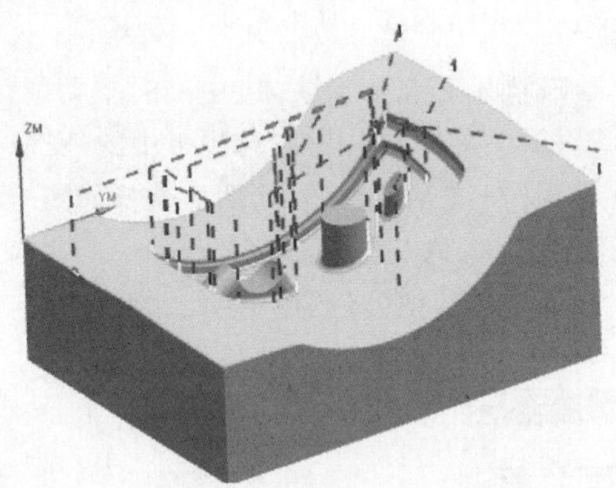

图 7-55 生成的刀具轨迹 3

(6)单击"固定轮廓铣"对话框中"确定"按钮,完成大型腔曲面精加工操作的创建。

12 精加工型腔底部凸台顶面

(1)创建区域铣削驱动方法的固定轮廓铣操作。在"插入"工具栏中单击"创建操作"按钮,弹出"创建操作"对话框,如图 7-56 所示,设置如图所示参数。单击"确定"按钮,弹出"固定轮廓铣"对话框。

(2)指定驱动方法。在"固定轮廓铣"对话框驱动方法选项组的"方法"下拉列表中选择"区域铣削"选项,弹出"区域铣削驱动方法"对话框,单击"确定"按钮。

(3)选择切削区域。在"固定轮廓铣"对话框中单击"指定切削区域"按钮，弹出"切削区域"对话框。在绘图区选择如图 7-57 所示的曲面，单击"确定"按钮，完成切削区域的选择。

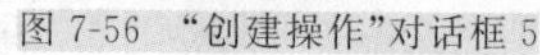

图 7-56 "创建操作"对话框 5

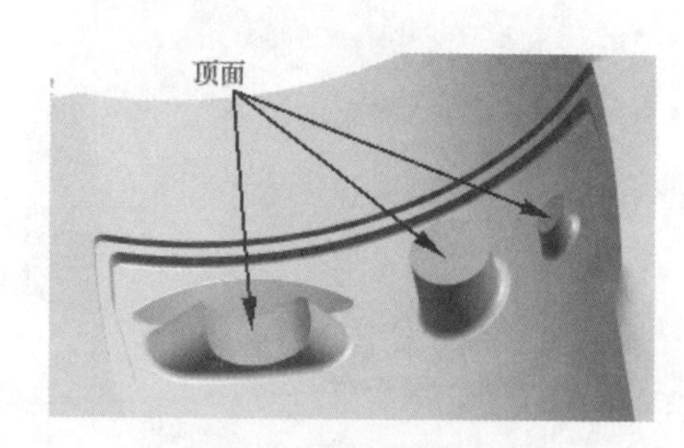

图 7-57 选择切削区域 5

(4)设置驱动参数。在"固定轮廓铣"对话框的"驱动方法"选项组中单击"编辑"按钮，弹出"区域铣削驱动方法"对话框，设置如图 7-58 所示的参数，其他参数采用系统的默认设置。单击"确定"按钮，完成指定驱动参数的设置。

(5)设置非切削参数。在"固定轮廓铣"对话框中单击"非切削移动"按钮，弹出"非切削移动"对话框，如图 7-38 所示。在"传递/快速"选项卡中的"安全设置选项"下拉列表中选择"平面"选项，单击"指定平面"按钮，然后在绘图区选择如图 7-39 所示的平面，并在"平面构造器"对话框中的"偏置"文本框中输入值 20。

(6)生成刀具轨迹。在"固定轮廓铣"对话框中单击"生成刀轨"按钮，系统生成的刀具轨迹如图 7-59 所示。

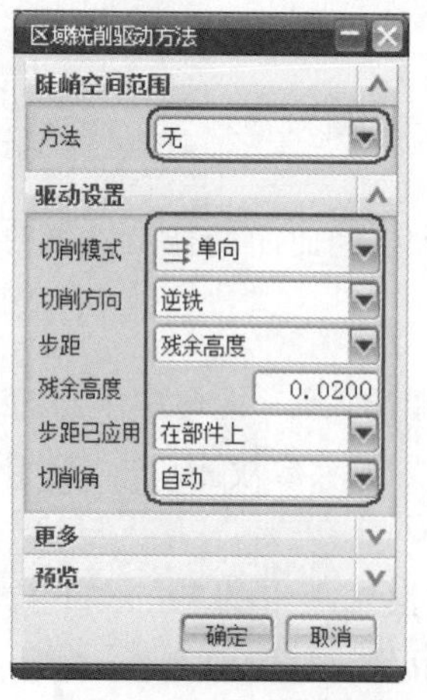

图 7-58 "区域铣削驱动方法"对话框 2

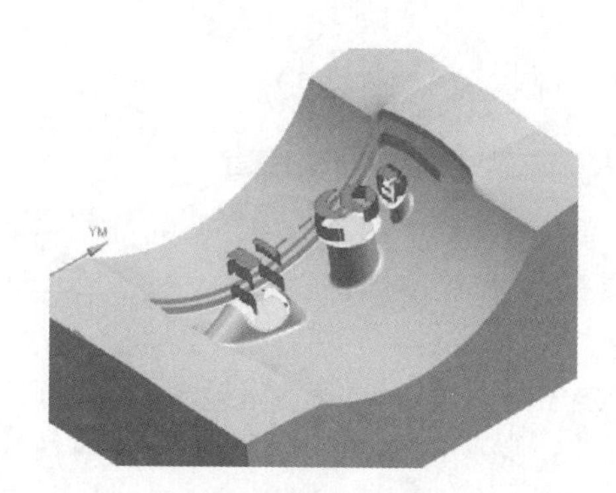

图 7-59 生成的刀具轨迹 4

(7)单击“固定轮廓铣”对话框中“确定”按钮，完成型腔底部凸台顶面精加工操作的创建。

13 清理型腔底部残余材料

(1)创建清根驱动方法的固定轮廓铣操作。在“插入”工具栏中单击“创建操作”按钮，弹出“创建操作”对话框，如图 7-60 所示，并设置如图所示参数。单击“确定”按钮，系统弹出“固定轮廓铣”对话框。

(2)指定驱动方法并选择驱动几何体。在“固定轮廓铣”对话框驱动方法选项组的“方法”下拉列表中选择“清根”选项，弹出“清根驱动方法”对话框，如图 7-61 所示。设置如图所示参数。

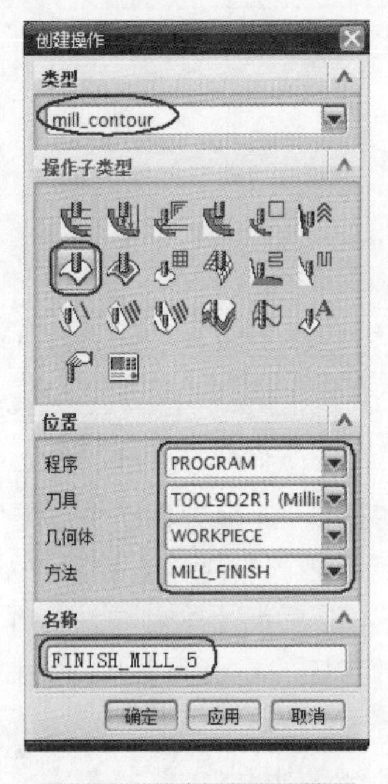

图 7-60 “创建操作”对话框 6

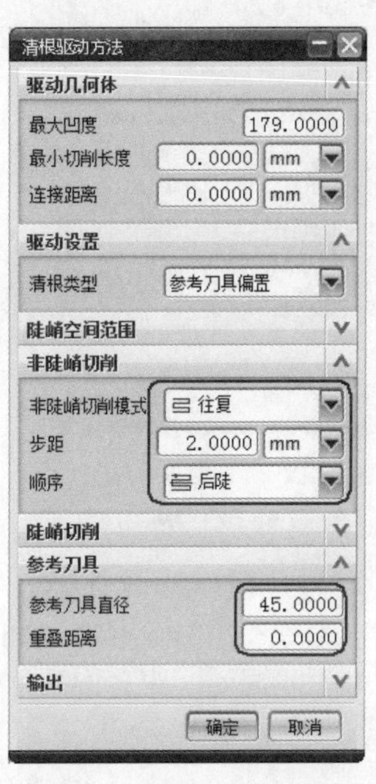

图 7-61 “清根驱动方法”对话框

(3)生成刀具轨迹。在“固定轮廓铣”对话框中单击“生成刀轨”按钮，系统生成的刀具轨迹如图 7-62 所示。

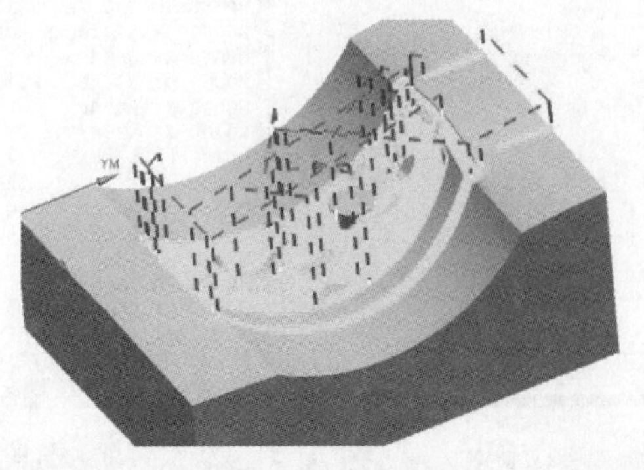

图 7-62 生成的刀具轨迹 5

(4)单击“固定轮廓铣”对话框中“确定”按钮，完成型腔底部残余材料加工操作的创建。

14 后置处理

(1)输出车间工艺文件。在操作导航器的几何视图中，选择 PROGRAM 节点，在“操作”工具栏中单击“车间文档”按钮，弹出“车间文档”对话框，如图 7-63 所示。在“报告格式”下拉列表框中选择输出格式“Operation List(TEXT)”选项，在“文件名”文本框中指定输出文件的路径和文件名称。单击“确定”按钮，弹出“信息”窗口，如图 7-64 所示。查看信息后，关闭“信息”窗口。

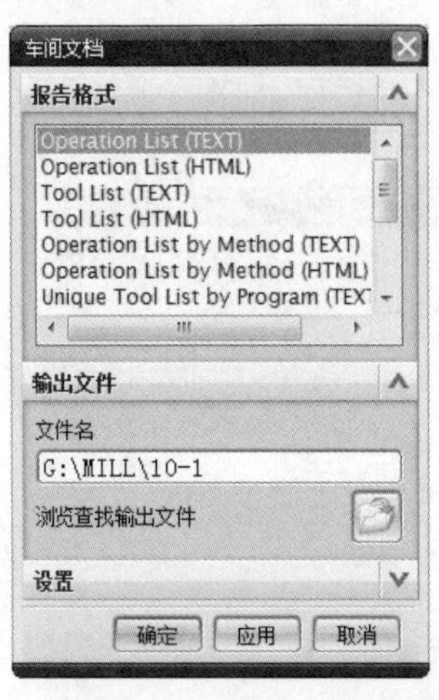

图 7-63 “车间文档”对话框

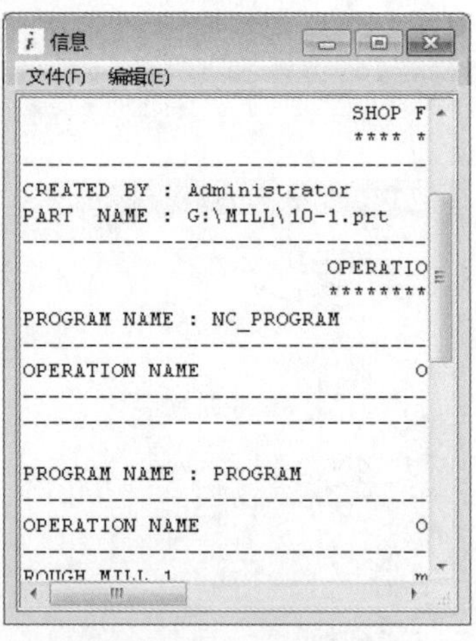

图 7-64 “信息”窗口 1

(2)输出 NC 程序代码。在如图 1-15 所示的“操作”常用工具栏中单击“后处理”按钮，弹出“后处理”对话框，如图 7-65 所示。在“后处理器”下拉列表框中选择“MILL_3_AXIS”选项，在“文件名”文本框中指定输出文件的路径和文件名称。单击“确定”按钮，弹出“信息”窗口，如图 7-66 所示。窗口中为生成的数控加工的 G 代码程序，关闭“信息”窗口。

图 7-65 “后处理”对话框

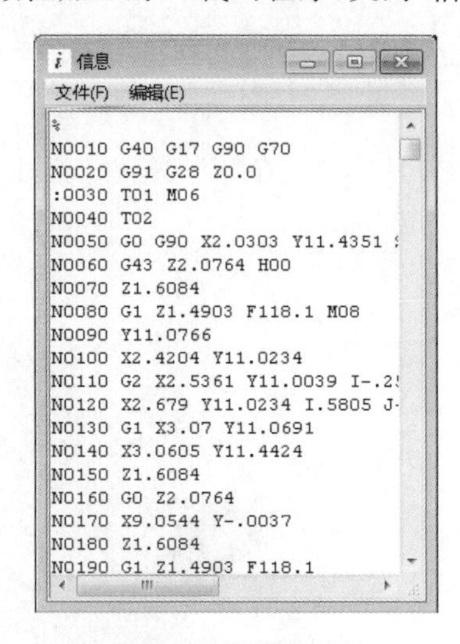

图 7-66 “信息”窗口 2

15 保存文件

在“文件”下拉菜单中选择“保存”命令，或在“标准”工具栏中单击“保存”按钮，保存已完成的加工文件。

通过本项目的学习，综合运用UG软件数控编程模块的内容，让读者加深对这部分内容的理解，能够灵活运用所学的知识。进一步培养学生运用UG软件进行数控编程的综合能力，让学生熟练掌握数控编程模块的相关功能与命令，同时培养学生的信息获取、团队协作和思考解决问题等能力。

打开本教材素材资源包中的“7-2.prt”文件，如图7-67所示，应用UG软件数控编程加工各种方法来完成该零件的加工。

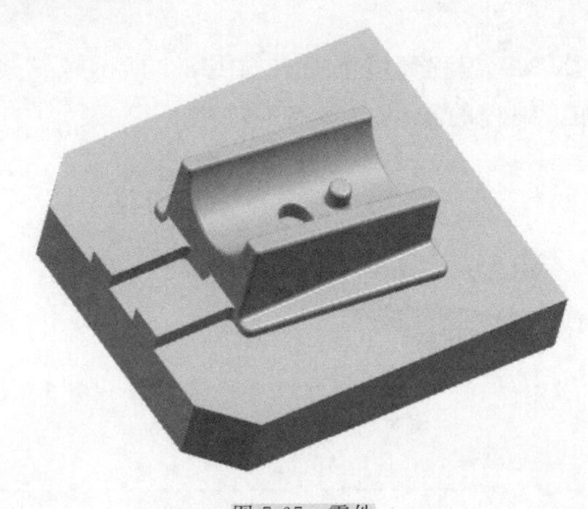

图7-67　零件

*项目八 多轴铣削加工

本项目主要在 UG NX 8.0 编程环境下完成如图 8-1 所示螺旋桨叶片零件编程加工，让用户灵活运用多轴铣削加工编程的知识。

图 8-1 螺旋桨叶片零件

教学目标

【能力目标】

能够运用 UG 软件 CAM 模块中的多轴铣削加工功能完成零件的多轴编程加工。

【知识目标】

掌握 UG 软件 CAM 模块中的多轴铣削加工相关操作。

【素质目标】

1. 培养沟通、团队合作能力。
2. 培养自学能力及独立工作能力。
3. 培养细致观察、勤于思考、做事认真的良好作风。
4. 培养文献检索能力。

当零件表面由单个或多个异形曲面构成，运用 2 轴、3 轴无法进行加工时，可采用多轴加工。多轴铣削(mill_multi-axis)是指沿刀具路径移动时可不断改变方向的铣削加工。多轴铣削一般用于零件的半精加工和精加工。

图 8-1 所示的螺旋桨叶片零件的结构比较复杂，已经不能采用 3 轴数控加工机床进行加工，需要进行 5 轴数控加工。用户必须使用零件编程工具中的可变轴曲面轮廓铣等命令。

根据零件的特点，按照加工工艺的安排原则，具体加工顺序如下：

(1)叶片上表面加工：采用可变轴曲面轮廓铣进行曲面精加工，驱动方式选择“表面积”方法，刀轴方向为“侧刃驱动体”，刀具采用 D10R2 圆角刀。

(2)叶片下表面加工：采用可变轴曲面轮廓铣进行曲面精加工，驱动方式选择“表面积”方法，刀轴方向为“远离直线”，刀具采用 D10R2 圆角刀。

(3)叶片外侧面加工：采用可变轴曲面轮廓铣进行曲面精加工，驱动方式选择“表面积”方法，刀轴方向为“垂直于驱动体”，刀具采用 D10R2 圆角刀。

本项目通过完成螺旋桨叶片零件多轴编程加工任务，培养学生运用 UG 软件进行多轴铣床铣削加工编程的能力，同时培养学生的信息搜集、思考及解决问题等能力。

本项目涉及的知识包括 UG NX 8.0 软件多轴铣削加工的编程功能，包括可变轴曲面轮廓铣、顺序铣等内容，知识重点是可变轴曲面轮廓铣的掌握，知识难点是投影矢量的理解。下面将详细介绍可变轴曲面轮廓铣加工的知识。

一 多轴铣削概述

随着机床等基础制造技术的发展，多轴(3 轴及 3 轴以上)机床在生产制造过程中的使用越来越广泛。尤其是针对某些复杂曲面或者精度非常高的机械产品，加工中心的大面积覆盖将多轴的加工推广得越来越普遍。

现代制造业所面对的经常是具有复杂型腔的高精度模具制造和复杂型面产品的外形加工，其共同特点是以复杂三维型面为结构主体，整体结构紧凑，制造精度要求、加工成形难度极大。

(一)多轴铣分类

多轴铣削(mill_multi-axis)指刀轴沿刀具路径移动时，可不断改变方向的铣削加工，包括可变轴曲面轮廓铣(VARIABLE_CONTOUR)、多层切削变轴铣(VC_MULTI_DEPTH)

、多层切削双四轴边界变轴铣（VC_BOUNDARY_ZZ_LEAD_LAG）、多层切削双四轴曲面变轴铣（VC_SURF_REG_ZZ_LEAD_LAG），型腔轮廓铣（CONTOUR_PROFILE）和顺序铣（SEQUENTIAL_MILL）等。

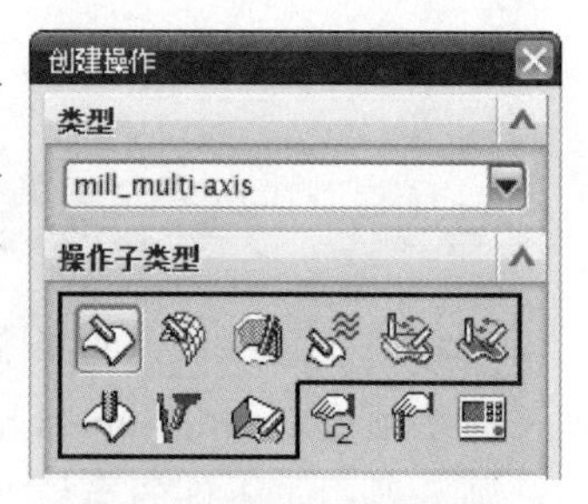

图 8-2　多轴铣削加工类型

如图 8-2 所示为在 mill_mufti-axis（多轴铣削）模板中的多轴铣削加工类型。

多轴铣削操作子类型的命令及其应用见表 8-1。

表 8-1　多轴铣削操作子类型

按钮	英文名称	中文名称	说明
	VARIABLE_CONTOUR	可变轴曲面轮廓铣	用于以各种驱动方法、空间范围和切削模式对部件或切削区域进行轮廓铣。对于刀轴控制，有多种选项
	VARIABLE_STREAMLINE	可变流线	根据自动或用户定义流和交叉曲线来切削面
	CONTOUR_PROFILE	型腔轮廓铣	使用型腔轮廓铣驱动方法，用于以刀具面轮廓铣带有外角的墙
	VC_MULTI_DEPTH	多层切削变轴铣	有多条刀路均偏离部件
	VC_BOUNDARY_ZZ_LEAD_LAG	多层切削双四轴边界变轴铣	采用边界驱动方法、往复切削模式，以及用前置角和后置角定义的刀轴
	VC_SURF_REG_ZZ_LEAD_LAG	多层切削双四轴曲面变轴铣	采用曲面区域驱动方法、往复切削模式，以及用前置角和后置角定义的刀轴
	FIXED_CONTOUR	固定轴曲面轮廓铣	用于以各种驱动方法、空间范围和切削模式对部件或切削区域进行轮廓铣
	ZLEVEL_SAXIS	五轴等高轮廓铣	可变五轴等高轮廓铣，适用于加工各种有陡峭角的斜面、曲面
	SEQUENTIAL_MILL	顺序铣	为连续加工一系列边缘相连的曲面而设计的可变轴曲面轮廓铣

（二）刀轴矢量控制方式

UG 多轴加工主要通过控制刀具轴矢量、投影方向和驱动方法来生成加工轨迹。加工关键就是通过控制刀具轴矢量在空间位置的不断变化，或使刀具轴的矢量与机床原始坐标系构成空间某个角度，利用铣刀的侧刃或底刃切削加工来完成。

刀具轴是一个矢量，它的方向从刀尖指向刀柄。可以定义固定的刀轴，相对地也能定义可变的刀轴。固定的刀轴和指定的矢量始终保持平行，固定轴曲面铣削的刀轴就是固定的，如图 8-3 所示。而可变刀轴在切削加工中会发生变化，如图 8-4 所示。

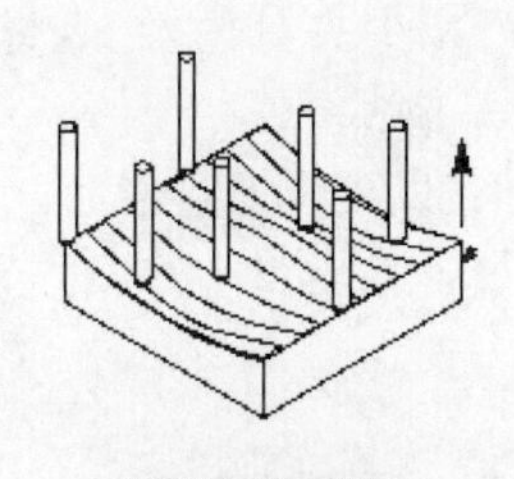

图 8-3　固定轴

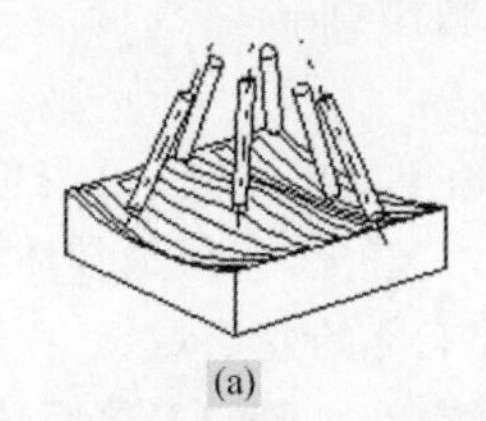

(a)

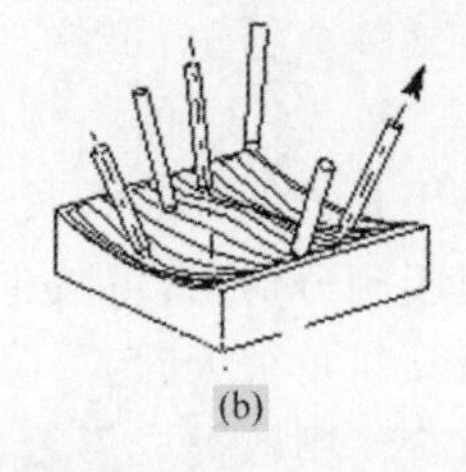

(b)

图 8-4　可变轴

使用“曲面区域驱动方法”直接在“驱动曲面”上创建刀轨时，应确保正确定义“材料侧矢量”。“材料侧矢量”将决定刀具与“驱动曲面”的哪一侧相接触。“材料侧矢量”必须指向要移除的材料（与“刀轴矢量”的方向相同）。

（三）多轴机床

传统的 3 轴加工机床只有正交的 X、Y、Z 轴，则刀具只能沿着这 3 条轴做线性平移，使加工工件的几何形状有所限制。因此必须增加机床的轴数来获得加工的自由度，即 A、B 和 C 轴 3 个旋转轴。但是一般情况下只需两个旋转轴便能加工出复杂的型面。

增加机床的轴数来获得加工的自由度，最典型的就是增加两个旋转轴，成为 5 轴加工机床（增加一个轴便是 4 轴加工中心，这里针对 5 轴来说明多轴加工的能力和特点）。5 轴加工机床在 X、Y、Z 正交的二轴驱动系统内，另外加装倾斜的和旋转的双轴旋转系统，其中的 X、Y、Z 轴决定刀具的位置，两个旋转轴决定刀具的方向。如图 8-5 所示为普通 5 轴数控机床加工零件的情况。

如图 8-6 所示为近年来国内某厂家开发的新型 5 轴并联数控机床。

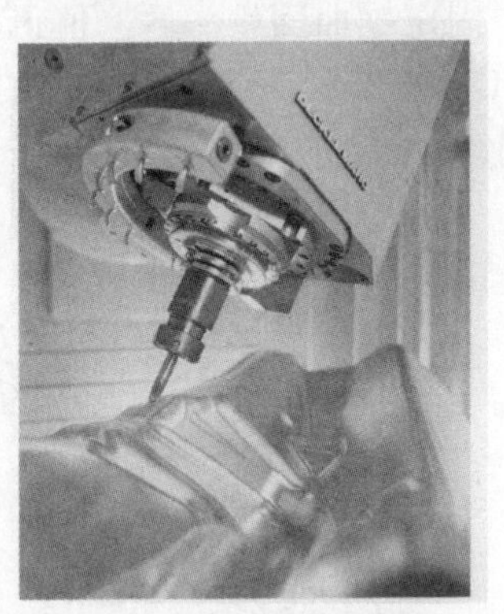

图 8-5　5 轴数控机床加工零件

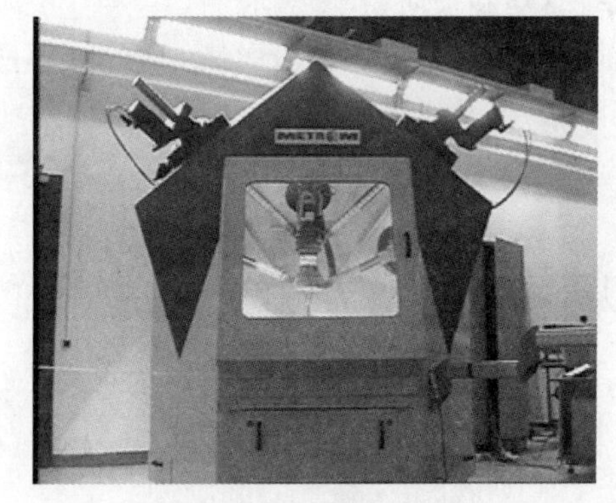

图 8-6　5 轴并联数控机床

并联机床又称为虚拟轴机床，是近年来逐渐兴起的一种新型结构机床，它能实现 5 轴联动，被称为 21 世纪的新型加工设备，被誉为“机床机构的重大革命”。与传统机床相比，它具有结构简单，机械制造成本低，功能灵活性强，结构刚度好，积累误差小，动态性能好，标准化程度高，易于组织生产等一系列优点；与进口的同类机床相比，它具有明显的性能价格比优势。

（四）多轴数控加工特点

多轴数控加工的特点如下：

(1)加工多个斜角、倒钩时,利用旋转轴直接旋转工件,可减少夹具的数量,缩短校正时间。

(2)利用5轴加工方式及刀轴角度的变化,可避免静电摩擦,以延长刀具寿命。

(3)使用侧刃切削,可减少加工道次,获得最佳质量,提升加工效能。

(4)当倾斜角很大时,可降低工件的变形量。

(5)减少使用各类成形刀,通常以一般的刀具完成加工。

(6)通常在进行多轴曲面铣削规划时,对几何加工方面误差来说,有路径间距、刀具进给量和过切等三大主要影响因素。

在参数化加工程序中,通常凭借刀具接触点的数据,来决定刀具位置及刀轴方向,而曲面上刀具接触数据点最好可以在加工的允许误差范围内随曲面曲率做动态调整,即路径间距和刀具进给量可以随着曲面的平坦或陡峭来做不同疏密程度的调整。这些都能在UG多轴加工中充分体现。

二 可变轴曲面轮廓铣

可变轴曲面轮廓铣(VARIABLE_CONTOUR)是相对于固定轴加工而言的,在加工过程中刀具轴的轴线方向是可变的。即可随着加工表面的法线方向不同而改变,从而改善加工过程中刀具的受力情况,放宽对加工表面复杂性的限制,使原来用固定轴曲面加工时为陡峭状态的表面变成非陡峭表面,一次加工完成。

可变轴曲面轮廓铣的驱动方法包括边界驱动、曲面区域驱动、螺旋线驱动、曲线/点驱动、刀轨驱动和径向切削驱动。这些驱动方式的定义与固定轴曲面铣一致。值得注意的是,可变轴曲面轮廓铣没有区域驱动与清根切削驱动,而UG NX 8.0将经常使用的曲面区域驱动和边界驱动作为主要驱动方式在菜单中显示。如图8-7所示为使用驱动曲面的可变轮廓铣。

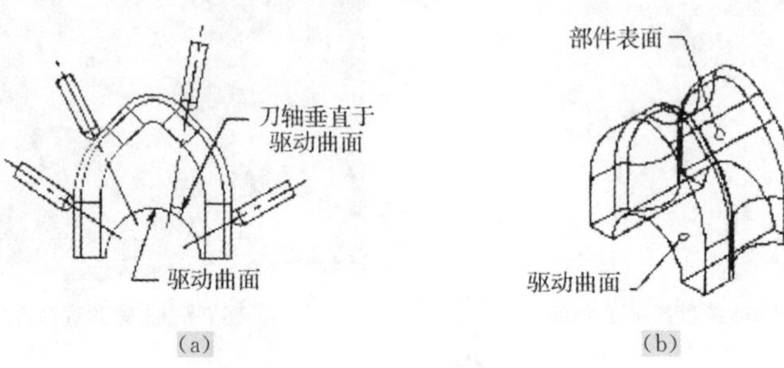

图8-7 使用驱动曲面的可变轮廓铣

(一)驱动方法

驱动方法用于定义创建刀具路径的驱动点。UG NX 8.0曲面加工中提供了多种类型的驱动方法。其中有些驱动方法允许曲线创建驱动点集,而另外的一些驱动方法则允许在一个区域中创建点阵列,实际就是将驱动方法归纳为边界驱动和区域驱动两大类。

可变轴曲面轮廓铣的驱动方法和固定轴曲面轮廓铣的驱动方法大多相同,只是可变轴曲面轮廓铣中没有“区域切削”、“文本”和“清根”驱动方法,但添加了“外形轮廓加工”驱动方法。可变轴曲面轮廓铣的驱动方法选项如图 8-8 所示。

(二)投影矢量

投影矢量用于指定驱动点投影到零件几何上以及零件与刀具接触的一侧。一般情况下,驱动点沿投影矢量方向投影到零件几何上生成投影点。有时当驱动点驱动曲面向部件表面投影时,可能会沿着投影矢量的相反方向投影,但无论如何投影,刀具总是能沿投影矢量与部件表面的一侧接触。UG CAM 提供了多种指定投影矢量的方法,如刀轴、远离点、远离直线等,而可以选用的投影矢量方法却取决于驱动方法。可变轴曲面轮廓铣的投影矢量选项如图 8-9 所示。

图 8-8　驱动方法选项

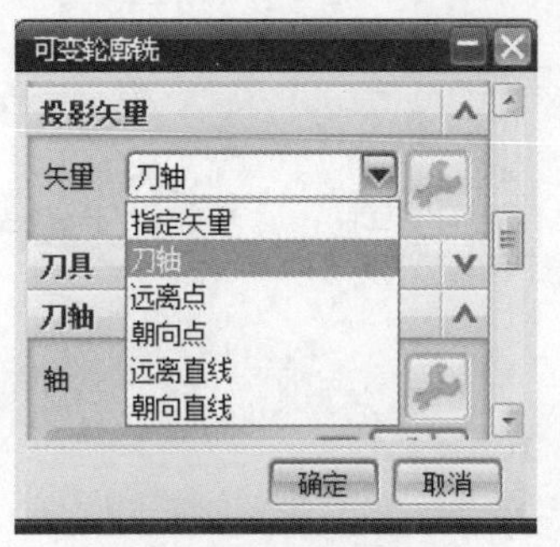

图 8-9　投影矢量选项

(三)刀　轴

可变轴铣的刀轴与固定轴铣的刀轴有相同的定义。可变曲面轮廓铣的刀轴选项如图 8-10 所示。

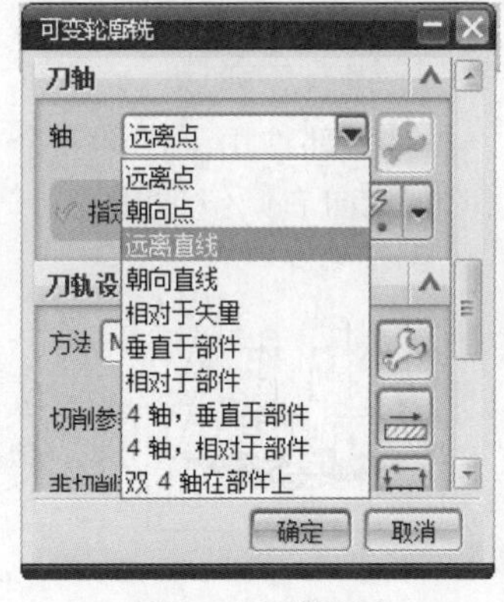

图 8-10　刀轴选项

各刀轴选项含义如下:

1 远离点

远离点用于定义偏离焦点的"可变刀轴",可通过点构造器来确定点。使用往复切削类型的"远离点"的刀轴,如图 8-11 所示。

2 朝向点

朝向点用于定义向焦点收敛的"可变刀轴"。刀轴矢量指向定义的焦点并指向刀具夹持器,如图 8-12 所示。

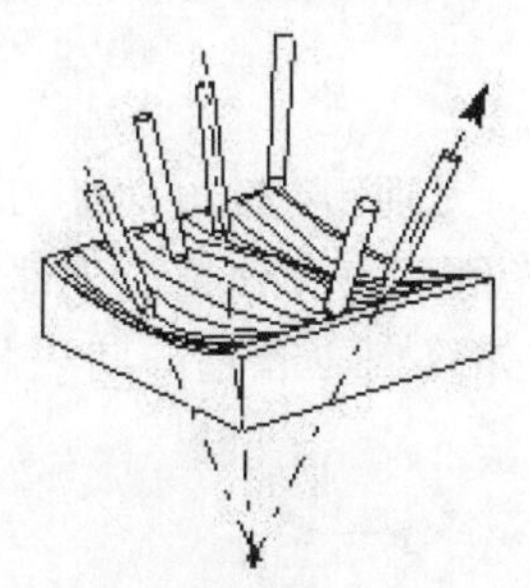

图 8-11　远离焦点

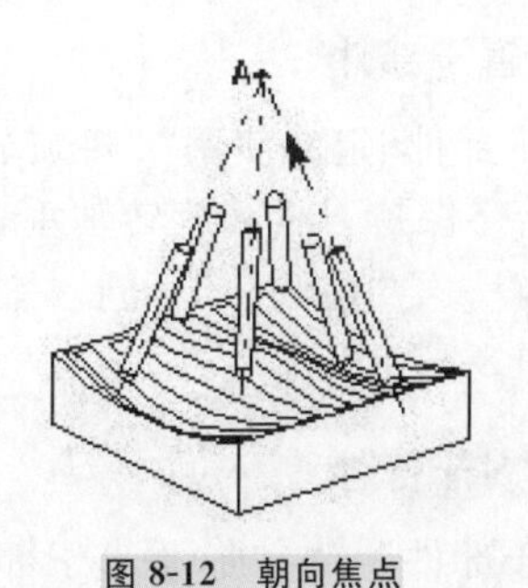

图 8-12　朝向焦点

3 远离直线

远离直线用于定义偏离聚焦线的“可变刀轴”。“刀轴”沿聚焦线移动，同时与该聚焦线保持垂直。刀具在平面间运动，刀轴矢量从定义的聚焦线离开并指向刀具夹持器，如图 8-13 所示。

4 相对于矢量

相对于矢量用于定义相对于带有指定的前倾角和侧倾角的矢量的“可变刀轴”。“前倾角”定义了刀具沿“刀轨”前倾或后倾的角度。“侧倾角”定义了刀具从一侧到另一侧的角度。如图 8-14 所示，图中的 a、b 点定义了矢量。

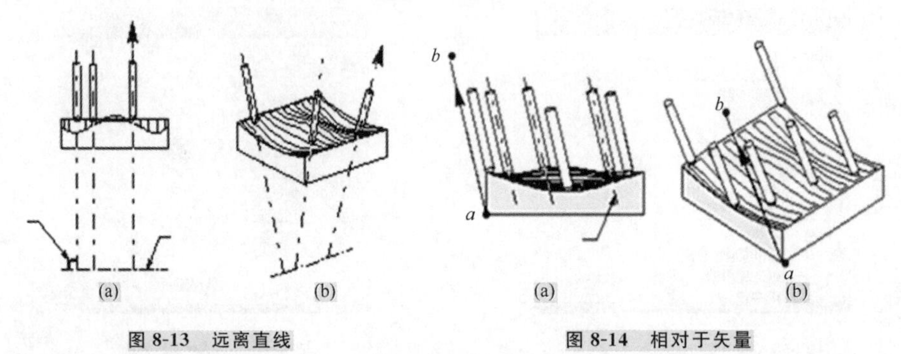

图 8-13 远离直线　　图 8-14 相对于矢量

5 垂直于部件

垂直于部件用于定义在每个接触点处垂直于“部件表面”的刀轴，如图 8-15 所示。

6 相对于部件

相对于部件用于定义一个“可变刀轴”，它相对于“部件表面”的另一垂直“刀轴”向前、向后、向左或向右倾斜，如图 8-16 所示。

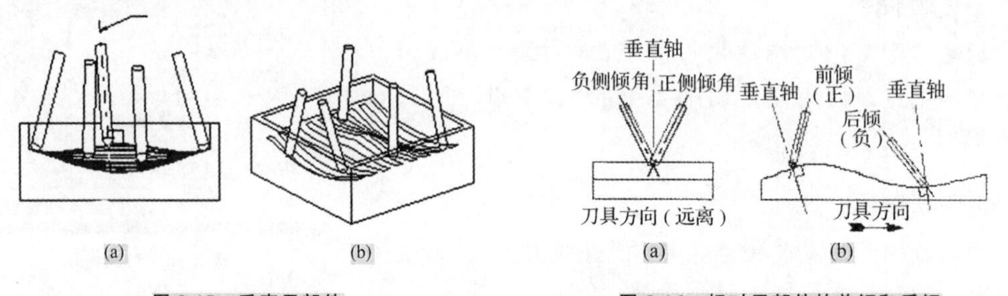

图 8-15 垂直于部件　　图 8-16 相对于部件的前倾和后倾

7 4 轴，垂直于部件

“4 轴，垂直于部件”定义使用“4 轴旋转角度”的刀轴。4 轴方向使刀具绕着所定义的旋转轴旋转，同时始终保持刀具和旋转轴垂直。旋转角度使刀轴相对于部件表面的另一垂直轴向前或向后倾斜。与“前倾角”不同，4 轴旋转角始终向垂直轴的同一侧倾斜，它与刀具运动方向无关，如图 8-17 所示。

8 4 轴，相对于部件

“4 轴，相对于部件”与“4 轴，垂直于部件”基本相同。此外还可以定义一个“前倾角”和

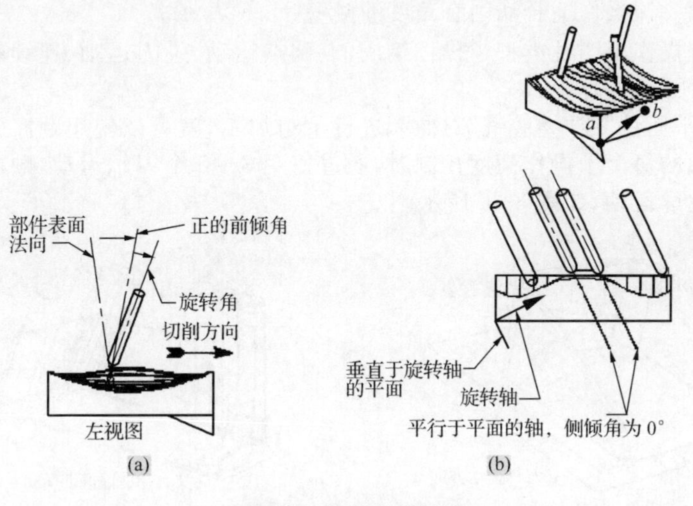

图 8-17　4 轴，垂直于部件

一个“侧倾角”。由于这是 4 轴加工方法，“侧倾角”通常保留为其默认值零。

9 双 4 轴在部件上

“双 4 轴在部件上”与“4 轴，相对于部件”的工作方式基本相同，应指定一个 4 轴旋转角、一个前倾角和一个侧倾角。4 轴旋转角将有效地绕一个轴旋转部件，这如同部件在带有单个旋转台的机床上旋转。但在“双 4 轴”中，可以分别为单向运动和回转运动定义这些参数。“双 4 轴在部件上”仅在使用往复切削类型时可用。“旋转轴”定义了单向和回转平面，刀具将在这两个平面间运动，如图 8-18 所示。

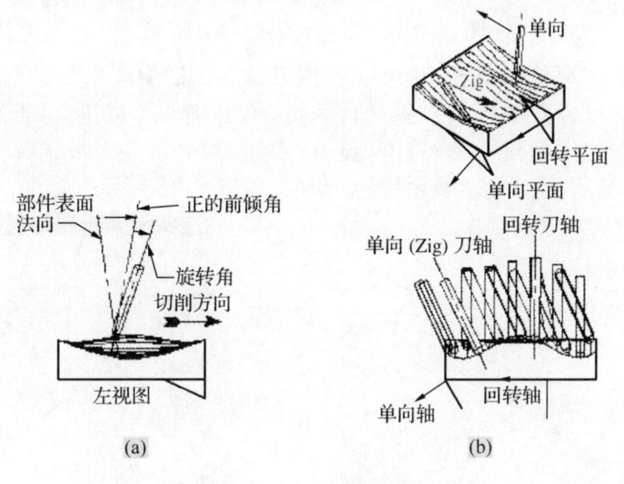

图 8-18　双 4 轴在部件上

三　顺序铣

顺序铣是指利用部件表面控制刀具底部，驱动面控制刀具侧刃，检查面控制刀具停止位置的加工形式。刀具在切削过程中，侧刃沿着驱动面运动且保证底部与部件面相切，直至刀具接触到检查面。该操作适合切削有角度的侧壁。

一个顺序铣操作由四种类型子操作组成:点到点运动、进刀运动、连续轨迹运动和退刀运动,如图 8-19 所示。

一旦使用“平面铣”或“型腔铣”对曲面进行了粗加工,就可以使用顺序铣对曲面进行精加工。在对刀轨的每个子操作高度控制时,通过使用 3~5 个刀轴运动,顺序铣可以使刀具准确地沿曲面轮廓运动,如图 8-20 所示。

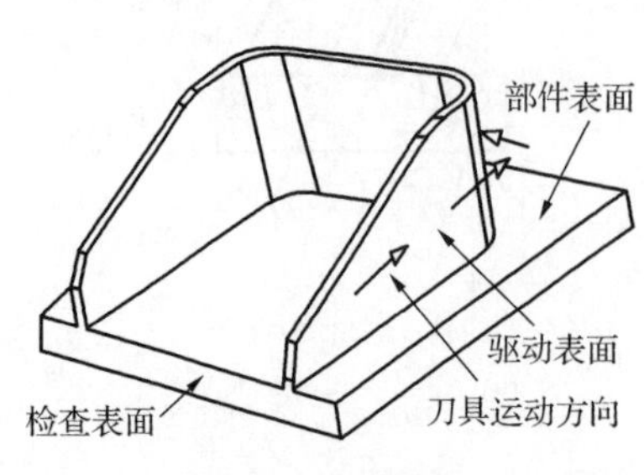

图 8-19　顺序铣

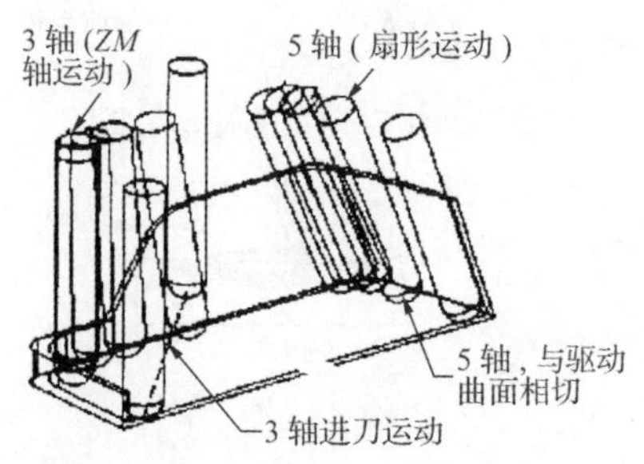

图 8-20　3 轴和 5 轴刀具运动

在多轴数控加工时,特别是铣削加工时,为减少接刀痕迹,保证轮廓表面质量,铣刀切入工件时,应避免沿零件外廓的法向切入,而应沿外廓曲线延长线的切向切入,以保证零件曲线平滑过渡。在切离工件时,也应避免在工件轮廓处直接退刀,而应沿零件轮廓延长线的切向逐渐切离工件。另外为提高铣削加工质量,精加工时应尽量采用顺序铣。

(一)顺序铣的刀具选择

在顺序铣操作中,若用户事先没有定义加工刀具,则可在创建顺序铣的加工操作中来新建刀具。在“创建操作”对话框中选择“SEQUENTIAL_MILL”(顺序铣)操作子类型,可单击按钮,然后单击“确定”按钮,程序会弹出如图 8-21 所示的“选择刀具”对话框。

通过该对话框,用户可以重新选择或编辑“方法”、“几何体”和“刀具”父级组对象。单击“编辑”按钮,用户就可以对选择的对象进行编辑;单击“选择”按钮,可重新选择对象,事先没有创建父级组对象,可以新建对象;单击“显示”按钮,将显示编辑或选择对象。

选择或新建刀具后,会弹出“顺序铣”对话框,如图 8-22 所示。

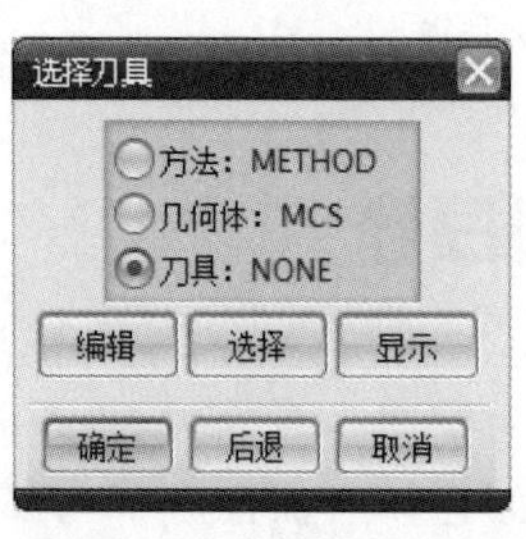

图 8-21　“选择刀具”对话框

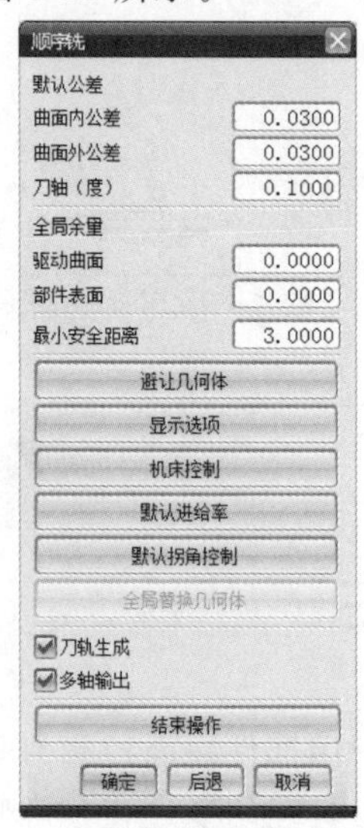

图 8-22　“顺序铣”对话框

（二）创建顺序铣操作

“顺序铣”对话框提供的选项可确定每个操作的刀轨动作、显示设置和公差。这些参数适用于每个子操作。

1 默认公差

“默认公差”用于为顺序铣操作指定“曲面内公差”、“曲面外公差”和“刀轴(度)”。在后续子操作中可指定“定制曲面公差”(使用“连续刀轨参数”对话框中的选项按钮)来替换“默认公差”值。

(1)曲面内公差:“曲面内公差”可在进刀或连续刀轨子操作中指定驱动曲面、部件表面和检查曲面的内公差。此公差是刀具所能穿透曲面的最大距离,该值不能为负。

(2)曲面外公差:“曲面外公差”可在进刀或连续刀轨子操作中指定驱动曲面、部件表面和检查曲面的外公差。此公差是刀具所不能穿透曲面的最大距离,该值不能为负。

(3)刀轴(度):“刀轴(度)”可指定多轴运动中刀轴的角度公差(按度测量)。此公差是实际的刀轴在任何输出点可与正确刀轴偏离的最大角度,此值必须为正。如图 8-23 所示,理论上的正确刀轴是虚线表示的矢量箭头。然而当刀具方向如图所示时,“刀轴公差”足以使处理器停止搜索。默认的“刀轴公差”是 0.1°。

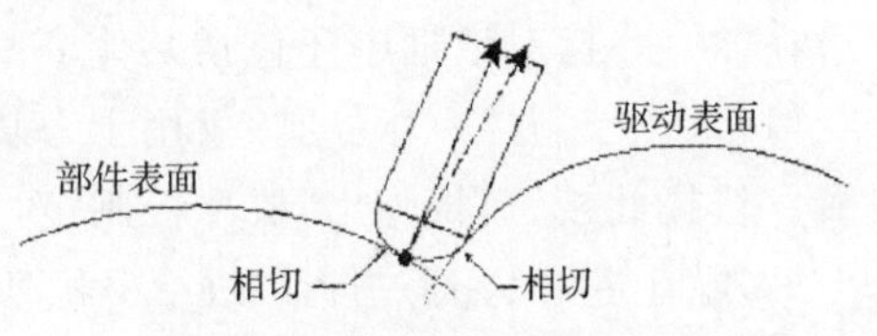

图 8-23 刀轴公差(未指定检查曲面)

2 全局余量

“全局余量”为操作指定“驱动曲面”和“部件表面”上剩余的多余材料量。全局余量可以指定正值、负值或零值。

(1)驱动曲面:“驱动曲面”将引导刀具的侧面。

(2)部件表面:“部件表面”将引导刀具的底部。

(3)检查曲面:“检查曲面”将停止刀具运动。

3 最小安全距离

当进刀和退刀子操作中的“安全移动”选项设置为“最小安全距离”时,最小安全距离值将用于这些子操作中。

4 避让几何体

“避让几何体”允许创建一些空间位置,在这些位置中,刀具可安全地清理部件。“From Point”或“Start Point”仅用在刀轨的起点。“Return Point”或“Gohome 点”仅用在刀轨的末端。任何进刀或退刀子操作中都可以使用安全平面。

单击此选项按钮,可弹出避让几何体对话框,如图 8-24 所示。该对话框的选项含义如下:

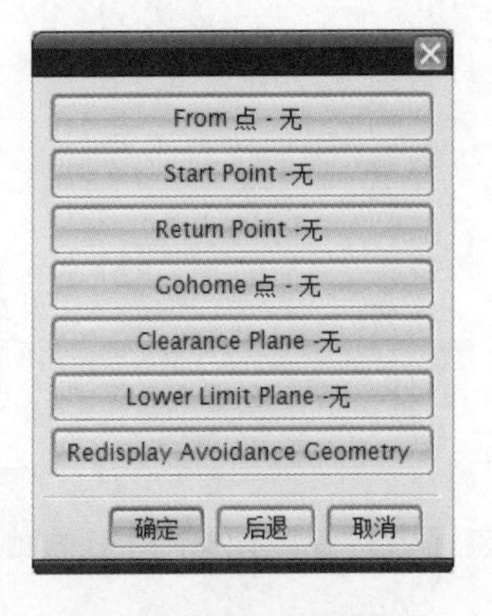

图 8-24 避让几何体对话框

(1)From 点(出发点):该选项用以指定刀具的出发点。

出发点可在一段新的刀轨开始处定义初始刀位置。

(2)Start Point(起点):该选项用以指定切削起点,是指在可用于避让几何体或装夹组件的刀轨起始序列中的刀具定位位置。

(3)Return Point(返回点):该选项用以指定刀具返回点,是指刀具在切削序列结束离开部件时,用于控制刀具位置的刀具定位位置。

(4)Gohome 点(回零点):回零点是最终的刀具位置。

(5)Clearance Plane(安全平面):"安全平面"可在操作之前、之后以及在任何程序设置好的各点间障碍避让移动过程中,定义刀具运动的安全距离。

(6)Lower Limit Plane(下限平面):定义切削和非切削刀具运动的下限。

(7)Redisplay Avoidance Geometry(重新显示避让几何体):显示表示避让几何体的点或平面符号。

5 其余选项设置

在"顺序铣"对话框中还包括其他一些选项设置:

(1)机床控制:"机床控制"仅用于刀轨的起点(启动命令)和刀轨的末端(刀轨末端命令)设置。选择此按钮,将弹出"机床控制"对话框,如图 8-25 所示。

(2)默认进给率:通过打开"进给率和速度"对话框来指定进给率和主轴转速,如图 8-26 所示。

(3)默认拐角控制:通过打开"拐角和进给率控制"对话框来指定圆弧进给率和拐角减速,如图 8-27 所示。

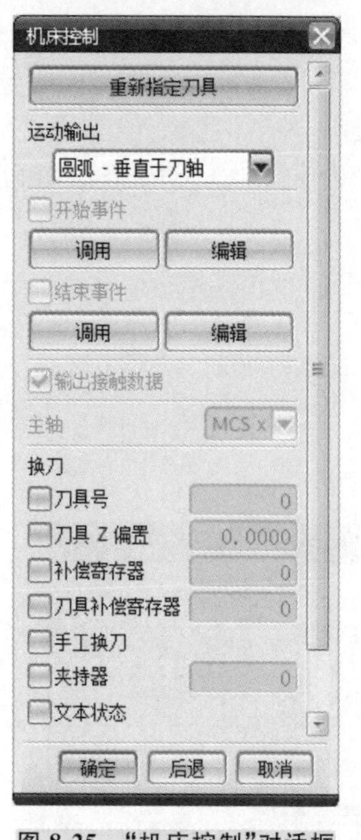

图 8-25 "机床控制"对话框

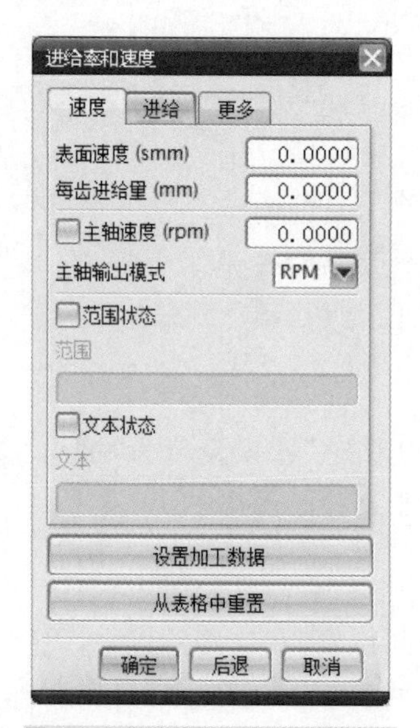

图 8-26 "进给率和速度"对话框 1

图 8-27 "拐角和进给率控制"对话框

(4)全局替换几何体:在整个操作(例如,所有子操作中的几何体可作为驱动曲面、部件表面或检查曲面)中用其他面、曲线和临时平面来替换面、曲线和临时平面。

（5）结束操作：“结束操作”将完成操作，单击此按钮，弹出“结束操作”对话框，如图 8-28 所示。再单击该对话框的“生成刀轨”按钮，可生成操作的完整刀轨。

图 8-28 “结束操作”对话框

（三）进刀运动

在“顺序铣”对话框中完成了顺序铣操作设置后，单击“确定”按钮，弹出“进刀运动”对话框，如图 8-29 所示。

进刀运动是子操作序列中的第一个运动，需要定义进刀位置和进刀方法。进刀位置定义刀具在何处初次接触部件，进刀方法定义刀具该如何到达进刀位置。

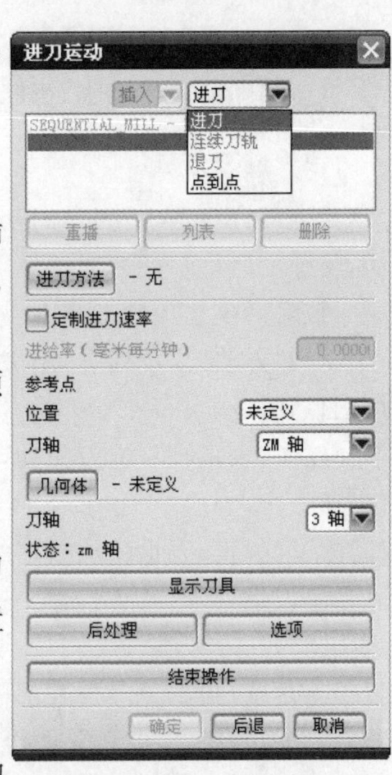

图 8-29 “进刀运动”对话框

1 插入/修改

“插入/修改”下拉列表包括“插入”和“修改”选项。“插入”选项是添加或更改子操作。仅当定义了进刀子操作之后，此选项才可选。

当插入了新的子操作后，“修改”选项随后被激活，此选项允许更改现有的子操作序列。

2 子操作类型

子操作类型下拉列表中包括四个子操作：进刀、连续刀轨、退刀和点到点。选择其中一个子操作将显示相应的设置对话框，这四个对话框允许创建顺序铣所需的所有刀具运动。

（1）进刀：从避让几何体到部件上初始切削位置的移动。

（2）连续刀轨：创建从一个驱动曲面到下一个的切削运动序列。大多数“顺序铣”子操作都是使用此选项创建的。

（3）退刀：创建从部件返回到避让几何体或到定义的退刀点的非切削移动。

（4）点到点：用于将刀具快速移动到另一区域，以便连续刀轨运动从此区域继续。

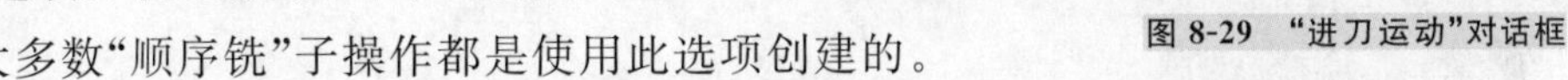

3 子操作列表

子操作列表可显示当前的操作名称和所有子操作。每个子操作都列出进刀 Eng、连续刀轨 cpm、点到点 ptp 或退刀 ret 运动（如图 8-30 所示）。用户还可以通过双击此列表框中显示的子操作名称来编辑该子操作。下面的三个选项按钮含义如下：

（1）重播：当修改子操作时，单击“重播”按钮可显示“信息”窗口中当前高亮显示的所有子操作的刀轨。

（2）列表：单击“列表”按钮，可弹出“信息”窗口，窗口中列出了创建的顺序铣刀轨，如图 8-31 所示。

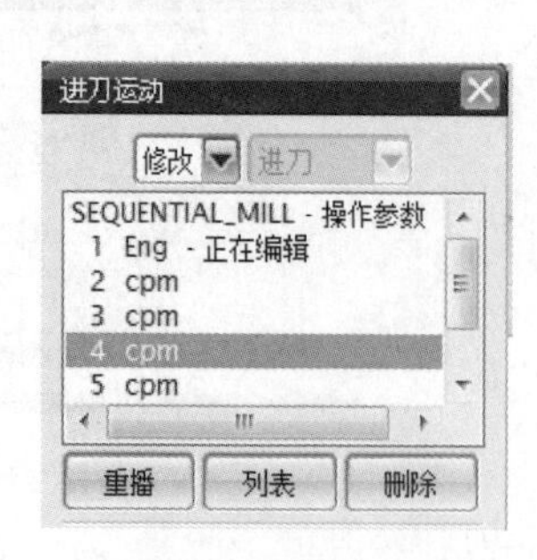

图 8-30 编辑子操作

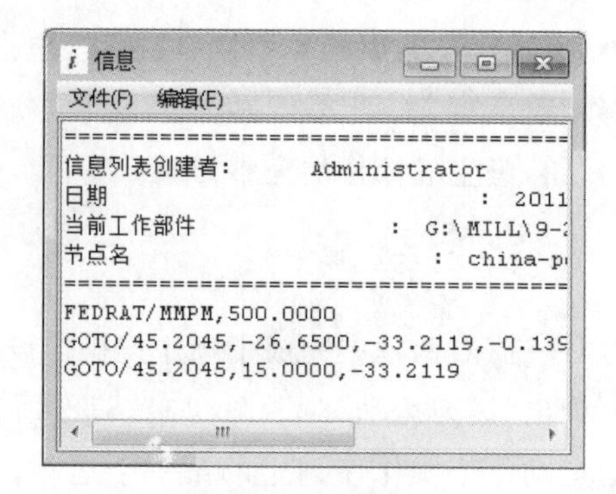

图 8-31 "信息"窗口

(3)删除:单击"删除"按钮,将从子操作列表中移除选定的子操作或选定的子操作范围。

4 进刀方法

"进刀方法"是指刀具向初始切削位置移动的方法。如图 8-29 所示,单击"进刀方法"按钮,将弹出"进刀方法"对话框,如图 8-32 所示。

该对话框选项含义如下:

(1)"方法"下拉列表:用来定义刀具如何从进刀点(由所选的进刀方法确定)移动到最初切削位置。

①无:表示没有进刀移动,刀具将从定义的避让几何体或进刀点直线移动到最初切削位置。

②仅矢量:表示将从指定的平面到最初切削位置来测量进刀移动。

③矢量,平面:根据矢量方向来指定移动,平面确定了进刀平面至初始切削位置的距离,该距离为进刀矢量长度。

④角度,角度,平面:表示根据两个角度和一个平面来指定移动,两个角度决定进刀矢量方向,平面确定了进刀平面至初始切削位置的距离,该距离为进刀矢量长度,如图 8-33 所示。

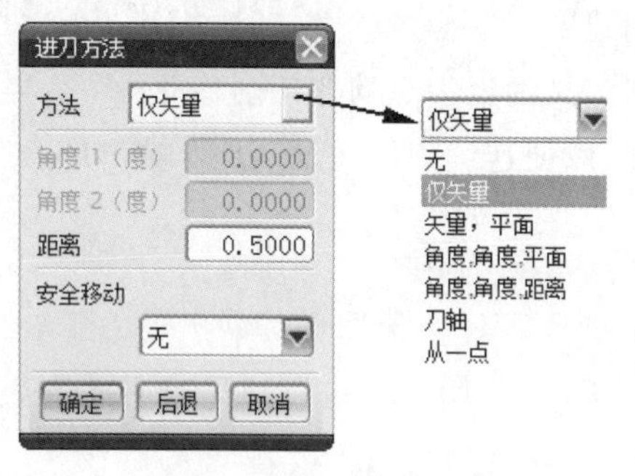

图 8-32 "进刀方法"对话框

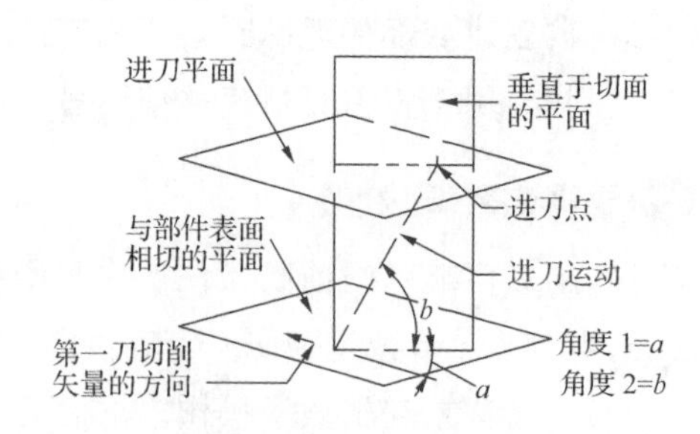

图 8-33 角度,角度,平面

⑤角度,角度,距离:表示根据两个角度和一个距离来指定移动,角度确定进刀运动的方向,距离确定长度。

⑥刀轴:表示将指定沿刀轴进行进刀移动。

⑦从一点:表示使用点子功能来指定一个点,进刀移动将从该点开始。

(2)角度 1:指图 8-33 中的角度 a。指向第一刀方向的矢量尾部将按"角度 1"(如果为正)在启动位置处与部件几何体相切的平面内从驱动几何体开始旋转。

(3)角度 2:得到的矢量尾部将按“角度 2”(如果为正)在垂直于切面的平面内,从部件几何体开始旋转。

(4)距离:距离是进刀运动的长度。

(5)安全移动:安全移动创建额外的刀具移动来逼近起点或进刀点。移动的方向可以垂直于安全平面。安全移动可在“无”、“安全平面”和“最小安全距离”之间进行切换。“无”表示没有安全移动;“安全平面”将使刀具沿垂直于安全平面的矢量从安全平面移动到起点或进刀点;“最小安全距离”将使刀具沿刀轴移动到起点或进刀点,此距离由在“顺序铣”对话框中指定的“最小安全距离”来定义。

5 定制进刀速率

如图 8-29 所示,当用户勾选“定制进刀速率”复选框后,“进给率”选项可用。用户可以输入特定的进给率给当前子操作。

6 参考点

在图 8-29 中,参考点位置可定义驱动曲面、部件表面和检查曲面的近侧,具体设置如图 8-34 所示。刀具进刀时需要区分每个曲面的近侧和远侧。当使用“几何体”选项来使刀具进刀时,必须指定一个与三个曲面都相关的停止位置。可将此停止位置定义为所选曲面的“近侧”、“远侧”或“与近侧相切”。

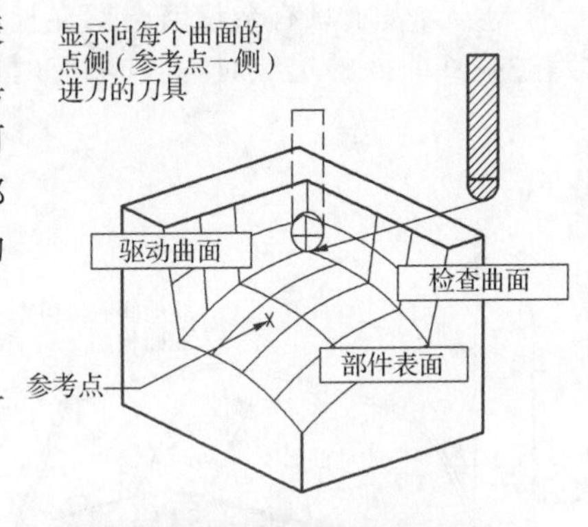

图 8-34 参考点位置定义面近侧

“参考点”选项设置含义如下:

(1)位置:刀具进刀时需要的参考点位置。用户可以选择多个点选项来定义参考点位置。

①未定义:表示还未指定参考点。

②点:可以通过点构造器来定义参考点。

③出发点:表示先前在避让几何体中定义的“出发点”为当前的参考点。

④起点:表示先前在避让几何体中定义的“起点”为当前的参考点。

⑤进刀点:表示先前在“进刀方法”(使用“方法”下的“从一点”)中定义的“进刀点”是当前的参考点。

⑥从上一刀具末端:表示上一次执行的子操作中所到达的最后刀具位置是当前的参考点。

(2)刀轴:该选项用以指定进刀刀轴矢量。

7 几何体

单击“几何体”按钮,弹出“进刀几何体”对话框,如图 8-35 所示。进刀运动需要通过选择曲线或曲面来定义进刀几何体,只有定义几何体后才能进入“连续刀轨运动”对话框。

图 8-35 “进刀几何体”对话框

“进刀几何体”对话框各选项含义如下:

(1)驱动/部件/检查:这三个单选按钮为驱动曲面、部件曲面和检查曲面选项,可相互切换。

(2)准线:“准线”是一个矢量,它通过使用曲线来生成内部的表格化圆柱,将刀具定位到曲线上时需要表格化圆柱,表格化圆柱通常平行于刀轴。

(3)停止位置:“停止位置”是指当前子操作相对于驱动曲面、部件表面或检查曲面的最终刀具位置。其下拉列表中包括“近侧”、“远侧”、“在曲面上”、“驱动曲面-检查表面相切”和“部件曲面-检查表面相切”等选项。

①在曲面上:在曲面上可定位刀具,以便刀具末端在指定几何体上直接停止。此选项不受参考点位置的影响。

②驱动曲面-检查表面相切:将刀具定位在驱动曲面与检查曲面的相切处。

③部件曲面-检查表面相切:将刀具定位在部件表面与检查曲面的相切处。

使用“驱动曲面-检查表面相切”和“部件表面-检查表面相切”这两个选项的条件是:如图 8-36 所示,当侧壁(驱动曲面)与拐角(检查曲面)相遇时,如果两者的相切条件存在,则必须选择此选项;如果两者的相切条件不存在,则不能选择此选项。

(4)余量:在进刀移动末端的驱动曲面、部件表面和检查曲面上留下的余量。

“添加的余量”设置将驱动曲面和部件表面指定的全局余量和环余量添加到检查曲面指定的余量值中。该选项仅适用于检查曲面,它包括“无”、“驱动”和“部件”选项。

①无:表示只有余量值会留在检查曲面上,不会添加额外的全局余量或环余量。当刀具跨过检查曲面的边缘时,此选项有时非常有用,如图 8-37 所示。

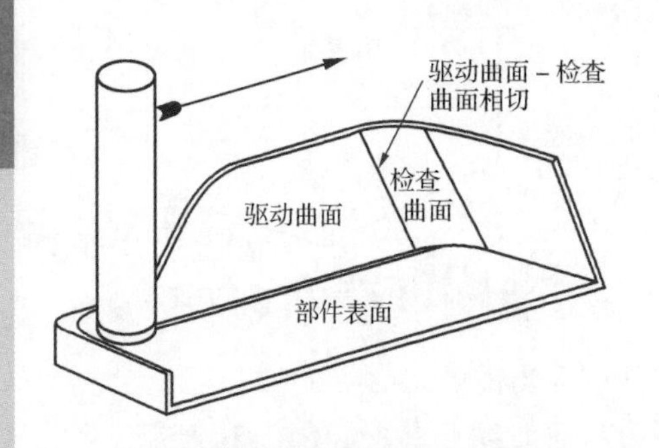

图 8-36 驱动曲面-检查表面相切条件

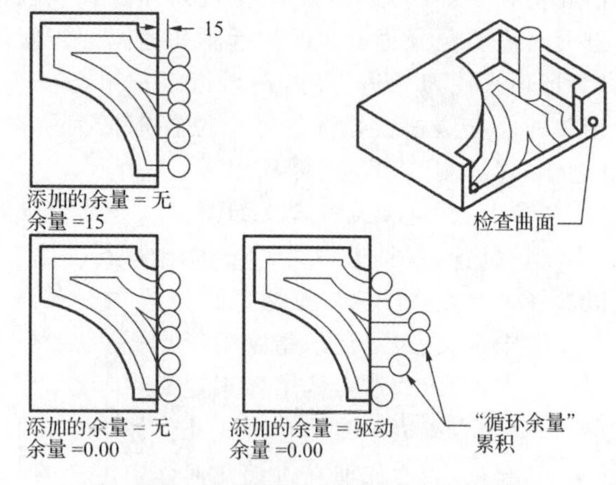

图 8-37 “无”仅将指定的余量应用于检查曲面

②驱动:表示将为驱动曲面指定的全局余量和当前驱动曲面的环余量添加到检查曲面的余量值中。如果将当前检查曲面作为下一子操作的驱动曲面,则应将“添加的余量”选项设置为“部件”。

③部件:表示将为部件表面指定的全局余量和当前部件表面的环余量添加到检查曲面的余量值中。

(5)方向移动:“方向移动”有助于将刀具定位在部件上。按大致方向上指定点或矢量,刀具将沿此方向移动,以到达最初切削位置。当可能存在一个以上停止位置或当刀具远离部件时,此选项很有用。

(6)侧面指示符:当刀具位于曲面上或与曲面重叠时,“侧面指示符”可用于辨清关于驱动曲面、部件表面或检查曲面的近侧和远侧的模糊性。

(7)重新选择所有几何体:重新定义进刀几何体。

8 刀轴

“刀轴”选项根据正在加工的曲面来指定刀具方向。控制刀轴的一般方法有三种:3 轴、

4 轴和 5 轴。

(1)3 轴:可使刀轴数据的输出相当于具有固定刀轴。

(2)4 轴:可通过强制刀轴保持与指定矢量垂直来控制刀轴数据。

(3)5 轴:可通过强制刀轴保持与指定矢量垂直来控制刀轴数据。

9 其余选项

“进刀运动”对话框还包括“显示刀具”、“后处理”、“选项”和“结束操作”等选项。

(1)显示刀具:单击此按钮,第一个子操作后的所有子操作在刀具的当前位置显示刀具的实体。

(2)后处理:单击此按钮,将启动后处理器命令对话框。

(3)选项:单击此按钮,则弹出“其他选项”对话框,用以编辑或定义表面公差、刀轴公差等。

(4)结束操作:完成参数的设置操作。

(四)点到点的运动

点到点的运动允许创建直线非切削移动,用于将刀具快速移动到另一位置,以便连续刀轨运动从此位置继续。

在“进刀运动”对话框的子操作类型下拉列表中选择“点到点”选项,将弹出“点到点的运动”对话框,如图 8-38 所示。该对话框的选项设置与“进刀运动”对话框的选项设置相似,这里不再赘述。

(五)连续刀轨运动

连续运动的次数与顺序切削的零件表面数量有关。

当用户定义了进刀运动或点到点运动之后,将弹出“连续刀轨运动”对话框,如图 8-39 所示。该对话框的选项设置与“进刀运动”对话框的选项设置相似,这里不再赘述。

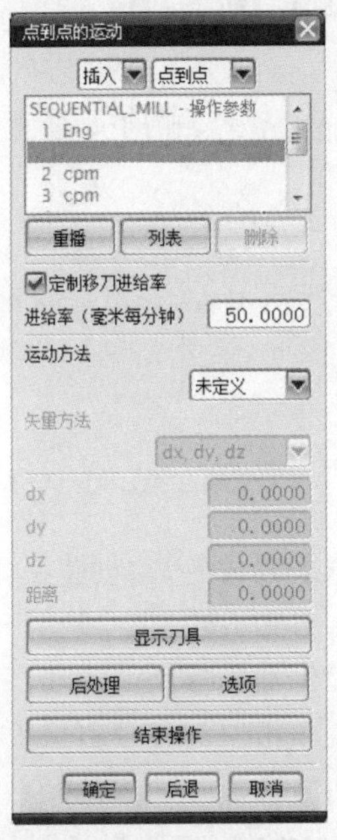

图 8-38 “点到点的运动”对话框

图 8-39 “连续刀轨运动”对话框

（六）退刀运动

当定义了进刀运动和连续刀轨运动后，程序自动弹出“退刀运动”对话框，如图 8-40 所示。“退刀运动”对话框允许创建从部件返回到避让几何体或到定义的退刀点的非切削移动。

“退刀运动”对话框中的选项设置与“进刀运动”对话框的选项相似，其“退刀方法”对话框如图 8-41 所示。

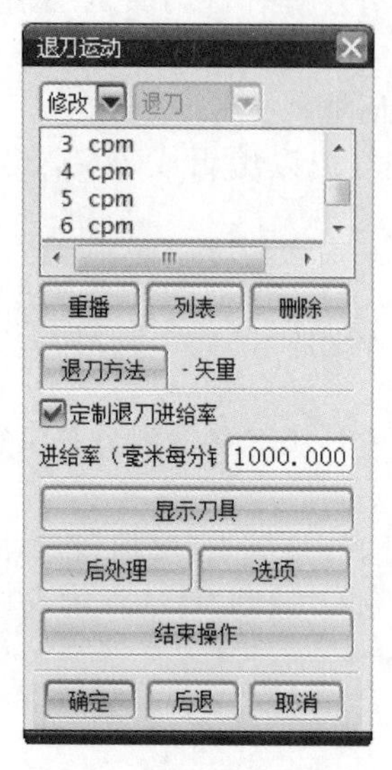

图 8-40 “退刀运动”对话框

图 8-41 “退刀方法”对话框

四 创建多轴加工的过程

利用 UG NX 8.0 进行 5 轴加工需要遵循一定的加工流程，如图 8-42 所示。

（一）选择加工环境

UG CAM 数控铣包括平面铣（Planar Mill）、型腔铣（Cavity Mill）、固定轴曲面轮廓铣（Fixed Contour Mill）、多轴轮廓铣（mill_multi-axis）。因此，需要定制用户所需要的数控编程环境，选择最适合具体工作要求的功能加工环境。

（二）建立父级组

在 UG NX 8.0 的 5 轴加工中加工是通过创建操作来完成的，在创建操作之前要为操作指定其所对应的父级组，其中包括程序组、几何组、刀具组和方法组。

“程序”：程序组是用于组织各加工操作和排列各操作在程序中的次序。

“几何”：几何组是在零件上定义要加工的几何对象和指定零件在机床上的加工方位。

“刀具”：设置加工需要的加工刀具类型以及刀具加工参数。

“方法”：加工方法可以通过对加工余量、几何体的内外公差、切削步距和进给速度等选

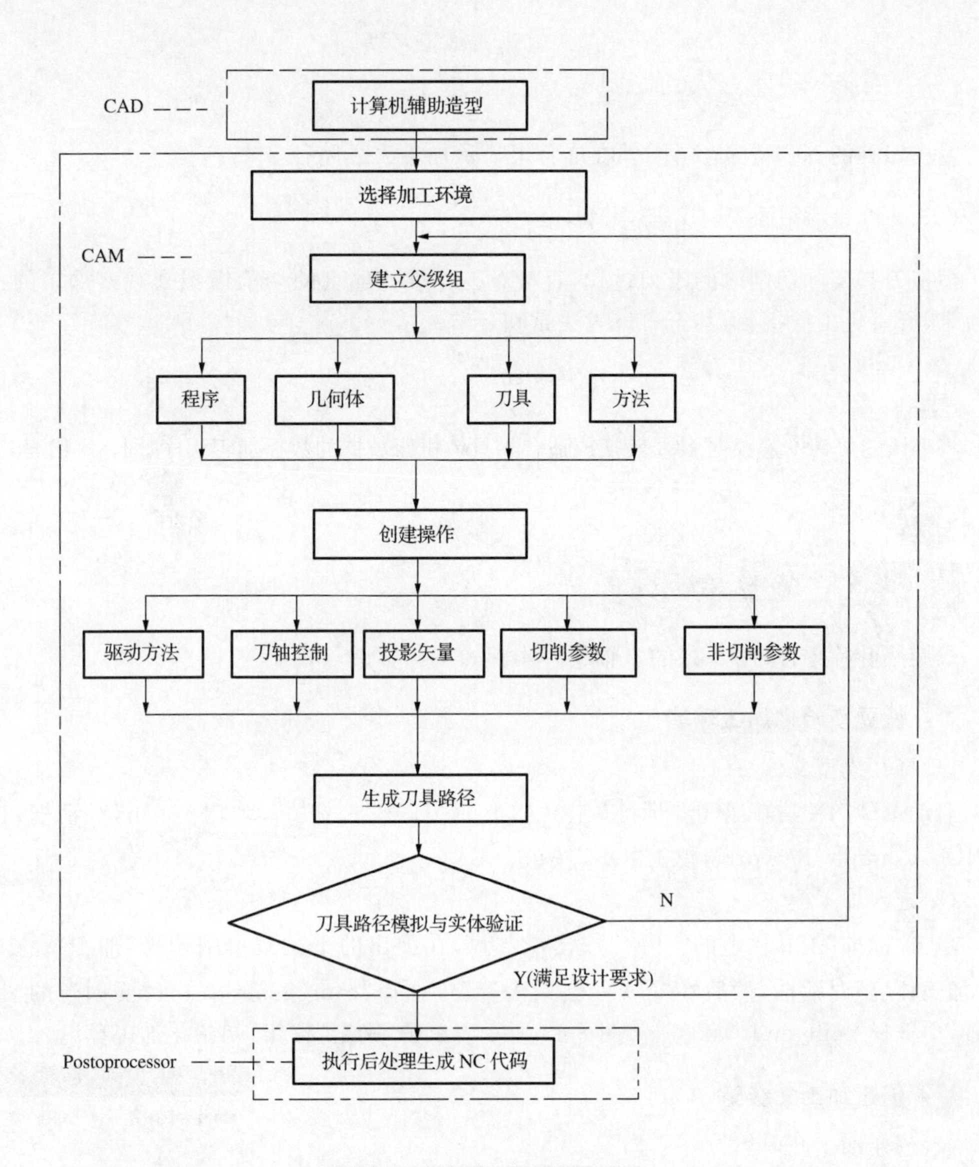

图 8-42　UG NX 8.0 5 轴加工流程

项的设置,控制表面残余量,为粗加工、半精加工和精加工设定统一的参数。

(三)创建操作

在 UG NX 8.0 数控加工过程中,零件各表面的形成是通过若干个按一定次序排列的操作组成,通常一个操作可看成是加工中的一个工序。创建操作时除了要指定加工父级组外,还要设置操作参数,在 5 轴加工中要设置的参数如下:

"驱动方法":用于定义创建刀轨时驱动点产生方法。

"刀轴控制":用于控制刀轴矢量方向。

"投影矢量":用于确定驱动点投影到零件几何表面的方向。

"切削参数":用于设置切削加工参数,主要包括走刀方式、加工余量、顺铣和逆铣等。

"非切削参数":用于设置刀具在非切削移动参数,主要包括进刀、退刀、安全设置等。

(四)生成刀具路径

生成刀具的 NCI 数据文件,并在屏幕上显示加工刀具路径。

(五)刀具路径模拟与实体验证

模拟刀具实际切削时的走刀过程,直接对工件进行逼真的切削模拟来观察加工的过程和效果,可避免工件报废,甚至可以省去试切环节。

(六)执行后处理生成 NC 代码

将确认的刀具位置数据 NCI 转换成适合于具体机床数据的数控加工程序,即 NC 代码。

螺旋桨叶片零件(图 8-1)的多轴编程步骤如下:

1 设置初始化加工环境

(1)打开模型文件

启动 UG NX 8.0,单击“标准”工具栏上的“打开”按钮,弹出“打开”对话框,选择“MILL/example/8-1.prt”,单击“OK”按钮。

(2)进入加工模块

单击“标准”工具栏上的“开始”按钮,在弹出的下拉菜单中选择“加工”命令,弹出“加工环境”对话框,然后在“CAM 会话配置”中选择“cam_general”,在“要创建的 CAM 设置”中选择“mill_multi-axis”,如图 8-43 所示。单击“确定”按钮,初始化加工环境。

2 创建加工父级组

(1)创建加工几何组

单击“导航器”工具栏上的“几何视图”按钮,将“操作导航器”切换到几何视图。

①设置安全平面,具体操作步骤如下:

- 双击操作导航器几何视图中的“MCS_MILL”,弹出“Mill Orient”对话框,如图 8-44 所示。
- 在“Mill Orient”对话框中的“安全设置选项”下拉列表中选择“平面”选项,然后单击“平面对话框”按钮,弹出“平面”对话框。在如图 8-45 所示的“平面”对话框中选择“XC-YC 平面”类型,在“距离”文本框中输入“150”。单击“确定”按钮,在图形区会显示安全平面所在的位置,如图 8-46 所示。

②创建部件几何体,具体步骤如下:

- 在操作导航器几何视图中双击“WORKPIECE”,弹出“铣

图 8-43 “加工环境”对话框

削几何体”对话框，如图 8-47 所示。

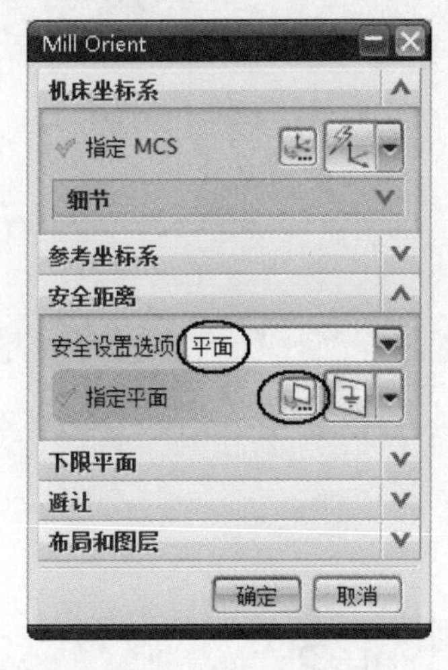

图 8-44 “Mill Orient”对话框

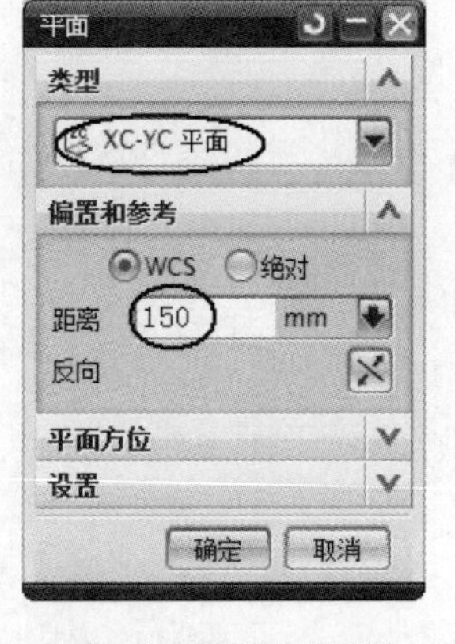

图 8-45 “平面”对话框

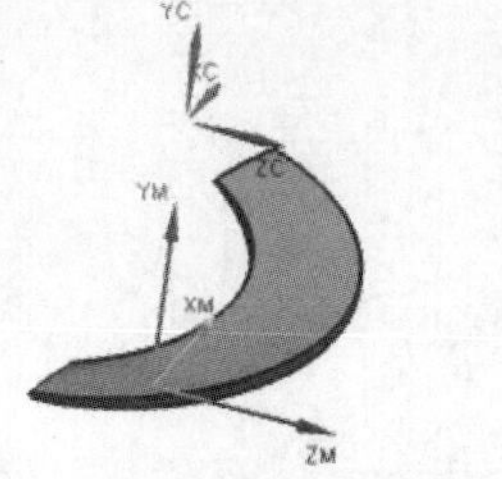

图 8-46 安全平面位置显示

● 部件几何体。单击“几何体”选项组中“指定部件”选项后的“选择或编辑部件几何体”按钮，弹出“部件几何体”对话框，如图 8-48 所示。单击“全选”按钮，选择所有的曲面，如图 8-49 所示。单击“确定”按钮，返回“铣削几何体”对话框。

图 8-47 “铣削几何体”对话框

图 8-48 “部件几何体”对话框

图 8-49 选择部件几何

● 毛坯几何体。单击“几何体”选项组中“指定毛坯”选项后的“选择或编辑毛坯几何体”按钮，弹出“毛坯几何体”对话框。在“选择选项”中选中“部件的偏置”单选按钮，并在“偏置”文本框中输入“1”，单击“确定”按钮，完成毛坯几何的创建，如图 8-50 所示。

● 单击“确定”按钮，退出“铣削几何体”对话框。

(2)创建刀具组

单击“导航器”工具栏上的“机床视图”按钮，操作导航器切换到机床视图。

①单击“插入”工具栏上的“创建刀具”按钮，或在操作导航器机床视图中的 GENERIC_MACHINE 上单击鼠标右键，选取“插入>>刀具”，如图 8-51 所示，弹出“创建刀具”对话框

框。在“类型”下拉列表中选择“mill_multi-axis”,“刀具子类型”单击“MILL”按钮 ,在“名称”文本框中输入“D10R2”,如图 8-52 所示。单击“确定”按钮,弹出“铣刀-5 参数”对话框。

图 8-50 设置毛坯几何体

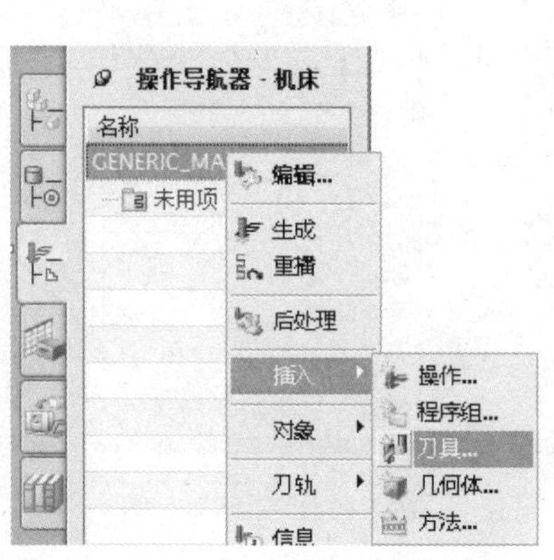

图 8-51 进入创建刀具

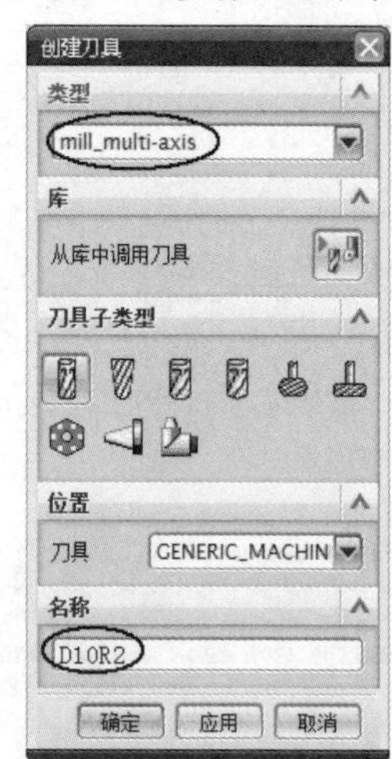

图 8-52 “创建刀具”对话框

②在“铣刀-5 参数”对话框中设定“直径”为“10”,“下半径”为“2”,“长度”为“100”,“刀刃”为“2”,其他参数接受默认设置,如图 8-53 所示。单击“确定”按钮,完成刀具创建。

(3)设置加工方法组

单击“导航器”工具栏上的“加工方法视图”按钮 ,操作导航器切换到加工方法视图。

双击操作导航器加工方法视图中的“MILL_FINISH”,弹出“铣削精加工”对话框。在“部件余量”文本框中输入“0”,在“内公差”和“外公差”中分别输入“0.03”,如图 8-54 所示。单击“确定”按钮,完成精加工方法设定。

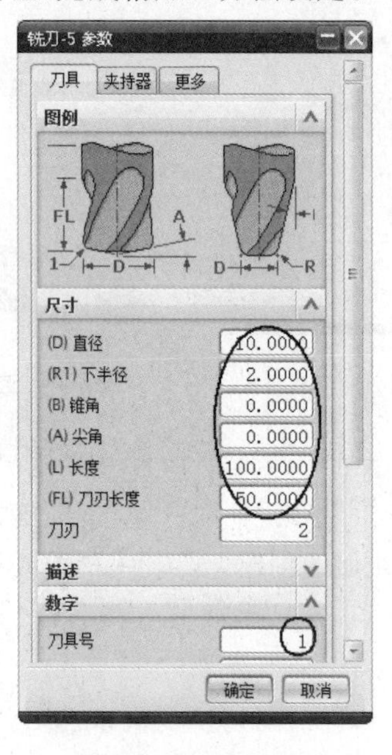

图 8-53 铣刀参数设置

图 8-54 精加工方法设置

③ 叶片上表面精加工

单击“导航器”工具栏上的“程序顺序视图”按钮，操作导航器切换到程序顺序视图。

(1)创建可变轴曲面轮廓铣操作

①单击“插入”工具栏上的“创建操作”按钮，或选择下拉菜单“插入>>操作”命令，弹出“创建操作”对话框。在“创建操作”对话框的“类型”下拉列表中选择“mill_multi-axis”，“操作子类型”选择(VARIABLE_CONTOUR)，“程序”选择“NC_PROGRAM”，“刀具”选择“D10R2”，“几何体”选择“WORKPIECE”，“方法”选择“MILL_FINISH”，在“名称”文本框中输入“VARIABLE_FINISH1”，如图 8-55 所示。

②单击“确定”按钮，弹出“可变轮廓铣”对话框，如图 8-56 所示。

图 8-55 “创建操作”对话框

图 8-56 “可变轮廓铣”对话框

(2)选择驱动方法

①在“可变轮廓铣”对话框“驱动方法”选项组的“方法”下拉列表中选择“曲面”，如图 8-57 所示，系统弹出“曲面驱动方法”对话框，如图 8-58 所示。

图 8-57 选择驱动方法

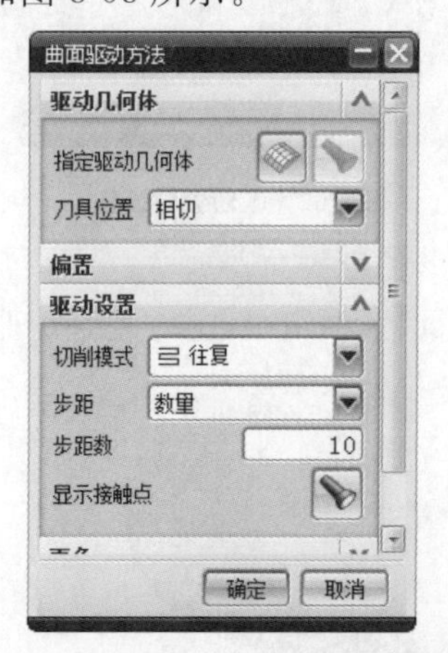

图 8-58 “曲面驱动方法”对话框

②在“驱动几何体”选项组中单击“指定驱动几何体”选项后的“选择或编辑驱动几何体”按钮,弹出“驱动几何体”对话框,选择如图 8-59 所示的曲面。单击“确定”按钮,返回“曲面驱动方法”对话框。

③在“切削方向”选项组中单击“指定切削方向”按钮,弹出“切削方向确认”对话框,选择如图 8-60 所示的箭头所指定的方向为切削方向,单击“确定”按钮,返回“曲面驱动方法”对话框。

④在“切削方向”选项组中单击“材料反向”按钮,确认材料侧方向,如图 8-61 所示。

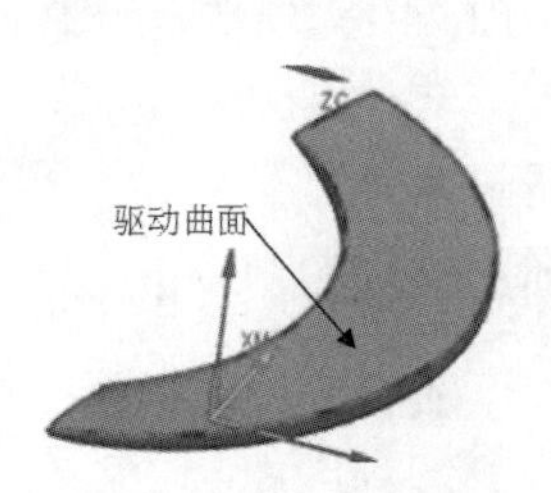

图 8-59　选择驱动曲面 1

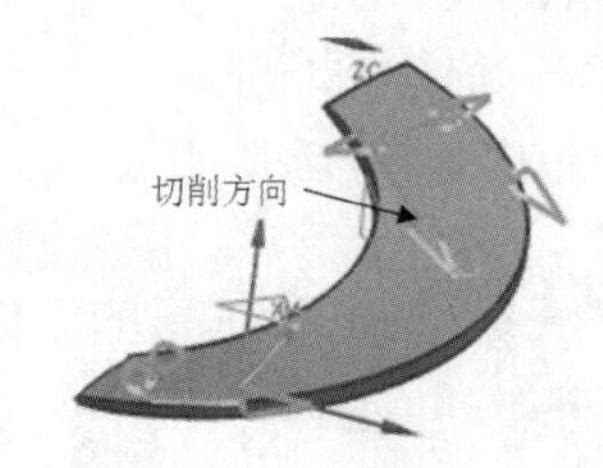

图 8-60　选择切削方向 1

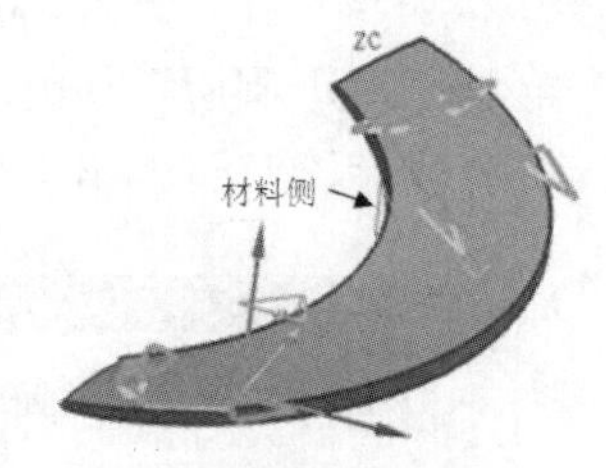

图 8-61　设置材料侧方向 1

⑤在“驱动设置”选项组中选择“切削模式”为“往复”,“步距”为“残余高度”,并输入“残余高度”为“0.05”,如图 8-62 所示。

⑥单击“曲面驱动方法”对话框中的“确定”按钮,返回“可变轮廓铣”对话框。

(3)选择刀轴方向

①在“刀轴”选项组中选择“轴”为“侧刃驱动体”,如图 8-63 所示设置相关参数。

②在“刀轴”选项组中单击“指定侧刃方向”按钮,弹出“选择侧刃驱动方向”对话框,在图形区选择如图 8-64 所示的箭头方向作为刀轴方向。

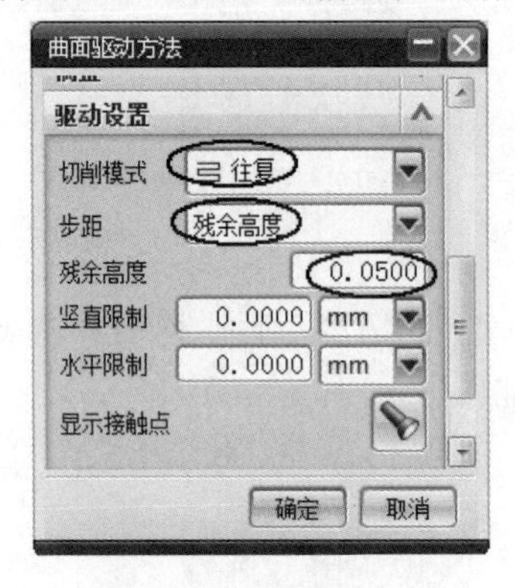

图 8-62　驱动参数设置

图 8-63　“刀轴”选项组

(4)选择投影矢量方向

在“投影矢量”选项组中选择“垂直于驱动体”,如图 8-65 所示。

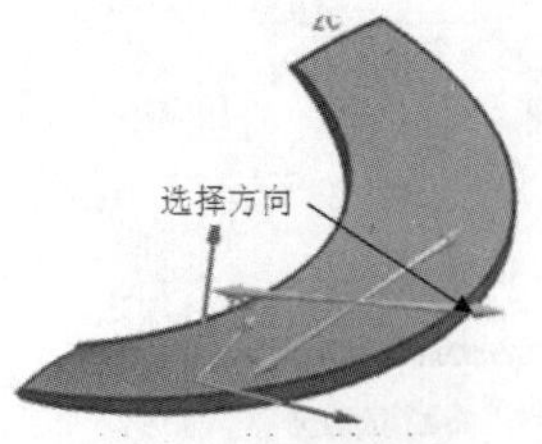

图 8-64　选择刀轴方向

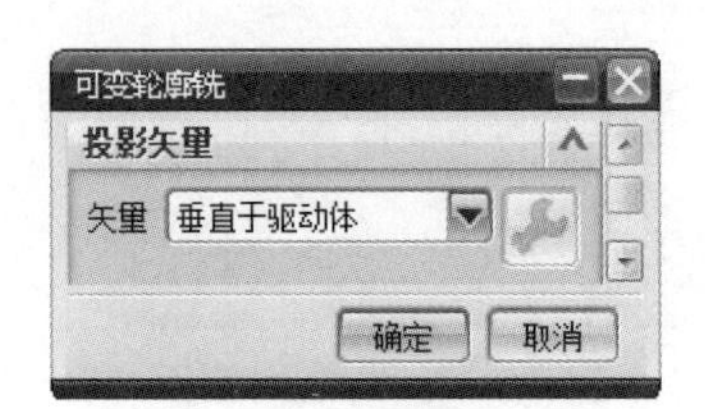

图 8-65　选择投影矢量 1

(5)设置切削参数

单击“刀轨设置”选项组中的“切削参数”按钮，弹出“切削参数”对话框，设置切削加工参数。

①“更多”选项卡：“切削步长”设置为“%刀具”，在“最大步长”文本框中输入“20”，如图8-66所示。

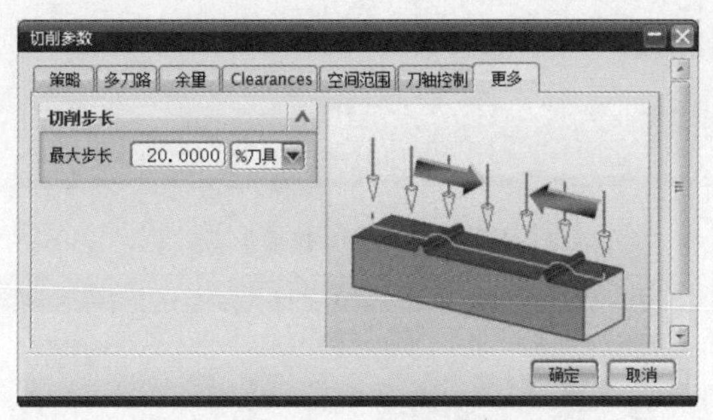

图 8-66 “更多”选项卡

②单击“确定”按钮，完成切削参数设置，返回“可变轮廓铣”对话框。

(6)设置非切削参数

单击“刀轨设置”选项组中的“非切削移动”按钮，弹出“非切削移动”对话框。

①“进刀”选项卡：在“开放区域”选项组中设置“进刀类型”为“圆弧-相切逼近”，其他参数设置如图8-67所示。

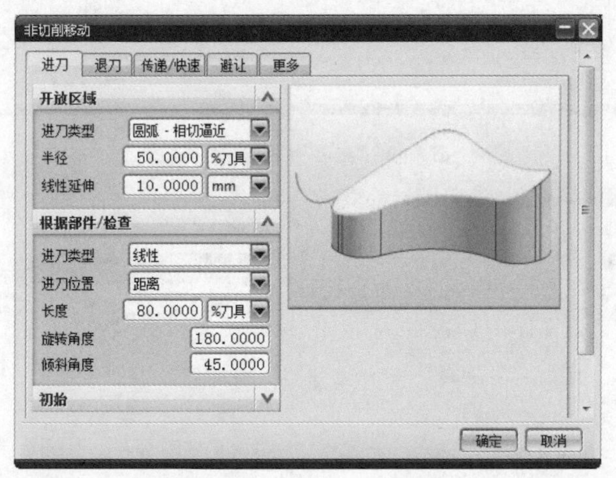

图 8-67 “进刀”选项卡 1

②“退刀”选项卡：在“开放区域”选项组的“退刀类型”下拉列表中选择“与进刀相同”，如图8-68所示。

③“传递/快速”选项卡：“安全设置选项”设置为“包容块”，其他参数设置如图8-69所示。

● 在“区域之间”设置“逼近”、“离开”和“移刀”参数，如图8-70所示。

● 在“区域内”和“初始的和最终的”选项组中设置“逼近”、“离开”和“移刀”参数，如图8-71所示。

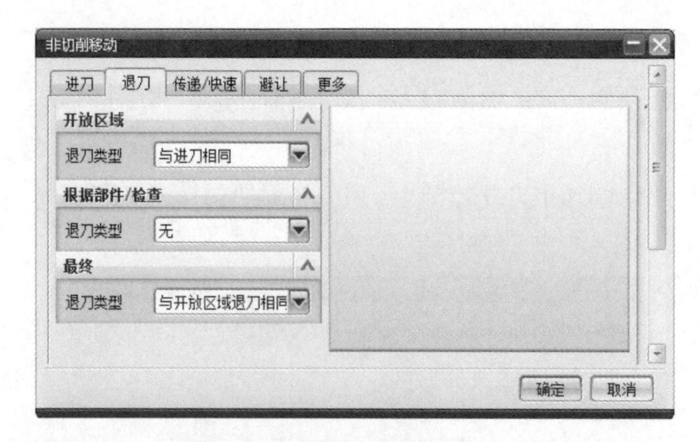

非切削移动
进刀
退刀
传递/快速
避让
更多
开放区域
退刀类型
与进刀相同
根据部件/检查
退刀类型
无
最终
退刀类型
与开放区域退刀相同
确定
取消

图 8-68 “退刀”选项卡 1

非切削移动
进刀
退刀
传递/快速
避让
更多
区域距离
区域距离
200.0000
%刀具
公共安全设置
安全设置选项
包容块
安全距离
3.0000
显示
区域之间
区域内
初始的和最终的
最大刀轴更改
光顺
确定
取消

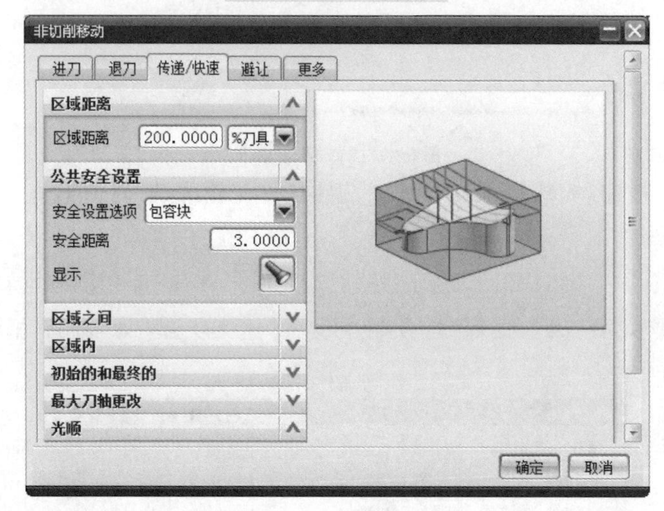

图 8-69 “传递/快速”选项卡 1

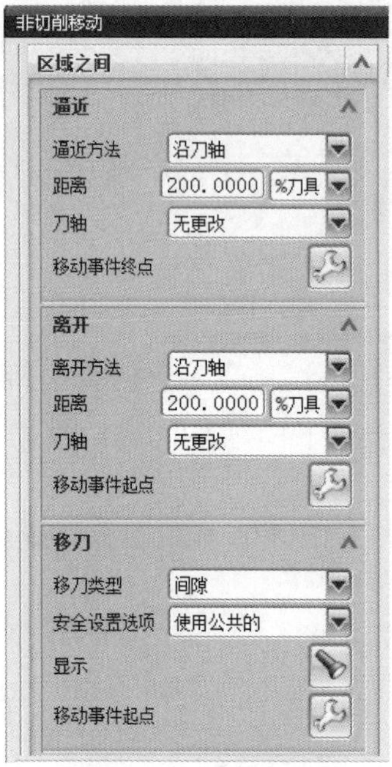

非切削移动
区域之间
逼近
逼近方法
沿刀轴
距离
200.0000
%刀具
刀轴
无更改
移动事件终点
离开
离开方法
沿刀轴
距离
200.0000
%刀具
刀轴
无更改
移动事件起点
移刀
移刀类型
间隙
安全设置选项
使用公共的
显示
移动事件起点

图 8-70 “区域之间”设置

非切削移动
区域内
逼近
逼近方法
与区域之间相同
离开
离开方法
与区域之间相同
移刀
移刀类型
与区域之间相同
移动事件起点
初始的和最终的
逼近
逼近方法
与区域之间相同
离开
离开方法
与区域之间相同

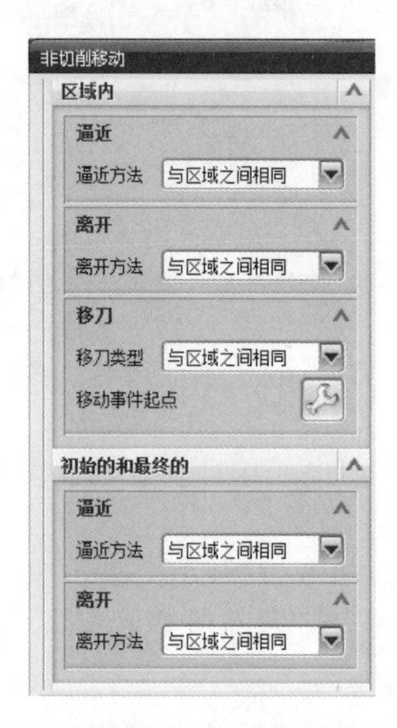

图 8-71 “区域内”“初始的和最终的”设置

④单击“非切削移动”对话框中的“确定”按钮，完成非切削参数设置。

(7)设置进给参数

单击“刀轨设置”选项组中的“进给率和速度”按钮，弹出“进给率和速度”对话框。设置“主轴速度”为“3000”，“剪切”为“900”，“进刀”为“600”，其他接受默认设置，如图 8-72 所示。

(8)生成刀具路径并验证

①在“可变轮廓铣”对话框中完成参数设置后，单击该对话框底部“操作”选项组中的“生成”按钮，可生成该操作的刀具路径，然后单击“操作”对话框底部“操作”选项组中的“确定”按钮，弹出“刀轨可视化”对话框，选择“2D 动态”选项卡，单击“播放”按钮进行 2D 动态刀具切削过程模拟，如图 8-73 所示。

②单击“可变轮廓铣”对话框中的“确定”按钮，接受刀具路径，并关闭“可变轮廓铣”对话框。

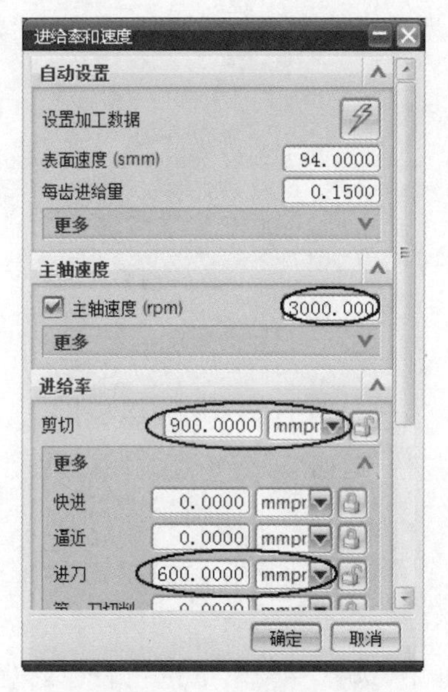

图 8-72 “进给率和速度”对话框 1

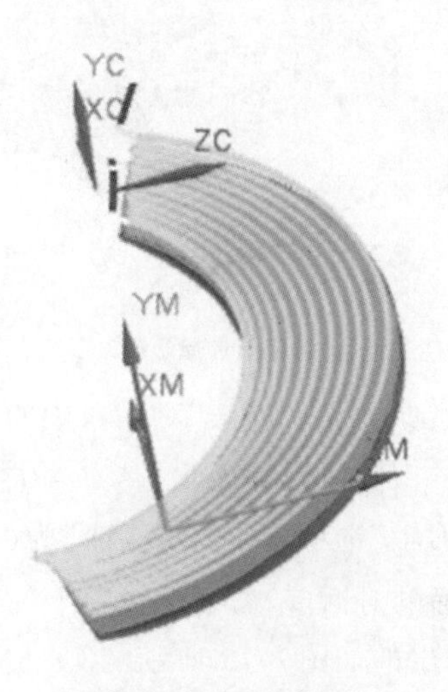

图 8-73 切削刀具路径 1

4 叶片下表面精加工

单击“导航器”工具栏上的“程序顺序视图”按钮，操作导航器切换到程序顺序视图。

(1)创建可变轴曲面轮廓铣操作

①单击“插入”工具栏上的“创建操作”按钮，或选择下拉菜单“插入>>操作”命令，弹出“创建操作”对话框。在“创建操作”对话框的“类型”下拉列表中选择“mill_multi-axis”，“操作子类型”选择(VARIABLE_CONTOUR)，“程序”选择“NC_PROGRAM”，“刀具”选择“D10R2”，“几何体”选择“WORKPIECE”，“方法”选择“MILL_FINISH”，在“名称”文本框中输入“VARIABLE_FINISH2”。

②单击“确定”按钮，弹出“可变轮廓铣”对话框，如图 8-56 所示。

(2)选择驱动方法

①在“可变轮廓铣”对话框“驱动方法”选项组的“方法”下拉列表中选择“曲面”，系统弹出“曲面驱动方法”对话框，如图 8-58 所示。

②在“驱动几何体”选项组中单击“指定驱动几何体”选项后的“选择或编辑驱动几何体”按钮，弹出“驱动几何体”对话框，选择如图 8-74 所示的曲面。单击“确定”按钮，返回“曲面驱动方法”对话框。

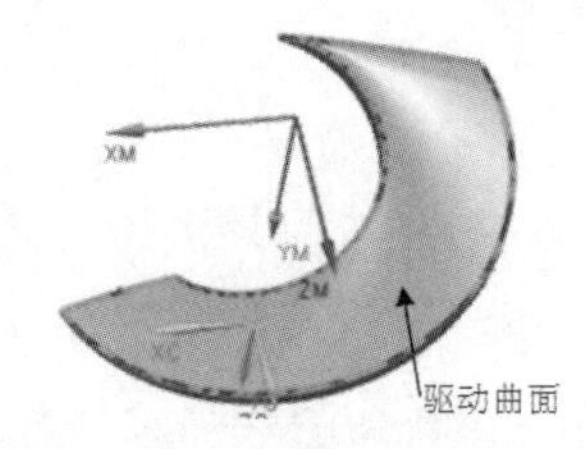

图 8-74　选择驱动曲面 2

③在“切削方向”选项组中单击“指定切削方向”按钮，弹出“切削方向确认”对话框，选择如图 8-75 所示的箭头所指定的方向为切削方向，单击“确定”按钮，返回“曲面驱动方法”对话框。

④在“切削方向”选项组中单击“材料反向”按钮，确认材料侧方向，如图 8-76 所示。

⑤在“驱动设置”选项组中选择“切削模式”为“往复”，“步距”为“残余高度”，并输入“残余高度”为“0.05”，如图 8-62 所示。

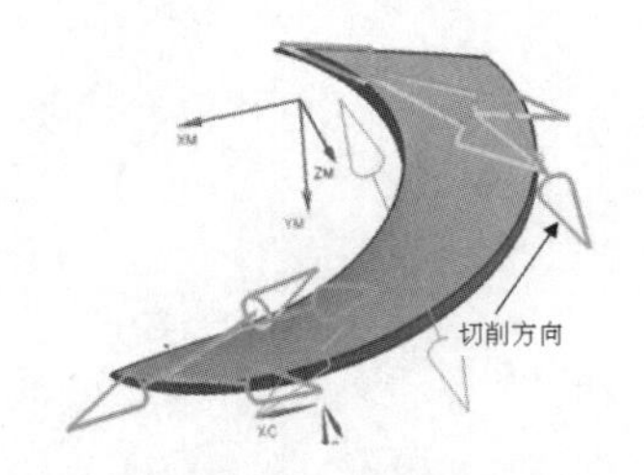

图 8-75　选择切削方向 2

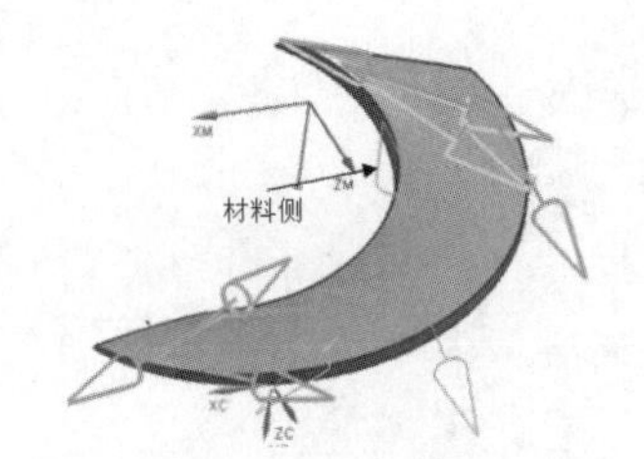

图 8-76　设置材料侧方向 2

⑥单击“曲面驱动方法”对话框中的“确定”按钮，返回“可变轮廓铣”对话框。

(3)选择刀轴方向

①在“刀轴”选项组中选择“轴”为“远离直线”，如图 8-77 所示，单击按钮，弹出如图 8-78 所示的对话框，需要设置一个矢量和一个点，首先设置点坐标为(0,－108,0)。

②在弹出的如图 8-79 所示的“矢量”对话框中，选择“类型”下拉列表中的“两点”，打开“通过点”选项组。

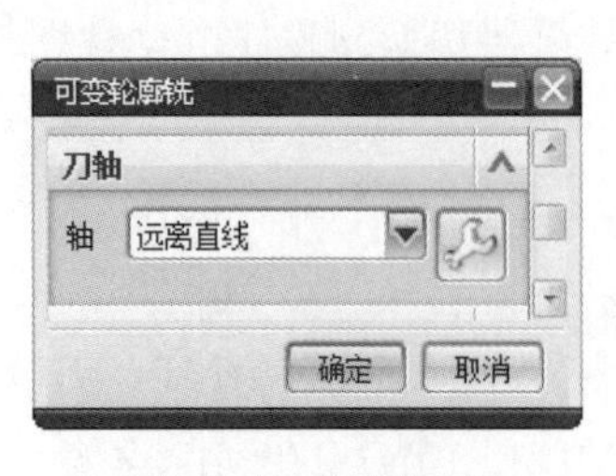

图 8-77　选择刀轴方向

图 8-78　刀轴设置

图 8-79　“矢量”对话框

③在“通过点”选项组中单击“指定出发点”按钮，在弹出的“点”对话框中输入点坐标为(0,0,0)，单击“确定”按钮。单击“指定终止点”按钮，在弹出的“点”对话框中输入点坐

标为(0,－108,0),如图 8-80 所示。依次单击“确定”按钮返回“可变轮廓铣”对话框。

(4)选择投影矢量方向

在“投影矢量”选项组中选择“垂直于驱动体”,如图 8-65 所示。

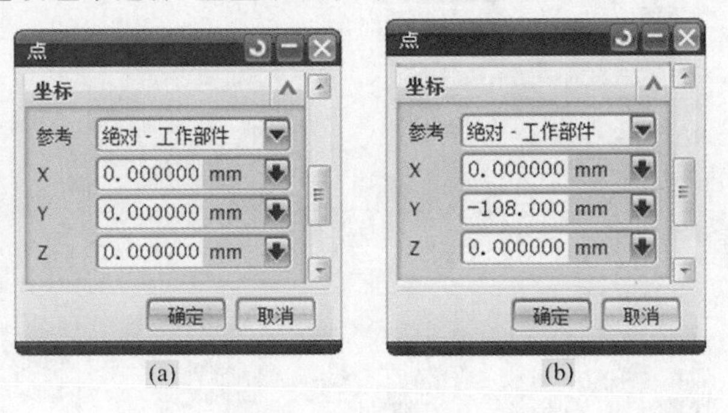

图 8-80　输入点坐标

(5)设置切削参数

单击“刀轨设置”选项组中的“切削参数”按钮,弹出“切削参数”对话框,设置切削加工参数。

①“更多”选项卡:“切削步长”设置为“%刀具”,在“最大步长”文本框中输入“20”,如图 8-66 所示。

②单击“确定”按钮,完成切削参数设置,返回“可变轮廓铣”对话框。

(6)设置非切削参数

单击“刀轨设置”选项组中的“非切削移动”按钮,弹出“非切削移动”对话框。

①“进刀”选项卡:在“开放区域”选项组中设置“进刀类型”为“圆弧-相切逼近”,其他参数设置如图 8-81 所示。

②“退刀”选项卡:在“开放区域”选项组中的“退刀类型”下拉列表中选择“与进刀相同”,如图 8-82 所示。

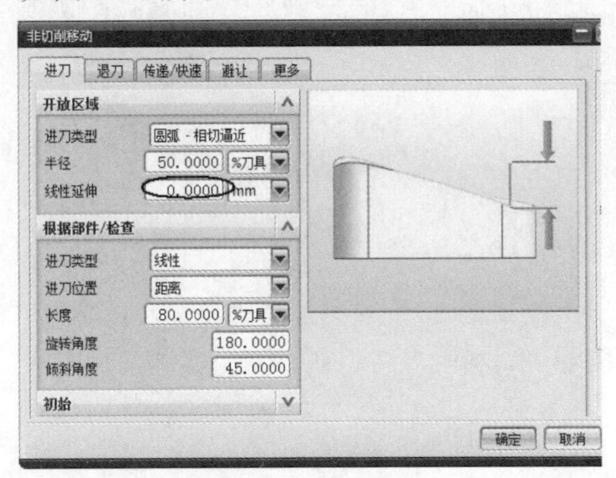

图 8-81　“进刀”选项卡 2

图 8-82　“退刀”选项卡 2

③“传递/快速”选项卡:“安全设置选项”设置为“包容块”,其他参数设置如图 8-83 所示。

● 在“区域之间”设置“逼近”、“离开”和“移刀”参数,如图 8-70 所示。

● 在“区域内”和“初始的和最终的”选项组中设置“逼近”、“离开”和“移刀”参数,

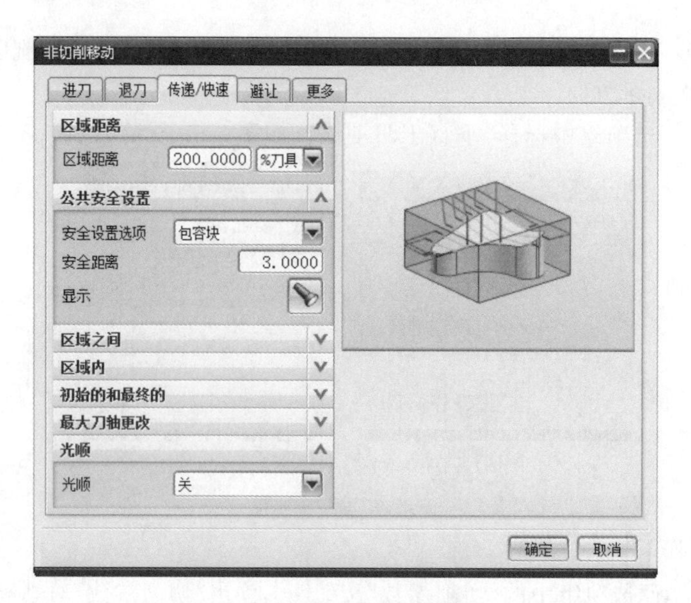

图 8-83 “传递/快速”选项卡 2

如图 8-71 所示。

④单击“非切削移动”对话框中的“确定”按钮，完成非切削参数设置。

(7)设置进给参数

单击“刀轨设置”选项组中的“进给率和速度”按钮，弹出“进给率和速度”对话框。设置“主轴速度”为“3000”，“剪切”为“900”，“进刀”为“600”，其他接受默认设置，如图 8-72 所示。

(8)生成刀具路径并验证

①在“可变轮廓铣”对话框中完成参数设置后，单击该对话框底部“操作”选项组中的“生成”按钮，可生成该操作的刀具路径，然后单击“确定”按钮，弹出“刀轨可视化”对话框，选择“2D 动态”选项卡，单击“播放”按钮进行 2D 动态刀具切削过程模拟，如图 8-84 所示。

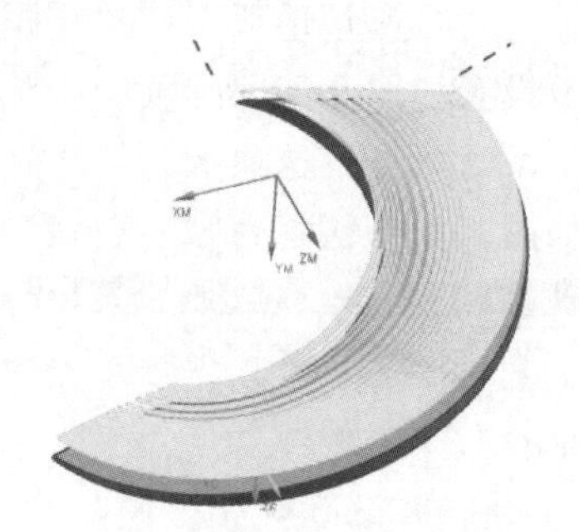

图 8-84 切削刀具路径 2

②单击“可变轮廓铣”对话框中的“确定”按钮，接受刀具路径，并关闭“可变轮廓铣”对话框。

5 叶片外侧面精加工

单击“导航器”工具栏上的“程序顺序视图”按钮，操作导航器切换到程序顺序视图。

(1)创建可变轴曲面轮廓铣操作

①单击“插入”工具栏上的“创建操作”按钮，或选择下拉菜单“插入>>操作”命令，弹出“创建操作”对话框。在“创建操作”对话框的“类型”下拉列表中选择“mill_multi-axis”，“操作子类型”选择(VARIABLE_CONTOUR)，“程序”选择“NC_ROGRAM”，“刀具”选择“D10R2”，“几何体”选择“WORKPIECE”，“方法”选择“MILL_ FINISH”，在“名称”文本框中输入“VARIABLE_FINISH3”。

②单击“确定”按钮，弹出“可变轮廓铣”对话框，如图 8-56 所示。

(2)选择驱动方法

①在“可变轮廓铣”对话框“驱动方法”选项组的“方法”下拉列表中选择“曲面”，系统弹出“曲面驱动方法”对话框，如图 8-58 所示。

②在“驱动几何体”选项组中单击“指定驱动几何体”选项后的“选择或编辑驱动几何体”按钮，弹出“驱动几何体”对话框，选择如图 8-85 所示的曲面。单击“确定”按钮，返回“曲面驱动方法”对话框。

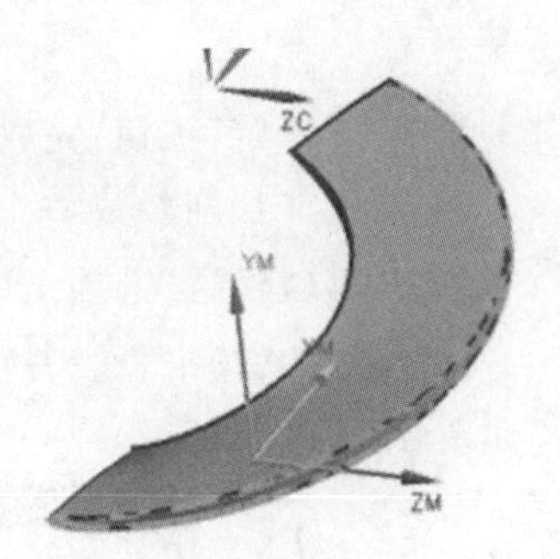

图 8-85　选择驱动曲面 3

③在“切削方向”选项组中单击“指定切削方向”按钮，弹出“切削方向确认”对话框，选择如图 8-86 所示的箭头所指定的方向为切削方向，单击“确定”按钮，返回“曲面驱动方法”对话框。

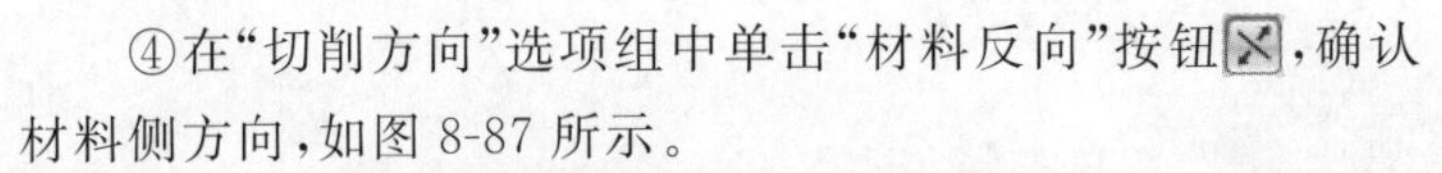
④在“切削方向”选项组中单击“材料反向”按钮，确认材料侧方向，如图 8-87 所示。

⑤在“驱动设置”选项组中选择“切削模式”为“往复”，“步距”为“残余高度”，并输入“残余高度”为“0.05”，如图 8-62 所示。

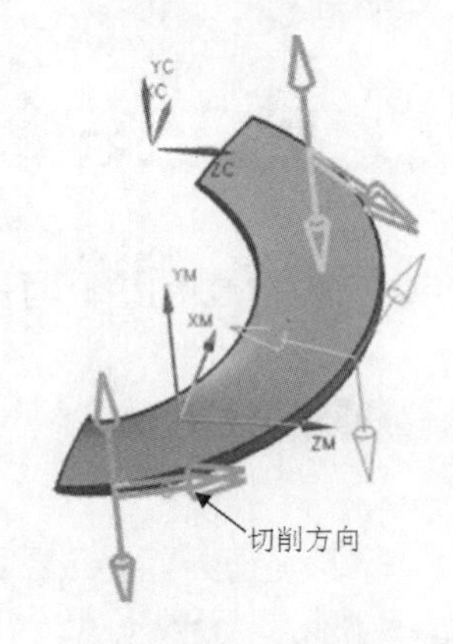

图 8-86　选择切削方向 3

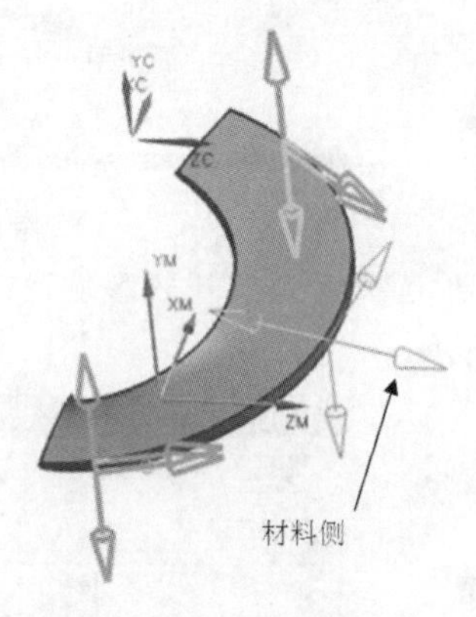

图 8-87　设置材料侧方向 3

⑥单击“曲面驱动方法”对话框中的“确定”按钮，返回“可变轮廓铣”对话框。

(3)选择刀轴方向

在“刀轴”选项组中选择“轴”为“垂直于驱动体”，如图 8-88 所示。

(4)选择投影矢量方向

在“投影矢量”选项组中选择“刀轴”，如图 8-89 所示。

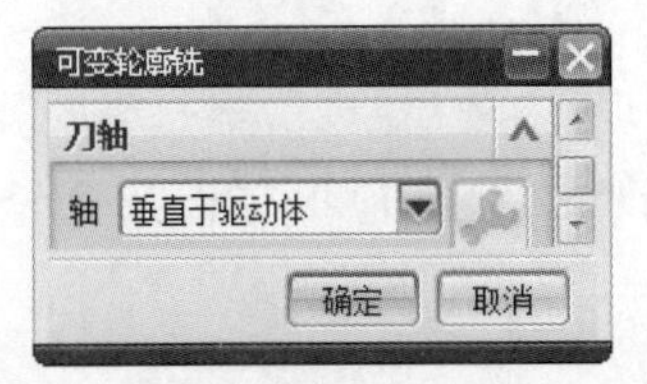

图 8-88　设置刀轴

图 8-89　选择投影矢量 2

(5)设置切削参数

单击"刀轨设置"选项组中的"切削参数"按钮，弹出"切削参数"对话框，设置切削加工参数。

①"更多"选项卡："切削步长"设置为"%刀具"，在"最大步长"文本框中输入"20"，如图 8-66 所示。

②单击"确定"按钮，完成切削参数设置，返回"可变轮廓铣"对话框。

(6)设置非切削参数

单击"刀轨设置"选项组中的"非切削移动"按钮，弹出"非切削移动"对话框。

①"进刀"选项卡：在"开放区域"选项组中设置"类型"为"圆弧-相切逼近"，其他参数设置如图 8-90 所示。

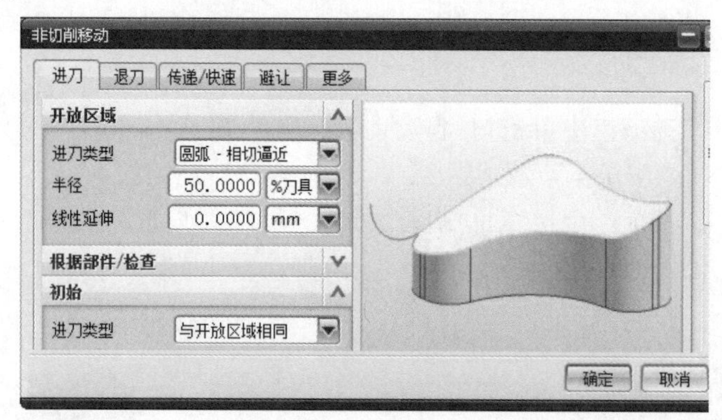

图 8-90 "进刀"选项卡 3

②"退刀"选项卡：在"开放区域"选项组中的"退刀类型"下拉列表中选择"与进刀相同"，如图 8-91 所示。

图 8-91 "退刀"选项卡 3

③单击"非切削移动"对话框中的"确定"按钮，完成非切削参数设置。

(7)设置进给参数

单击"刀轨设置"选项组中的"进给率和速度"按钮，弹出"进给率和速度"对话框。设置"主轴速度"为"3000"，"剪切"为"900"，"进刀"为"600"，其他接受默认设置，如图 8-92 所示。

(8)生成刀具路径并验证

①在"可变轮廓铣"对话框中完成参数设置后，单击该对话框底部"操作"选项组中的"生

成”按钮，可生成该操作的刀具路径，然后单击“确定”按钮，弹出“刀轨可视化”对话框，选择“2D 动态”选项卡，单击“播放”按钮进行 2D 动态刀具切削过程模拟，如图 8-93 所示。

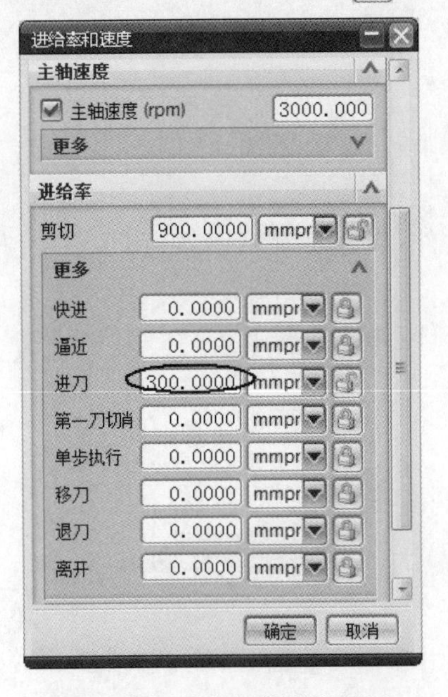

图 8-92 “进给率和速度”对话框 2

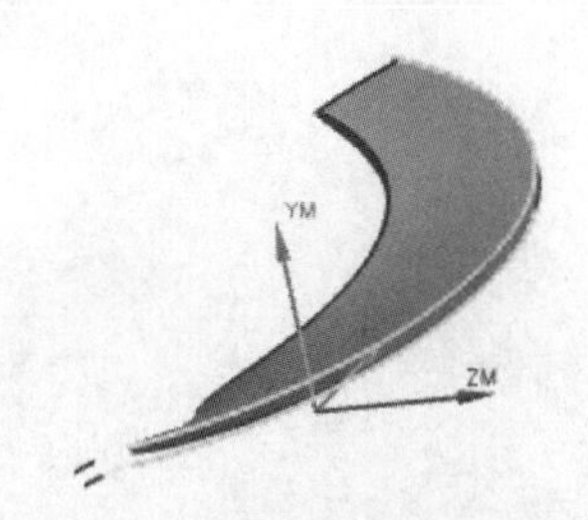

图 8-93 切削刀具路径 3

②单击“可变轮廓铣”对话框中的“确定”按钮，接受刀具路径，并关闭“可变轮廓铣”对话框。

③选择下拉菜单“文件＞＞保存”命令，保存所创建的零件文件。

规纳总结

本项目主要学习了 UG NX 8.0 多轴铣加工制造技术及其应用，其内容有多轴铣概述、可变轴曲面轮廓铣、顺序铣等内容。

通过本项目的学习，用户能够掌握各种刀轴控制方法在叶片产品加工中的应用过程，主要驱动方法如下：

“侧刃驱动体”用于定义沿驱动曲面的侧刃划线移动的刀轴，该方式允许刀具的侧面切削驱动曲面，而刀尖切削“部件表面”。首先按顺序选择多个驱动曲面，然后选择“侧刃驱动体”方式后，将出现“侧刃驱动体”对话框，图形区显示定义刀轴方向的四个矢量箭头，选择其中一个作为刀轴方向。

“远离直线”用于控制刀轴矢量沿着直线的全长并垂直于直线，刀轴矢量从直线指向刀柄，其中“远离直线”必须位于刀具和待加工零件几何体的另一侧。

“垂直于驱动体”用于定义在每个“驱动点”处垂直于“驱动曲面”的“可变刀轴”。由于此选项需要用到一个驱动曲面，所以它只在使用了“曲面驱动方法”后才可用。

实践表明，UG CAM 可以为产品复杂三维型面的数控加工带来极高的加工效率与加工质量，并给企业带来可观的经济效益。将先进的 VARIABLE_CONTOUR（可变轴曲面轮廓铣)和 SEQUENTIAL_MILL(顺序铣)等加工模块应用于数控加工中,可为企业的产品开发、制造及各类加工中心(包括 3～5 轴加工中心)的高效利用发挥巨大作用,创造出更大的经济效益。

拓展练习

1. 打开本教材素材资源包中的"8-2. prt"文件,如图 8-94 所示,应用多轴铣削加工方法来完成该零件的加工。

2. 打开本教材素材资源包中的"8-3. prt"文件,如图 8-95 所示,应用多轴铣削加工方法来完成该零件的加工。

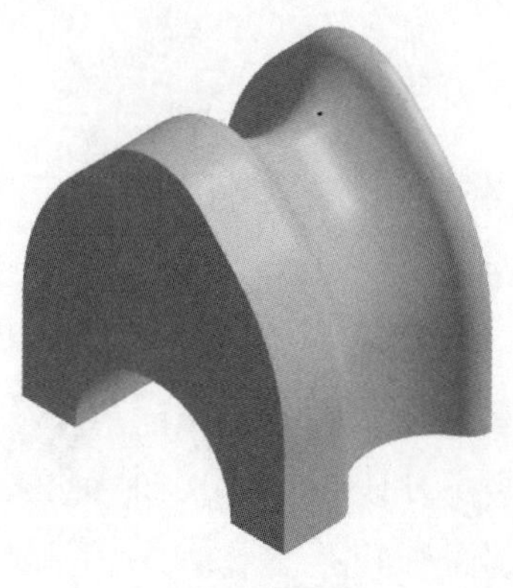

图 8-94　练习零件 1

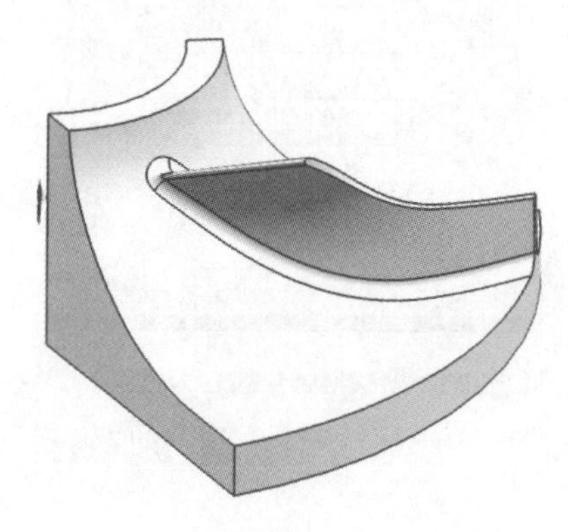

图 8-95　练习零件 2

参考文献

1. 钟涛，丁黎，单力岩，等. UG NX 10.0 中文版数控加工从入门到精通[M]. 北京：机械工业出版社，2017

2. 北京兆迪科技有限公司. UG NX 10.0 数控加工实例精解[M]. 北京：机械工业出版社，2015

3. 李志清，张丽波，王广昭，等. 48 小时精通 UG NX 8.0/8.5 中文版数控加工技巧[M]. 北京：电子工业出版社，2013

4. CAX 技术联盟，何嘉扬，孙克华，等. UG NX 9.0 数控加工从入门到精通[M]. 北京：电子工业出版社，2015

5. 展迪优. UG NX 8.0 数控加工教程[M]. 北京：机械工业出版社，2015

6. 褚忠，郝国祥，邢晓江，等. UG NX 8.0 数控加工基础教程[M]. 北京：机械工业出版社，2013

7. 谢龙汉. UG NX 8.0 数控编程[M]. 北京：清华大学出版社，2013

8. 甘辉，刘朝福，管爱枝. UG NX 8 数控加工基础教程[M]. 2 版. 北京：清华大学出版社，2013

9. 康亚鹏，等. UG NX 8.0 数控加工自动编程[M]. 4 版. 北京：机械工业出版社，2013

10. 潘文斌. UG NX8.0 数控编程教程[M]. 北京：机械工业出版社，2012

11. 何冰强. UG NX 7.5 数控加工应用[M]. 北京：电子工业出版社，2012

12. 冯方. UG NX8 数控编程基本功特训[M]. 北京：电子工业出版社，2012

13. 李维. UG NX 7.5 数控编程工艺师基础与范例标准教程[M]. 北京：电子工业出版社，2011

14. 黄成，张文丽. UG NX 7.5 数控编程基础与典型范例[M]. 北京：电子工业出版社，2011